5G网络规划与工程实践

微课视频版

许景渊　编著

清华大学出版社

北京

内 容 简 介

本书以 5G 技术为载体，以结构化思维为脉络，从指导思想、方法模型、效率工具、操作技法 4 个层面思考，全流程贯穿 5G 网络规划、数据建模、仿真推演、勘察设计、工程制图、预算编制和文件交付等关键环节的工程做法和实战案例，以期为从事 5G 网络规划与工程设计的通信工程师提供参考范本和思考方向。

全书共 6 章，第 1 章主要介绍 5G 工程思维、工作范式与工程做法等学习方法论。第 2 章和第 3 章详细阐述 5G 网络规划中需求分析、数据建模、场景划分、频率规划、容量规划、覆盖规划和仿真推演等模型方法及规划范例。第 4～6 章以输出设计方案、工程图纸、预算表格和设计文件为目标，探讨和分享 5G 工程设计的技术要领、方法流程、典型案例和实操技法。本书图文并茂、案例丰富、实操性强，并配有视频讲解，助力读者透彻理解书中的重点和难点。

本书既适合希望了解 5G 网络规划与工程设计的一线工程师阅读，也可作为电子通信相关专业的高校老师、学生和研究人员的参考资料。

图书在版编目（CIP）数据

5G 网络规划与工程实践：微课视频版 / 许景渊编著. -- 北京：清华大学出版社，2024.12. -- ISBN 978-7-302-67702-4

Ⅰ．TN929.538

中国国家版本馆 CIP 数据核字第 20244J3Y05 号

责任编辑：赵佳霓
封面设计：刘　键
责任校对：韩天竹
责任印制：刘　菲

出版发行：清华大学出版社
　　　　　网　　址：https://www.tup.com.cn，https://www.wqxuetang.com
　　　　　地　　址：北京清华大学学研大厦 A 座　　邮　　编：100084
　　　　　社 总 机：010-83470000　　　　　邮　　购：010-62786544
　　　　　投稿与读者服务：010-62776969，c-service@tup.tsinghua.edu.cn
　　　　　质量反馈：010-62772015，zhiliang@tup.tsinghua.edu.cn
　　　　　课件下载：https://www.tup.com.cn，010-83470236
印 装 者：三河市人民印务有限公司
经　　销：全国新华书店
开　　本：186mm×240mm　　　印　　张：23.75　　　字　　数：552 千字
版　　次：2024 年 12 月第 1 版　　　印　　次：2024 年 12 月第 1 次印刷
印　　数：1～1500
定　　价：99.00 元

产品编号：087993-01

　　"4G 改变生活,5G 改变社会",这是信息化浪潮目前最时髦的口号。回顾通信发展的历史,以光波和电波"做媒",信息通信已融入日常生活和社会发展的每个角落,尤其是自 1987年我国正式迈进移动通信时代以来,短短 30 多年,移动通信的连接对象、连接方式、应用场景及通信能力已发生颠覆性变革,时下已进入万物互联的 5G 新时代。

　　经过近几年高强度投资和大规模建设后,面向 2C 用户的 5G 公网日趋完善,面向 2B 业务的 5G 专网正蓬勃发展,行业应用前景十分广阔。5G 绝非简单的"4G + 1G",远非一缕孤独的风景,相反,5G 是构建信息时代的坚实底座,以用户为中心,以网络为主线,以连接为主题,向用户提供全场景、全连接、全业务的通信服务能力,直至实现"信息随心至、万物触手及"的终极目标。

　　在 5G 工程项目中,结构化思维是解决问题的金钥匙,破解方法往往始于提问,一问"是什么"看清事物本质,二问"为什么"厘清业务逻辑,三问"怎么做"推动工程落地,四问"好不好"回顾执行效果。在此基础上,做扎实"道、法、器、技"4 项基本功,抓住搭建知识体系、萃取最佳实践和交付合格产品 3 项主要工作,持续提升 5G 敏捷交付能力和积累高效工作经验。

　　笔者长期扎根通信行业一线,亲眼见证移动通信的发展历程,更深谙通信工程师的艰辛和困惑,划开页面,你遇到了真实的通信民工。本书以 5G 技术为载体,以结构化思维为脉络,从指导思想、方法模型、效率工具、操作技法 4 个层面思考,全流程贯穿 5G 网络规划、数据建模、仿真推演、勘察设计、工程制图、预算编制和文件交付等关键环节的工程做法和实战案例,以期为从事 5G 网络规划与工程设计的通信工程师提供参考范本和思考方向。

本书主要内容

　　第 1 章主要探讨和分享 5G 工程思维、工作范式和工程做法等思考方法,重点阐述了 5G系统观点、增值理念和结构思考,在此基础上,主要介绍了工作整理术、专业知识库、标准规范库和工程范例库等知识体系的搭建方法。

　　第 2 章主要探讨和分享 5G 网络规划的频率规划、场景划分、部署策略、容量规划、覆盖规划和参数配置等规划做法和实战案例。

　　第 3 章主要探讨和分享 5G 网络规划中数据建模、链路预算、仿真推演等模型方法,并针对网络问题发现、覆盖能力评估、网络系统仿真等问题提出全流程解决方案。

　　第 4 章主要探讨和分享 5G 勘察设计、设备布局、电源配置、工程制图等环节的工程做法和实战案例,输出一份合格的设计方案和工程图纸。

　　第 5 章主要探讨和分享 5G 预算编制的技术逻辑、计价规则、编制方法和实战案例,借助思维导图厘清费用结构和操作方法,输出一份合格的预算文件。

第 6 章主要探讨和分享 5G 设计文件、演示文稿和解决方案的技术要求和实操技法,厘清工作思路和编制文档模板,输出一份合格的设计文件。

阅读建议

本书既从宏观层面上概览了 5G 规划设计的技术原理、组网架构、策略原则和方法流程,又从微观层面上延伸出站址规划、现场设计、工程制图、预算编制和文件交付等实操技法,本书所举示例旨在加深理解相关内容背后的思想理念和工程做法,帮助读者将理论与实践相结合,从而更好地掌握 5G 规划设计的精髓。因此,建议读者在阅读本书时,不仅要注重理解宏观层面的知识体系,更要深入掌握具体的操作方法,并结合提供的工程案例进行思考和练习,以期达到更好的学习效果。

资源下载提示

素材等资源:扫描目录上方的二维码下载。

视频等资源:扫描封底的文泉云盘防盗码,再扫描书中相应章节的二维码,可以在线学习。

致谢

本书的写作和出版得到了同事、朋友和家人给予的鼓励和支持,特别是柏松、杨磊、冯桂敏、韦凤、全鹏等工程师为本书提供了工程案例和实践经验。同时,感谢赵佳霓编辑和审校人员对本书的策划和编审,以及在长达三年的写作过程中我的家人给予的理解、鼓励和支持。

由于笔者水平有限,书中难免存在疏漏,希望读者热心指正,在此表示感谢。

许景渊

2024 年 10 月

于南宁

CONTENTS
目 录

配套资源

第1章 工程思维 重构 5G 学习方法（▷ 96min） 　001

1.1 工程思维 　001
1.1.1 系统观点 　001
1.1.2 增值理念 　013
1.1.3 结构思考 　016
1.2 工作范式 　019
1.2.1 知识体系 　019
1.2.2 工作习惯 　027
1.2.3 工程模板 　034
1.3 工程做法 　050
1.3.1 工程界面 　050
1.3.2 建设程序 　052
1.3.3 典型范例 　057

第2章 网络规划 勾勒 5G 理想蓝图（▷ 151min） 　070

2.1 认识规划 　070
2.1.1 规划目标 　070
2.1.2 规划思路 　071
2.1.3 规划原则 　072
2.1.4 规划流程 　073
2.2 场景划分 　077
2.2.1 城市分类 　077
2.2.2 定义场景 　078
2.2.3 网格聚类 　082
2.3 频率规划 　088
2.3.1 趋势研判 　088
2.3.2 演进策略 　091

2.3.3 频率重耕 092

2.4 部署策略 099
2.4.1 网络分层 099
2.4.2 组网架构 100
2.4.3 措施方法 102

2.5 规划做法 105
2.5.1 规划准备 106
2.5.2 存量站规划 109
2.5.3 新建站规划 117
2.5.4 输出规划图 126
2.5.5 规划成果 132

第3章 仿真推演 验证 5G 规划效果(▷ 120min) 136

3.1 数据建模 136
3.1.1 认识数据 136
3.1.2 数据分析 141
3.1.3 数据挖掘 149

3.2 链路预算 158
3.2.1 工作原理 158
3.2.2 传播模型 159
3.2.3 站距预算 162

3.3 仿真推演 168
3.3.1 仿真软件 168
3.3.2 仿真预测 172
3.3.3 仿真输出 191

第4章 工程设计 指导 5G 项目施工(▷ 164min) 194

4.1 现场设计 194
4.1.1 设计原则 194
4.1.2 设计流程 195
4.1.3 工程做法 197
4.1.4 设计成果 207

4.2 设备布放 216
4.2.1 认识基站 216
4.2.2 机房布局 217

4.2.3　设备选型 218

4.2.4　设备安装 222

4.2.5　输出成果 225

4.3　电源配置 228

4.3.1　认识电源 228

4.3.2　交流配电 230

4.3.3　直流配电 233

4.3.4　电池配置 235

4.3.5　空调配置 237

4.3.6　电缆选型 238

4.3.7　输出成果 241

4.4　工程制图 243

4.4.1　工程识图 243

4.4.2　制图规定 252

4.4.3　图样画法 257

4.4.4　效率工具 266

第 5 章　预算编制 支撑 5G 项目决策（▷ 103min） 271

5.1　工程造价 271

5.1.1　认识造价 271

5.1.2　投资估算 275

5.1.3　工程预算 277

5.2　计价规则 284

5.2.1　概（预）算表格 284

5.2.2　费用结构 290

5.2.3　取费方法 302

5.3　预算编制 310

5.3.1　任务派工 310

5.3.2　编制要领 313

5.3.3　预算文件 322

第 6 章　文件编制 规范 5G 交付成果（▷ 92min） 330

6.1　设计文件 330

6.1.1　编册组成 330

6.1.2　文件结构 331

　　　　6.1.3　文件内容　　　　　　　　　　　331

　　　　6.1.4　格式要求　　　　　　　　　　　333

　　6.2　演示文稿　　　　　　　　　　　　　　343

　　　　6.2.1　逻辑结构　　　　　　　　　　　343

　　　　6.2.2　文稿模板　　　　　　　　　　　349

　　　　6.2.3　观点表达　　　　　　　　　　　351

　　6.3　解决方案　　　　　　　　　　　　　　353

　　　　6.3.1　梳理思路　　　　　　　　　　　353

　　　　6.3.2　制定原则　　　　　　　　　　　355

　　　　6.3.3　落实方案　　　　　　　　　　　359

　　　　6.3.4　输出成果　　　　　　　　　　　362

　　6.4　文档模板　　　　　　　　　　　　　　363

　　　　6.4.1　目录设置　　　　　　　　　　　363

　　　　6.4.2　标题编号　　　　　　　　　　　363

　　　　6.4.3　页眉页脚　　　　　　　　　　　366

　　　　6.4.4　模板输出　　　　　　　　　　　368

参考文献　　　　　　　　　　　　　　　　　　370

第 1 章

工程思维 重构 5G 学习方法

或许,每名通信人心中都曾有一座江湖,走过暗淡的日子,那些不曾磨灭的梦终将照亮你前行的路。不妨从金庸先生笔下的"剑魔"独孤求败的生平故事中读出一则有趣的思维模式,并沉淀成一套系统的方法论,追求的不外乎"道、法、器、技"4 字而已。

"纵横江湖三十余载,杀尽仇寇,败尽英雄,天下更无抗手,无可奈何,惟隐居深谷,以雕为友。呜呼,生平求一敌手而不可得,诚寂寥难堪也。

"凌厉刚猛,无坚不摧,弱冠前以之与河朔群雄争锋。

"紫薇软剑,三十岁前所用,误伤义士不祥,乃弃之深谷。

"重剑无锋,大巧不工。四十岁前恃之横行天下。

"四十岁后,不滞于物,草木竹石均可为剑。自此精修,渐进于无剑胜有剑之境。"

观其一生,可谓叱咤风云,更败尽英雄,沉醉于"凌厉刚猛"之招式,依仗过"大巧不工"之重剑,直至退隐山谷后,"草木竹石皆可为剑",最终精修至"无剑胜有剑"之高深境界。

1.1 工程思维

38min

思想是灯塔,照亮前行的路,凡事有思则明,须谋定而后动。工程项目方法论可分为 4 个层面,一是指导思想,用于定目标、策略和原则,称为"道";二是思路方法,用于分解目标、制订计划和应对措施,称为"法";三是实施工具,诸如知识矩阵、效率工具和工程范例,称为"器";四是操作技法,用于梳理流程、分解步骤和输出产品,称为"技"。在 5G 工程项目中,应做扎实"道、法、器、技"4 项基本功,抓住搭建知识体系、萃取最佳实践和交付合格产品 3 项主要工作,持续提升敏捷交付能力和积累高效工作经验。

1.1.1 系统观点

1. 认识系统

"系统是由相互作用相互依赖的若干组成部分结合而成的,具有特定功能的有机整体,而且这个有机整体又是它从属的更大系统的组成部分。"

——钱学森

5G 通信系统是一个有趣的系统,它由要素、关系和功能三大部分构成,并赋予了系统整体性、层次性和相关性三大特征,如图 1-1 所示。

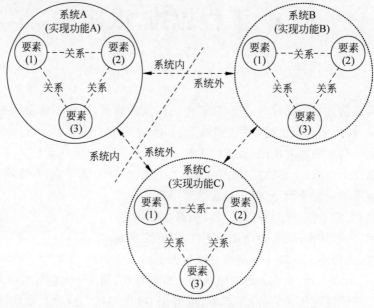

图 1-1　系统观原理框图

(1)要素:是系统的最小颗粒度,也是构成客观事物存在和发展的最小单位。认识 5G 系统,应学会要素分解,其要义在于"拆"字。例如,可将 5G 网络分解为无线接入网、承载网和核心网 3 个层面。

(2)关系:是建立要素间联系的纽带,用于表征事物间相互作用、相互依赖及相互影响的状态。理解 5G 系统,应学会建立关系,其要义在于"连"字,物理上表现为静态的线缆连接,逻辑上则表现为动态的数据流程。

(3)功能:是系统发展的目的所在,可理解为系统满足用户需求的物质或精神层面的属性,主要体现在增值和效率上。发挥 5G 系统效能,应做足"加减乘除"的文章,使其赋能万物,真正实现"信息随心至,万物触手及"的发展目标。

2.通信模型

追根溯源,重温通信发展的历史,古有"烽火连三月,家书抵万金"的感叹,书信寄托着对亲人的思念和信息的期盼;如今,世界上最遥远距离不是天涯海角,而是网络信息中断时的望眼欲穿,信息通信已融入日常生活和社会发展的每个角落。

1)通信简史

自 1987 年我国正式步入移动通信时代,短短 30 多年,移动通信的连接对象、连接方式、应用场景及通信能力已发生颠覆性变革,时下已进入万物互联的 5G 时代。回顾移动通信发展史,以光波和电波"做媒",信息网络的两端必然连接着一对用户,随着通信能力的提升和技术的变革,用户群体不再局限于 2/3/4G 时代的人与人通信,还拓展至 5G 时代的人与物、物与物通信,乃至万物皆可互联,一切美好随心而至,如图 1-2 所示。

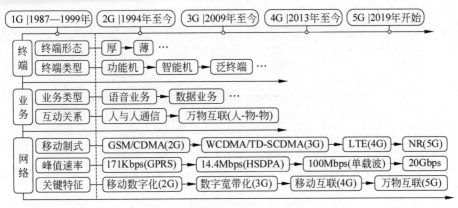

图 1-2 国内移动通信的发展历程

2) 通信系统模型

认识通信系统可从大处着眼小处着手,把握整体结构和方向,抓住核心要素和主要问题,模块化分解和解决每项具体的问题,反过来,归纳和强化对系统的整体性、层次性和相关性的理解。通信系统主要解决信号端到端连接的问题,发端称为信源,收端称为信宿,两者之间便是信道,光波和电波便是这条信道上的主要媒介,如图 1-3 所示。

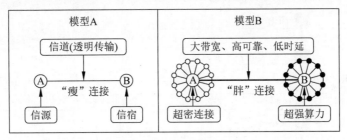

图 1-3 通信系统模型示意图

为适应差异化的业务发展需求,通信系统模型正由"瘦"连接向"胖"连接结构演进。以问题为导向,为保障信号的有效传输,通信系统中考虑了信源编码、信道编码、信号调制、信号解调、信道解码、信源解码及抗干扰等一系列因素,其中数字通信系统原理框图如图 1-4 所示。

可从简化模型、一般模型和组网架构 3 个层面进一步解析,5G 通信系统主要解决的是人与人、人与物、物与物之间端到端信息有效传输的问题,其主要要素为信源、信道和信宿,对应的通信网络包括无线接入网、承载网和核心网等,如图 1-5 所示。

(1) 信源主要负责发送信息,主要由用户、终端、通信设备及相关网络组成。例如,在移动通信系统中,信源的主要工作是对用户产生的模拟(或数字)信号进行模数转换、信源编码和信号调制后,将相对低频率的基带信号调制和"抬升"为相对高频率的射频信号,最终经由天线从空气中传播出去。

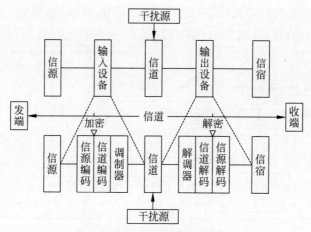

图 1-4　数字通信系统原理框图

(2) 信道作为信息传输的媒介,例如,光纤是有线通信的传输媒介,空气是无线通信的传输媒介。需要指出的是,无线信道是动态多变的,无线电波在空中传播极易受无线传播环境影响,各种干扰源都有可能削弱或阻碍信号的有效传输。

(3) 信宿主要负责接收和解调信息,它是信息发送的逆操作,例如,对接收的信号进行信号解调、信道解码、信源解码及信息输出等一系列操作。

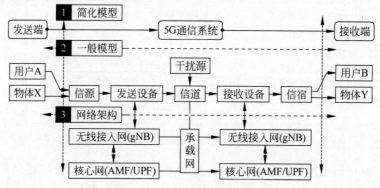

图 1-5　5G 通信系统模型示意图

3) 技术变革

从本质上看,5G 系统是通信系统的一次更新迭代,它仍具备通信系统的要素、关系和功能,其核心竞争力不仅在于性能指标的改良,更在于系统要素的重构和思维模式的变革。其主要表现如下:

(1) 在服务理念上,5G 系统引入了服务化架构(Service-based Architecture,SBA),它不再是高傲的王子朝用户吆喝"那谁,我能给你什么",而是,学会了站在客户身边化身仆人卑微地说"主人,我能为您做什么"。可以预期,极致的服务,终将可带来忠实的用户。

其中,服务化架构是一种逻辑意义上的 5G 网络架构,一副硬朗的"骨架"下蕴含着一套有趣的"灵魂",其核心理念是以用户为中心。将 5G 网络功能模块化拆分和封装为若干标准化服务,并且各服务之间使用统一的通信接口连接,可类似搭积木般轻松定义服务能力和满足用户需求,从而轻松实现 5G 网络高效、灵活、智能和开放的一站式接入服务目标,如图 1-6 所示。

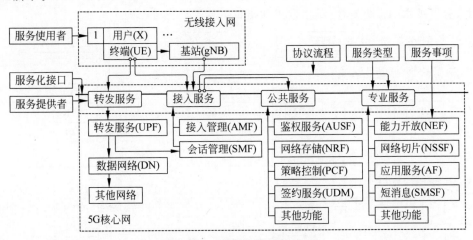

图 1-6　5G 服务化架构示意图

(2) 在业务模式上,5G 系统开拓了"场景化业务驱动",不再是一条路走到黑,它不仅学会了横向思考,面向公众用户提供极致服务,还学会了发散思维,向垂直面延伸,连接万物、赋能万物,给物体插上智慧的翅膀。面向业务的 5G 核心网架构如图 1-7 所示。正如《周易》所说,"穷则变,变则通,通则久",思想通畅了,道路开阔了,终会结出硕果。

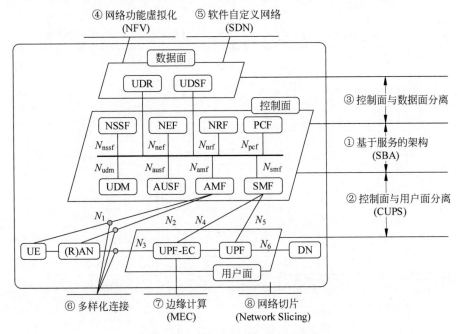

图 1-7　面向业务的 5G 核心网架构

（3）在网络革新上,5G 系统以壮士断腕的勇气,拥抱全 IP 化的技术逻辑,以"断舍离"的决绝手段,简化了网络结构,提升了服务效能,重构出扁平化、虚拟化、智能化的全新系统,从此,网络更贴近用户、响应更为及时。移动通信网络架构演进过程如图 1-8 所示。正因如此,有了技术的强力支撑,结出硕果便指日可待了。

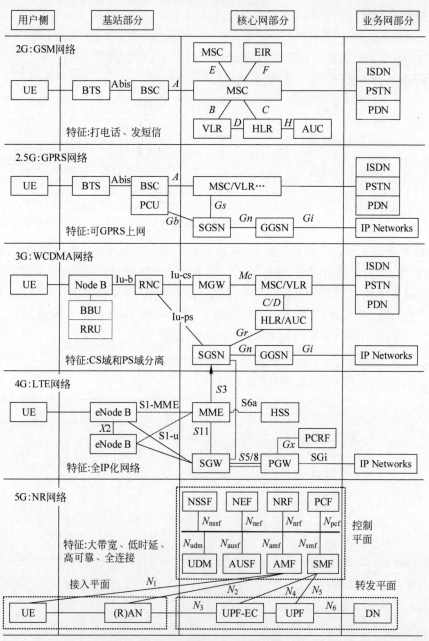

图 1-8　移动通信网络架构演进示意图

3．思维范式

"横看成岭侧成峰，远近高低各不同。

不识庐山真面目，只缘身在此山中。"

——苏轼

5G 系统不是简单的"4G＋1G"，其核心能力为全场景、全连接、全业务的通信服务能力，使人与人、人与物、物与物之间可实现"信息随心至，万物触手及"的发展目标。5G 关键技术正是推动应用落地的利器，可使用朴素的分层思想，从横向与纵向视角来分解 5G 系统要素、逻辑关系及其功能定位，运用分层、剖析、分区、连接和切片的思维范式去化繁为简，从而轻松梳理 5G 系统要素和定制网络服务。

1）横向思维：分层

站在不同的视角，苏轼看出了不同姿态的庐山，面对 5G 通信系统，可在逻辑上将其划分为不同的层次及其相关子系统的集合，从而形成分组归类、逻辑清晰的分层结构，如图 1-9 所示。其主要表现在，宏观上搭起了一个分层的 5G 系统架构，微观上串起了一条流淌的 5G 业务流程和连接关系。

（1）按要素分解，可将 5G 通信系统划分为不同的功能模块及相关的系统要素。层的数量和划分的颗粒度取决于问题领域及解决问题的复杂度。

（2）按逻辑划分，可考虑系统要素分组的通用性、可见性和易变性，将系统要素进一步解耦，使系统要素只能与同层或下一层存在映射关系，从而形成结构清晰、易于维护的逻辑结构。

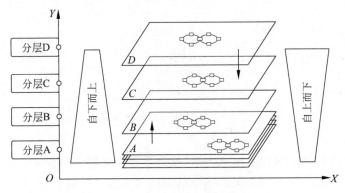

图 1-9　分层处理的思维模型

可从宏观和微观角度进一步解读 5G 网络架构及其协议流程：

（1）宏观上，5G 通信系统可分为无线接入网、承载网、核心网及其相关网络系统。正是由于接入层、承载层和核心层的功能实体各司其职，将用户信号接入、汇聚并连接到核心网的服务器上，才会连接成一张广泛存在的 5G 通信网络，如图 1-10 所示。

（2）微观上，基于全 IP 化的技术逻辑，一脉相承自 OSI、TCP/IP 模型，各层协议定位明确、有序分工，上层协议不必知晓下层协议的处理过程，只需利用下层协议提供的功能为其上一层服务，进一步简化网络架构和提高服务效率，从而达到信息互联互通的目的，如图 1-11 所示。

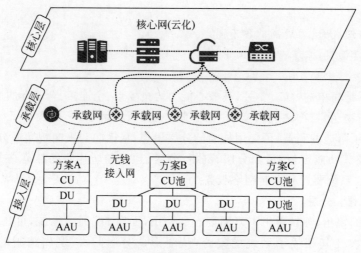

图 1-10　分层的 5G 网络架构

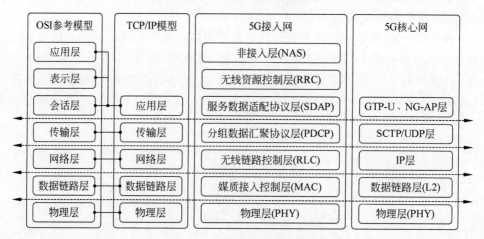

图 1-11　分层的 5G 系统模型

2）纵向思维：剖析

若说横向思维突破了事物的水平边界,拓宽了看待问题的宽度和广度,那么纵向思维则扩展了事物的垂直方向,延伸了看待问题的深度和高度。横向思考,分层重构后 5G 网络架构已极其扁平化、虚拟化和智能化,已经很薄了,不妨换个角度,往垂直方向思考和剖析,延伸出垂直行业、专有网络、切片网络及其业务流程,发挥 5G 系统万物智联的特性。

纵向思维,可从系统的不同层面切入,抓住事物发展的主线,把握时间、空间和事物发展的顺序性、程序性和可预测性,将其串联成一条贯穿系统内部和外部的思维路线,例如,以时序和工序贯穿始终的 5G 工程建设程序,以及以信息流向连接起来的 5G 移动通信系统,如图 1-12 所示,其主要特点如下。

（1）目标性：以问题为导向,归纳和定义工作分解结构,锁定已知条件和未知条件,不断分解和迭代,直至将问题分解为可执行的颗粒度。

（2）方向性：抓住事物发展的主要方向，逢事多想几步，从时间、空间和事物发展的前后、左右、上下方向延伸和挖掘，提升看待问题的深度和高度。

（3）层次性：以分层的系统结构为切入点，建立层内、层间的相互映射、相互影响的关系，形成清晰的问题边界和稳定的空间层级。

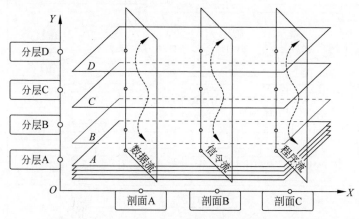

图 1-12　剖面分解的思维模型

可从空间和时间维度来解读 5G 系统信息流向及其建设程序：

（1）从空间维度看，5G 系统的信息流起点和落脚点均在业务场景的人与人、人与物、物与物的通信上，而信息流向则始于信源、经过信道、止于信宿，由业务场景、接入层、承载层及核心层相关功能实体构成，其上流淌着用户面的数据和控制面的信令，每对端到端的通信连接可视为一个相对独立的剖面，如图 1-13 所示。

（2）从时间维度看，5G 网络建设程序有其规律可循，每个阶段的工作因其工序和时序不同，实施的深度也不尽相同，从抽象的规划蓝图、机会研究到具体的设计方案、工程实施，直至投产运营，一条清晰的工序和时序主线贯穿其中，如图 1-14 所示。

3）边界管理：分区

横向、纵向思维拓展了思考的水平面和垂直面，纵然思维再发散，总有收敛的边界。没有边界、漫无目的地讨论是没有意义的，在逻辑上，恰当地划定系统的边界是有必要的，因此，边界是人为的区分，是出于解决问题、明确权责的需要而在思维上设定的虚拟界限。

在 5G 系统分解时，采用分区思维模式，戴上界限的"紧箍咒"，给问题的讨论设定了合理的边界，使其功能定位、职责权限清晰了，使其管理范围、负责事项也明确了，各责任单元各司其职，有条不紊地去推动，复杂的问题就得到了解决，如图 1-15 所示。

可从范围管理和权限划分来解读 5G 工程部署中的业务分区与设备分区。

（1）业务分区：在汇聚机房中，为了保证接入效率最优和业务效益最佳，可将松散分布的业务接入能力收敛于综合业务接入机房，以点带面，形成业务能力辐射圈，进一步提升网络效能、节约站址资源和降低建维成本。同时，对 5G 网络分区管理，划分服务范围、匹配管理权限，进而抽象出覆盖场景和业务场景，既可集中部署以提高业务处理能力，也可分布部

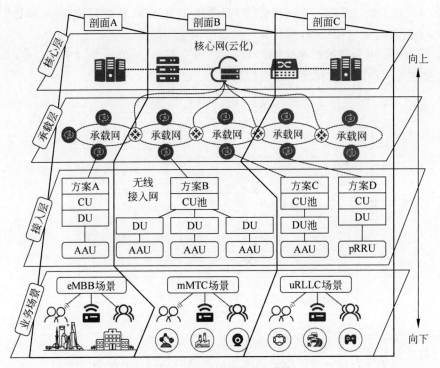

图 1-13　5G 系统信息流向剖析

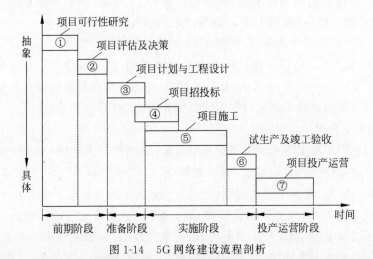

图 1-14　5G 网络建设流程剖析

署,以便灵活地提供用户个性化服务,从而更有效地满足 5G 垂直行业的多样化接入需求。

(2)设备分区:在通信基站中,为了方便机房高效管理,根据不同基站设备的功能定位、连接方式和技术要求,可将通信机房划分为强电区、弱电区和信号区。强电区以交流配电箱为界提供交流电接入,主要设备包括电表、油机切换箱、交流配电箱、交流配电屏等;弱电区则以开关电源为核心为通信设备提供直流电,主要设备包括开关电源、蓄电池组、直流

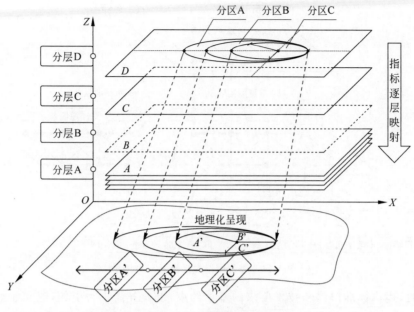

图 1-15　分区管理的思维模型

配电屏等；信号区主要管理基站信号接入、处理和发射的基站设备，主要设备包括基带单元、射频单元、传输设备等。

4）抓住主线：连接

"你站在桥上看风景，看风景的人在楼上看你。

明月装饰了你的窗子，你装饰了别人的梦。"

——卞之琳《断章》

这是一首精致的哲理诗，世间万事万物何尝不是息息相关、相互影响的，5G 系统也绝不会是一缕孤独的风景，从用户需求出发，抓住网络发展主线，以信息交流为纽带，建立起人与人、人与物、物与物之间相互连接的信息生态系统。

在 5G 时代，用户是中心，网络是主线，连接是主题，信息交互的每个环节都脱离不了通信系统中的信源、信道和信宿 3 个要素。信息的制造始于信源，经由有线或无线信道，终结于信宿，从而满足用户需求，兑现连接的价值。5G 系统以高效、敏捷和开放的网络架构为用户提供差异化、确定性、可定制的通信服务颠覆了人们的生活方式和改变了社会的生产模式，依然脱离不了万物连接和信息交互的永恒主题，连接是关键字，如图 1-16 所示。

（1）从网络实体视角，可抓住 5G 系统中的网络架构、功能模块和业务需求，以问题为导向，化繁为简，解耦和重构 5G 系统要素，建立起物理连接，其中，接入网解决用户多样化接入需求，承载网解决用户数据有效传输，核心网则提供端到端连接服务的控制、计算和转发等服务支持，最终，直观地展示出一条蜿蜒通向远方的信息之路。

（2）从业务服务视角，不可忽视流淌在通信管道中的用户数据和控制信令，它是保障5G 系统有序、高效、敏捷运行的"血液"，离开它，5G 网络便会动弹不得，信息交流就会戛然

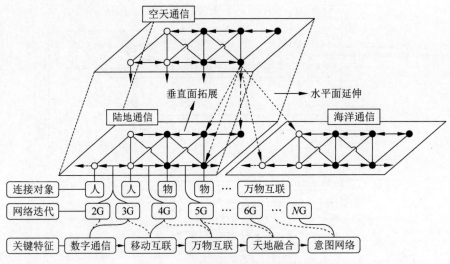

图 1-16　通信网络发展路径示意图

而止。同时,遵循标准协议和技术要求的基本约束,以业务需求为引领,建立起虚拟链路,信息交流由简单的"0"和"1"表示,5G 控制面走信令、用户面走数据,正是这只无形之手的控制,用户才能畅快淋漓地去刷手机、做工作。

5)定制服务:切片

在 5G 时代,从人与人之间的线性连接拓展为人与人、人与物、物与物的立体连接,所延伸出来的需求也是千变万化的,如何满足不同用户、场景和业务的端到端接入需求是 5G 网络面临的重要课题,其关键技术便是 5G 网络切片技术。主要思考路径如下。

(1)目标:网络切片由需求和技术共同驱动,主要是解决不同接入需求适配及相关网络部署成本的问题。不难想象,一条用户专线接入一条专用网络,千行百业的专网接入成本压力是巨大的,而且投资效益是难以得到保障的。

(2)对象:用户需求千变,网络能力理应随之相适配,需要解决所切何物的问题。理论上,实体的网元可切,虚拟的功能、协议和流程也可切,做成可定制的柔性网络。

(3)工具:两把"刀",实体之刀是暴力地直接撕裂,例如,网元拆分、结构重构等;抽象之刀则是温柔地剥离功能、协议和流程,例如,用户面和控制面分离、数据面和控制面分离等。

(4)方法:主要解决怎么做的问题,得益于技术的长足进步,使软硬件可分离、网络可软件化、接口可标准化及服务可定制化。

可作类比思考,在城市中,为解决交通拥堵问题,可横向拓宽路面,纵向立体分层,但是道路的拓展总是有限制的,依然无法满足每个起止点之间千差万别的交通需求,可按需定制车道、人车分离、各行其道,物理上隔离出机动车道、非机动车道和人行道,逻辑上划分出上下行车道、BRT 专线和潮汐车道等,从而保障了每个点到点出行需求的顺畅交通,如图 1-17 所示。

图 1-17　城市道路交通系统示意图

在 5G 系统中,可借鉴交通系统的做法,在统一的网络基础设施上,使用网络切片技术为不同的应用场景和业务需求提供可隔离、可定制且有保障的虚拟专用切片网络。5G 网络切片具有按需定制、虚拟化、可隔离且端到端的服务特性,主要表现如下。

(1) 按需定制:一个网络切片是具备接入网、承载网、核心网等功能的完整逻辑网络,可实现硬件资源共享和软件服务能力的有效隔离,可支持对不同场景下的功能网元、性能要求和服务流程的按需定制,从而保障 5G 用户端到端的接入和控制需求。

(2) 虚拟化:5G 网络切片得以实现有赖于云计算、虚拟化和软件化等基础技术的革新,犹如一把抽象之刀,网络功能虚拟化(Network Functions Virtualization,NFV)和软件定义网络(Software Defined Network,SDN)技术解决了软硬件解耦和功能重构的问题,为网络功能模块化、组件编排和管理、资源调度和配置提供有力的技术支撑。

(3) 隔离性:两道隔离,物理隔离可类比交通道路的栅栏和绿化带,逻辑隔离则由车道线和交通规则来约束。5G 网络切片的物理隔离是建立在软硬件解耦和功能重构后的硬件资源完全共享的基础上、逻辑上,一个网络切片由 S-NSSAI 标签来标识,并根据网络切片机制和相关规则要求实现 5G 网络功能、业务能力、数据安全和智能运维的逻辑隔离。

(4) 端到端:解决端到端连接问题是 5G 网络切片的主要目标。物理上,建构网络功能虚拟化的接入网、承载网和核心网,逻辑上按需定制不同应用场景和接入需求的功能、特性和流程,从而实现 5G 端到端能力的灵活部署和高效连接。

1.1.2　增值理念

古诗云,"横看成岭侧成峰,远近高低各不同",站在不同角度看问题往往会得出不同答案,不妨从通信运营商视角审视 5G 通信产品、服务及其商业模式,以增值和效率为目标,解决好客户价值、资源能力和盈利模式相适配的问题。

1. 业务需求

用户是商业模式设计的起点,用户因其内在或外在的动机而产生各种需求,例如,物质需求、社交需求、精神需求等,正是用户需求驱动着技术革新、产品创新及社会发展,怀揣着追求美好事物的朴素想法,落到了实处便有了产品,同时,产品可为用户的学习、生活和生产的增值目标服务,不断满足人们日益增长的物质和文化需求,如图 1-18 所示。

对应地,用户需求正是驱动 5G 通信发展的不竭动力,通信服务便是为了满足用户之间传递信息而针对性地提供通信产品、接入能力及相关增值服务的业务过程,其核心能力主要体现为连接能力、计算能力和存储能力,因此,在提供 5G 通信服务前,应考虑清楚用户是谁、用户在哪和用户需要什么等问题。

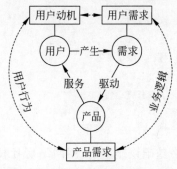

图 1-18　用户需求分析模型示意图

2. 价值交换

交易是市场经济条件下的永恒话题,有需求便会有供给,供需双方在市场这只"无形的手"的调控下发生商品或服务交易行为,按照等价交换、各取所需的原则,完成商品或服务价值的交换。那么,在 5G 通信服务过程中,用户获得了什么权益,通信企业又提供了什么能力,双方是否达成了供需的平衡和双赢?

1)用户权益

在 5G 通信中,公众用户可用语音、视频、短信等多种形式向对方发起通信请求,获得通信企业提供的"占得上、驻留稳、体验优"的通信接入服务,从而打开了心灵的窗口,拉近了世界的距离,得到了内心的满足,提升了自我价值和工作效率。

对于政企用户来讲,5G 通信技术赋能的智慧城市、智能家居、工业互联、自动驾驶、远程医疗等基础设施升级,奠定了信息化基础,搭建了智能化平台,实现了万物互联的愿景,进一步提升了生产效率和促进了社会进步。

2)服务能力

在 5G 通信中,通信企业将面向公众用户和政企用户定制化输出增强移动带宽、超高可靠低时延、海量机器类通信等业务场景的智能连接和大数据计算服务,进而兑现信息连接的价值,最终获得经济效益和赢得发展机遇。

3. 业务逻辑

在通信产品设计时,应抓住商业逻辑、业务逻辑和产品逻辑 3 条主线,商品逻辑是商业活动的根本,业务逻辑是产品的核心和灵魂,产品逻辑则是固化价值和推动落地的重要组成。

(1)商业逻辑:主要解决商业活动如何赚钱的问题。以盈利为目的,洞悉市场规律,设计商业模式,通过满足客户需求和实现客户价值来达成持续盈利的目标。

(2)业务逻辑:主要解决业务活动如何流转的问题。以推动业务落地为目标,进一步明确业务对象、定义业务规则、理顺业务流程和促进产品落地,使业务流转起来。例如,在 5G 网络部署前,应进一步细分市场和定位用户,搞清楚用户是谁、从何而来、有何需求等业务逻辑问题,重点挖掘和聚焦价值用户群体,并匹配相应的网络部署策略和通信服务方案。

(3)产品逻辑:主要解决产品服务如何落地的问题。以问题为导向,理解用户需求、理顺业务逻辑、搭建产品架构、运用技术手段、固化产品价值,进一步促进项目落地、产品创造和服务提供。例如,在 5G 通信中,为解决用户终端上行能力不足问题,在网络部署时,可运用超密集组网(Ultra Dense Network,UDN)技术、上行辅助(Supplementary Uplink,SUL)技术、大规模天线(Massive MIMO)技术等关键技术进一步增强 5G 网络产品的接入服务能力。

4. 增值理念

大道至简,追求增值和效率是 5G 系统发展的主要目标。5G 系统可满足全场景、全连接和全业务的接入需求,特别是针对增强移动宽带(Enhanced Mobile Broadband,eMBB)、超高可靠超低时延通信(Ultra-Reliable Low-Latency Communications,uRLLC)、海量机器类通信(Massive Machine Type Communication,mMTC)三大应用场景重构系统架构,提升系统性能和优化服务流程,以颠覆性的变革重新定义数字生产力,兑现了连接的价值,5G 系统关键性能指标如表 1-1 所示。

表 1-1　5G 系统关键性能指标

场景需求	性能指标	5G 网络	4G 网络	性能对比
增强移动宽带(eMBB)	用户体验速率	100Mb/s	10Mb/s	提升 10 倍
	峰值速率	20Gb/s	1Gb/s	提升 20 倍
	流量密度	$10\text{Mb}/(\text{s} \cdot \text{m}^2)$	$0.1\text{Mb}/(\text{s} \cdot \text{m}^2)$	提升 100 倍
超高可靠超低时延通信(uRLLC)	时延	1ms	10ms	仅为 4G 的 1/10
	移动性	500km/s	350km/s	提升 1.43 倍
海量机器类通信(mMTC)	连接数密度	$10^6/\text{km}^2$	$10^5/\text{km}^2$	提升 10 倍

在 5G 工程项目中,可使用"加减乘除法"来梳理 5G 发展目标,一是做加法,追求工程建设和使其增值;二是做减法,追求极简网络和高效服务;三是做乘法,顺势而为,紧跟行业发展步伐;四是做除法,打破禁锢,在革新突破中兑现价值。

(1)做加法:追求增值。通信项目的核心任务是为工程建设和使其增值,因此,在项目决策时,应站在全局角度评估项目建设的必要性和可行性,关注覆盖目标、用户体验、业务需求和投资效益等关键指标,制定合理的策略原则、技术路线、解决方案和保障措施,进一步支持项目决策和效益评估。

(2)做减法:追求效率。追求极简的网络架构和高效的系统性能,关注系统能效、用户体验速率、业务时延、频谱效率等效率指标,进一步优化系统流程和提升服务效能,从而为用户提供极致的业务体验,实现"信息随心至,万物触手及"的发展目标。

(3)做乘法:顺势而为。站在时代的风口,紧跟行业发展趋势,做足公众业务和垂直应用的文章,找寻业务突破口,为万物智联添砖加瓦,实现用户和企业的发展价值。

(4)做除法:革新突破。以问题为导向,打破思维禁锢、制度限制、技术局限,在不断变化中找寻机遇、在革新突破中兑现连接的价值。例如,面对网络演进,以壮士断腕的勇气,拥抱全 IP 化的技术逻辑,以"断舍离"的决绝手段,进一步简化网络结构和提升服务效能,重构出全新的 5G 系统。

1.1.3 结构思考

大道至简,系统思维,结构化思考,跳出庐山方能看清庐山。5G 为行业而生,必然赋能行业,作为行业发展的推手和践行者,应根植工程实践的"土壤",进一步解决用户痛点问题和促进应用落地。可从如何提问、如何判断和如何落地 3 个方面思考问题,探索现象背后的本质,延伸其背后的逻辑结构和操作技法,从而轻松地发现问题、提出方案和表达观点,如图 1-19 所示。

图 1-19　结构化思维模型示意图

1. 如何提问

保持好奇的心,遇事多思考,学会提出自己的质疑,带着问题找答案。在 5G 工程项目中,可从认识事物、梳理问题、推动落地和总结回顾 4 个方面发现问题、分析问题和解决问题,将复杂问题转换为简单的是什么、为什么、怎么做和好不好的结构化思维。

(1)是什么:旨在梳理现状,发现问题。正如乔布斯所说,"求知若饥,虚心若愚",认识事物时应学会提出疑问,或许,问一句是什么,正是开启深邃思考的金钥匙,不断提问,不断解决问题,直至接近事物的本质。例如,可从事物的定义、组成、特征、场景和影响等方面提出疑问,诸如定义是什么、由什么组成、有何特征、用于何处、有何优劣势、对周围事物有何影响等,像剥洋葱一样,每剥落一片,更接近一层真相,理解更为深刻和丰富起来。

(2) 为什么:旨在分析问题,找出差距。俗话说,"打破砂锅问到底",当遇到问题时,不人云亦云,应坚持求真务实态度,追根溯源,厘清脉络,谋定而后动。不做信息的被动接受者,主动思考,逆向思考,多问几个为什么,顺藤摸瓜,直至找到问题的答案。例如,可基于当前发现的问题、现象、事实、目标或要求等若干维度出发,提出为什么,探究事情的前因后果,不断追问,不断寻找答案,做到"知其然,知其所以然"。

(3) 怎么做:旨在确立原则,提出方案。一般地,做事可分为 3 步,定义问题、分解问题和落地执行。定义问题是解决问题的前提条件,可从两个方面加深理解,一是提出"是什么"认识事物,二是追问"为什么"厘清逻辑,进一步明确做事的目标和方向。以目标为导向,使用"因式分解法"将最终目标分解为若干阶段性目标和任务,每个任务包对应匹配清晰的工作界面、职责分工、完成时限和任务要求,从而推动问题高效解决。

(4) 好不好:旨在评估效果,衡量收益。如何衡量事情做得好不好及目标是否达成了呢? 商业行为最终脱离不了效益,而社会发展终究离不开效率,应抓住效益和效率两项关键指标,学会做简单的"加减乘除"四则运算,因此,每做一件事之前,均应考虑清楚其影响和后果,不打无准备之仗。

2. 如何判断

在项目管理中,如何判断项目好不好,如何决策项目该不该实施呢? 以目标为导向,关注项目实施的必要性和可行性,学会运用"四则运算",做增值的事,做提效的事,做顺势的事和做创新的事。

1) 必要性

做项目决策时,应站在项目长期发展的角度,理顺商业逻辑,做足"加减乘除"的文章,一是做加法,看能否给项目的固定资产或无形资产带来增值;二是做减法,看项目能否解决问题或痛点,从而进一步提升效率;三是做乘法,顺势而为,跟随科技发展的脚步和满足人们对美好生活的需求;四是做除法,解放思想,打破思维的禁锢,思考未来的价值,做创新的事,做长远有益的事。例如,在投资机会研究阶段,可根据资金时间价值原理进行项目的业务预测、财务分析和经济评价,关注项目的时间性、价值性和比率性指标,解决好项目的筛选问题和优序问题,以便进一步评估项目建设的必要性。

2) 可行性

项目决策是一门平衡的艺术,往往关系到企业的生存和发展,应通过分析、论证和比选来寻找技术上合理、经济上划算的最优解决方案。在通信工程中,项目立项前应编制项目建议书或可行性研究报告,进一步论证和评估项目建设的必要性和可行性,具体内容包括项目的建设背景、发展策略、业务预测、建设原则、方案比选、配套措施、投资估算、风险评估及经济评价等。例如,在 5G 工程建设中,以目标为导向,聚焦业务和效益,做足用户和网络的文章,进一步将项目解决方案做实、做细、做精,从而为用户提供"占得上、驻留稳、体验优"的 5G 端到端通信接入服务。

3．如何落地

项目落地是指产品或服务从构思、创造、交付和传播的闭环管理过程，也是一个价值创造、价值交付和价值传播的端到端连接过程，那么，如何确保项目高效落地和价值传递呢？以目标为导向，运用 PDCA 工具和 SMART 原则，做好项目计划、执行、跟踪和回顾等环节的闭环管理。同时，学会任务分解和过程管控，做到凡事有目标、有原则、有计划、有方案、有措施，并落实职责分工、完成时限和奖惩机制。

1）制订计划

正如《礼记·中庸》所说，"凡事预则立，不预则废"，做任何项目，只有事前考虑成熟了，确立了目标和原则，制订了可行的工作计划，做起来方能得心应手、胸有成竹。项目准备工作应抓住 4 个方面关键点，一是以目标为导向，二是基于原则做事，三是学会任务分解，四是凡事计划先行。因此，在制订项目计划和任务分解时，应明确何事，由何人，于何时、何地完成，并达到何种质量要求。例如，在通信工程中，往往采用项目批复的形式下达工程任务，其中明确载明项目名称、建设主体、实施地点、投资和建设内容、实施要求、进度要求等内容，从而为项目的目标制定和进度倒排提供依据。

2）项目执行

项目执行是项目管理的最重要环节，往往始于项目会议，统一思想认识，协调项目资源，明确分工界面、质量要求和完成时限，将项目任务逐层分解，项目经理可将任务包分发给各专业牵头人，由其组织下一层级的任务分解和项目执行工作。例如，在会议讨论中，应明确编制目的、编制要求、主要责任人、完成时限和质量要求等，向各级参与者清晰地传达何事，由何人，于何时、何地完成，以及应达到怎样的质量水平。

3）跟踪纠偏

作为项目经理，无法忽略项目过程而只看结果，应根据项目计划和目标要求，从人、机、料、法、环 5 个方面全过程监测和控制项目的实际进展情况，及时响应和处理项目实施过程中遇到的问题，及时纠偏和调整项目资源，保证项目既定目标的达成。例如，针对 5G 建设过程中遇到的瓶颈问题，组织会议讨论、专家研判、联合攻坚和测试验证，最终形成可指导项目实施的原则、方法和解决案例库。

4）项目复盘

项目复盘的重要性是不言而喻的，其主要任务是回顾目标、评估结果、分析原因、总结得失，通过日志、周报、月报等形式进一步反思和迭代，总结经验和教训，固化和形成组织过程资产，从而为下一阶段工作开展指明方向。以 5G 共建共享联合攻坚项目为例，一是固化机制流程，每日通报开通共享进度和存在问题，联合攻坚，协同作业，解决好各类项目瓶颈问题；二是总结问题案例，按专业模块梳理核心网、无线接入网和承载网等项目施工中遇到的问题，特别是非独立组网（Non-Standalone，NSA）模式下 4/5G 协同过程中遇到的瓶颈问题。

33min

1.2　工作范式

1.2.1　知识体系

作为职场新手,接到上级分派的 5G 项目任务,你是否感受到彷徨、迷茫,甚至有点不知所措?在信息泛滥的今天,有时上网搜索一下或许可找到答案,然而,下一次你不会如此幸运,当更棘手、更专业、更系统的工程项目问题出现时,你会发现这种治标不治本的操作方法会让你苦恼不已。由此可知,需要建立一套适合自己的知识体系。

1. 认知过程

搭建知识体系的目的在于学以致用和提高效率,应学会在认知、实践和积累的过程中提炼、重构和组织知识,建构系统的、有序的和显性的知识体系,如图 1-20 所示。对个人而言,知识体系内容主要包括通用知识和专业知识两方面,通用知识拓展思维的宽度和广度,例如,工程思维、做事方法、工作习惯等;专业知识则延伸思维的深度和高度,例如,技术标准、行业知识、工程经验等。唯有这两条腿走稳了,开展工作方能健步如飞。

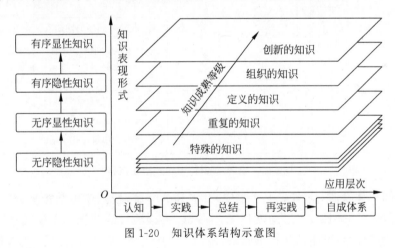

图 1-20　知识体系结构示意图

2. 知识体系

搭建知识体系主要由规划、获取、提炼和输出 4 个步骤构成,如图 1-21 所示,主要输出成果包括通用和专业知识的整理术、标准库、方案库、数据库、实物库和工具箱等内容。在 5G 通信工程中,搭建专业的知识体系的主要流程如下。

一是规划:设定目标,做好规划,搭建通用和专业知识体系。围绕 5G 项目开展,通用知识涉及思维模式、管理方法、工作习惯、软件操作等专业领域外的知识,专业知识则包括 5G 标准规范、专业技术、行业应用、工程范例及相关知识。

二是获取:分解任务,体系化收集、归档和整理知识,可存储为文档、表格、图片、视频等多种形式。数据获取的途径包括上网搜、翻书看、找人问、自己悟等,主要的梳理方法可分为 All in Box 归档法和 Archive 归档法,前者,求快,先获取后归档;后者,则求准,先搭架构后归档。

三是提炼:抓住核心,过滤无用信息,浓缩重复信息,形成条理化、模块化、案例化的知识。在 5G 项目实践中,利用好组织过程资产,在已积累和成体系的知识、技能、工具和方法上下功夫,持续发掘、优化和拓展新的知识点,最终,输出系统的有条理的且可指导实施的项目技术库、工程范例库、操作流程指引、项目问题案例库等一系列知识体系库。

四是输出:以终为始,须知实践方可见真知,根据不同项目对模块化知识进行关联、重构、实践、优化和完善,以项目知识体系指导工程开展和提升工作效率。

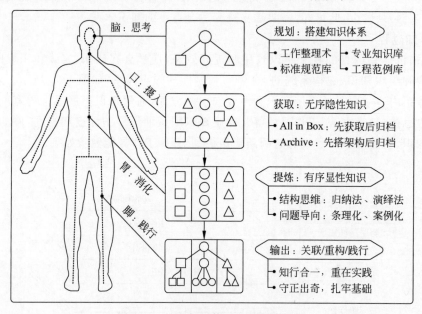

图 1-21 工程知识体系及其搭建流程

在搭建知识体系时,应围绕中心主题,开展任务分解,按照逻辑结构来分组归类,输出结构化的知识体系。例如,可运用软件工具将 5G 工程项目的知识体系梳理成一张思维导图,从而建立直观的知识体系和思维脉络,做到一张图驾驭一套知识体系。以 5G 项目团队建设为例,可对所承接的 5G 工程项目进行目标分解和指标量化,从项目管理、项目培训、课题攻关、成果归档、团队建设、产品输出和职业规划等方面组织和管理项目知识体系,最终形成系统的可指导生产的组织过程资产,如图 1-22 所示。

3.标准规范

标准规范是统一的技术要求,是共同遵循的规则,是前辈智慧的结晶。见贤思齐,标准化是提升思维能力的一条捷径。正如韩愈《师说》所说,"闻道有先后,术业有专攻",你已不是 5G 路上的第一人,何不借助前辈积淀、固化和输出的海量技术标准来快速提升你的专业

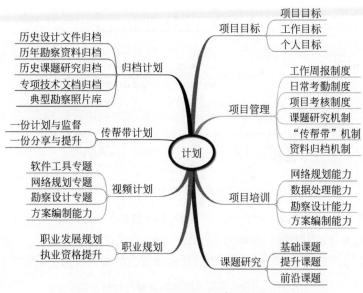

图 1-22　5G 项目团队建设的知识体系图

素养和实践技能。一般情况下,标准规范可分四级,国际标准、国家标准、行业标准、企业标准及相关技术规范书。下面以查阅 3GPP 5G 无线侧协议规范为例,介绍规范编号、规范系列号、规范文档号、获取规范及查阅规范的相关方法。

1）规范编号

3GPP 规范命名规则主要由"3GPP＋TS(或 TR)＋系列号＋文档号＋版本号"组成,系列号和文档号之间由点号"."分隔。例如,3GPP TS 38.300 V15.6.0 代表的是 3GPP 协议规范中 38 系列 5G 无线侧协议规范,其中,TS 代表技术规范,38 代表系列号,300 代表文档号(38 系列下特定规范的文档编号),V15.6.0 代表版本号(R15 版本的 6.0 子版本),如图 1-23 所示。

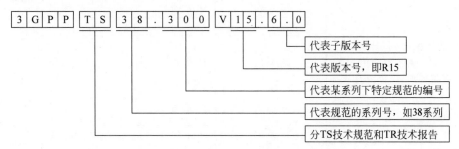

图 1-23　3GPP 协议规范编号规则

从 3GPP 官网下载对应的协议规范后,打开规范便可发现协议规范编号、版本号、文档名称及相关信息,如图 1-24 所示。

2）规范系列号

3GPP 协议规范主要由 4～5 位数字组成的规范编号,例如,TS 09.02 或 TS 29.002,其中,

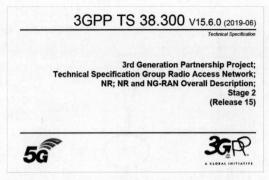

图 1-24　3GPP 协议规范编号规则示例

前两位数字定义为规范系列号,可在 3GPP 网站的导航栏"Specification(规范)→Specification Numbering(规范编号)"中查询。查询 5G 的系列号时,主要看"3G 及以上/ GSM(R99 及更高版本)"中对应主题的系列号,例如,5G 无线网侧协议规范的系列号为 38,如表 1-2 所示。

表 1-2　3GPP 规范系列主题与编号的对应关系

规范系列的主题	3G 及以上/GSM (R99 及更高版本)	仅 GSM (Rel-4 及更高版本)	仅 GSM (Rel-4 之前)
一般信息(已久不复存在)	—	—	00 系列
需求	21 系列	41 系列	01 系列
业务定义与描述相关(协议制定第 1 阶段)	22 系列	42 系列	02 系列
系统结构和技术实现相关(协议制定第 2 阶段)	23 系列	43 系列	03 系列
用户设备到网络的信令协议(协议制定第 3 阶段)	24 系列	44 系列	04 系列
无线侧技术	25 系列	45 系列	05 系列
编解码器	26 系列	46 系列	06 系列
数据定义	27 系列	47 系列(不存在)	07 系列
无线系统至核心网(RSS-CN)的信令协议(协议制定第 3 阶段),操作与维护、计费相关	28 系列	48 系列	08 系列
核心网内的信令协议(协议制定第 3 阶段)	29 系列	49 系列	09 系列
编程管理	30 系列	50 系列	10 系列
用户识别模块(SIM/USIM)、IC 卡、测试	31 系列	51 系列	11 系列
操作与维护(OMA&P)、计费	32 系列	52 系列	12 系列
访问要求和测试规范	—	13 系列(欧盟特定标准)	13 系列(欧盟特定标准)
安全方面	33 系列	(跨多系列的主题)	(跨多系列的主题)
UE 和 USIM 测试规范	34 系列	(跨多系列的主题)	11 系列

续表

规范系列的主题	3G 及以上/GSM （R99 及更高版本）	仅 GSM （Rel-4 及更高版本）	仅 GSM （Rel-4 之前）
安全算法	35 系列	55 系列	（由 GSM 协会控制）
LTE 无线侧技术	36 系列	—	—
多制式无线接入技术	37 系列	—	—
5G 无线侧技术	38 系列	—	—

3）规范文档号

在查询到协议规范的系列号后，单击打开对应的链接即可进入对应系列协议规范列表页面，此时，可以查询规范编号及其对应的主题名称，主要分类为整体描述、基站、终端、空口物理层(L1)、空口协议(L2/L3)、NG 接口、Xn 接口、E1 接口、F1 接口及相关研究课题，如表 1-3 所示。

表 1-3　3GPP 5G 无线侧主要规范主题与编号的对应关系

分类	规范编号	规范英文名称	规范中文名称
整体描述	TS 38.300	NR；NR and NG-RAN Overall description；Stage-2	NR；NR 和 NG-RAN 整体描述
基站	TS 38.104	NR；Base Station (BS) radio transmission and reception	NR；基站无线发射和接收
基站	TS 38.113	NR；Base Station (BS) ElectroMagnetic Compatibility (EMC)	NR；基站电磁兼容性(EMC)
基站	TS 38.133	NR；Requirements for support of radio resource management	NR；支持无线资源管理的要求
基站	TS 38.141-1～2	NR；Base Station (BS) conformance testing	NR；基站一致性测试
空口物理层(L1)	TS 38.201	NR；Physical layer；General description	NR；物理层总体描述
空口物理层(L1)	TS 38.202	NR；Services provided by the physical layer	NR；物理层功能和服务
空口物理层(L1)	TS 38.211	NR；Physical channels and modulation	NR；物理层帧结构、信道与调制
空口物理层(L1)	TS 38.212	NR；Multiplexing and channel coding	NR；复用与信道编码
空口物理层(L1)	TS 38.213	NR；Physical layer procedures for control	NR；物理层控制流程
空口物理层(L1)	TS 38.214	NR；Physical layer procedures for data	NR；物理层数据流程
空口物理层(L1)	TS 38.215	NR；Physical layer measurements	NR；物理层测量
空口协议(L2/L3)	TS 38.314	NR；Layer 2 measurements	NR；层 2 测量
空口协议(L2/L3)	TS 38.321	NR；Medium Access Control (MAC) protocol specification	NR；介质访问控制(MAC)协议规范
空口协议(L2/L3)	TS 38.322	NR；Radio Link Control (RLC) protocol specification	NR；无线链路控制(RLC)协议规范
空口协议(L2/L3)	TS 38.323	NR；Packet Data Convergence Protocol (PDCP) specification	NR；分组数据汇聚协议(PDCP)规范
空口协议(L2/L3)	TS 38.331	NR；Radio Resource Control (RRC)；Protocol specification	NR；无线资源控制(RRC)协议规范
空口协议(L2/L3)	TS 38.340	NR；Backhaul Adaptation Protocol (BAP) specification	NR；回程适配协议(BAP)规范

续表

分类	规范编号	规范英文名称	规范中文名称
接口架构	TS 38.401	NG-RAN；Architecture description	NG-RAN；总体架构
NG 接口	TS 38.410	NG-RAN；NG general aspects and principles	NG-RAN；NG 接口概述及其原则
	TS 38.411	NG-RAN；NG layer 1	NG-RAN；NG 接口物理层（L1）相关技术
	TS 38.412	NG-RAN；NG signaling transport	NG-RAN；NG 接口信令传输协议
	TS 38.413	NG-RAN；NG Application Protocol（NGAP）	NG-RAN；NG 接口应用协议（NGAP）
	TS 38.414	NG-RAN；NG data transport	NG-RAN；NG 接口数据面传输协议
	TS 38.415	NG-RAN；PDU session user plane protocol	NG-RAN；PDU 会话用户平面协议
Xn 接口	TS 38.420	NG-RAN；Xn general aspects and principles	NG-RAN；Xn 接口概述及其原则
	TS 38.421	NG-RAN；Xn layer 1	NG-RAN；Xn 接口物理层（L1）相关技术
	TS 38.422	NG-RAN；Xn signaling transport	NG-RAN；Xn 接口信令传输协议
	TS 38.423	NG-RAN；Xn Application Protocol（XnAP）	NG-RAN；Xn 接口应用协议（XnAP）
	TS 38.424	NG-RAN；Xn data transport	NG-RAN；Xn 接口数据面传输协议
	TS 38.425	NG-RAN；NR user plane protocol	NG-RAN；NR 接口用户面协议
E1 接口	TS 38.460	NG-RAN；E1 general aspects and principles	NG-RAN；E1 接口概述及其原则
	TS 38.461	NG-RAN；E1 layer 1	NG-RAN；E1 接口物理层（L1）相关技术
	TS 38.462	NG-RAN；E1 signaling transport	NG-RAN；E1 接口信令传输协议
	TS 38.463	NG-RAN；E1 Application Protocol（E1AP）	NG-RAN；E1 接口应用协议（E1AP）
F1 接口	TS 38.470	NG-RAN；F1 general aspects and principles	NG-RAN；F1 接口概述及其原则
	TS 38.471	NG-RAN；F1 layer 1	NG-RAN；F1 接口物理层（L1）相关技术
	TS 38.472	NG-RAN；F1 signaling transport	NG-RAN；F1 接口信令传输协议
	TS 38.473	NG-RAN；F1 Application Protocol（F1AP）	NG-RAN；F1 接口应用协议（F1AP）
	TS 38.474	NG-RAN；F1 data transport	NG-RAN；F1 接口数据面传输协议
	TS 38.475	NG-RAN；F1 interface user plane protocol	NG-RAN；F1 接口用户面协议

续表

分类	规范编号	规范英文名称	规范中文名称
终端	TS 38.101-1～4	NR；User Equipment (UE) radio transmission and reception	NR；用户终端无线发射和接收
	TS 38.124	NR；Electromagnetic compatibility (EMC) requirements for mobile terminals and ancillary equipment	NR；移动终端和辅助设备电磁兼容(EMC)要求
	TS 38.151	NR；User Equipment (UE) Multiple Input Multiple Output (MIMO) Over-the-Air (OTA) performance requirements	NR；用户终端多进多出(MIMO)空口传输性能要求
	TS 38.304	NR；User Equipment (UE) procedures in idle mode and in RRC Inactive state	NR；用户终端空闲态和非活动态的接入过程
	TS 38.305	NG Radio Access Network (NG-RAN)；Stage 2 functional specification of User Equipment (UE) positioning in NG-RAN	NR 用户终端定位相关协议
	TS 38.306	NR；User Equipment (UE) radio access capabilities	NR；用户终端无线接入能力
	TS 38.307	NR；Requirements on User Equipments (UEs) supporting a release-independent frequency band	NR；释放无关频段的用户终端要求
	TS 38.508-1～2	5GS；User Equipment (UE) conformance specification；	5GS；用户终端一致性规范
	TS 38.509	5GS；Special conformance testing functions for User Equipment (UE)	5GS；用户终端一致性测试
	TS 38.521-1～4	NR；User Equipment (UE) conformance specification；Radio transmission and reception；Part 1：Range 1 standalone	NR；用户终端一致性规范；无线发射和接收
	TS 38.522	NR；User Equipment (UE) conformance specification；Applicability of radio transmission，radio reception and radio resource management test cases	NR；用户终端一致性规范；无线发射、接收及无线资源管理测试案例适用性
	TS 38.523-1～3	5GS；User Equipment (UE) conformance specification；Part 1：Protocol	5GS；用户终端一致性规范；协议、实现和测试
	TS 38.533	NR；User Equipment (UE) conformance specification；Radio Resource Management (RRM)	NR；用户终端一致性规范；无线资源管理(RRM)
其他	TS 38.171	NR；Requirements for support of Assisted Global Navigation Satellite System (A-GNSS)	NR；支持辅助全球导航卫星系统(A-GNSS)的要求
	TS 38.173	TDD operating band in Band n48	n48 频段的 TDD 工作频段
	TS 38.174	NR；Integrated Access and Backhaul (IAB) radio transmission and reception	NR；集成接入和回程(IAB)无线电发射和接收

续表

分类	规范编号	规范英文名称	规范中文名称
其他	TS 38.175	NR；Integrated Access and Backhaul（IAB）Electromagnetic Compatibility（EMC）	NR；综合接入和回程（IAB）的电磁兼容性（EMC）
	TS 38.455	NG-RAN；NR Positioning Protocol A（NRPPa）	NG-RAN；NR 定位协议 A（NRPPa）
	38.8xx-38.9xx	Study on XXX	相关技术的研究

4）获取规范

可通过网页下载或 FTP 下载的方法获取规范，主要操作步骤如下。

（1）网页下载：可针对性下载所需的协议规范。单击对应规范的链接，即可跳转到规范的详情页，选择所需的协议规范下载，如图 1-25 所示。

图 1-25　使用网页获取 3GPP 系列规范的方法

（2）FTP 下载：可批量下载相关协议规范。操作方法为使用 FTP 客户端，输入主机地址，设置本地地址和远端地址，单击下载对应的协议规范，如图 1-26 所示。

5）查阅规范

（1）站在全局视角，抓住总体纲领性文档，带着问题去查阅规范，找出问题在 5G 系统及其分层网络中的位置。例如，TS 23.501 为 5G 系统总体架构描述，TS 29.500 为 5G 核心网基于服务架构描述，TS 38.300 为无线接入网总体架构描述。

（2）学会顺藤摸瓜，结合总体架构描述和系列规范主题列表，准确找到所需的协议规范，查阅对应的文档目录，准确定位问题，从协议规范中找出问题的答案。

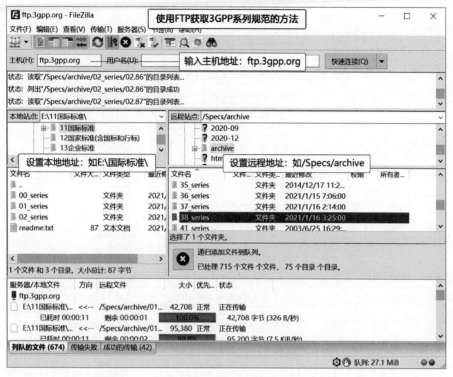

图 1-26　使用 FTP 获取 3GPP 系列规范的方法

（3）抓住纲领性标准协议，按需展开每个章节或模块，这是一张极好的学习路线图。以 3GPP TS 38.300 为例，组网架构可查阅"总体架构和功能划分"，分解问题和流程可查阅"物理层""层 2/层 3""无线资源控制（RRC）"等，推动落地可从 3GPP TS 38.300 标准协议中的"垂直行业支持"章节找到答案，如图 1-27 所示。

1.2.2　工作习惯

"日事日毕，日清日高"是一套朴素的项目管理思维，给自己定个小目标，每天的工作按既定目标完成、工作不过夜，每天都有小进步，可从办公桌、文档系统、事项清单和电子邮件 4 个方面养成高效的工作习惯。

1. 办公桌

试想，在 5G 规模部署的目前，工作的压力已经让你喘不过气了，每天你还得面对乱糟糟的办公桌，你是否还能舒心地投入工作中？不妨腾出十分钟，使用系统化思维，打造属于你的一平方幸福感，还你一个简洁别致、井井有条的办公桌。整齐摆放不是整理，它包含两层意思，首先是规整，使物品有条理有秩序；其次是梳理，按使用频率进行厘清，办公桌整理范式如图 1-28 所示。

追求效率，打造极简工位，桌面分区管理、抽屉切割归类、物品摆放有序、文件归纳合

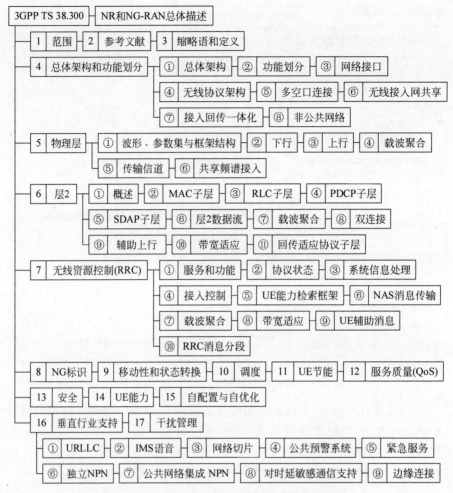

图 1-27　NR 和 NG-RAN 总体描述纲领性协议

理,物尽所用,力求精简,做到拎包上班、顺利切入工作状态。

1)桌面:分区管理

整理不是目的,其最终目的是固化物品定位,用时可触手可及,用完可迅速归位,减少桌面整理的时间和精力,让大脑更专注于工作的目标,进一步提升工作效率。结合工作习惯和处事方法,建议将桌面划分为核心区、边缘区。核心区固定放置办公"三件套",即笔记本电脑、鼠标和记事本;边缘区则按使用频率分为固定物品和活动物品,将文件盒、收纳箱等物品固化在触手可及的桌面边缘,按需将固化物品"激活"并置于活动区域,用完随时归位。

(1)拎包上班,到达工位后,从背包里抽出笔记本电脑、鼠标、记事本等物品,将其摆放在办公桌面的核心区,给计算机接上电,开机即可无脑式切入工作状态。

(2)规划好物品清单及其摆放位置,同类物品只保留一件处于活动状态,并且核心区只保留当前工作所需的物品,例如,笔记本电脑、鼠标、记事本、签字笔及需处理的文件等,不

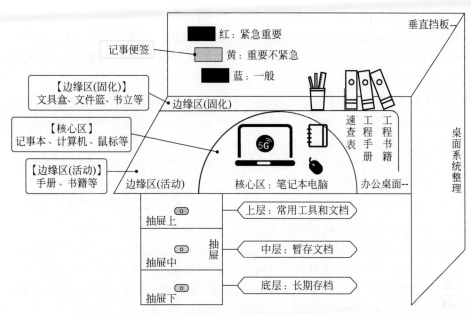

彩图

图 1-28 办公桌整理范式

使用的物品按使用频率随手放入固定位置的文件盒、收纳箱或抽屉内，做到收放自如。

（3）分层划分好抽屉的用途，按不同使用频率将物品收纳到抽屉中，上层存放常用的工具、文具等物品，中层存放过渡、暂存的文档或物品，底层存放长期归档的文件或物品。

（4）巧用记事便签，记录和处理不同重要等级的事项，避免陷入繁杂的日常工作中，可使用红、黄、蓝三色便签纸对应记录紧急重要、重要不紧急、一般等不同重要等级的事项，贴于办公桌面的垂直挡板上，以及时跟踪和处理，处理完成即可撤销。

2）抽屉：切割归类

抽屉主要用来收纳和存放工具、文具及各类工程文档，区别于分区管理的桌面整理方式，其整理要诀在于分层管理、分块切割，如图 1-29 所示。

（1）除办公桌面必须保留的物品外，可将使用频次相对较低的工具、文具及各类工程文档分类整理到抽屉中，采取分层管理的方式，上层抽屉存放常用的工具和文具，使用时伸手可及，轻松操作；中层抽屉存放使用频次相对较高的工程文档、私密文件，使用时弯腰可获取，方便使用；底层抽屉则存放长期存档的工程文件、档案，需要时方打开使用。

（2）对不同抽屉中的物品再细化分类，使用收纳盒或隔板将其分块切割管理，同类物品收纳于指定的收纳盒或切割区内，使用频次高

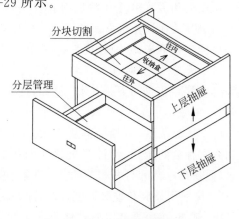

图 1-29 抽屉整理范式

的物品往外存放,其余依次往内存放。

(3)不妨建立一张办公物品存放清单,记录好物品信息、分类项目、存放位置等信息,每新增一项物品对应地在表格中添加一项信息,并将物品存放于固定的抽屉或收纳盒中。

3)物品:归纳有序

物品整理的目标是用时伸手可及,归位迅速有序。从物品分类做起,将桌面上的文具、文件、书籍等物品分门别类,同类物品只保留一件必需品,尽量保持桌面整洁,其余物品存放于文具筒、文件夹、书立等收纳工具中。

(1)借助收纳工具,做到收放自如。例如,将铅笔、签字笔、荧光笔等收纳到文具筒中,留在笔记本旁是最常用的签字笔,随时记录下自己的想法。

(2)借助标签纸和燕尾夹辅助分类和固定。例如,将零散、无序的文件分类整理好,每类贴上标签纸,使用燕尾夹固定并存放于文件盒或档案袋中,归纳好凌乱的文件。

(3)理顺工作习惯,以方便提取为原则,物品竖着摆放,不堆叠。例如,将书籍、杂志、文件盒竖立摆放,避免因物品大量堆叠抽取时出现杂乱无章的局面。

(4)充分利用垂直挡板,能上墙的都上墙,让收纳空间立体化。例如,在挡板上贴上记事便签或日历,以及时提醒推进事项。

2. 文档系统

除了办公桌整理,在计算机文档整理过程中,你是否也遇到过这样尴尬的情况,"众里寻他千百度",那文件仍散落在某个未知的角落。随着时间的推移,你开始慢慢地遗忘了文件存放的位置了,每次漫无目的地进行搜索正不知不觉地吞噬着你的专注力和行动力。

1)计算机桌面整理

计算机桌面是开启高效办公的一扇窗户,正是透过这扇窗户建立与世界的联系的。计算机桌面整理的目标为追求简约和高效工作,其主要遵循分区管理、分类归纳、按使用频次存放的原则。可将状态栏、开始屏幕、计算机桌面上的快捷方式、文件夹及相关文件梳理和固定在指定位置,以便快捷访问和高效工作,如图1-30所示。

可按使用频次和重要程度对软件快捷方式、文件夹及相关文件进行分类归纳,规范命名并固定存放在计算机桌面的对应分区中,用时触手可及,减少额外干扰,让大脑更专注于工作目标。接下来,分别对状态栏、开始屏幕、计算机桌面及事项便签整理范式说明如下。

(1)状态栏:按使用频次将检索类、交流类和办公类工具的快捷方式固定到状态栏上,使用时直接单击即可开展工作,例如,搜索文件、打开文件夹、上网浏览、信息交流、文档处理等。

(2)开始屏幕:开始屏幕从 Windows 8 系统开始出现,可按照分区管理、分类归纳、按使用频次存放的原则,将计算机软件的快捷方式分类整理并固定到开始屏幕的"九宫格"中,以便快捷查找和打开相关软件。主要使用方法如下:

① 按使用频次和重要程度,将软件的快捷方式分为频繁使用、经常使用、偶尔使用等不同等级,例如,将每天必用的软件定义为频繁使用,将每周必用的软件定义为经常使用,将其他的软件定义为偶尔使用,自上到下依次排序。

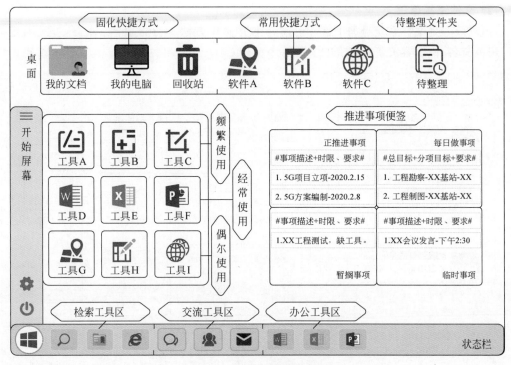

图 1-30 计算机桌面整理范式

② 按软件功能和类型,将同一类型软件的快捷方式分为一类并固定到同一个磁贴组中。例如,可将 Word、Excel、PowerPoint 等办公软件归为一类,存放在同一个磁贴组中,从左到右依次排列。

(3)计算机桌面:桌面整理追求的是效率,其做法为分区管理和定期整理,将杂乱无章的快捷方式、文件夹及相关文件分区、分类和固定在合理的位置,以便快捷查找和使用。

① 分区管理:可在计算机桌面划定区域和固定文件夹,将桌面文件分为固化快捷方式、常用快捷方式及待整理文件夹等,例如,将"我的文档""我的计算机""回收站"定义为固化快捷方式,以便快速打开对应磁盘或文件夹入口。此外,借助桌面分区工具,例如,Fences 软件,将不同类型的快捷方式、文件夹及相关文件对应地存放到栅格化的桌面分区中,做到规范有序、井井有条。

② 定期整理:当天的工作当天完成,每日清理桌面文件并归档到对应磁盘的文件夹中。当天无法完成的工作及相关文件则存放到"待整理文件夹"中,次日持续跟踪和推进。

(4)事项便签:使用四象限法将推进事项分为正在推进事项、每日必做事项、暂搁事项和临时事项。例如,按照"事项描述＋时限要求"命名方法,将重要事项的便签贴到计算机桌面上,以便时刻跟踪各项任务的开展情况。

2）文件系统整理

追求效率是文件系统整理的终极目标，主要操作方法为分区管理、分类整理、固定排序、规范命名、同步容灾等，如图 1-31 所示。

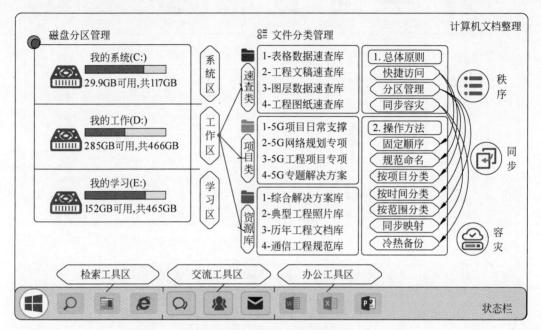

图 1-31　文件系统整理范式

（1）分区管理：明确磁盘功能定位，将磁盘分区管理。例如，C 盘作为系统盘，使用固态硬盘，只存放系统软件及临时下载文件；D 盘为工作盘，使用机械硬盘，主要存放与工作相关的数据、文档和图纸等资料；E 盘为学习盘，使用机械硬盘，主要存放除工程项目外的资料。

（2）分类整理：做事要有目标、有原则和有方法，方可张弛有度、游刃有余，文件系统整理也不例外，其主要的追求目标为文件伸手可及，使用高效安全，并遵循秩序、同步和容灾的管理原则。建立长期的、固化的、统一的文档管理体系，可将日常工作文档分为 3 类，即速查类、项目类和资料库，从而做到进可攻、退可守。

❑　速查类：主要解决两分钟内的细小而烦琐的问题，例如，客户关心的指标、参数或固化的范本等，可归纳为 Excel 表格、Word 文档、PPT 文案、规划图层库等。

❑　项目类：主要跟进工程项目和研究课题，按常规项目和专题研究，例如，按项目工期、名称命名或按专题名称命名，保持长期跟进，虽时间跨度较大，但不易杂乱。

❑　资料库：主要解决知识储备和思维外拓的问题，不打无准备之仗，例如，长期收集的工具库、案例库、规范库等，一旦使用，就可轻松应付。

（3）固定排序：按事情的重要性和优先级进行梳理和安排，给文件夹及相关文件添加顺序编号，以便提高文件查找效率。编号顺序为，首先，将速查类文件夹及文件排在最前面；其次，放置工程项目和支撑工作文件夹；最后，才是长期跟踪的资料库和案例库。

（4）规范命名：主要解决文件或文件夹有序存放和快速检索的问题。这是一条铁律，无论工作多紧急，文件存放命名得要规范化，例如，采用"编号＋项目名称＋文档主题＋编制日期＋版本号"或者"编号＋数据来源＋文档分类＋文档名称＋获取日期"的命名方法。一旦良好习惯养成，便可轻松查找和使用长期积累的文档资料了。

（5）同步容灾：要有危机意识，数据同步备份，建立长期、稳定、安全的资料库。主要操作方法如下：

- 要有危机意识，将数据冷热备份，分别存放在不同的地方，一旦遭到毁坏，立即启用备份方案。例如，定期将计算机的核心数据备份到移动硬盘上，而且使用统一的文档管理体系。
- 建立起各存储单元的映射关系，将脑海中的想法和数据，一一对应映射到笔记本电脑、移动硬盘、网盘、邮箱等存储单元中，随时刷新数据，同步数据。例如，做完一套规划方案，检查无误后，第一时间通过邮件分发出去，避免下一秒数据的损毁或丢失。

3．事项清单

善用笔记本，好记性不如烂笔头。工程项目是有时限要求的，制订计划时要学会任务分解，项目执行时要学会时间管理，将事项清单梳理出来，按轻重缓急排出优先级，抓住关键节点事项，重点突破和解决，推动项目高效落地。

（1）以目标为导向，将达成项目所需事项逐一记录下来，明确事项内容、交付时间、交付要求及交付对象，形成清晰的事项清单。

（2）抓住关键事项，按事项重要性和紧急程度排出优先级，做好时间规划和工序安排，重点突破和解决制约瓶颈问题。

（3）随手记录，随时关注。将事项清单记录于笔记本中或事项清单 App 中，倒排好时间计划，随时跟进事项，推动项目任务的落实。

（4）学会回头看，做好总结回顾。每项任务完成后，以及时校验和确认，打个"勾"，在总结思考中成长和成熟起来。

4．电子邮件

邮件沟通是职场的硬技能，也是交付的正式渠道，例如，建设单位以邮件形式下发派工单、转发重要文件，设计单位以邮件形式分发设计图纸、输出解决方案。

1）邮箱名称：对外展示形象的名片

邮件是代表公司向客户输出成果和展示形象的名片，一般应采用公司域名或主流邮箱作为后缀，例如@abc.com、@163.com 等。邮箱名称应易于辨识，让人读到邮件列表一眼就认出来你是谁，例如邮箱名使用姓名拼音、英文名、电话号码等，切忌使用昵称拼音、纯数字等作为公司邮箱名。

2）邮箱客户端：学会系统管理邮件

像专业职场人士一样，学会使用邮箱客户端管理邮件，一般应选取主流的、跨平台的、服务稳定且界面友好的邮箱客户端，例如网易邮箱大师、Foxmail 等。在使用前，应设置好邮件存放位置、收发文件夹、邮件签名等,例如将邮件固定存放于非系统盘(如 D:\10-我的邮件系统),长期管理和使用,避免因重装系统而造成存储多年的邮件丢失。

3)邮件夹:在邮件处理中积累和成长

设置和固化邮件夹,将不同主题的邮件分门别类归档其中,定期维护和更新,建立自己的邮件管理系统。例如,继承计算机文档管理的处理方法,将邮件夹分为速查类、项目类和资料库,速查类主要存放常需抽取查询的邮件,可随时翻阅邮件调取"知识矩阵"中的模块化数据,以便快速处理各种工作。

4)处理方法:邮箱管理的 4D 方法

追求效率,学会 4 项邮件处理方法,即行动(Do)、转发(Delegate)、搁置(Defer)和删除(Delete),使用最短的时间将邮件处理、归纳和安排出去。两分钟可处理的邮件,实施行动动作,随手处理完成,例如,统计和填报 5G 项目日报表、规划规模等。作为中间协调人,负责事项的统筹和安排,接收到邮件后仔细阅读一遍,了解清楚要处理的事项和对应的接口人,执行转发动作,明确交付时限和要求,转发给各项目负责人由其落实执行。对于短时无法处理的事项,按其重要性和紧迫程度,执行搁置动作,先放一放,抽取集中的时间段先研读、再分发和处理。对于垃圾邮件或无关信息,可执行删除动作,直接过滤和删除。

5)邮件内容:言简意赅沟通工作事项

邮件内容应能言简意赅表达发出此封邮件的目的、需协作的内容、完成时限及工作要求等,应从接收对象、邮件标题、邮件正文、附件及签名等细节处着手编写。

(1)接收对象:主送需处理此封邮件的人,抄送需关注此项工作的人。

(2)邮件标题:主题应言简意赅,一句话表达此封邮件要处理的事项及完成时限,例如,"关于编制 2020 年 A 运营商 5G 专项规划方案的通知//反馈时间:2020 年 XX 月 XX 日 18:00 前"。

(3)邮件正文:运用项目管理思维简明扼要地表达需处理的事项,明确由何人、于何时、何地、如何处理此封邮件,逐条逐项表达要处理的事项、输出的要求和完成的时限。一般地,在邮件开头开门见山地表达此封邮件需处理的事项、总体要求及完成时限,然后在正文中明确表达你的需求或要求、说明事项的重要性或背景,最终强调完成此项工作的时限,让人能够清晰地把握你的思路,轻松输出你需求的产品。

(4)附件及签名:在工程实践中,邮件附件是必不可少的,包括工程图纸、设计方案等,在邮件正式发出之前注意检查邮件附件命名是否规范和完备。此外,作为正式邮件,签名也是必不可少的,留存好邮箱地址、联系电话等信息以便对方遇到疑问时及时沟通。

1.2.3　工程模板

在 5G 工程项目中,不仅需要培养扎实的技术素养,还需掌握高效的工作方法,应学会积累、归纳和建立知识体系,例如,工程模板库、解决方案库和工程实物库,从而推动 5G 项目快速落地。

1．工程模板

模仿是最好的老师，可建立一套标准化的模板库，将规则类、模板类、往期作品等范例文本梳理成工程模板，例如，图纸模板、文案范本、数据样表等，并根据不同的项目需求延伸出个性化的解决方案，从而有效地推动 5G 工程项目落地，如图 1-32 所示。

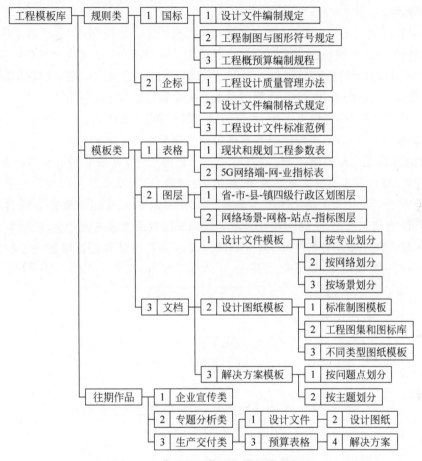

图 1-32　典型的通信工程模板梳理方法

根据上述文档结构，首先，分组建立文件夹，每个文件固化数字编号，例如，"01 规则类""02 模板类""03 往期作品"等；其次，收集和建立对应文档，将其归类到对应文件夹中，例如，使用 Excel 创建"5G 网络端-网-业指标一览表.xlsx"，并将其固化编号后存放到"/模板类/01 表格/"文件夹下；此外，要学会从长期工作中提炼出规范模板，创建独立文件夹存放，以便后期重复使用和高效工作。

1）规则类

作为制作模板的标准和依据，要学会收集规则并从中找寻答案。

（1）国标：从国家标准和行业标准中找答案，强制性标准必须执行，推荐性标准可参考执行。例如，YD/T 5211—2014《通信工程设计文件编制规定》、YD/T 5015—2015《通信工程制图与图形符号规定》等。

（2）企标：从团体标准和企业标准中细化和制定落地要求，一般企业标准的要求会高于国家标准和行业标准，并制定符合企业执行的质量管理办法、文件编制格式要求及相关文件编制范例，例如，QB/CU 173(2020)《中国联通 5G NR 数字蜂窝移动通信网技术体制》。

2）模板类

作为项目落地的主要参考，要学会编制和使用模板。

一般来讲，企业的模板往往涉及设计文件模板（∗.doc）、演示文稿模板（∗.ppt）、工程图纸模板（∗.dwg）、网络规划图层（∗.tab）及数据统计表格（∗.xls）等，主要用于标准化输出设计文件、施工图纸、解决方案、规划图层及相关参数表格等。

（1）表格类：在 5G 通信工程中，数据表格可按专业、项目阶段、工作内容及关联表格等类型进行梳理，进一步建立系统的可速查的基础数据库。

（2）图层类：在 5G 网络规划、勘察设计及工程施工中，可按不同的行政区划、覆盖场景、网络网格、基站位置等场景类型梳理点、线、面的地理图层。

（3）文档类：设计文件是反映产品全貌的技术性文件，用于组织和指导项目的实施和交付。在 5G 通信工程中，不同的建设阶段会编制不同深度要求的设计文件，主要涉及设计文件、设计图纸和解决方案等产品，可按不同专业、网络、场景和主题编制满足各种应用需求的文档模板和工程图库，如图 1-33 所示。

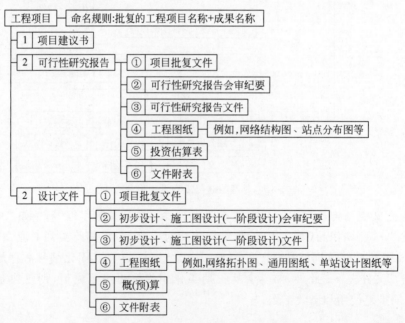

图 1-33　工程设计文件的组织和梳理方法

3）往期产品

可从企业生产交付过程中的宣传文稿、专题报告和碎片化成果中收集、整理和提炼精华部分,用于工程模板的编制参考。

2．解决方案

模板库是照着葫芦画瓢,仅能解决共性问题,方案库则是激发灵感与引领创新的利器。提供两条工作思路,一是掌握梳理问题的方法,看清楚"是什么",问清楚"为什么",想清楚"怎么做",推动问题朝着正确的方向开展;二是充分利用组织过程资产,从模板库中对齐标杆,从方案库中激发灵感,借助固化的模板、案例及实物推动 5G 工程项目落地。

在 5G 工程项目中,解决方案库的梳理可分为 All in Box 归档法和 Archive 归档法:前者,求快,先收纳到临时文件夹,然后归纳到指定文件夹,建立一套文档中转站系统;后者,则求准,先建档,进行系统编号和设计好目录,然后将文件分类存放到预先创建的文件夹中,形成一套知识管理系统,如图 1-34 所示。

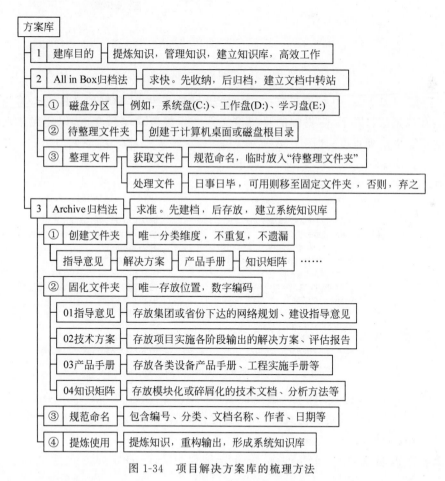

图 1-34　项目解决方案库的梳理方法

1）All in Box 归档法

主要解决临时文件归档问题,采取先收纳后归档的处理方式建立文档中转系统。

(1) 磁盘分区:将系统磁盘划分为 3 个盘,C 盘为系统盘,用于安装系统文件;D 盘为工作盘,用于存放工作相关文件,可根据项目建立细化的文件夹;E 盘为学习盘,用于存放自我提升的学习素材,例如,"11 国际标准""12 国家标准""18 技术文档""19 标准图集"等,如图 1-35 所示。

图 1-35　计算机磁盘分区示例

(2) 待整理文件夹:在计算机桌面或磁盘根目录下建立"待整理文件夹",将当天产生的文件均存放到该目录下,需提醒的是每份文件应先规范命名后存入,以免无语义的文件过多而徒增后期整理难度,如图 1-36 所示。

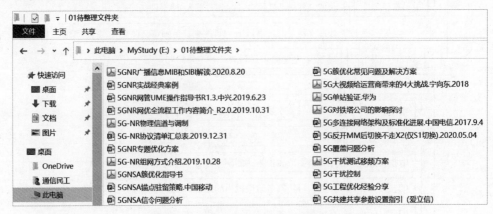

图 1-36　待整理文件夹的文件存放示例

(3) 整理文件:坚持长期积累,做到日事日毕,学会"断舍离",对于可用的文件进行规范命名、分类存放,移到固定文件夹中,否则弃之,如图 1-37 所示。

2) Archive 归档法

主要解决海量文件的归档问题,采取先编码后归档的处理方式建立结构化文档系统。

(1) 创建文件夹:采取唯一分类维度,以思维导图或树状结构方式创建文件夹目录,做到不重复、不遗漏。例如,在 Windows 操作系统中,可使用 Excel 表格或 TXT 文本创建好文件夹名称,然后运用"MD+文件夹名称"批处理命令快速、批量创建文件夹。

图 1-37　整理后的技术文档示例

（2）固化文件夹：建立唯一的文件夹存放位置，可采取"数字编码＋文件夹名称"的命名方式将文件夹固定在磁盘中的指定位置，避免后期文件夹过多而导致查找困难的问题，例如，"01 指导意见""02 技术方案""03 产品手册""04 知识矩阵"等。

- ❑ 01 指导意见：存放集团或省份下达的网络规划、建设指导意见，包括通知公函、指导意见及相关附表等。

- ❑ 02 技术方案：存放项目实施各阶段输出的解决方案、评估报告，例如，铁塔地勘报告、基站勘察报告、网络优化报告等。

- ❑ 03 产品手册：存放各类设备产品手册、工程实施手册，例如，BBU5900 产品硬件培训文档、Qcell 5G 产品快速安装指南等。

- ❑ 04 知识矩阵：存放模块化或碎屑化的技术文档、分析方法等，例如，NR 峰值速率计算表、eMBB 带宽估算表、NR RLC 层协议介绍等。

（3）规范命名：规范命名是快速检索的前提，所归档文件应先规范命名后方可存入指定文件夹，文件命名应包括编号、分类、文档名称、作者、日期等，例如，"【技术白皮书】5G 时代新型基础设施建设白皮书.国家信息中心.2019.11""01-基础数据-广西 A 运营商 5G 网络基础数据速查表-张三-20200429"等。

（4）提炼使用：归档的目的在于提升工作效率，应学会从海量方案库中提炼知识，重构知识，形成系统的知识库。例如，将编制规范的解决方案单独抽取出来并归档到指定的文件夹中，每次编制方案时先从这部分文档中寻找灵感和借鉴经验。

3. 工程实物

没有实物和案例支撑的认知过程是抽象且缓慢的，工程实物正是辅助理解和建立知识体系的有效工具。提供两条思路，一是学会分类归纳，认识通信设备设施，解决好"是什么"的问题；二是学会建立联系，将虚拟模型转换为实物连接，解决好"怎么做"的问题，从而建立工程实物库，固化好的经验和做法，推动 5G 项目落地。

1）梳理方法

搭建符合认知路线的知识体系是有必要的，实物库便是很好的例证。自你决定入行开始,通信基站上的每个物体都注定与你长期为伴,以通信基站系统为例,其主要由通信机房、通信设备、传输线路、通信铁塔及相关配套设施构成,各类设备设施的功能定位、施工工艺、结构形式各不相同,如图 1-38 所示。

- ❑ 通信机房:可按其运行环境的不同分为室内型和室外型通信机房。
- ❑ 通信设备:以其传递信号形式的不同可分为无线通信和有线通信设备。
- ❑ 传输线路:因其敷设方式的不同可分为直埋、架空、壁挂、管道等施工形式。
- ❑ 通信铁塔:由于不同的结构形式可分为空间桁架塔和单管塔等结构类型。

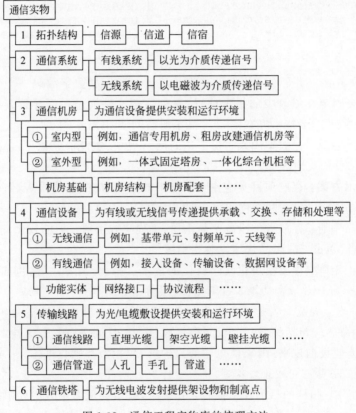

图 1-38 通信工程实物库的梳理方法

2)通信机房

通信基站可分为室内型基站和室外型基站,其中,室内型基站是有机房的,通信设备可安装和运行于室内工作环境;室外型基站则是将通信设备安装于室外型综合柜或一体化室外机房中,应具备耐高温、防雨等特点,在室外楼面安装时,往往会新增槽钢构件、水泥平台、遮阳棚等辅助设施来解决承重、雨水浸泡及阳光直射等问题,如图 1-39 所示。

应学会通过长期勘察收集和归档各类通信机房照片,包括通信机房外观、内部及相关配套设施,为通信解决方案编制提供合适的素材,如表 1-4 所示。

(a) 室内型基站　　　　　　　　　(b) 室外型基站

图 1-39　室内型和室外型通信机房实物图

表 1-4　通信机房分类及其应用场景

机房实物图	机房类型	主要定义	典型场景
	租赁机房	通过租赁协议的形式使用现有建筑房屋或场地来安装设备的通信机房	城市或农村建筑上
	土建机房	由砌块、钢筋、混凝土等建筑材料建造的单层或双层通信机房	空旷场地或郊区野外
	彩钢板房	以轻钢为骨架和彩色涂层保温复合围护板构件组装的通信机房	空旷场地或郊区野外
	一体式固定塔房	用于无线通信，由塔体、机房及配重体系组成的塔房一体化高耸结构	应急保障或空旷场地

续表

机房实物图	机房类型	主要定义	典型场景
	室外综合柜	由整体改装用作放置通信设备的独立机柜,通常放置于水泥平台上	建筑楼面或郊区野外

3) 通信设备

在通信网络中,通信基站犹如一名"业务跟单员",站在一线岗位,以"空口"为窗口接收电波,跟踪业务、响应服务和控制信息流向,向上发出光波,不断呼唤来自远方的"炮火",满足客户的业务接入需求。常见的室内型基站设备如图 1-40 所示。

图 1-40　室内型基站设备实物图

通信基站有一种别致的美,可谓是"麻雀虽小,五脏俱全"。以基站主设备为中心,按功能定位可将通信设备分为信号处理、电源保障、传输承载、防雷接地和机房环境等组成部分,同时,可按其工作流程进一步细化划分,例如,电源保障可分为市电引入、交流配电、直流配电、电池续航等环节。基站设备实物图梳理方法如图 1-41 所示。

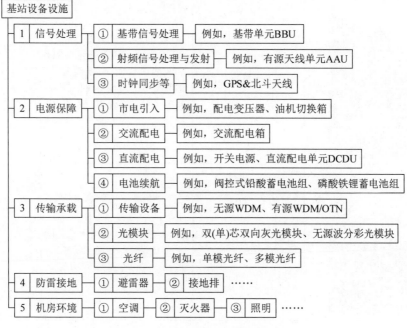

图 1-41　通信设备实物图的梳理方法

（1）基站主设备。

基站主设备被誉为基站系统的"大脑中枢",常见的设备形态为分布式基站设备,由基带单元 BBU、有源天线单元 AAU 及电源分配单元 DCDU 组成。按功能划分,基带单元主要负责基带信号处理,有源天线单元负责射频信号处理、信号发射及接收,电源分配单元负责为基站主设备二次配电。通信基站分室外站和室内站,其主要设备形态及实物图如表 1-5 所示。

表 1-5　基站主设备实物及其应用场景

实 物 图	基站设备	主 要 功 能	应 用 场 景
	基带单元 BBU	属于分布式基站系统的核心模块,上连传输,下接 RRU 或 AAU,完成上下行数据的基带处理、信号调制/解调、时钟同步、监控维护等操作	室内/室外站

续表

实 物 图	基 站 设 备	主 要 功 能	应 用 场 景
	有源天线单元 AAU	重要的空口设备,上连 BBU,由 4G 射频单元 RRU 和天线演变而来,主要完成射频处理、高阶调制、模数转换、信号发射/接收等功能	高容量(市区、县城等)室外站
	射频单元 RRU	重要的空口设备,不集成天线,上连 BBU,下接天线,主要完成射频调制、滤波放大、信号发射/接收等功能	低容量(郊区、乡镇、农村等)室外站
	电源分配单元 DCDU	连接开关电源,对直流电源二次分配,为基站主设备 BBU、AAU/RRU 提供电源保障	室内或室外综合柜内
	汇聚单元 rHUB	属于数字化室分系统的主要模块,上连 BBU,下接 pRRU,主要完成上下行信号的汇聚、合路及相关处理	室内分布系统
	远端单元 pRRU	重要空口设备,上连 rHUB,主要完成室内信号射频调制、信号发射/接收等功能	室内分布系统

(2)电源设备。

基站电源的主要作用是向基站提供源源不断的动力能源,可类比为人类的"供血系统"，主要包括市电引入、交流配电、直流配电、电池续航等部分，其中，最主要的设备莫过于开关电源了，通过整流、滤波、稳压等环节为基站提供直流电源。此外，还有起着"续命丸"作用的蓄电池组，以备基站断电的不时之需。

① 基站交流配电箱和局房交流配电屏的实物图，如图 1-42 所示。

(a) 基站交流配电箱　　　　　　　　(b) 局房交流配电屏

图 1-42　交流配电箱与交流配电屏实物图

② 室内型和室外型基站电源机柜的实物图，如图 1-43 所示。

(a) 室内型开关电源柜　　　　　　　(b) 室外一体化电源柜

图 1-43　室内型和室外型电源机柜实物图

③ 基站与局房蓄电池组的实物图，如图 1-44 所示。

（4）配套设施。

常见的通信机房配套设施包括走线架、馈线窗、接地排、空调、灭火器等，主要为基站设备规范布线、防雷接地、温度控制、机房安全等提供安全保障，其中主要的配套设施实物图如下：

① 室内和室外走线架规范布线的实物图，如图 1-45 所示。

② 基站馈线窗和接地排的实物图，如图 1-46 所示。

(a) 基站蓄电池组　　　　　　　　　(b) 局房蓄电池组

图 1-44　基站和局房蓄电池组实物图

(a) 室内走线架　　　　　　　　　(b) 室外走线架

图 1-45　室内型和室外型走线架实物图

(a) 馈线窗　　　　　　　　　　　(b) 接线排

图 1-46　基站馈线窗和接地排实物图

4) 通信铁塔

通信铁塔是支撑天线的主要架设物,俨然一座擎天之柱将天线置于制高点上,为无线电波的发射提供可靠保障。这里主要从铁塔分类、铁塔结构及常见塔型介绍通信铁塔实物库的建立方法。

(1) 铁塔分类。

通俗地讲,通信铁塔的主要作用是将通信天线举高,而将通信天线举高的方法和方式很多,往往受限于场地环境,按使用材料、所处位置、钢结构形式及受力形式等划分方式各异,如图 1-47 所示。

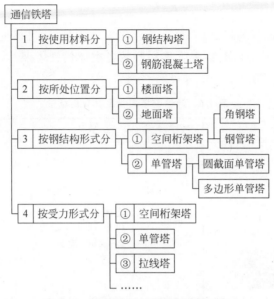

图 1-47　通信铁塔实物库的梳理方法

（2）铁塔结构。

通信铁塔主要由塔基、塔柱、腹杆、横隔、平台、爬梯、天线支臂和避雷针等结构组成,除了用作支撑和受力的塔身外,还包含高空安装天线的数个平台,以及通往平台的垂直爬梯,起安全防范作用的避雷设施和航空障碍灯等,如图 1-48 所示。

(a) 钢管角钢塔　　　　　　　　(b) 楼面三管塔

图 1-48　通信铁塔结构实物图

（3）常见塔型。

通信铁塔是一种高耸的钢结构,可分为钢塔架和钢桅杆,可根据不同应用场景选取不同的塔型,应学会在日常通信勘察中收集和归纳各类通信铁塔照片,从而形成系统的通信铁塔实物图,如表 1-6 所示。

表 1-6　通信铁塔实物及其应用场景

实 物 图	铁塔类型	定 义	典型高度	典型场景
	角钢塔	由角钢型材经螺栓连接、塔身截面为四边形的自立构架式高耸钢结构	20～60m	建筑物楼面或郊区野外
	三管塔	塔柱由钢管经法兰盘连接、塔身截面为三角形的自立构架式高耸钢结构	20～40m	建筑物楼面或郊区野外
	单管塔	以单根大直径锥形钢管为主体结构、塔身截面为圆形或正多边形的自立构架式高耸塔结构	20～40m	城市空旷场地
	路灯杆塔	一种以路灯为造型、塔身截面为圆形的特殊景观塔	20～40m	市政道路旁绿化带

续表

实 物 图	铁塔类型	定　义	典型高度	典型场景
	仿生树	一种以树木为造型、塔身截面为圆形的特殊景观塔	20~40m	城市广场、公园、绿地等
	拉线塔	由角钢型材经螺栓连接、塔身截面为四边形，并由多层拉线加固的非自立式高耸钢结构	20~45m	郊区或农村野外
	高桅杆	塔柱由多节钢管经法兰盘连接，并由多层拉线加固的非自立式高耸钢结构	9~18m	建筑物楼面或郊区野外
	抱杆	一种固定于建筑物侧壁的独管桅杆结构	3m	建筑物楼面
	美化天线	一种设置于建筑物楼面，并以方柱、水塔、烟囱、空调外机或排气管等伪装外罩组成的特殊天线抱杆	3~5m	建筑物楼面，并且满足景观要求

▶ 25min

1.3 工程做法

良好的工作习惯可助你小步慢跑不掉队,结构化思维则是解决问题的金钥匙,可激发你的灵感和创造力,使做事思路清晰、表达畅快淋漓、问题迎刃而解。在 5G 工程项目中,不同的工种、专业或环节所交付的产品或服务各不相同,其核心要义为以目标为导向,基于原则做事,以契约为准绳敏捷交付。

1.3.1 工程界面

工程项目始于业务需求,由建设单位按需发起项目立项、招标采购、工程建设和竣工验收等程序,各参与方根据合同约定开展设备供货、配套准备、勘察设计、工程监理和工程施工等生产活动。应指出的是,通信生产活动往往始于双方合同约定,终于产品或服务的交付,并受法律法规、合同协议、技术规范等条件约束。

为确保项目有序开展和高效交付,在 5G 工程项目招投标阶段,买卖双方已通过招投标文件、合同协议、技术规范、分工界面等文件约定了各参与方的责任、产品或服务内容、交付时限及交付要求。

1. 基站设备

主要约定建设单位与供货商的分工界面。以 5G 基站设备为例,卖方(供货商)主要以产品或服务为买方(运营商)提供合同所约定的交钥匙或督导工程服务,以支撑买方的 5G 网络建设相关活动。

(1)物料分工界面:明确物料条目、物料清单及服务方式,并明确督导服务或交钥匙服务的责任界面。

❑ 卖方负责基站设备(含 BBU+AAU/RRU)、GPS/北斗双模设备、无源波分设备及相关的中继传输线缆、电力电缆、保护电缆、动环监控线缆等物料。

❑ 买方则负责为基站设备安装提供电源设备(含交流配电箱、开关电源、蓄电池等)、传输设备(含传输 ODF)、防雷接地(含室内、外接地排)、机房安装环境(含综合机架、空调)及相关配套辅材。

(2)工程服务分工界面:明确与所提供物料相关的工程服务,并明确物流运输、工程准备、网规网优、安装调试、验收割接及后期维护等环节的责任界面。

❑ 卖方负责将需安装的物料按商定条件运送到买方指定交付点,安装前为设备安装提供工程准备、网优网规服务,安装设备并为设备提供调测、联调等测试,最后,根据测试标准或规范进行验收和割接入网。

❑ 买方则在指定接收点为物料提供仓储环境,负责货物存储和进出库管理,负责站址获取、物业协调、站点设计,并准备设备安装所需配套环境;同时,对于督导服务工程,负责设备安装、验收、割接及现网天馈整合相关工作。

2. 电源配套

主要约定建设单位与铁塔公司的分工界面。铁塔公司(含第三方铁塔)作为通信基础设施的提供者,主要为 5G 网络快速部署提供基站站址、机房空间、电源动力、铁塔配套等基础资源的保障,如图 1-49 所示。

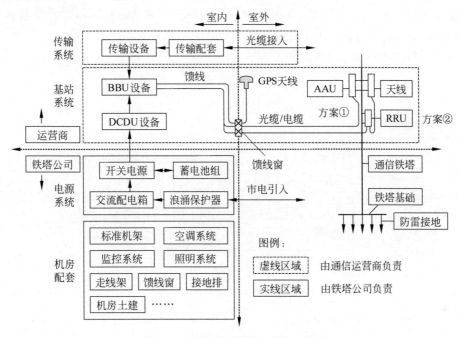

图 1-49　运营商与铁塔公司分工界面

(1)通信运营商:主要负责主设备安装、传输架设及相关室分系统建设。

❑　基站系统:主要负责无线、传输系统的建设,包括 BBU(或 CU/DU)设备、AAU 设备、传输设备等设备安装及相关配套线缆敷设。

❑　室分系统:以合路器输入端口为分界点,主要负责无线设备、传输设备、光缆接入、传输配套及无线设备至合路器端口的设备安装或线缆布放。

(2)铁塔公司:主要提供通信机房、天面、杆塔及电源等基础配套资源。

❑　基站系统:主要负责为 5G 基站设备提供机房、杆塔、动力电源、防雷地网、动环监控等基础安装条件。

❑　室分系统:主要负责合路器及以下的室内分布系统、配套设备(含交直流配电、蓄电池续航等)等设备的安装或线缆布放。此外,设备间的市电引入由铁塔公司负责。

3. 工程设计

在 5G 工程项目中,工程设计是一个重要环节,其主要作用为论证项目建设的必要性、可行性,比对和优选方案,提供设计方案、物料清单、造价文件等工程实施依据,为业主单位提供投资决策、项目实施相关决策依据。

(1) 项目立项阶段：主要考察项目建设的必要性和可行性,编制项目建议书、可行性研究报告等文件,为业主提供投资决策依据。

(2) 项目设计阶段：主要依据批复的可行性研究报告,以及有关的设计标准、规范,并通过现场勘察工作取得的设计基础资料来编制设计文件、造价文件及详细技术方案,为确定项目建设的投资、施工准备、设备订货及指导工程实施提供依据。

同时,在设计单位内部,围绕 5G 基站设备安装的空间需求、电源需求、传输接入、铁塔配套及承重需求,按照负责技术内容的不同可划分为无线专业、传输专业、综合配套专业及根据业务需求衍生的专业,如图 1-50 所示。

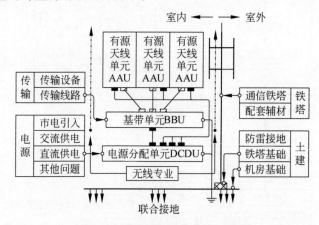

图 1-50　通信设计院专业分工界面

(1) 无线专业：主要负责 5G 通信工程的可行性研究和施工图设计工作,包括点线面规划、站点需求分析、基站设置方案、室分设置方案、设备选型、天馈选型、建设效果测算及投资估算等工作内容,并负责向传输专业提供基站带宽需求。

(2) 传输专业：对于同站址站点,无线专业与传输专业分工以配线架 DDF/ODF 为分界,无线专业负责将光纤送到同站址的传输 DDF/ODF 上；对于光纤拉远站点,拉远站点与 BBU 之间的光纤由传输专业负责。

(3) 电源配套专业：以开关电源为界,无线设备到开关电源的电源线缆由无线专业负责。电源配套专业则主要负责根据无线专业提出的电源需求,制定相应的基站电源建设方案和投资估算,对于由铁塔公司承建的,负责向铁塔公司提出电源改造需求。

(4) 铁塔配套专业：主要负责对机房土建、杆塔、防雷接地、外市电引入、机房环境的工艺或技术要求,并进行投资估算。已移交铁塔公司站址,配套改造由运营商提出需求,由铁塔公司相关单位负责评估、设计、实施和解决。

1.3.2　建设程序

通信工程活动是一项专业而复杂的活动,其基本建设程序规定了从项目立项、设计、施工到验收投产的项目全生命周期的时序、工序及交付要求,主要由项目建议书、可行性研究、初步设计、施工图设计、施工招标或委托、工程施工、初步验收、试运转、竣工验收及项目后评估等环节组成,并要求输出投资估算、工程概(预)算、投标报价、竣工结(决)算等文件作为工程造价控制的依据,如图 1-51 所示。

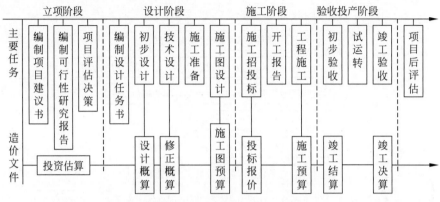

图 1-51　通信工程基本建设程序

在 5G 工程项目中,不同的项目阶段的侧重点各不相同,要求输出不同的工程文档、解决方案及相关成果,例如,项目建议书、可行性研究报告、设计文件、施工组织设计方案、竣工技术文件、竣工决算报告等。

1. 项目建议书

项目准备阶段,主要解决项目“是否上马”的决策问题,主要考察项目建设的必要性和可行性,主要输出成果包括项目建议书、可行性研究报告、项目评估决策等,其中,项目建议书主要是从宏观上考察项目建设的必要性,其侧重点放在项目是否符合国家宏观经济政策、产业政策、产品结构及生产布局等方面,减少项目盲目建设,节约国家和企业资源投入,如图 1-52 所示。

2. 可行性研究报告

可行性研究报告与项目建议书的区别在于其编制深度和侧重点不同,但均以项目立项批复作为结束标志。在项目建议书的必要性论证的基础上,可行性研究主要考察项目在技术上的先进性和适用性、经济上的营利性和合理性及建设上的可能性和可行性,其主要任务是根据上位的总体规划及项目建议书,运用各种手段及前期研究成果,在项目投资决策前对有关建设方案、技术方案或生产经营方案进行相关技术经济研究,如图 1-53 所示。

3. 初步设计文件

设计文件是安排建设项目和组织施工的主要依据,一般由建设单位委托设计单位编制,可分为初步设计、施工图设计或一阶段设计等阶段。对于规模较小、技术成熟或成套标准的项目,在项目立项批复后,可跳过初步设计而直接进行施工图设计或一阶段设计。当然,技术更为复杂的项目可分为初步设计、技术设计、施工图设计 3 个阶段,其中,初步设计是对可行性研究报告的细化和深入分析,是确定建设投资、组织项目施工和安排设备订货的主要依据,其主要编制内容包括建设方案比选、设备选型、工程概算及相关经济指标分析等,如图 1-54 所示。

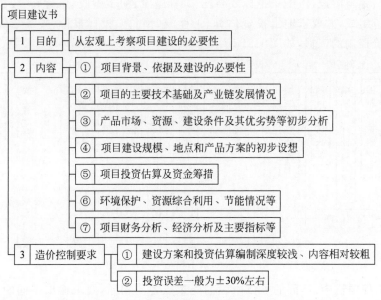

图 1-52　项目建议书文档结构示意图

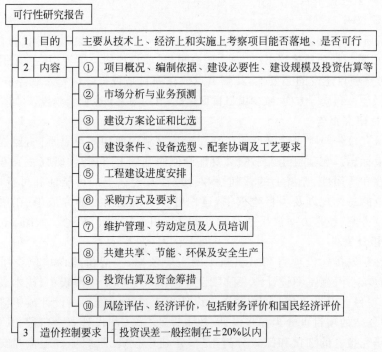

图 1-53　可行性研究报告文档结构示意图

4. 施工图设计文件

施工图(一阶段)设计文件是指导工程施工的依据。在批复的初步设计、采购合同、现

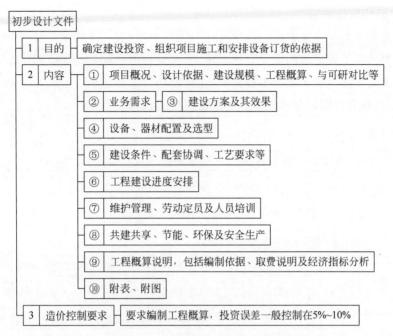

图 1-54　初步设计文档结构示意图

场查勘等基础上,施工图(一阶段)设计文件的主要内容包括编制设计说明、绘制施工详图、提供设备和材料配置明细表、编制工程预算文件等,如图 1-55 所示。

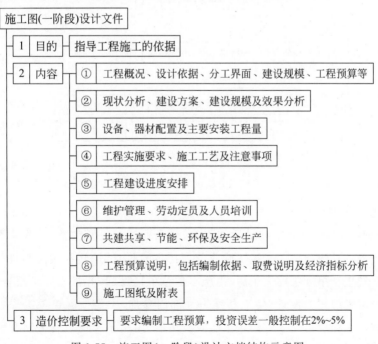

图 1-55　施工图(一阶段)设计文档结构示意图

5．施工组织设计方案

施工阶段的主要任务是将设计构想转换为工程实物,进一步形成固定资产和发挥投资效能。施工单位是工程实施的重要责任主体之一,应根据合同约定、施工图纸、施工组织设计文件及相关施工规范要求组织工程施工,在确保通信工程进度、质量、成本和安全等目标的前提下,输出和交付满足合同约定的合格通信产品,如图 1-56 所示。

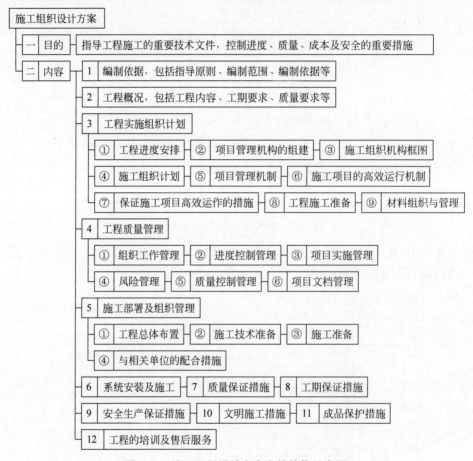

图 1-56　施工组织设计方案文档结构示意图

6．竣工技术文件

竣工验收是工程建设必经的最后的程序,是全面考核投资效益、验收工程设计和施工质量的重要环节。一般通信工程竣工验收分为初步验收、试运转和竣工验收等阶段,其中,初步验收通常发生于单项工程完工后,由施工单位申请发起,并提交完工报告,由建设单位或委托监理单位组织相关设计、施工和维护等部门参加,主要检验单项工程各项指标是否达到设计要求。工程项目完工并经竣工验收合格后,由施工单位负责编制和输出竣工技术文件,以便发起工程价款的计算、调整和确认,如图 1-57 所示。

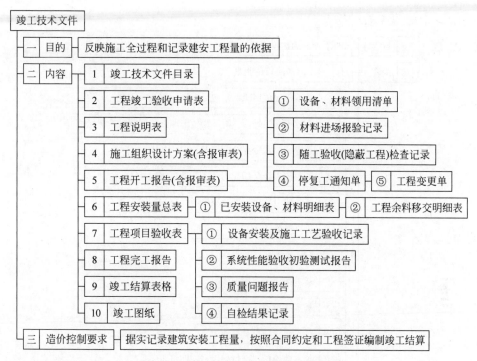

图 1-57　竣工技术文件文档结构示意图

7. 竣工决算报告

经过项目试运行后,竣工验收是工程建设的最后一个环节,是全面考核建设成果、检验设计和工程质量是否符合要求、审查投资使用是否合理的重要步骤。在所有项目竣工后,由建设单位按照国家有关规定组织编制竣工验收报告和竣工决算报告等文件,竣工决算应包括由项目筹建到项目竣工投产全生命周期内的全部实际费用,如图 1-58 所示。

1.3.3　典型范例

以目标为导向,基于原则做事,在开展每个通信工程项目前,应明确交付成果、确定原则策略、理顺操作流程和操作要领,在此基础上,进一步分解任务、夯实基础数据和落实解决方案。以 5G 基站选址为例,进一步贯穿 5G 工程项目的任务分解、原则要求、方法流程和成果交付等环节的工程做法,为后续章节的网络规划、勘察设计、工程制图、产品交付等知识学习提供思考范本。

1. 工程任务

任务分解是开展项目管理的第 1 步,其主要做法是将系统工程或复杂工作拆分为若干任务包和执行指令,以 5G 基站设计为例,在勘察设计前应明确任务目标、工作内容、分工界面、完成时限、交付要求等基本信息,在此基础上制订工作计划和推动项目落地。

1) 任务派工

任务派工单是最基本的生产凭证之一,它是业主单位向服务单位或管理人员向生产人

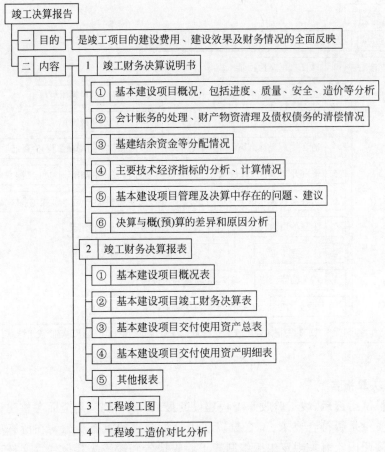

图 1-58　竣工决算报告文档结构示意图

员派发工作任务的主要依据。在工程勘察中,业主单位往往通过任务派工单向勘察设计单位下达"勘察 XX 基站或 XX 传输段落"的作业指令,并据此控制工程进度、产品质量和核算生产成本。通信工程师则是受"勘察设计任务派工单"的驱动,启动项目管理流程,做好工作计划、现场设计和数据采集相关工作,最终输出合同约定和交付要求的合格产品,如表 1-7 所示。

表 1-7　5G 基站勘察设计任务派工单

工单编号:	No. YD2020041501	派工日期:	2020 年 4 月 15 日	完成时限:	3 个工作日
项目名称:	2020 年 A 运营商 B 地区 5G NR 无线网新建工程				
基站(段落)名称:	B 市兴桂路小学 5G NR 基站			任务类型:	无线基站
起始经度:	108.371898	起始纬度:	22.87158		
终止经度:	108.368278	终止纬度:	22.869387		
建设单位:	A 运营商 B 市分公司	联系人:	张三	联系电话:	186 **** 1234
设计单位:	C 邮电咨询设计院	联系人:	李四	联系电话:	189 **** 5678

续表

任务内容：	1. 按照合同约定时限要求完成 B 市兴桂路小学 5G NR 基站的勘察设计任务。 2. 要求输出符合技术规范书的工程设计图纸、勘察照片及勘察信息表等产品。 3. 基站地址：B 市兴桂路 2 号兴桂路小学教学楼 2 楼通信机房 4. 钥匙管理：B 市网络维护中心，联系人：王五 188 **** 4567		
	建设单位	设计单位	监理单位
	签章： 日期：XX 年 XX 月 XX 日	签章： 日期：XX 年 XX 月 XX 日	签章： 日期：XX 年 XX 月 XX 日
	回执栏		
执行结果 反馈：	1. 已于 4 月 16 日完成 B 市兴桂路小学 5G NR 基站勘察设计，并输出勘察报告和施工图纸。 2. 本站为室内站，5G BBU 安装于综合机架内，5G AAU 在 18m 高桅杆改造后安装。 3. 本站需配套改造内容包括新增空开、新增支臂等，详见施工图纸。		
	建设单位	设计单位	监理单位
	签章： 日期：XX 年 XX 月 XX 日	签章： 日期：XX 年 XX 月 XX 日	签章： 日期：XX 年 XX 月 XX 日

在接到任务派工单后，可使用"七何分析法"（5W2H）进一步分解工作任务，梳理已知条件和未知条件，将复杂的问题转换为更小颗粒度、更易操作执行的任务指令，从而落实好是什么、为什么和怎么做的问题。

运用项目管理思维，分三步操作：一是以目标为导向，明确所谓何事（What）和了解为何（Why）做事；二是任务细化分解，将问题拆分为可落地执行的指令，明确在何时（When）、何地（Where）、由何人（Who）、如何实施（How）；三是权衡利弊推动落地，回答和解决好耗费多少（How Much）资源、获得多少效益和做得好不好的问题。

（1）何事（What）：明确任务目标，了解即将执行的任务是什么，带着目的去推进工作。此项任务主要是按照合同约定的时限要求完成 B 市兴桂路小学 5G NR 基站的勘察设计任务，并输出符合技术规范书要求的工程图纸、勘察照片和解决方案。

（2）何故（Why）：统一思想认识，开展根因分析，了解项目实施的必要性。此项任务主要是摸清资源现状、绘制设计图纸和输出解决方案，为新增 5G 基站设备准备好安装空间、电源动力、传输设备、安全承重和机房环境等基础资源和条件。

（3）何时（When）：严格管控进度，明确任务执行的起止时限。合理规划和分配时间，此项任务的派工时间为 2020 年 4 月 15 日，完成时限为 3 个工作日，也就意味着，需要在有限的时间内完成勘察准备、抵达基站、现场设计、输出方案等工作任务。

（4）何地（Where）：明确项目实施地点，指定基站地址或传输段落的起止点。此项任务主要是完成位于 B 市兴桂路 2 号兴桂路小学教学楼 5G NR 基站的勘察设计工作。

（5）何人（Who）：划定各专业间的分工界面，明确各参建方的职责和分工。此项任务的业主单位是 A 运营商 B 市分公司，由张三代表该公司发出派工指令，同时，C 邮电咨询设计院作为勘察设计单位负责任务的执行,由李四代表该公司接收派工指令,此外,监理单位代表业主单位负责监督实施和进度管控等管理工作。

(6)何如(How):启动"P-D-C-A"闭环管理,做到每项任务有计划、有执行、有反馈和有评价,同时,每个问题有对策、有原则、有方法和有方案,能及时纠偏和查漏补缺。此项任务涉及的主要工作包括制订勘察设计计划、编制任务指导书、实施资源改造方案,最终输出5G NR 基站的机房、天面、传输路由及实施环境的设计图纸和解决方案。

(7)何量(How Much):平衡项目投入资源和产出效益的"跷跷板",重点关注基站工程量、建设成本和达成效果等关键指标,有效支撑项目决策和指导项目实施。

2)勘察流程

正所谓,"没有调查,就没有发言权",勘察设计便是落实项目建设必要性和可行性的一次实地考察。以无线专业为例,基站勘察设计主要分为前期准备、制订计划、解决问题和输出成果等阶段,其中解决问题阶段主要解决的是安装空间、电源动力、传输接入、安全承重和机房环境等问题,如图 1-59 所示。

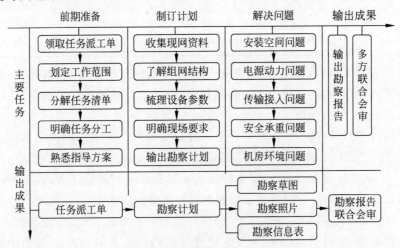

图 1-59　5G 通信基站勘察流程

在明确了主要交付成果之后,可顺藤摸瓜地将项目任务分解和拆分为一条条可执行的项目活动、实施举措和操作方法,制订实施计划、采集现场数据、输出交付成果,从而达到敏捷交付的目的。

(1)前期准备:在勘察设计前应制订翔实且可行的工作计划,确保工作顺利开展、数据采集准确、方案编制合理和产品交付合格。同时,项目负责人应做好项目团队的技术培训、操作指导和过程管理工作;通信工程师要做足功课,提前熟悉和掌握技术要领,做好勘察准备和流程推演等工作。

(2)现场设计:把问题解决在现场,现场设计的主要工序包括绘制勘察草图、拍摄勘察照片、现场设计方案、测绘勘察数据及检查复核数据等。在离开基站前,要养成复核清单项的良好习惯,避免数据遗漏或工具遗失的情况发生。同时,做到"日事日毕、日清日高",当日勘察资料当日归档,当日设计图纸当日输出。

(3)方案输出:根据采集和整理的勘察草图、勘察照片、勘察信息表等基础数据输出勘察设计报告和设计图纸,勘察设计报告应明确勘察目的、建设需求、站址环境、机房环境、天面环境及其配套改造方案,进一步支持项目决策和指导工程实施。

(4)技术交底:对交付的产品质量负责,以方案自审、交叉互审和联合会审等多种形式开展项目评审和技术交底工作,讲清楚现场情况、业务需求、技术方案和注意事项,最终以多方联合确认和签字为结束标志。

3)任务分解

在项目实施前应制定实施预案,将工作目标、操作流程和技术方案模块化分解并转换为发现问题、分析问题和解决问题的过程。为保障 5G 基站主设备的安装和开通,勘察设计时应解决设备安装空间、交直流供电、传输接入、防雷接地及安全承重等一系列问题,如图 1-60 所示。

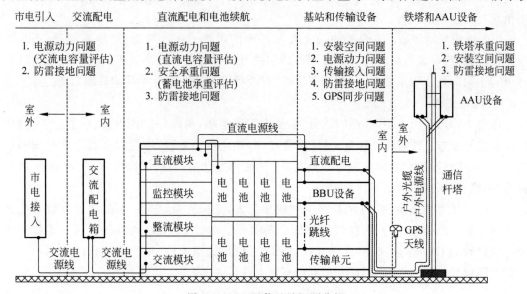

图 1-60 5G 通信基站问题分解

不难想象,当你风尘仆仆地赶赴基站,打开机房之际,一股凉风迎面而来,映入眼帘的是一排排"素不相识"的基站设备,你该不会脑瓜子"嗡嗡嗡"了吧?

对于存量站而言,机房勘察的主要目的是找寻 5G 基站主设备安装空间,并结合设备形态和设备参数要求,选择合理的设备安装方式,为其接上电源、连上传输设备,做好接地、挂上天线,并发出 5G 基站的第 1 条"Hello World"信息。

对于新建站而言,机房勘察的主要目的是规划设备布局、测算系统容量、布放设备线缆及相关配套设施,为 5G 基站设备提供一套全新的机房环境,使其不再受到安装空间、电源容量、传输接入、机房承重等问题困扰。

因此,通信基站勘察主要解决 5 类问题:安装空间问题、电源动力问题、传输接入问题、安全承重问题和机房环境问题。

（1）安装空间问题：主要解决 5G 基站设备的设备布局、设备选型和安装方式等问题，可结合设备性能参数和机房实际环境来指定新增 5G 基站设备是采用层叠式、竖插式或是壁挂式安装。

（2）电源动力问题：主要解决因新增 5G 基站设备引起的交流供电、直流供电和电池续航等电源容量不足的问题，在工程实践中主要做法是采集现场数据，测算容量需求，根据设计规范的原则和公式制作成自动化计算工具，将容量计算问题转换为一项项基础数据采集的问题。

（3）传输接入问题：主要解决本站 BBU 至 AAU 之间及两个或多个 5G 基站之间的数据前传和回传问题，可从拓扑结构、传输路由和设备模块等方面梳理问题，进一步解决有线信号传输问题。

（4）安全承重问题：主要解决通信机房设备承重、天面杆塔（或天馈）承重的问题，产生此类问题的原因往往是由于新增基站设备、蓄电池组、天线等基站设备而引起的机房或铁塔负荷超出预期造成的。

（5）机房环境问题：主要解决设备安装环境的防潮、防尘、避光、散热等问题，不难想象，舒适的机房环境可延长设备的使用寿命和提升设备的运行效率。不同级别的通信机房环境有不同的技术规范要求，可从国家标准、行业标准或企业标准中找到答案。

4）准备工作

准备工作可分为 3 步，一是问题分解，输出工作清单，明确好工作内容、职责分工、完成时限和质量要求；二是认识基站，做足准备功课，熟悉操作规程，以应对基站勘察时面临的如何判断、如何操作和如何输出等各类问题；三是做好计划，包括解读任务、规划路线、进站许可、勘察工具、应急预案等。

以勘察工具准备为例，可从最终交付成果出发，逆向思维，做足功课，提前准备好绘制草图的笔和草图模板、录入勘察信息和拍摄勘察照片的智能手机（或数码相机）、定位基站或杆塔位置的 GPS 导航仪、测量天线或 AAU 方位角的指南针、短距离或长距离测距的卷尺或测距仪等，确保每项勘察任务都有勘察工具保障，如表 1-8 所示。

表 1-8　无线基站勘察工具清单

交付成果	勘察工具	主要作用	建议
勘察草图	草图模板	标准化输出勘察草图	提前打印好勘察草图模板
	笔	记录勘察信息和绘制勘察草图	两支笔备份或携带三色笔
勘察照片	智能手机	录入勘察信息和拍摄勘察照片	携带充电宝，保持电量充足
	数码相机	拍摄机房、天面及环境照片	携带电池，保持电量充足
勘察信息表	GPS 导航仪	定位基站、杆塔位置	稳定接收三颗星后方可记录
	指南针	测量天线或 AAU 方位角	上北下南，左东右西
	卷尺	机房、设备、短距离天面测距	控制收缩卷尺，避免割手
	皮尺	长距离天面测距	需要时方可携带
	激光测距仪	长距离站距、杆路、障碍物测距	需要时方可携带
勘察报告	笔记本电脑	整理勘察资料和输出勘察报告	一般不携带上站

2．原则要求

5G 基站选址是网络规划工作的延续,通过搜索、评估和确定候选站址,为建设单位进行物业协调和站址建设做前期准备和提供解决方案。基站选址的影响是长期且深远的,不仅影响网络覆盖质量,还影响项目建设的经济效益,其主要交付成果为选址勘察报告,主要应明确建站的必要性、可行性和安全性。

1）选址原则

从企业的角度来讲,建站的最终目的在于盈利,通过规模化部署通信基站形成广泛的业务接入和服务能力,为用户的生产、生活和学习创造价值和提升效率,从而达到双赢的目的。选址勘察前,在满足工程质量、守住安全底线的前提下,应最大限度地追求效益和效率。

(1)追求效益:评估建站的必要性,结合站址周边的无线传播环境、人口分布和经济发展情况,关注用户在哪里,思考经济效益从哪来,测算投入和产出是否划算。

(2)追求效率:评估站址的可用性及其建站的可行性,关注和评估候选站址的机房、天面、杆塔及其配套条件,优选覆盖目标明确、实施条件良好的候选站址,减少后期建设的成本。

(3)底线思维:评估候选站址的安全性,基于底线思维,给候选站址划上一道安全红线,避免因基础坍塌、铁塔倾倒等因素造成自身损失或侵害第三者正当权益等安全隐患的发生。

2）选址要求

5G 基站选址应明确建站的必要性,可获得正向效益的基站可建,可带来提升效率的基站可建,存在安全隐患或违背标准规范的基站不可建。同时,批复的网络规划是 5G 基站选址的主要依据,从总体上论证了网络部署的必要性,包括部署策略、总体原则、参考点位、主要参数及配套措施,亟待现场选址来进一步落实站址的可用性、可行性和可靠性等建设条件。

(1)以用户为中心:重点关注 5G 终端、5G 业务及 5G 潜在用户聚集区,用户在哪,网络就部署在哪,进一步缩短服务路径,靠近用户提供 5G 网络接入服务。

(2)全程全网思维:尊重科学,系统思考,应站在网络结构和站址布局的高度去评估站址的合理性,尽量保持规则的蜂窝拓扑结构,为后期网络维护和拓展预留发展空间。同时,优选符合规划站距要求的候选站,剔除站距过近、挂高偏高等不符合条件的站址,避免因站址不合理带来的网络覆盖和优化的影响。

(3)权衡性价比:从节约资源和降低成本入手,权衡站址的性价比,做足存量站的文章,应充分共享友商站址,以相对少的资源投入为用户提供优质网络服务,避免重复建设和资源浪费现象的发生。

(4)基站覆盖目标:候选站址应选在覆盖目标中心区域,保持良好的视通,设置合理的挂高、方位角和下倾角等工程参数,有效控制基站覆盖范围,建立清晰的小区覆盖边界,进一步减少网络优化和干扰协调的工作。同时,重点关注候选站址的视通条件,候选站址主要覆盖方向 100m 内无明显障碍物,站址挂高宜控制在目标覆盖区内建筑物平均高度 10~15m 范围内,避免因站址过高越区覆盖或过低覆盖不足的问题发生。

(5) 工程实施条件:应优选机房空间充裕、杆塔架设安全、配套条件齐全且覆盖目标清晰的候选站址,从源头上杜绝安装空间不足、铁塔承重不足、天线挂高不足、市电无法接入等工程改造难题,为网络快速部署提供良好的工程实施条件。

(6) 站址安全要求:从法律法规和标准规范中找答案,应选取产权清晰、环境友好、实施方便的候选站址,并设置安全红线,远离干扰源,避免安全隐患,主要要求如下:

- ❑ 不宜在大功率干扰的发射台、电视塔、雷达站等干扰源附近设站。
- ❑ 不宜在地质断层带、塌方滑坡边缘、洪水倒灌低洼带等区域附近设站。
- ❑ 不宜在易燃、易爆、易腐蚀、多粉尘的工厂或堆积场附近设站。
- ❑ 慎重考虑树林、河流、湖泊等区域附近设站,避免快速衰落或越区干扰。
- ❑ 类似机场、高压线下等特殊场景的站址及挂高应满足相关安全隔离要求。
- ❑ 对于改造后仍不满足承重、防雷接地等安装条件的站址不宜设站。

3. 方法流程

5G 基站选址的主要流程包括编制项目策划书、准备工作、现场选址、方案编制、方案评审、报告输出和资料归档等内容,如图 1-61 所示。

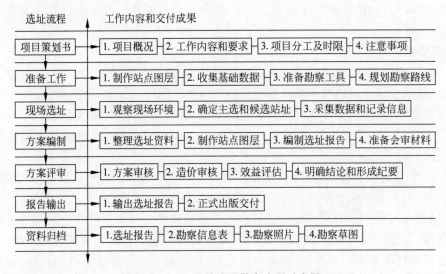

图 1-61　5G 基站选址勘察流程示意图

1)操作步骤

确定主选和候选站址是 5G 基站选址勘察的关键性工作,其主要操作步骤如下:

(1) 到达目标区域后,应登高望远、选取局部制高点(例如,建筑物楼面、小山包等),从全局上观察和了解周边无线传播环境、建筑物分布、用户分布和站点分布等关键信息,并查询携带的资料,询问随工的人员,根据 5G 站址技术要求,综合评估主选站址的适用性。同时,初步判断和选择周边位置、高度和建站条件均符合要求的候选站址。

（2）若主选站址适合建站，则应记录站址位置信息、周边无线传播环境、铁塔架设建议，以及站距、挂高等选址技术要求，并以绘制勘察草图、记录勘察信息表、拍摄勘察照片或视频等方式予以记录。

（3）若该站址不适合建站，则应转至周边候选站址进一步观察、分析和判断，直至选出合适的站址位置。

（4）确定主选和候选站址后，检查所采集的勘察草图、勘察照片及勘察信息表是否完备，离开前应注意记录选址位置的详细地址、建筑物高度、海拔高度等信息，同时，应拍摄选址位置的全局照和建筑物的整体照，以便后续物业协调人员找寻和落实选址方案。

2）操作要领

从宏观视角判断网络拓扑的合理性，从单站视角建立候选站址与周边无线传播环境的关系，进一步判断站址是否满足业务需求、拓扑结构和安装条件。围绕覆盖目标，从水平和垂直方向比选和判断最佳 5G 候选站址，水平方向主要看覆盖目标、拓扑结构和覆盖能力，垂直方向上则主要看天线挂高、视通条件和架设条件。

一是看网络拓扑：保持规则的蜂窝拓扑结构是无线基站选址的主要努力方向，可将规划的站址按存量站和新建站分类并做成扇区图层，以便直观地判断站址分布和网络拓扑结构，如图 1-62 所示。

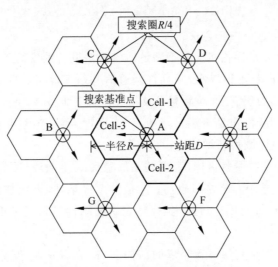

图 1-62　理想的蜂窝结构示意图

二是看覆盖效果：俗话说，覆盖好不好，就看方位角。站在候选站址上，从水平视角放眼看去，观察候选站址周边的无线传播环境，结合人口分布、建筑物分布、现有站址分布及覆盖目标需求，所设方位角的主瓣应指向主要覆盖目标方向。同时，从垂直方向延伸，判断视通条件，若视线受阻，则考虑可否通过架设一定高度的杆塔来满足天线挂高要求，寻找最佳的点位和最优的挂高。典型的住宅小区综合覆盖候选站址如图 1-63 所示。

三是看安装条件：主要从机房需求、天面需求、外市电引入、传输引入、交通条件等方面

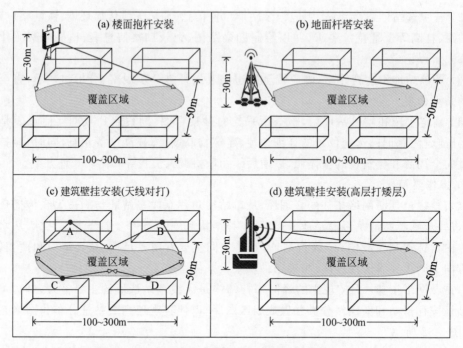

图 1-63　住宅小区覆盖场景的选址方法

综合评估基站安装条件是否满足要求。

（1）机房需求：主要是评估机房是否满足通信基站设备的安装条件，一是看机房环境，机房墙体或地板不得开裂、不得渗水，并且符合通信基站环境指标要求；二是看机房空间，应满足新增基站设备的面积需求、净高需求及相关设施安装条件；三是看机房承重，结合建筑物结构特点进一步判断机房是否满足承重条件，同时，蓄电池组和主要设备应尽量安装在主梁上，若不符合条件，则可新增槽钢构件进行改造。

（2）天面需求：一是看覆盖目标，观察基站周边无线传播环境，看视通条件是否良好、主要覆盖方向 100m 内是否有明显障碍物；二是看架设条件，天线挂高宜控制在基站周边建筑物平均高度 10～15m 范围内，进一步评估建筑物结构是否满足承重要求，能否改造后满足通信杆塔架设条件。

（3）其他需求：在满足基站覆盖需求的前提下，从节约成本、安装便利性角度出发，结合基站实际的市电容量、传输带宽、天线挂高等需求，就近选取外市电、传输接入方便且 TCO 最优的方案，同时，应考虑天线挂高需求、交通便利性等因素，综合选取最佳的站址点位和确定最优的实施方案。

四是看投资效益：根据不同场景的单站造价模型进行投资估算和投资回收期测算，从投资效益角度判断所选站址是否满足建设要求。

五是输出选址成果：5G 基站选址阶段的主要输出成果包括选址报告、勘察信息表、勘察照片、勘察草图及站点图层等工程资料。

4．交付成果

5G 基站选址应以规划站址为中心，设定候选站址搜索圈，通过现场勘察、比选和确定最佳点位，并形成勘察草图、勘察照片、勘察信息表及选址报告等交付成果。

1）勘察草图

勘察草图是第一手调查资料，也是设计思想的速写稿，正是通过绘制勘察草图向设计产品注入思想与灵魂。不同于工艺美术作品，勘察草图侧重于真实记录现场环境、清晰表达设计意图及高效输出产品方案。

不同设计阶段的勘察草图的侧重点不尽相同，其中，选址阶段侧重反映站址与周边环境的关系，通过现场调研判断 5G 候选站址是否符合规划目标、是否符合建设条件，主要解决的是"行不行"的问题；其主要记录内容包括站址位置、覆盖目标及周边人口、经济、交通等信息，在此基础上，初步评估和形成候选站址的选址建议及解决方案。

2）选址照片

选址勘察照片主要用于记录 5G 站址位置、机房环境，天面环境及周边无线传播环境，用于方案编制和会审备查，其主要的拍摄要求如表 1-9 所示。

表 1-9　5G 基站选址照片拍摄要求

目　标	位　　置	任务分解	拍　摄　要　求	数　　量
识别基站	基站楼下	基站建筑全景照	关注建筑名称、周边路名、地址等	1 张必选，3 张可选
		手机 App 地图截图	确保与派工单基站位置一致	1 张必选
机房照片	正立于门口	基站机房全景照	在机房门前，以最大角度拍摄机房全景	1 张必选
	机房四角	基站机房全景照	在机房内四角，以最大角度拍摄机房全景	4 张必选
天面照片	天面边缘	无线传播环境照	在天面边缘每隔 45° 拍摄，反映基站周边环境	8 张必选
	天面四角	基站天面全景照	在天面四角，以最大角度拍摄天面和杆塔全景	4 张必选
		覆盖目标照	确定天线主要覆盖目标及方位角照片	≥3 张必选
勘察草图	天面草图	天面勘察草图照片	绘制天面勘察草图后拍摄照片	1 张必选

以无线传播照为例，可按照每隔 30° 或 45° 拍摄无线环境照，用于记录和反映基站周边的无线传播环境情况，如图 1-64 所示。

3）勘察信息表

基站勘察信息表主要涉及新建站的选址勘察和存量站的资源普查，其侧重点各不相同，新建站的选址勘察是从无到有划定搜索圈、确定候选站址、明确建设需求和设计新建站址的过程；存量站的资源普查则是对现网资源梳理、核查和确定合适站址的过程。一般情况下，勘察信息表主要包括填报说明、勘察方案汇总表和单站勘察信息表，如表 1-10 所示。

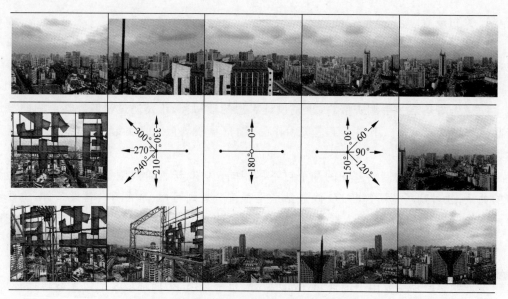

图 1-64　5G 基站无线传播环境照拍摄示例

表 1-10　5G 基站选址勘察信息表范例

基本信息	站名	B 市兴桂路小学 5G NR 基站	站址位置	B 市兴桂路 2 号兴桂路小学 C 教学楼		
	需求经度	108.371898	需求纬度	22.87158	海拔（m）	73
	实际经度	108.371898	实际纬度	22.87158	海拔（m）	74
	站址偏离（m）	0	其他事项	—		
楼面站	产权归属	A 运营商	建筑总楼层	6F	建筑结构	框架结构
	机房所在楼层	5F	机房类型	租赁机房	机房净高（m）	3.2
	塔桅所在楼层	6F	塔桅类型	18m 高桅杆	方位角（°）	0/120/240
	覆盖目标	S1 中海国际社区/S2 中海悦公馆/S3 兴桂路小学				
	其他事项	—				
地面站	是否存在危险源	否	危险源名称	不涉及	对危险源采取的措施	不涉及
	是否地势低洼	否	是否需要抬高	否	抬高高度（m）	0
	机房类型	—	机房净高（m）	—	机房面积（m）	—
	塔桅类型	—	方位角（°）	—		
	其他事项	—				
市电引入	引入类型	转供电	引入电压	220V	引入距离（m）	20
传输引入	上连局址名称	B 市虹桥社区模块局	传输方案	新建光缆	纤芯需求（芯）	2
主要结论	站址是否可用	是	其他特殊情况	不涉及		
责任栏	勘察人员	张三	设计单位	C 邮电咨询设计院	勘察日期	2020 年 4 月 15 日

4）选址报告

选址报告是基站选址阶段的主要交付成果，主要用于选址方案评审和站址谈判等环节回答所选站址的建设条件、覆盖效果、投资收益是否满足建设要求和预期等问题，其主要文档结构如表 1-11 所示。

表 1-11　5G 基站选址报告文档结构示例

章 标 题	节 标 题	主 要 内 容
1. 概述	—	包括项目名称、站址名称、选址位置、选址原因及解决问题、主选及备选方案主要结论等
2. 新建站选址方案	2.1 无线传播环境	包括主选及备选点全景图、从建筑天面（或山顶）拍摄的 360°无线环境照等
	2.2 主要覆盖目标	包括主要覆盖目标、方位角设置等
	2.3 市电引入情况	包括低压配电的变压器或接火点、引电距离及其路由勘察草图等
	2.4 机房和天面环境	包括机房结构、机房空间、天面空间、设备及杆塔安装位置等
	2.5 交通和维护条件	包括交通、维护及其他条件
3. 覆盖效果预测	—	可从拓扑结构、链路预算、模拟仿真等方面来预测单站、连片覆盖效果，最终评估是否满足覆盖要求
4. 投资收益估算	—	包括单站平均造价、分类或分专业投资规模、投资回收期测算等
5. 选址结论	—	包括选址方案及其覆盖效果、投资方案及其收益预期、主选及备选点是否可用等

第 2 章

网络规划 勾勒 5G 理想蓝图

或许,正是刘皇叔马跃檀溪之后,坚定了挖掘运筹帷幄奇才的意志,于是,便有了"三顾茅庐"的伟大握手,也成就了教科书级的《隆中对》,诸葛未出茅庐,便知三分天下。正所谓,"谋定而后动,知止而有得",网络规划是战略级引领,其主要任务为引领目标、厘清思路、制定方案和支撑决策。网络规划犹如在广袤的大地上布局的一盘棋,地图如"棋盘",基站如"落子",规划原则正是"对弈规则",其主要任务包括需求分析、数据建模、场景划分、部署策略、网络组网、站址布局和仿真推演等。

2.1 认识规划

20min

网络是通信运营商的发展根本,网络规划则是对网络发展系统性、长期性和根本性问题的深刻思考,是推动项目落地的行动指南和发展蓝图,其主要任务为找准目标方向、定位问题症结、厘清思路原则、匹配措施方法,在此基础上,进一步思考 5G 网络部署中的组网架构、频率规划、覆盖规划、容量规划和业务发展问题,从而为用户提供一张灵活、高效、智能和开放的 5G 通信网络。

2.1.1 规划目标

规划可宽泛地理解为有原则的计划和谋事前的通盘考虑,网络规划则是将规划思想注入规划方案、复制到规划图纸、誊写到设计方案和部署到广袤大地的过程。5G 网络规划主要围绕用户、终端、网络和业务做文章,用户是"根"、网络是"体"、业务是"魂",没有用户的网络如无源之水终会干涸,不产生业务的网络如一潭死水毫无价值。

1. 做足用户文章

用户是"根",主要围绕用户需求寻找答案,回答和解决好用户是谁、用户在哪、有何需求、有何价值等问题。落实到 5G 网络规划中,辩证地看待"网随业动"与"业随网动"的问题,面向需求明确的政企用户,可根据业务需求和服务能力提供定制化的专网服务;面向业务模型不清晰的公众用户,可聚焦价值用户、价值业务和价值场景,从战略角度拓展网络覆盖能力、孕育业务新需求和扩大品牌影响力,其发展路线为局部试点、连片拓展,直至规模化部署,业务跟随网络由城区向农村延伸发展。

2. 迭代网络能力

网络多"智",网络是业务的主要载体,业务背后则延伸出千行百业的创新应用,其核心竞争力不仅在于技术的更新迭代,更在于思维模式的深刻变革。正是基于服务化的网络架构、基于场景化的接入能力及全 IP 化的技术逻辑,重构出一张灵活、高效、智能和开放的 5G 智能物联网,在网络能力升级的同时,孕育出技术和业务的创新,最终改变了生产方式并推动了社会变革。

3. 兑现连接价值

业务是"魂",是网络发展的不竭动力,更是连接创新的桥梁及纽带。连接的本质是实现价值的交换,用户付费购买通信服务,运营商以网络为载体向用户提供大带宽、低时延、高可靠和超密连接的通信产品和服务,进一步满足用户需求、提高沟通效率和兑现连接价值,在此基础上,思考和输出 5G 网络部署策略、规划蓝图和解决方案,从而有效地支撑项目决策和推动社会发展。

2.1.2　规划思路

网络规划是一道深刻的思考题,以目标为导向,抓住用户、终端、网络和业务 4 要素,厘清目标方向、挖掘用户需求和找准问题症结,同时,运用正确的方法论去提出问题、判断问题和解决问题,从而推动事物向预期的目标发展。

1. 提出问题

遇事时,厘清思路很重要,破解方法往往始于质疑,一问"是什么"看清事物本质,二问"为什么"梳理逻辑关系,三问"怎么做"推动工作落地,四问"好不好"回顾执行效果。在 5G 网络规划中,其主要工作任务为网络现状分析、问题根因定位、业务需求收集、厘清思路原则、提出解决方案、评估建设效果和权衡投资收益等。

2. 判断问题

网络规划是一道艰难的判断题,项目决策的影响往往是长期的、系统的且深远的,错误的决策甚至是致命的,因此,应坚持做增值的事、做提效的事、做顺势的事及做创新的事。在 5G 网络规划中,思辨、论证和比选工作贯穿网络规划的全过程,顶层设计应指明规划目标、组网架构和策略原则,底层支撑则是确定模型方法、解决方案和保障措施,同时,平衡覆盖、容量、质量和成本的约束边界,做足项目必要性和可行性论证工作。

3. 解决问题

规划定事,擘画蓝图,指引方向,最终落脚于实践,因此,在 5G 网络规划中,应做好事情的谋划和预判,协同用户、终端、网络和业务 4 要素的发展关系,平衡覆盖、容量、质量和成本的约束边界,确保网络能力领先和投资效益显著。以问题为导向,做好事前计划、事中管控和事后回顾的工作,厘清工作任务、明确工作界面、强化质量标准及时跟踪纠偏,从而推动项目高效落地。

2.1.3　规划原则

基于原则做事,可将规划目标、策略、原则、方法及措施提炼和浓缩成一条深思熟虑的原则、一张简明扼要的图表,清晰地传达网络规划意图和工程做法,从而有效地指导 5G 网络规划工作。

1. 聚焦原则

纵然思维延伸是无界的,规划目标的达成亦会受到投资能力和建设能力的限制,应坚持聚焦原则,聚焦重点城市、重要场景和价值用户,以有限的投资提升网络覆盖水平和扩大品牌影响力,同时积极跟踪具备 5G 业务特征的垂直行业,从核心城区逐渐往外扩展和部署,逐步完善 5G 网络的覆盖。

(1) 聚焦重点城市:认识城市"虹吸效应",从城市人口和经济规模上,圈定全国和各省份的重点城市,建立 5G 网络的建设标杆和先行先试的"试验田",形成按重要等级分梯队的城市清单,打造 5G 网络竞争力。

(2) 聚焦重要区域:结合人口、经济、用户和业务特征,将点、线、面场景进一步归类和分裂为核心市区、一般市区、发达县城、一般县城、重点乡镇、一般乡镇和农村等更小颗粒度的覆盖场景,从而有效地提升 5G 网络覆盖水平和品牌影响力。

(3) 聚焦重要场景:结合 5G 业务特征和网络演进,可优先聚焦重点商圈、重要院校、大型医院、居民住宅、商务 CBD、政府机构及城中村等 eMBB 业务特征的潜在 2C 需求场景,同时,根据政企业务发展进一步覆盖 uRLLC、mMTC 业务特征的 2B 业务场景。

(4) 聚焦价值用户:以用户为中心,运用大数据分析手段,精准挖掘和发现高价值用户、高流量用户和高端机用户,制定针对性的覆盖策略和解决方案,实现重点用户的有效覆盖和立体保障。

2. 融合思维

5G 已来,行业正处于变革的前夜,憧憬的是万物互联愿景,矛盾的是投入产出抉择。这是一条很长的坡道,然而,变革的脚步已无法逆转,融合是网络演进的趋势,共享是网络部署的必然选择,发挥资源合力优势,进一步降低 5G 网络建设和运营成本,打造能力开放、架构灵活、接入多样和业务多元的 5G 端到端网络。

(1) 融合趋势:5G 是一个超级商业渠道和生态平台,其显著特点是接入多样化、业务多元化和服务智能化。灵活的网络架构是业务承载的根基,抓住网络的物理和逻辑主线,打造智能管道和开放能力,融入 eMBB、uRLLC、mMTC 三大应用场景,为公众用户和政企用户提供按需部署的网络服务。

(2) 连接能力:针对不同业务场景匹配差异化的接入能力,满足不同用户的连接、存储和计算服务需求,释放数字资产红利,推动社会效率提升和数据变现,打造具备"云-网-边-端-业"端到端服务能力的 5G 网络。

(3) 协同发展:面向用户和基于服务建网,推动 4/5G 协同、室内外协同、高低频协同、固移融合发展,实现网络信号无缝覆盖,促进产业协同发展,进一步打造能力开放、架构灵活、接入多样和业务多元的 5G 网络。

（4）开放共享：打破企业之间的壁垒,发挥资源合力优势,降低网络建设成本,最大化地共享频率、站址、杆塔和光纤资源,采用共享载波或独立载波的方式打造一张逻辑上端到端可控可管的 5G 精品网络。

3. 价值导向

在 5G 网络规划中,应坚持为用户创造价值、为企业创造效益、为社会注入动力的规划理念,以用户为中心,牵住网络主线,加强前瞻性思考、全局性谋划、战略性布局和整体性推进,实现 5G 网络规划的效益性和效率性目标。

（1）用户中心：以用户为中心。用户是网络发展的源泉,根据不同用户的接入需求,制定差异化服务策略。围绕公众用户的信息消费、融合媒体、智能家居等需求升级,进一步拓展智慧城市、医疗、教育、旅游等社会民生服务领域,做足 5G＋工业互联网、5G＋车联网、5G＋智慧物流等垂直行业的文章,使 5G 应用服务于实体经济中的每个人、每个家庭和每个行业,构建万物智联的数字化社会。

（2）追求效益：兑现连接的价值。在满足产品质量和服务要求的前提下,从企业盈利的角度出发,平衡覆盖、容量、质量和成本的约束,衡量项目总体投入和产出,夯实投资估算和平衡财务指标,确保投资效益最大化且满足投资回收期要求。

（3）聚焦目标：坚持聚焦战略。集中力量做好一张 5G 网络,聚焦重点城市、重要场景和价值用户,以有限的投资提升人口覆盖率和扩大品牌影响力,同时积极跟踪符合 5G 业务特征的垂直行业,从核心城区逐渐往外扩展和部署,逐步完善 5G 网络的覆盖。

2.1.4　规划流程

5G 网络规划是一项联合攻关的重要课题,应抓住规划流程这条主线,做好任务分解、组织保障、工作计划和策略部署等准备工作,使目标看得见、工作推得动、流程转得快和质量有保障。

1. 总体流程

在 5G 网络规划中,规划流程可分为规划准备和网络规划两个阶段,其中,规划准备是一项长期且基础性的工作,主要工作内容包括制订计划、收集需求、定义场景、业务预测、资源普查和试点论证等;网络规划则是一项联合攻关的课题,主要工作内容为确定近期和中远期的网络发展目标、方向及主要工作事项,在此基础上,开展频率规划、覆盖规划、容量规划及相关专题研究和评估论证,并结合模拟仿真、试点验证和效益评估等多种手段,输出支持项目决策的规划成果。其规划流程如图 2-1 所示。

2. 覆盖规划

网络规划犹如在广袤的大地上下的一盘棋,场景划分"画棋盘"、频率重耕"布棋局"、部署策略"定规则",覆盖规划正是做谋篇布局、攻城略地与竞争博弈的事情。在 5G 网络规划

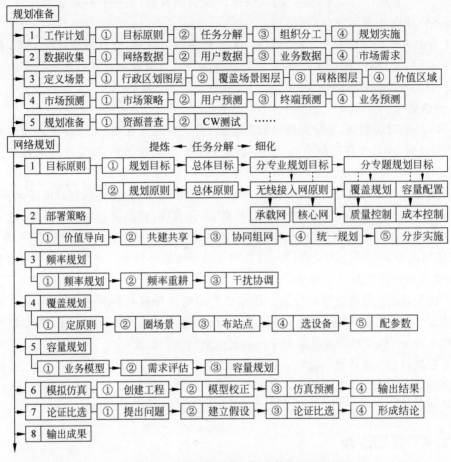

图 2-1　5G 无线网络规划总体流程图

中,覆盖规划永远是排在第 1 位的,主要思考和解决的是使用有限的资源来满足用户需求和实现投资效益最大化的棘手问题,其规划流程包括数据分析、问题定位、网格聚类、价值分级、站址规划、方案输出等关键环节,如图 2-2 所示。

其中,站址规划是 5G 覆盖规划的压轴戏,若将无线电波比作一张轻盈的纱衣,站址规划则是给广袤大地披上一层朦胧之美。在 5G 站址规划中,应坚持聚焦原则、融合思维和价值导向,优先选取存量站址,其次共享友商站址,最后低成本自建,其规划流程包括批量创建站址、计算相邻站距、制作专题图层、挑选存量站址、补充新建站址及配置参数和输出清单等关键环节,如图 2-3 所示。

3. 容量规划

覆盖、容量、质量和成本是 5G 网络建设的 4 个基本约束条件,容量规划正是寻找业务需求与网络配置的平衡点,使用户需求刚好满足又不浪费额外资源,其主要做法是基本保障硬件,按需扩容软件。匹配不同场景和业务需求,分级配置不同的容量模型,同时,采取

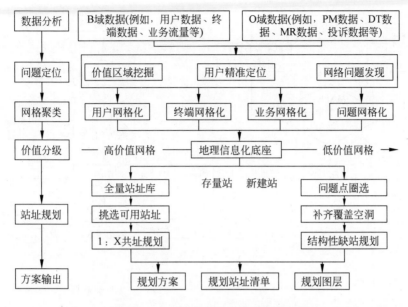

图 2-2　5G 覆盖规划思路与规划流程图

图 2-3　5G 站址规划流程与工程做法

不同优先级、差异化的部署策略、建设手段和设备类型,不失为降低建设成本的可行之路,
其中,容量评估流程如图 2-4 所示。

4. 方案输出

　　5G 建网初期,其主要目标是将 5G 网络做宽、做广、做薄,可参考 4G 存量站的拓扑结
构、站址分布和典型站距等要素来开展 5G 网络连片覆盖;随着 5G 网络逐渐完善,其覆盖
重心调整为将 5G 网络做深、做厚、做优,可基于 MR 数据、DT/CQT 测试、用户投诉等数据
来查漏补缺、发现网络问题点,并提出完善网络覆盖的解决方案。5G 网络问题点分析流程
可分为获取数据、规则标准、地理呈现、圈选问题点及解决方案输出等模块,其中,规则标准

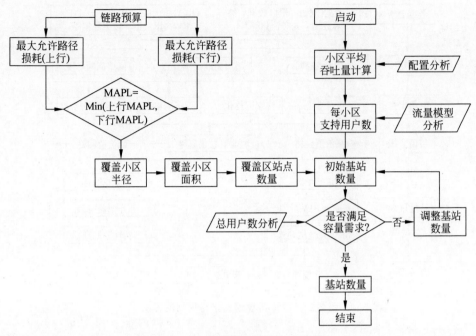

图 2-4　5G 容量模型评估流程示意图

是梳理网络问题点的关键环节,应明确数据来源、统计口径、圈选标准、评估方法、建设原则和输出要求等技术要点,如图 2-5 所示。

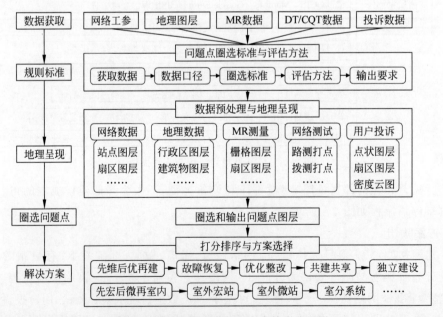

图 2-5　网络问题点分析和方案输出流程图

25min

2.2　场景划分

第一件事，做好规划图层，做足价值区域挖掘的文章。场景划分是 5G 网络规划中的一项基础性工作，主要是将无线传播环境抽象和简化为不同的点、线、面覆盖场景，同时，分析评估不同城市、场景和网格的重要等级及其价值属性，对应匹配差异化的覆盖策略、服务等级和解决方案以达到资源最优化配置的目的。

2.2.1　城市分类

5G 建网初期，如何使用有限资源解决不同城市的投资分配和网络覆盖问题是网络规划的重点研究课题之一，可结合人口、经济、存量用户和业务量等基础数据，做好建立评估模型、划分城市等级和匹配覆盖策略等工作，优先聚焦省会城市、重点城市及价值城市。

1. 建立评估模型

邮电经济是一种规模化经济，可聚焦人口、经济和用户三要素，假定人口越密集、经济越发达、用户和业务越集中则投资价值越高，使用权重赋值法来建立评估模型，对不同指标赋予不同权重和评分，划分不同城市的价值属性和重要等级。

（1）评估维度：关注地市级的常住人口、经济 GDP、出账用户数和数据流量等指标，如表 2-1 所示，侧重用户和业务指标，分别赋予不同的权重和分值，例如，常住人口权重 0.2、经济 GDP 权重 0.2、出账用户数权重 0.3、数据流量权重 0.3。

表 2-1　聚焦城市评估维度和要素排序数据分析表

地市	评 估 维 度				要 素 排 序			
	人口/万人	经济/亿元	用户/万户	业务量/TB	人口	经济	用户	业务
A 市	715.33	4118.83	536.50	59313.84	1	1	1	1
B 市	400.00	2755.64	211.21	25784.62	5	2	3	2
C 市	505.75	2045.18	240.34	21937.52	3	3	2	3
D 市	581.08	1699.54	188.11	14366.00	2	4	4	4
E 市	364.65	1361.76	173.18	8302.58	6	5	5	6
F 市	437.54	1082.18	133.15	9542.16	4	9	6	5
G 市	328.00	1309.82	103.71	6774.89	8	7	8	7
H 市	303.74	1338.10	103.69	5643.66	9	6	9	8
I 市	352.35	734.60	105.31	3732.01	7	12	7	10
J 市	166.33	1229.84	88.34	4027.60	13	8	11	9
K 市	208.68	907.62	86.30	3534.63	11	10	12	11
L 市	221.86	663.69	94.13	3115.73	10	13	10	13
M 市	94.02	741.62	47.01	3381.37	14	11	14	12
N 市	205.67	548.83	70.29	2863.91	12	14	13	14

注：表中出账用户数、数据流量均为模拟数据。

（2）评估方法：主要分为指标统计、要素排序、要素评分、加权赋分和等级划分等步骤。以满分 100 分为基准，以地市为单位对相关指标进行赋分、排序和加权处理，并输出常住人口、经济 GDP、出账用户数和数据流量等维度得分，最终得分由各维度得分综合加权得到，得分高于指定分数的地市优先建设，如表 2-2 所示。

表 2-2　聚焦城市要素评分、加权处理及等级划分数据分析表

地市	要素评分				加权赋分	等级划分
	人口	经济	用户	业务		
A 市	100.00	100.00	100.00	100.00	100.00	一类
B 市	71.43	92.86	85.71	92.86	86.43	二类
C 市	85.71	85.71	92.86	85.71	87.86	二类
D 市	92.86	78.57	78.57	78.57	81.43	二类
E 市	64.29	71.43	71.43	64.29	67.86	三类
F 市	78.57	42.86	64.29	71.43	65.00	三类
G 市	50.00	57.14	50.00	57.14	53.57	四类
H 市	42.86	64.29	42.86	50.00	49.29	四类
I 市	57.14	21.43	57.14	35.71	43.57	四类
J 市	14.29	50.00	28.57	42.86	34.29	四类
K 市	28.57	35.71	21.43	28.57	27.86	四类
L 市	35.71	14.29	35.71	14.29	25.00	四类
M 市	7.14	28.57	7.14	21.43	15.71	四类
N 市	21.43	7.14	14.29	7.14	12.14	四类

2. 划分城市等级

根据人口、经济、用户和业务等维度评估，采取分级分类处理策略，可按得分高低划分城市等级，将城市分为一类城市、二类城市、三类城市和四类城市，例如，将 90～100 分、80～89 分、60～79 分及 60 分以下分别定义为一类、二类、三类和四类城市。

3. 匹配覆盖策略

在 5G 网络规划中，结合投资能力、市场需求和竞争博弈等因素来匹配覆盖策略和控制部署节奏，例如，5G 建网初期，优先聚焦一类、二类城市的核心市区、一般市区和县城主城区，其次聚焦三类、四类城市的核心市区，在此基础上，逐步拓展到城郊、乡镇及农村等场景。

2.2.2　定义场景

划分场景的目的在于将不同城市的点、线和面场景分裂为更小的颗粒度，例如，市区、县城、乡镇和农村等场景，结合不同的无线传播环境和业务特点，采取不同的组网方案、服务等级和设备配置以满足差异化的覆盖需求，从而实现精准投资和资源优化的目标，如表 2-3 所示。

表 2-3　按场景与业务特征定义的覆盖场景示例

场 景 分 类	场 景 特 征	业 务 特 征
密集市区	位于城市核心地带,以建筑物密度、人口密度、交通便利性及商业繁荣程度等为衡量指标,集标志性商圈、购物广场、金融街、CBD办公区、地铁枢纽站、大型住宅群等商业、办公、交通及住宅为一体的城市功能区域	商业活动频繁,业务需求量大,属数据热点区域,应优先部署高容量和大带宽 5G 网络
一般市区	介于城市核心地带和郊区之间的广阔城区地带,分布着城市基础设施、生产服务及特殊功能实体,包括政府机关、学校、医院、体育场馆、居住区等各种城市功能区域	业务需求相对较大,用户类型相对丰富,属于高业务密集区,5G应进一步拓展部署区域
发达县城	经济规模、人口规模和地理位置等要素处于优势的县级城区,可以国家定义的百强县作为发达县城衡量指标	业务需求相对较大,属于高业务密集区,完善城区 5G 覆盖后应优先部署发达县城
一般县城	属于县级行政区划,建筑物以住宅、商圈、学校、医院等为主,建筑物相对密集,基本高度30m 以内	业务需求和品牌影响力仅次于发达县城,属于中等业务密集区
发达乡镇	属于镇级行政区划,是商品交易的集散地,镇区面积比县城更小,可将城市人口和经济规模排名前列的乡镇定义为发达乡镇	城镇化水平较高,对中低速数据业务需求较多,属于中等业务密集区域
一般乡镇	除了发达乡镇外的乡镇镇区所在地,住宅类建筑物相对集中,并配套中小学、医院、车站、政府等服务型功能单位	除发达乡镇外,城镇化水平初具规模,对中低速数据业务需求较多,属于中等业务密集区域
农村	以行政村和自然村为主,村屯多零星分布,居民住宅多为自建平房,基本高度15m 以内	用户零星分布,每村屯 30～50 户,业务量相对较小,网络定位为广覆盖区域

1. 面场景定义

面场景定义是 5G 网络规划的基础性工作之一,可按城市功能分区、人口密度和建筑密度等特征将面场景分裂为生产服务型、基础设施型及其他特殊功能场景,同时,每类场景又可细分为办公、居住、学习、出行、医疗、购物等覆盖区域,如表 2-4 所示。

表 2-4　面场景定义及其功能划分示例

场 景 分 类	场 景 细 化	典 型 场 景	建筑密度	人口密度
生产服务型功能区域	行政办公区	省/市/县/镇政府大楼	★★☆	★★★
	商业金融区	标志性商圈、大型步行街	★★★★	★★★★☆
	文化娱乐区	商业广场、大型会展中心	★★★	★★★★
	工业研发区	汽车研发基地	★★	★★
	旅游休闲区	5A 级景区	★★	★★★
	教育科研区	大学校园、中小学校园	★★★★☆	★★★★★

续表

场景分类	场景细化	典型场景	建筑密度	人口密度
基础设施型功能区	居住区	大/中/小型居民小区	★★★★★	★★★★★
	医疗卫生区	三甲医院	★★★	★★★★☆
	物流园区	物流园区	★★☆	★★
	交通枢纽区	高铁站、汽车站	★★☆	★★★★☆
	体育场馆区	大型体育馆	★★☆	★★★★
	城市设施服务区(水、电、气、热等)	污水处理厂	★★☆	★★☆
	绿环环境区(江、河、湖水系)	城市湿地公园	★	★
特殊型功能区	军事设施区	军事基地	★★	★★☆
	人防建设区	防洪堤、防空洞	★	★

2. 线场景定义

线场景主要由地铁、高铁、高速、国道、省道及相关县乡道路组成,作为联络城市内、城市间及城乡间人员往来、货物交流的重要桥梁,线场景的重要性不言而喻,如图 2-6 所示。

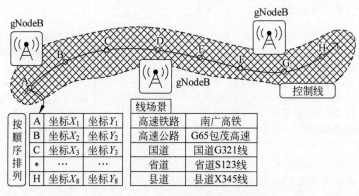

图 2-6 线场景图层范例

在 5G 网络规划中,5G 基站犹如忠诚的卫士守护在交通线的两侧,可根据不同交通线的通行效率和交通流量来划分线场景的重要等级,如表 2-5 所示。

表 2-5 线场景定义及其等级划分示例

场景名称	定义	重要等级
地铁	在城市中修建的快速、大运量、用电力牵引的轨道交通	★★★★★
高速铁路	设计标准等级高、设计时速 250 千米以上、可供列车安全高速行驶的铁路系统	★★★★☆
动车线	设计标准等级高、设计时速 250 千米以内、可供列车安全高速行驶的铁路系统	★★★★
普通铁路	设计时速 160 千米以内,只能让火车以普通速度行驶的铁路系统	★★★
高速公路	专供汽车高速行驶、设计时速 60~120 千米的公路系统	★★★☆
国道	具有全国性政治、经济意义的主要干线公路	★★★

场 景 名 称	定　义	重 要 等 级
省道	具有全省性的政治、经济、国防意义,统一规划确定的省级干线公路	★★☆
县道	具有县、县级市的政治、经济意义的,连接县城和县内主要乡镇的主线干道	★★
水运航道	在江、河、湖、海等水域中,为船舶航行所规定或设置的船舶航行通道	★

3. 点场景定义

在 5G 网络规划中,点场景是对不同尺度地理空间上点的抽象化表示,如基站、节点机房、城镇等,可通过经纬度、xy 坐标批量创建站点图层或扇区图层,如图 2-7 所示。

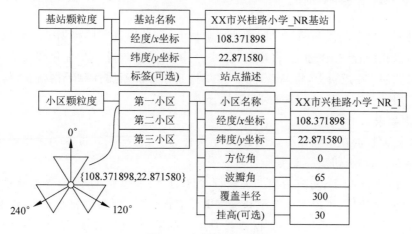

图 2-7　点场景图层范例

在 5G 网络规划中,可按照 5G 潜在用户聚集度、品牌影响力和业务发展潜力的不同将城市中的核心商圈、旗舰营业厅、高校校园、国际机场、高铁站、地铁、大型场馆等点场景定义为标志性场景,优先进行 5G 网络覆盖,其定义及划分方法如表 2-6 所示。

表 2-6　标志性场景划分示例

场 景 名 称	定　义	关 键 指 标	主要聚散时间
核心商圈	城市中顾客密度最大、人均销售额最高的商业活动区域	品牌影响力、用户聚集度	6:00-24:00
旗舰营业厅	按服务水平、示范效果划分,体验运营商企业形象的大型综合展厅	品牌影响力	8:30-21:00
高校校园	大专及以上的高校所在地,包括教学楼、校舍、场馆等	用户聚集度	6:00-24:00
国际机场	可接受来自国际航班着陆和起飞的大型机场	用户聚集度	6:00-24:00
高铁站	以服务高铁、动车乘客为主的铁路客运作业处所	用户聚集度	6:00-24:00
地铁	在城市中修建的快速、大运量、用电力牵引的地下轨道交通	用户聚集度	6:00-24:00
重点医院	收容和治疗病人、提供医疗服务的三甲级医疗机构	用户聚集度	8:00-18:00

续表

场 景 名 称	定　　义	关 键 指 标	主 要 聚 散 时 间
大型场馆	城市中的大型体育馆、博物馆、会展中心、艺术中心等公众活动场所	品牌影响力、用户聚集度	视实际安排
省市级四大班子	省市级党委、人大、政府、政协四大班子办公楼和政务大厅	品牌影响力	9:00-18:00
热点景区	以旅游及相关活动为主要功能的5A级以上景区	品牌影响力、用户聚集度	8:00-18:00

2.2.3　网格聚类

网格是一种介于场景和站点之间的地理颗粒度,合理地进行网格划分可有效地促进投资资源的最优化配置,在物理上,将市区、县城、乡镇等面场景进一步细化和裂变,输出更精细化的网格图层;在逻辑上,将站点、用户、终端、业务等价值属性赋予网格图层,从而更好地界定业务服务范围和开展"端-网-业"聚类分析。

1. 原则要求

绘制网格的目的在于细化覆盖场景、划定责任边界、精准匹配资源和输出解决方案,其主要划分原则为对齐、切割和聚类。

(1) 对齐:承上启下,对齐边界。关联行政区划、城市边界、场景边界和营销网格等范围图层,对齐地理边界、锁定覆盖范围和落实责任界面,进一步细化和裂变市区、县城、乡镇等面场景图层,为后期工程实施、优化、维护及运营定义好责权利的边界。

(2) 切割:以城市道路为主线,将地形地貌、功能特征、人口分布、建筑分布等特征相似的区域划分为同一个网格,以方便对网络覆盖、网络质量、网络容量等指标进行分析,例如,以城市道路为"刀"切割城区图层,以"分割要素"工具细化特定场景。

(3) 聚类:"物以类聚,人以群分",赋能网格价值属性,将人口、经济、建筑和网络等要素特征相类似的区域划分为同一个网格,以便对网络覆盖、容量和质量指标进行综合分析和管理。

2. 绘制网格

以南宁城区为例,使用 QGIS 软件探讨和分享网格图层的绘制要求和操作技法。

1) 准备工作

(1) 划定城区边界:城区是绘制网格的主要作业区域,可借助 QGIS 软件的"用线分割"工具,使用"南宁绕城高速图层"切割"南宁区县边界图层"即可获得南宁城区边界图层,在此图层的基础上,分裂和细化出城区网格图层,如图 2-8 所示。

(2) 定义数据结构:使用 QGIS 软件新建 Shapefile 图层和定义数据结构,如图 2-9 所示。

❑　操作路径:图层(L)菜单→创建图层→新建 Shapefile 图层。

❑　关键参数:除录入字段、字段类型、字段长度等常规操作,需要注意,文件编码使用

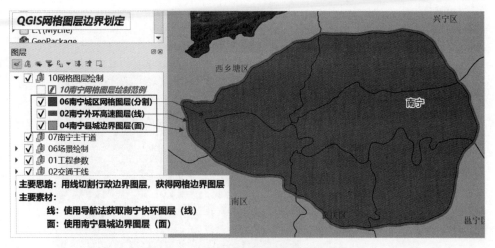

图 2-8　划定城区边界图层的操作方法

CP936，以解决默认 UTF-8 文件编码下属性字段只显示 3 个中文的问题。此外，坐标系统默认为 EPSG：4326-WGS 84。

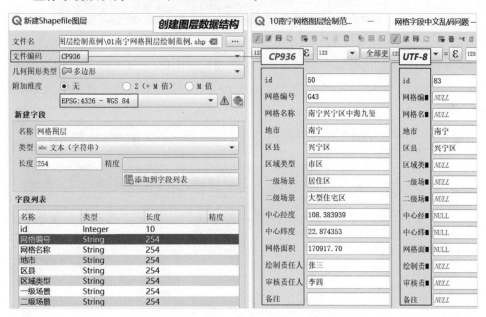

图 2-9　新建 Shapefile 图层和定义数据结构

2）网格绘制

主要操作思路为，借助 QGIS 软件的分割要素、用线切割、裁剪等工具，用线切割南宁城区边界图层，线可以是导航路线或手绘多段线。

（1）添加线图层：在 QGIS 中添加 KML 图层，如图 2-10 所示。

❏　操作路径：图层（L）→数据源管理器（D）→添加矢量图层。

❑ 操作方法：在图层选项卡下，单击添加矢量文件，矢量数据集为对应的 KML 文件，选中后添加即可。

图 2-10　在 QGIS 中添加 KML 图层的操作方法

(2) 将图层设置为可编辑状态：一是选中需切割的图层(多个图层按 Shift＋图层)，二是将其切换为可编辑模式。选中后网格会高亮显示，在可编辑状态下可看见边界的节点，如图 2-11 所示。

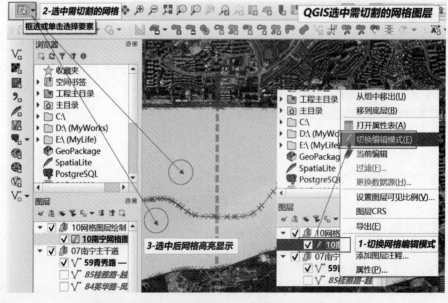

图 2-11　将 QGIS 图层设置为可编辑状态的操作方法

（3）用线分割城区图层：使用 QGIS 软件工具箱中的"用线分割"工具，输入图层为选中的待切割的图层，分割图层为导入的线图层，如图 2-12 所示。单击执行即可获得切割后的网格图层，重复 N 次此项操作，城区图层会被切割成无数个网格图层。

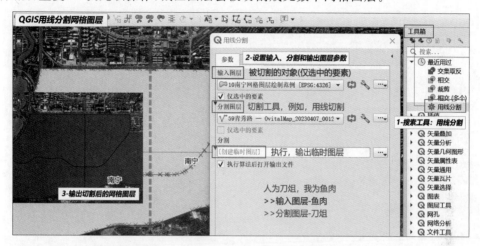

图 2-12　用线分割城区图层的操作方法

3）关联数据

对应创建的数据结构表，通过手工录入和批量更新等方式，完成 QGIS 网格图层属性表格的更新，其中，网格名称、场景类型等信息需手工录入，网格编号、归属区县、经纬度信息等信息可使用函数表达式批量更新，如图 2-13 所示。

图 2-13　使用 QGIS 表达式工具更新和关联属性表

4)输出图层

网格图层由几何图形、关联数据两个不可或缺的部分组成,在此基础上,可进行网格聚类分析和专题地图呈现等操作,如图 2-14 所示。

图 2-14　使用 QGIS 输出的网格图层示例

3. 网格聚类

如何将有限的资源投入更具投资价值的覆盖场景是 5G 网络规划的重点研究课题之一,可运用网格聚类方法,建立价值区域评估模型,充分评估用户、终端、网络和业务等关键指标,形成价值分级的覆盖区域,进一步匹配差异化的覆盖策略和解决方案。

1)价值定义

5G 建网初期,可参考 4G 网络、用户和业务发展经验,聚焦 4G 高价值用户、高流量用户和高端机用户聚集的区域,建立站点与用户的关联,可发现覆盖价值区域满足"二八法则",即 20% 的 4G 站点承载着 80% 的网络业务量。根据建设目标和部署节奏,对覆盖场景进行价值分级,例如,可将 TOP20%、20%～50%、50%～100% 网络网格对应地划分为价值网格、赶超网格和潜力网格。

2)评估模型

以用户为中心,抓住网络主线,围绕用户、终端、业务和网络 4 个层面建构出 5G 价值用户聚集区的评估模型,如图 2-15 所示,其主要思路为,一是对用户群体、用户行为、业务逻辑进行分析,聚焦不同特征的用户群体在何时、何地、使用何种终端发生了何种业务行为及产生多少业务量;二是运用网格聚类手段,对用户层、业务层、网络层和投资指标进行综合评估,重点挖掘 4G 网络中高价值、高流量和高终端用户端的地理分布,相应匹配差异化的覆盖能力、网络容量及相关配套资源。

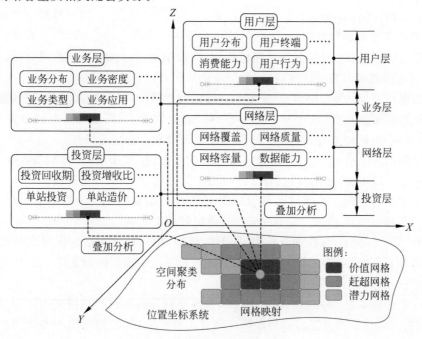

图 2-15　覆盖价值区评估模型

3）评估流程

遵循分层划分、逐层映射、聚类分析的评估思路,确定指标体系、建立映射关系,对数据进行叠加分析、网格聚类和地理呈现,最终,输出可视化的 5G 覆盖价值区图层,如图 2-16 所示。

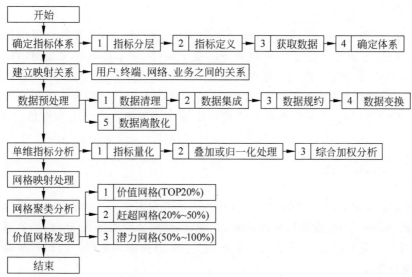

图 2-16　价值模型评估流程方法

其主要评估流程分 7 步。

(1)确定指标体系:分用户层、网络层、业务层和投资层,建立用户与网络的映射关系,找出用户和业务聚集的网络网格,匹配差异化的投资覆盖能力。

(2)建立映射关系:对覆盖场景网格化划分,赋予用户、终端、基站地理坐标,使每项指标均可对应地落到唯一的网络网格中,为指标叠加和数据分析做准备。

(3)数据预处理:为获得准确、完整和一致的基础数据,进行数据清理、数据集成、数据规约、数据变换和数据离散化等预处理操作,例如,对网管、营账系统提取的数据源进行数据整合、清除纠错、降维处理、格式转换、归一化处理及概念分层等操作。

(4)单维指标分析:结合 5G 覆盖价值区评估模型,抽象出用户、终端和业务等关键指标体系,弱化 O 域指标,强化 B 域指标,进行归一化处理,得出对应指标集。

(5)网络映射处理:对 O 域和 B 域的高价值用户、高流量用户和高终端用户端等关键指标进行价值密度排序、分档、权重取定和价值区域输出。

(6)网格聚类分析:在数据分析中,同类指标横向分析,异类指标纵向归一化,输出统一的量化的指标,并映射到网络网格中,将指标值大于指定阈值的稠密单元输出为簇,并直观地呈现到地图中。

(7)价值网格发现:将用户、网络、业务、投资等指标叠加映射到网格图层中,形成直观的地理格局分布,根据投资能力和部署策略划分出价值网格、赶超网格和潜力网格,对应匹配不同的覆盖能力和资源投入。

2.3 频率规划

第二件事,抓住频率资源,做好目标网架构的顶层设计。频率资源是通信运营商最核心的战略资源之一,也是开展移动通信业务的根本前提,频率规划对无线网络的影响是长期且深远的,因此,在 5G 无线网规划中应充分考虑运营商的资源禀赋、业务发展、网络演进及竞争博弈等因素,做好频率重耕和干扰协调等基础性工作,其中,频率重耕是对已分配的频率资源"翻新"再利用,发挥中低频段广覆盖优势来部署更具竞争力和性价比的 5G 低频打底网。

2.3.1 趋势研判

对频率重耕的必要性和可行性进行分析,除政策因素外,其主要驱动力来源于频率特性、网络演进、成本压力和竞争博弈等因素,其中,高低频协同组网是 5G 网络部署的主要手段,保障现有业务服务质量、中低频段 5G 终端支持是开展频率重耕的前提和基础。

1. 频率特性

应充分发挥高频容量、低频覆盖优势。广覆盖应优先用低频,容量需求则优先用中高频,其主要原因在于频率越高,波长越短,覆盖范围越小;相反,频率越低,波长越长,覆盖范围越大,此外,容量需求与分配带宽有关,如图 2-17 所示。

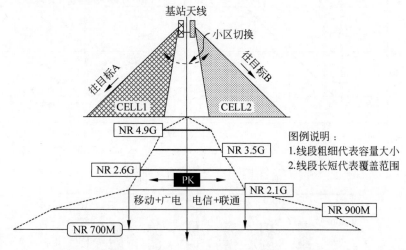

图 2-17 主要 5G 频段覆盖和容量能力分析

由此可知,在相同的无线传播环境下,低频的覆盖优势是明显的,例如,NR 700M 覆盖能力是 NR 2.6G 的 3～5 倍,可将低频定位为基础覆盖层,做一张广覆盖的打底网。同时,受限于低频分配早、频段碎片化和业务负荷重的影响,要腾出连续的低频资源来部署 5G 网络甚是困难,可发挥高频的容量优势,将其定位为核心容量层,并根据不同场景接入需求使用 C-band、毫米波等中高频来解决城区和局部热点的 5G 覆盖问题。

2. 网络演进

5G 是网络演进的方向,4/5G 网络将长期共存、协同发展。基于此判断,在进行 5G 网络部署时,一是要做好战略研判,把握业务发展方向;二是做好终端评估、业务分析和网络精简,确保频率重耕后现有 4G 业务可正常承载且新增 5G 业务可良好接入。

(1)战略研判:结合业务承载数据,运用波士顿矩阵分析,4G 网络是主力承载网(相对市场份额高)、是主要业务收入来源、市场增长率趋于平缓,属于金牛业务,应采取稳定策略;同时,2/3G 业务逐渐下降、相对市场份额较低、已无市场增长预期(停滞状态),属于瘦狗业务,应采取撤退战略。5G 是网络演进方向,应采取发展战略(战略路线 A),通过挤压现有 2/3/4G 频谱资源来开展 5G 频率重耕,进一步加大资源投入和扩大 5G 业务的市场份额,助其快速转换为明星业务,如图 2-18 所示。

(2)业务承载:5G 业务发展是一个长期演进的过程,其主要业务来源包括运营商现有 2/3/4G 移动业务迁移、竞争对手用户携转 5G、新发展 5G 增量业务等,如图 2-19 所示,5G 建网初期,必然会面临 4G 业务负荷偏高与 5G 频率资源紧缺的挑战,应循序渐进地处理好现有 2/3/4G 业务分流、频率重耕及 4/5G 协同发展问题。

(3)终端支持:终端是应用服务的载体,是 5G 产业链的关键环节,是连接用户和网络的窗口,因此,中低频终端支持评估是 5G 频率重耕的基础性工作。提升 5G 中低频终端支

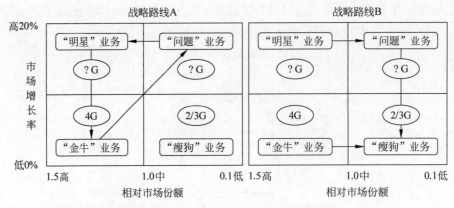

图 2-18　使用波士顿矩阵分析企业发展战略

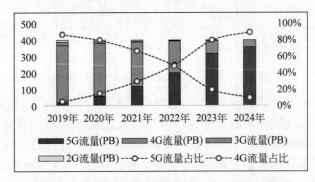

图 2-19　某运营商移动网数据业务发展趋势示意图

持率可分三步走,一是协同终端产业链对 5G 中低频终端硬件、软件的支持和升级;二是开展终端评估,优先在 5G 终端占比高的区域开展 5G 网络部署工作;三是端网业协同发展,引导用户使用支持 NR 700M/800M/900M、NR 2.1G 等中低频终端登网。

3. 成本压力

5G 网络规划主要受覆盖、容量、质量和成本要素的约束,建设成本和投资效益是影响项目决策的关键指标,可根据不同覆盖场景,开展中低频重耕、现网设备改造升级、设备差异化配置等工作,进一步提升网络覆盖能力和降低网络建设成本。如表 2-7 所示,以农村场景为例,相比 NR 3.5G 基站,NR 2.1G 基站改造升级更快、建设成本更低且单站造价可节省约 10 万元,特别是在 5G 大规模部署的背景下,开展中低频重耕工作可极大地缓解投资压力。

表 2-7　NR 3.5G 与 NR 2.1G 单站造价对比分析

项　　目	需要安装的设备费 /万元	建筑安装工程费 /万元	工程建设其他费 /万元	资本化利息 /万元	合计 /万元
NR 3.5G 基站	22.00	1.40	1.46	0.54	25.40
NR 2.1G 基站	12.50	0.83	1.45	0.32	15.11
差异对比(前-后)	9.50	0.57	0.01	0.22	10.29

4．竞争对手博弈

推进高低频协同组网，对齐竞争对手覆盖水平。视不同覆盖场景和业务需求，可采取高低频协同组网方式来扩大覆盖水平和节约建设成本。例如，为应对 CD 联合体采取的"高频 4.9G/2.6G＋低频 700M"组网方案，若 AB 联合体仍然采取"高频 3.5G＋中频 2.1G"组网方案，在应对郊区、乡镇及农村等广覆盖场景时尤显乏力。那么，如何破局？提供两条思考路线，一是合作共赢，协同 700M 核心网漫游或接入网共享；二是低频重耕，推动 800/900M 低频重耕工作。

2.3.2　演进策略

结合自身资源禀赋，综合评估业务承载、终端支持、频谱特性、部署可行性及相关要素，选择最优的频率重耕方案，以实现 5G 网络快速升级部署，重点对 2.6G、2.1G、800/900M 频率重耕策略进行探讨分析。

1．2.6G 频率演进

在新的一轮频谱分配中，中国移动已获得 2.6GHz 160M 和 4.9GHz 100M 频谱资源的授权许可。在城区场景，4.9GHz 可定位于核心容量层，2.6GHz 则定位于基础覆盖层，其主要优势表现为对比高频覆盖更广、同频升级部署更快及对标友商频率更优。同时，基于竞争因素考虑，对标 3.5G 覆盖和容量能力，2.6G 频率重耕近期应追求连续的 100M 频段，中远期根据业务发展逐渐演进为 160M 频段。

2.6G 频段是 4G 主力容量承载，对其频率重耕应充分考虑 4G 业务承载、4/5G 协同组网及 5G 终端支持等问题，其主要频率演进策略为，一是 LTE 60M 维持不变，5G NR 两端分布；二是 LTE 60M 向前移频，5G NR 向后布局，使用连续 100M 带宽；三是 5G NR 靠前布局，由 NR 60M 逐步演进为 NR 100M，LTE 60M 向后移频，如图 2-20 所示。

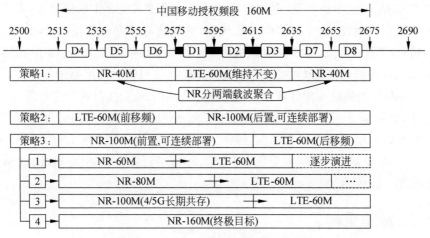

图 2-20　NR 2.6G 频率演进策略示意图

2. 2.1G 频率演进

2019 年 9 月 9 日,中国电信与中国联通双方签署《5G 网络共建共享框架合作协议书》,约定在全国范围内合建一张 5G 接入网,其站址、机房、天面及频率资源可深度共享和整合以发挥更大的竞争优势和节约更多的建设成本。中国电信、中国联通分别获得全新的 3400～3500MHz、3500～3600MHz 各 100M 频段授权用于 5G 网络部署,该频段具有良好的覆盖能力、容量特性及产业链支持,适用于市区、县城及容量热点覆盖。

相对于中低频段,使用高频段的 C-Band 开展城郊、乡镇及农村广覆盖意味着更密的站址布局和更大的建设成本,结合自身资源禀赋、权衡竞争对手压力,开展中频段的 1.8G/2.1G 频率重耕势在必行。以 2.1G 频率演进为例,其主要做法为,5G 建网初期,采取 LTE 20M＋NR 20M 部署策略,腾出连续的 2×20M 带宽用于 5G 网络建设,后期随着 4G 业务分流、4G 业务向 5G 迁移逐步腾出 2×40M 甚至更大带宽,如图 2-21 所示。

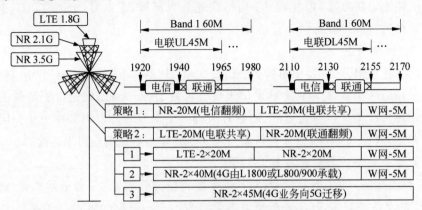

图 2-21　NR 2.1G 频率演进策略示意图

3. 800/900M 频率演进

2020 年 5 月 20 日中国移动、中国广电签署 5G 共建共享合作框架协议,双方约定"按 1∶1 比例共同投资建设 700MHz 5G 无线网络,共同所有并有权使用 700MHz 5G 无线网络资产",同时,推进 NR 2.6G＋700M 协同组网。基于竞争因素分析,随着 700M 规模部署,3.5G＋2.1G 组网的覆盖优势将会快速消失,若电信和联通仅依靠中频 NR 2.1G 应对低频 NR 700M,要达到同等覆盖效果,将意味着面临巨大的资金投入和竞争压力。

为应对 700M 竞争压力,电信和联通双方必然会推进 800M/900M 低频重耕工作,以联通 900M 频率重耕为例,两条主要的演进路线,一是缩频,压缩和共享 LTE/UMTS 带宽,腾出 5M 或 10M NR 带宽;二是移频,全量共享电信,4G 业务迁移至 800M 频段,保障 NR 2×10M 独占带宽,如图 2-22 所示。

2.3.3　频率重耕

频率重耕是一把双刃剑,有利又有弊,其优势在于低频覆盖更广、网络部署更快、投资

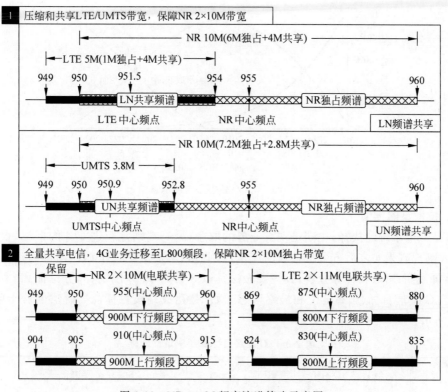

图 2-22　NR 900M 频率演进策略示意图

成本更低,其面临的挑战问题在于容量压力更大、干扰协调更复杂、终端影响更突出。为了应对竞争压力和以更低成本建网,开展 5G 中低频频率重耕势在必行,应着重解决现有业务承载、同频干扰协调及终端产业协同等基础性问题,以确保 4/5G 网络质量、业务接入及用户体验水平不降低。

显然,频率资源是有限的,开展中低频段的频率重耕便意味着挤压现有 2/3/4G 网络的频率资源,那么如何保障现有 2/3/4G 网络所承载的业务? 需要做好 3 件事,一是梳理现状,评估业务发展趋势,例如,4G 数据流量何时达峰、何时出现拐点;二是目标导向,推演频率和技术策略,例如,近期和中远期推演 800M/900M、2.1G、2.6G 频率演进策略及其部署方案;三是分步实施,衔接端网业发展,做精、做细、做实频率重耕方案,例如,处理好业务分流、干扰协调和终端支持等主要问题。

1. 发展趋势评估

通常来讲,一个产品的生命周期可分为导入期、成长期、成熟期和衰退期,其发展策略为成长期重点扶持、成熟期保持稳定、衰退期更新迭代,其主要做法是,短期看业务结构,长期看业务趋势,可提取现有 2/3/4/5G 网络的用户、业务量和终端等数据,按时间线将其做成一张直观的折线图,可得出一个基本判断,4/5G 网络将会长期共存、协同发展,2/3G 网络必然会被腾退和业务迁转,如图 2-23 所示。

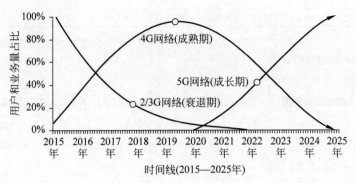

图 2-23　5G 产品生命周期示意图

2. 技术策略推演

这是一个艰难的抉择,一端是现有业务的取舍,另一端则是新进业务的押注,很浅显的道理,收割现有果实之后方可耕种新的庄稼,因此,频率推演是一个循序渐进的过程。以目标为导向,逆向思考和任务分解,其主要做法是以终为始、统一规划、充分论证和分步实施,"终"是 5G 发展目标、频率定位和最终形态,"始"是达成终极目标前需解决的若干问题,如表 2-8 所示。

表 2-8　5G 发展目标及频率定位分析

网络类型	运营商	频段范围/MHz	带宽	业务现状	5G 频率演进策略
NR 3.5G	电信	3400~3500	100M	无	初期:城区连续 NR 100M,按需部署 NR 200M; 中远期:城区全部升级,连续部署 NR 200M
	联通	3500~3600	100M		
NR 2.6G	移动	2515~2675	160M	4G	初期:城区连续 NR 60M+LTE 60M; 中期:逐步演进 NR 100M+LTE 60M; 远期:全部升级 NR 160M
NR 2.1G	电信	1920~1940/ 2110~2130	2×20M	4G	初期:4G 全量共享,城区连续 NR 20M+LTE 20M; 中远期:4G 迁移至 1.8G,城区全部升级 NR 40M
	联通	1940~1965/ 2130~2155	2×20M	3/4G	
NR 800/ 900M	电信	824~835/ 869~880	2×11M	4G	初期:频率压缩,乡村连续 NR 5M+LTE 5M; 中远期:4G 全量共享,乡村连续 NR 2×10M
	联通	904~915/ 949~960	2×11M	2/3/4G	
NR 700M	广电	703~743/ 758~798	2×40M	无	初期:广电业务清频,乡村连续 NR 2×30M; 中远期:全部升级 NR 2×40M

不同的网络现状、资源禀赋和发展策略往往会影响 4/5G 业务容量评估的方向,以 2.1G 频率重耕为例,基于全面共享、统一规划原则,对电信和联通现有 2.1G 频段的 2×45M 带宽开展频率重耕工作,优先腾出 2×20M 带宽用于 5G 打底网建设,持续推进 4G 业务分流,最终实现 2×40M 连续组网,如表 2-9 所示。

表 2-9 建网初期 2.1G 频率规划策略及方案

网 络 类 型	上 行 频 段	下 行 频 段	演 进 策 略
5G	1940～1960MHz	2130～2150MHz	建网初期 NR 2×20M；中远期 NR 2×40M
4G	1920～1940MHz	2110～2130MHz	全量共享,4G 业务补充,持续分流到 1.8G 或 3.5G
3G	1960～1965MHz	2150～2155MHz	翻频和压缩,用于 3G 业务承载

3. 4G 容量需求评估

基于 4/5G 共建共享的背景,应充分考虑电信和联通双方现有 2/3/4G 网络现状、频率使用、业务承载及发展策略等主要因素,进一步确定 4G 业务分流策略、容量评估模型及频率重耕方法,使现有业务有保障、新增业务可接入。

第 1 步:动静结合,看业务承载状态,确定 4G 业务分流策略。以 NR 2.1G 为例,重耕 2.1G 频段用于 5G 网络建设已达成共识,2.1G 频段所承载的 4G 数据业务会流向 LTE 1.8G 或迁移至 NR 3.5G,对应 4 种分流状态,如图 2-24 所示。

- 状态①②:2.1G 业务分流至 1.8G 频段,如果 1.8G 频段可全部承载且业务未溢出,则 2.1G 频段可腾出 2×40M 用于 5G 建设。
- 状态③:如果 1.8G 频段可部分承载且有业务溢出,2.1G 频段仍需部分保留用于 LTE 业务承载,则 2.1G 频段可腾出 2×20M 用于 5G 建设。
- 状态④:如果 1.8G 频段、2.1G 频段承载后仍有业务溢出,无法频率重耕,则由 3.5G 频段承载 5G 业务,同时应加快 4G 业务向 5G 迁移,为后期 2×20M(或 2×40M)做好前期准备。

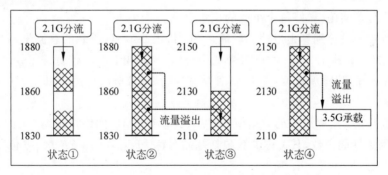

图 2-24 2.1G 业务分流状态及其应对策略

第 2 步:辩证思考,判断业务忙与闲。

第 1 问:现有 4G 业务怎么办? 若网络负荷为轻载,则频率重耕用于 5G 建设;若网络为重载,则可分组归类处理,根据容量模型与频率承载的关系,具体问题具体分析,同时,持续推进 4G 业务分流和频率腾退。针对 2.1G 分流策略,电信和联通 4G 业务优先由各自的 1.8G 频段承载;其次,2.1G 频段按需共享,为腾频方提供 4G 补充承载;最后,若无法频率重耕,则 4G 维持现状、5G 部署 3.5G,同时加快 4G 业务分流和腾频。

第 2 问:闲与忙如何定义? 闲与忙是一个相对概念,若实施全网频率重耕,应遵循集团或省份 4G 无线网扩容相关标准,抓住极限容量和常态扩容条件下,不同颗粒度数据包的小区带宽需求、小区流量门限、上下行 PRB 利用率、RRC 用户数等关键指标,若达到 4G 业务小区扩容门限,则视为业务忙,如表 2-10、表 2-11 所示。

表 2-10   A 运营商小区带宽 20M 下的 4G 业务小区扩容标准

小区分类	CQI 门限	小区单用户平均感知速率	小区流量门限	RRC 用户数	下行 PRB 利用率
大包小区	平均 CQI≥8	<8Mb/s	流量>9GB	用户数>50	>50%
中包小区	平均 CQI≥8	<6Mb/s	流量>10GB	用户数>50	>50%
小包小区	平均 CQI≥8	<5Mb/s	/	用户数>140	>50%

表 2-11   B 运营商小区带宽 20M 下的 4G 业务小区扩容标准

口　　径	PRB 利用率	计费下行流量	PDCP 下行流量	计费用户数	RRC 用户数
1.8/2.1G 门限	≥70%	≥8.4GB	≥11.2GB	≥420	≥280

可根据共享双方的集团或省份 4G 扩容标准,双方协商确定 4G 业务流量等效的带宽需求,例如,在满足"小区带宽 20M、下行 PRB 利用率≥70%、PDCP 下行流量≥11.2GB"的扩容条件下 4G 业务小区应扩容,可得到一条基准线,即每 20M 小区带宽等效的小区流量为 11.2GB(或每 5M 小区带宽≈小区流量 2.8GB)。

第 3 问:如何划分频率重耕区域?可根据 4G 业务小区扩容标准来梳理和评估 4G 忙小区,若现阶段 2.1G 频段承载的 4G 业务分流到 1.8G 频段后仍为高负荷,则暂不开展频率重耕,同时,考虑 2.1G 频段上 4/5G 同频干扰,在高负荷小区外围划定缓冲隔离带,其余区域则视为可频率重耕区域。

第 3 步:分步实施,做好每个小区的重耕方案。

主要做法:一是分别算出电信和联通 1.8G 和 2.1G 小区承载的总流量,并折算为小区等效带宽需求,核减掉 1.8G 频段所需带宽后得到 2.1G 频段 4G 带宽需求;二是依托数据分析和地理呈现手段,除承载 4G 业务外,评估和判断 2.1G 频段可否腾出 2×20M 或 2×40M 用于 5G 建设。

(1)提取数据:按照统一的数据模板,提取共享双方 4G 网络指定周 7×24h 4G 站点小区级工参及网络性能参数,其关键参数包括基站名称、小区名称、经纬度、方位角、频段及对应的业务量等数据,如表 2-12 所示。

表 2-12   提取 4G 网络工参数据模板表格

字 段 名 称	统 计 要 求	范 例 数 据
统计时间	指定周 7×24h 4G 站点小区级网络数据	2021 年 10 月 25 日
运营商	分联通和电信	联通
地市	按行政区划统计	XX
区县	同上	兴宁区
场景	分市区、县城、乡镇及农村	市区
唯一标识	由 eNode ID 与 Cell ID 转换得到	171835905
eNodeB ID	由网管工参得到	671234

字 段 名 称	统 计 要 求	范 例 数 据
Cell ID	同上	1
扇区标识	同上	1
基站名称	同上	基站 A
小区名称	同上	基站 A_1
经度/°	保留小数点后 5 位	108.391001
纬度/°	同上	22.797901
方位角/°	取值范围为 0～360°	120
网络类型	分 4G、3G、2G	4G LTE
频段	分 L800、L900、L1800、L2100、U900、U2100、G900、G1800	L2100
工作带宽/Mb/s	分 5M、10M、15M、20M	20
空口上行业务流量/GB	取自忙时最大值,保留小数点后 2 位	235.20
空口下行业务流量/GB	同上	3483.96
上行 PRB 平均利用率/%	同上	15.87%
下行 PRB 平均利用率/%	同上	30.25%

（2）数据整合：分电信、联通网络,按照格式要求将同一小区指向下 1.8G/2.1G 所有载波业务量数据整合和汇总为一条数据,同时,按照相关容量评估模型将该小区下的总业务量近似地折算为等效带宽,例如,每小区流量 2.8GB 等效小区带宽 5M,如表 2-13 所示。此外,考虑潮汐效应,建议小区级业务量使用指定周 7×24h 中自忙时业务量的最大值。

表 2-13　4G 小区级业务承载数据模板表格

基站名称	小区名称	经度/(°)	纬度/(°)	方位角/(°)	1.8G 频段第 1 载波业务量/GB	1.8G 频段第 2 载波业务量/GB	2.1G 频段第 1 载波业务量/GB	2.1G 频段第 2 载波业务量/GB	业务量合计/GB
基站 A	基站 A_1	108.39105	22.79794	0	12.08	0.00	7.39	3.59	23.05
基站 A	基站 A_2	108.39105	22.79794	120	8.77	0.00	8.51	4.03	21.31
基站 A	基站 A_3	108.39105	22.79794	240	4.53	0.00	6.17	2.48	13.18

（3）数据评估：统计电信和联通双方 1.8G 和 2.1G 频段的 4G 小区级数据流量,扣除双方 1.8G 频段可支撑的业务需求后,若双方 2.1G 频段 4G 业务带宽需求大于 2×20M,意味着无法腾出 2×20M 带宽用于 5G 建设,则判定该区域为不可重耕区域,其中,电信和联通双方 1.8G 和 2.1G 小区带宽及其等效流量如表 2-14 所示。

表 2-14　电信和联通双方 1.8G 和 2.1G 小区带宽及其等效流量

分　　类	频段范围(UL/DL)	下行带宽	等效流量/GB	备　　注
联通-1.8G	1735～1765MHz/1830～1860MHz	30M	16.8	
电信-1.8G	1765～1785MHz/1860～1880MHz	20M	11.2	
联通-2.1G	1940～1965MHz/2130～2155MHz	25M	14.0	5M 用于 3G 业务
电信-2.1G	1920～1940MHz/2110～2130MHz	20M	11.2	

分电信和联通两张表,将各自 1.8G/2.1G 频段的小区级业务承载做成表格形式,按照上述折算规则和评估要求添加计算公式,如表 2-15 所示。

- 电信 2.1G 带宽需求:ROUNDUP(电信 4G 小区所有载扇业务量之和/2.8G,0) * 5－20M。
- 联通 2.1G 带宽需求:ROUNDUP(联通 4G 小区所有载扇业务量之和/2.8G,0) * 5－30M＋WCDMA 带宽需求(5M)。
- 不可重耕区判断:(电信 2.1G 带宽需求＋联通 2.1G 带宽需求)≥25M。

表 2-15　4G 小区级业务承载及其带宽折算示例

基站名称	小区名称	经度/(°)	纬度/(°)	方位角/(°)	4G 业务量/GB	1.8G 最大分流业务量/GB	需 2.1G 承载业务量/GB	折算为 2.1G 带宽需求/(Mb/s)	判断结论
基站 A	基站 A_1	108.39100	22.79790	0	23.05	11.2	11.85	25	不可重耕
基站 A	基站 A_2	108.39100	22.79790	120	21.31	11.2	10.11	20	可重耕
基站 A	基站 A_3	108.39100	22.79790	240	13.18	11.2	1.98	5	可重耕

(4) 输出图层:将电信和联通小区评估结果做成两张地理化的扇区图,对相同或相对指向的基站小区进行频率重耕条件判断,并使用多边形划出不可重耕区域,如图 2-25 所示。

- 制作站点扇区图:将联通和电信的数据评估结果分别做成扇区图,并设置不同样式。
- 筛选高负荷载扇:使用 SQL 查询工具将高负荷站点及其载扇标识出来。
- 圈选不可重耕区域:对相同或相对指向的基站小区进行频率重耕条件判断,逐站评估并圈选出不可重耕区域。
- 设定缓冲区:以不可重耕区域为中心做 2～3 层缓冲区,设定缓冲隔离带以避免 4/5G 站点同频干扰。

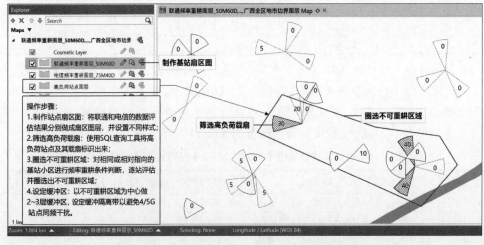

图 2-25　4G 高负荷站点评估及不可重耕区域圈选

4. 频率重耕实施

根据上述评估结果,圈选和设置不可重耕区、同频隔离带及频率重耕区,除频率重耕区域和同频隔离带由 NR 3.5G 承载之外,其余区域均由 NR 2.1G 承载,对应配置相关区域内 5G 规划站点的频段及其参数,如图 2-26 所示。

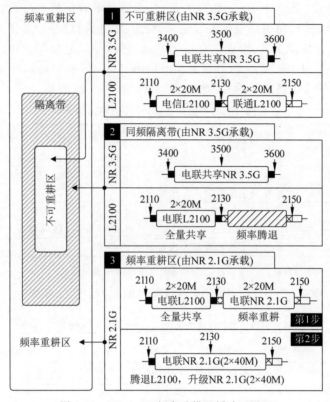

图 2-26　NR 2.1G 频率重耕及缓冲区设置

2.4　部署策略

15min

第三件事,敲定策略原则,指引网络规划方向。网络架构是 5G 通信系统的"骨架"和"中枢",按照"网格分层、协同组网、分级配置"的规划思路,做好频率定位、理顺组网架构和落实部署策略,打造 5G 网络端到端连接能力。

2.4.1　网络分层

可综合考虑运营商自身资源禀赋、频率特性、业务承载、终端支持及竞争博弈等因素,发挥高频、中低频的频率资源特性,将网络划分为核心容量层和基础覆盖层,并结合不同的业务承载需求匹配差异化的分层组网架构。

(1) 基础覆盖层:发挥中低频覆盖优势,推动 3GHz 频段以下的 2/3/4G 网络频率重耕工作,打造具备广覆盖能力的 5G 低频打底网。

(2) 核心容量层:发挥 C-Band 频段大带宽、高容量承载优势,实现市区、县城、镇区及热点农村的容量层部署,向用户提供大带宽、低时延、超密集的 5G 业务接入服务。

在 5G 共建共享背景下,已形成以电信与联通、移动与广电为联合体的合作模式,基本形成以 NR 2.6G/3.5G/4.9G 为核心容量层、以 NR 700M/800M/900M/2.1G 为基础覆盖层的竞争态势,不同覆盖场景下的 5G 频率规划目标如表 2-16 所示。

表 2-16 不同覆盖场景 5G 频率目标定位示例

分类	频段使用	密集市区	一般市区	县城	乡镇	热点农村	高铁高速	农村
AB 联合体	NR 3.5G	Y	Y	Y	按需覆盖	按需覆盖	按需覆盖	N
	NR 2.1G	Y	Y	Y	Y	Y	Y	按需覆盖
	NR 800/900M	按需覆盖	按需覆盖	按需覆盖	Y	Y	Y	Y
CD 联合体	NR 4.9G	Y	N	N	N	N	N	N
	NR 2.6G	Y	Y	Y	按需覆盖	按需覆盖	按需覆盖	N
	NR 700M	按需覆盖	按需覆盖	按需覆盖	Y	Y	Y	Y

注:结合频率覆盖和容量特性,Y 为更优选择、N 为不宜选择、其余可按需覆盖。

其中,AB、CD 联合体的 4/5G 频率规划目标如图 2-27、图 2-28 所示。

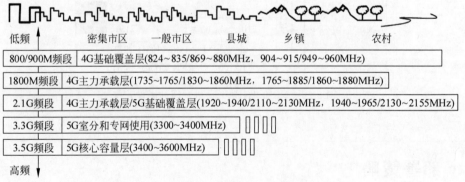

图 2-27 AB 联合体共建共享频率规划目标
注:以上仅为技术层面分析,不作为网络部署参考。

2.4.2 组网架构

网络架构是 5G 移动通信的"主心骨",5G 网络主要由无线接入网、承载网和核心网 3个功能模块构成,核心网"主内",无线接入网"主外",不同功能模块相互衔接和组合,从而实现不同的移动通信业务,如图 2-29 所示。

(1) 无线接入网:无线接入网类似"店小二",主要负责不同业务的"派单"和"接单"服

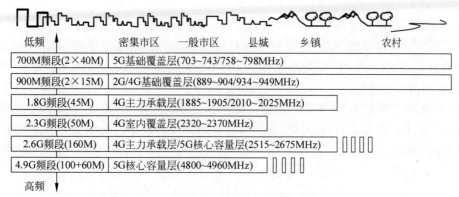

图 2-28　CD 联合体共建共享频率规划目标

注：以上仅为技术层面分析，不作为网络部署参考。

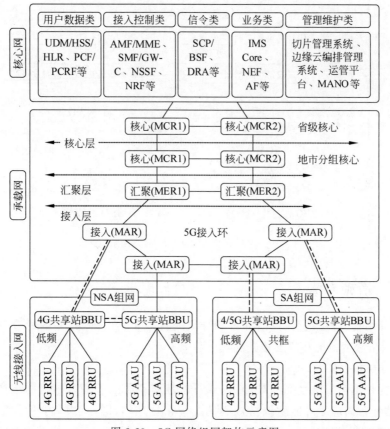

图 2-29　5G 网络组网架构示意图

务，为用户提供多样化的接入服务，其主要功能实体为基站主设备，例如，基带单元（BBU）、射频拉远单元（RRU）或有源天线单元（AAU）等。

（2）5G 核心网：核心网则像"大管家"，是移动通信的"大脑中枢"，其主要功能实体为各种类型的服务器，主要为用户提供接入、计算、存储、转发及相关协同服务，保障端到端移动通信业务的开展。

（3）5G 承载网：承载网犹如"跑腿员"，分接入层、汇聚层、核心层等，其主要功能实体为各种路由器、交换机等，为无线接入网与核心网搭起连接的"桥梁"，为用户提供高速的、有效的、透明的传输链路。

在 5G 共建共享背景下，移动网共享主要有基础资源共享(含传输、铁塔及机房等)、接入网共享和核心网漫游等方式，其中，接入网共享主要分为独立载波和共享载波两种模式。在共享载波模式下，共享双方的核心网独立、承载网核心层打通、无线基站共享和载波共用，如图 2-30 所示。

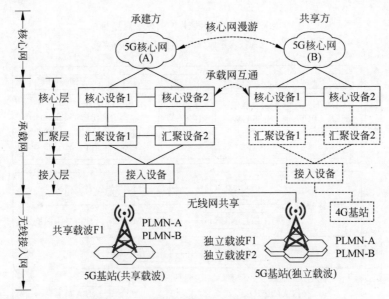

图 2-30　多运营商 5G 共享组网架构示意图

2.4.3　措施方法

可从拓扑结构、分层组网、灵活部署和分级配置等 4 方面落实 5G 网络部署策略，进一步解决 5G 网络深度覆盖和广度覆盖问题。

1. 拓扑结构

蜂窝结构是覆盖二维平面的最佳拓扑结构，是移动通信最基本的组网结构。在 5G 网络规划中，站址布局应尽可能地保持规则的蜂窝拓扑结构，同一区域内的站距应尽可能地保持均匀分布，并以规划站址为搜索基准点，使候选站址尽可能落入规划站址搜索圈内，如图 2-31 所示。原则上站址偏差应控制在 $R/4$ 范围内，避免因站址布局不合理，如过近或超远，而影响网络质量和后期网络优化。

2. 分层组网

可根据不同的业务需求、市场策略和覆盖原则，将 5G 网络结构定义为布局层、补盲层、

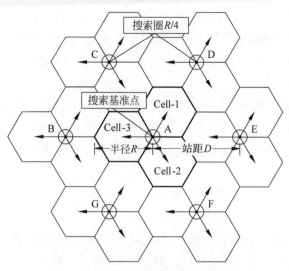

图 2-31　5G 网络蜂窝组网结构示意图

吸热层和室分层,并结合不同覆盖场景模型对应配置宏站、微站、皮站和室分等不同设备形态,进一步解决 5G 网络的连片覆盖、补盲补弱、吸热分流和室内覆盖等问题,如图 2-32 所示。

图 2-32　5G 网络分层组网架构示意图

3. 灵活部署

结合不同的业务需求、组网架构和设备能力,对应匹配灵活的部署方案,主要工作思路为云化部署聚合资源、开放思维灵活部署。

一是云化部署,聚合资源:云化部署是 5G 网络演进的必然趋势,其核心诉求便是聚合资源(包括软硬件资源)使能强大算力和连接能力。在无线网部署时,主要做法为升级和部署 C-RAN 架构,例如,采取主流的"BBU(或 CU/DU)集中放置+AAU(或 RRU)拉远部署"的解决方案。

二是开放思维,灵活部署:为满足不同用户对边缘计算、接入时延和信息安全等方面差异化的接入需求,D-RAN 架构或许会更适合部署场景需求,例如,在工业物联网场景中,将 BBU 和 AAU 靠近用户侧集中部署可减少传输时延和满足边缘计算的指标要求。

4. 分级配置

坚持价值建网,针对不同的容量需求划分出高容量区、普通容量区和覆盖拓展区,按需匹配差异化的容量配置方案,实现 TCO 最优目标。

(1) 协同组网:采取高低频协同组网,高频定位为容量层,低频定位为覆盖层,进一步解决不同容量需求场景的差异化组网问题,如图 2-33 所示。例如,将 3.5GHz(或 2.6GHz)、2.1GHz(或 700MHz)分别定位为容量型和覆盖型网络,城区及热点区域发挥高频的容量优势,城郊及农村发挥低频的覆盖优势。

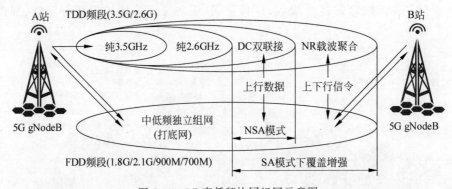

图 2-33　5G 高低频协同组网示意图

(2) 分级配置:覆盖、容量、质量和成本是 5G 网络建设的 4 个基本约束条件,其中,容量规划正是寻找业务需求与网络配置的平衡点,使用户需求刚好得到满足且又不浪费额外资源。可针对不同场景制定不同的容量和覆盖策略,多种设备形态分层次组网,进一步降低网络部署成本。例如,锚定存量用户和业务聚焦区,对应的高容量区可采取 64TR 宏站做布局层连片覆盖,辅以 4TR 微站热点补充,采取数字化室分进一步完善口碑场景的室内覆盖;一般城区室外以高频的 32TR 宏站为主,室内以 DAS 系统合路为主;城郊及农村以中低频的 4TR 宏站为主,如图 2-34 所示。

5. 部署策略

部署策略主要解决使用有限的资源实现用户接入需求和投资效益的最大化问题。可结合资源禀赋、业务需求、市场策略和覆盖原则,优先解决有无问题,在应对市场竞争的同时,踩准投资节奏,根据不同覆盖需求匹配差异化的网络架构、组网方式和接入能力,使有

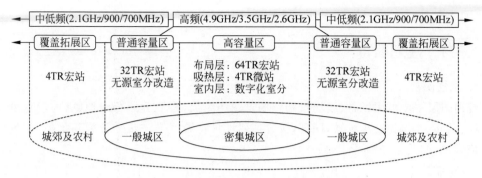

图 2-34　不同覆盖场景的 5G 频率组网策略

限的投资实现效益最大化。

1）先做城区，后做农村

5G 建网初期，优先解决有无问题，快速形成品牌影响力，再解决做优、做强、做大的发展问题。根据市场策略和投资能力，以薄覆盖抢占 5G 覆盖价值区域，由市区外扩至郊区、乡镇及农村，后期随业务发展再升级扩容，同时，积极探索垂直行业、重要客户的创新业务合作模式。

2）先做布局，按需加密

在网络架构上，以宏站为骨架，以微站和室分为补充，做好薄覆盖的打底网。以效益为导向，锚定存量用户和价值业务，针对布局层、补盲层、吸热层和室分层的部署场景，制定差异化的 5G 部署策略和配置原则。

3）高频做容量，低频做覆盖

在组网方式上，发挥频率资源优势，采取高低频协同组网，快速形成差异化的覆盖能力。高频定位于城市容量和深度覆盖，中低频定位于打底网和广度覆盖，局部热点按需配置，向用户提供分级的接入能力。

4）以点带面，按需外扩

在部署节奏上，根据业务需求和竞对策略，以点带面，逐步由核心市区、重点场景和城市主轴线外延至郊区、城市间交通线、乡镇、农村等多种场景，不断发展用户和引导登网，让 5G 网络"活"起来。

2.5　规划做法

第四件事，谋篇布局，做扎实站址规划方案。邮电经济是一种规模化的经济形态，广覆盖是其内在的要求，在资源有限的情况下，采取差异化资源配置策略是平衡投入和产出之间矛盾的不二选择，其主要规划思路为，以用户为中心，以效益为导向，以网络覆盖、容量、质量和建设成本为基本约束条件，构建一张满足近期、中远期发展目标且达到一定服务等级的 5G 通信网络。

2.5.1 规划准备

1. 规划图层

规划图层主要由面场景、线场景和点场景图层组成,按照分层分级原则,面场景可展开为城区、城郊、乡镇和农村场景,同理,按价值属性可将城区进一步划分为高价值、中价值和低价值区域,如图 2-35 所示。

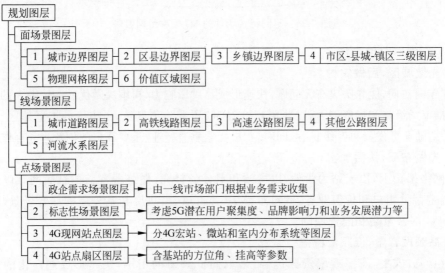

图 2-35　5G 无线网络规划图层结构

在规划准备阶段,应结合在线地图、行政区划、营销网格及覆盖场景等基础数据,将城区覆盖场景进一步细化和裂变为网格图层,同时,为了方便后期存量站和新建站规划时快速添加属性标签,提前为每个网格添加相应的属性标签,例如,城中村、高校校园、住宅小区等,如图 2-36 所示。

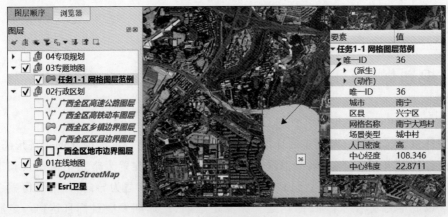

图 2-36　物理网格图层范例

2.数据模板

规划站址清单分为存量站址和新增站址,存量站址主要来源于网管平台的工程参数表及资源普查的勘察信息表,新增站址则来源于市场业务需求表和网络问题点清单,因此,建网初期,以存量站址1:1建站为主,侧重聚焦价值和拓展覆盖;建网后期,结合网络问题点分析,以新增站址补盲为主,侧重查漏补缺和完善覆盖。

(1)面向政企用户需求:不盲目建设,倾听来自市场的声音和需求,充分收集市场一线需求清单和关注重点客户群体,以迅速占领市场为目标,为市场发展建网,为客户需求建网。

可根据市场需求和部署策略,聚焦价值场景和重点行业,积极探索和发展 5G+工业互联网、5G+车联网、5G+智慧城市等垂直行业应用,由一线市场政企部门收集已明确的、意向的、潜在的政企用户需求清单,如表 2-17 所示。

表 2-17 面向政企业务的需求清单表

地市	企业名称	所属行业	行业等级	签约状态	园区面积	园区人数	详细地址	经度	纬度	业务需求描述	网络需求描述
A市	XX 钢铁集团	工业互联网	重点行业	签约客户	……	……	……	……	……	……	……
B市	XX 汽车基地	车联网	灯塔客户	意向客户	……	……	……	……	……	……	……
C市	XX 核电基地	工业互联网	灯塔客户	潜在用户							

(2)面向公众用户需求:以效益为导向,发挥 5G 大带宽、低时延、广连接的性能优势,侧重对一线业务部门的业务方向、重点场所和重要客户群体升级和部署 5G 公众网络,引导用户体验 5G 和扩大品牌影响力。

可开展现网 4G 存量站的资源普查以获取准确的站址清单信息,其中勘察信息表主要包括基站名称、基站位置、归属场景、使用频段、基站类型、铁塔类型、基站挂高、方位角、设备配置等信息,如表 2-18 所示。

表 2-18 5G 基站规划方案表示例

基站名称	经度	纬度	地市	区县	场景	频段	基站类型	铁塔类型	挂高/m	方位角	设备配置	功率配置	备注
A 基站	XX	XX	A市	A区	市区	3.5G	宏站	30m 路灯杆	30	0/120/240	64TR/S111	320W	
B 基站	XX	XX	B市	B县	县城	2.1G	微站	3m 抱杆	12	0/170/270	4TR/S111	240W	
C 基站	XX	XX	C市	C镇	乡镇	……	……	……	……	……	……	……	
……													

将规划方案表做成点状、扇区状图层,然后导入 Mapinfo 或 QIGS 软件中,可直观地判断站址格局、覆盖指向、参数规划等信息,如图 2-37 所示。

3.规划工具

俗话说,"工欲善其事,必先利其器",可借助 QGIS、Mapinfo、GoogleEarth、Atoll 等专业软件完成站址布局和参数配置工作,以及结合规划需求制作链路预算、容量计算、频点计算等通信小工具来提升 5G 网络规划工作的效率,如图 2-38 所示。

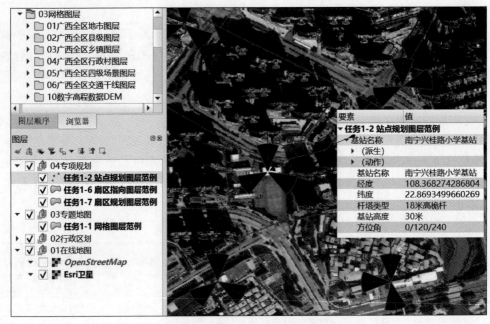

图 2-37　5G 站址规划图层范例

图 2-38　通信效率工具箱应用范例

以制作"5G NR 下行峰值速率估算工具"为例,简要说明如下。

(1) 查阅 3GPP 技术规范。可使用 3GPP TS 38.306 给定的公式近似地计算出上行和下行链路中的 5G NR 支持的最大数据速率。

$$
\text{data rate(in Mb/s)} = 10^{-6} \cdot \sum_{j=1}^{J} \left(v_{\text{Layers}}^{(j)} \cdot Q_m^{(j)} \cdot f^{(j)} \cdot R_{\max} \cdot \frac{N_{\text{PRB}}^{\text{BW}(j),\mu} \cdot 12}{T_s^{\mu}} \cdot (1 - \text{OH}^{(j)}) \right)
$$

$$(2-1)$$

(2) 制作 5G NR 吞吐量计算表。可使用 Excel 表格将式(2-1)转换为 5G NR 吞吐量计算表,主要参数、参数含义、典型取值及计算方法如表 2-19 所示。

表 2-19　NR 3.5G 下行吞吐量计算方法示例

参　数	参　数　含　义	输入/输出	备　　注
频段	分 SUB 6G(FR1)、毫米波(FR2)	SUB 6G(FR1)	以 NR 3.5G 100MHz 带宽为例
通道	分上行(UL)、下行(DL)	下行(DL)	
data rate	NR 数据速率，单位为 Mb/s	1802.83	
J	载波聚合数，取值为 1 或 2	1	
$v_{\text{Layers}}^{(j)}$	最大支持传输层数	4	例如，SUB 6G(FR1)高频支持 2T4R、低频支持 1T2R，毫米波(FR2)支持 2T2R
$Q_m^{(j)}$	最大调制阶数	8	例如，64QAM 调制阶数为 6，代表不同的 6 比特数据；同理，256QAM 调制阶数为 8，可同时发送 8 比特数据
$f^{(j)}$	比例因子	1	由 3GPP TS 38.306 文档可知，给定的取值范围为 1、0.8、0.75 和 0.4
$R_{\max}$	编码效率，为 948/1024	0.93	由 3GPP TS 38.214 文档可知，当 PDSCH MCS 取最大值 28 和 PUSCH MCS 取最大值 27 时，目标码速率为 948/1024
μ	子载波间隔的参数集，$\mu(0)=15\text{kHz},\mu(1)=30\text{kHz},$ $\mu(2)=60\text{kHz},\mu(3)=120\text{kHz}$	1	由 3GPP TS 38.211 文档可知，NR3.5G 子载波间隔为 30kHz，对应 μ 取值为 1
T_s^{μ}	CSC 参数集 μ 的子帧中的平均 OFDM 符号持续时间	0.00003571	例如，在正常循环前缀情况下，可由公式 $T_s^{\mu}=\dfrac{10^{-3}}{14\cdot 2^{\mu}}$ 计算得出
$N_{\text{PRB}}^{\text{BW}(j),\mu}$	CSC 参数集 μ 对应的带宽 BW(j)中的最大 RB 分配数	273	NR 3.5G 100M 带宽对应 273 个资源块
$\text{OH}^{(j)}$	资源开销比	0.14	SUB 6G(FR1)的上、下行取值为 0.08 和 0.14

2.5.2　存量站规划

结合覆盖原则和选址要求，优先从 4G 存量站址中挑选符合条件的 5G 候选站址，可借助 QGIS 软件快速梳理出拓扑合理、覆盖良好及配套完善的 5G 站址清单，其主要操作步骤包括创建站址图层、计算相邻站距、挑选存量站址和配置工程参数等环节。

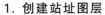
▶20min

1. 创建站址图层

可分两步操作，一是准备数据表格，二是从表格创建点图层，可借助 QGIS 软件"从表格创建点图层"工具或"添加分隔文本图层"工具来批量创建站点。

1) 数据准备

基础数据主要包括基站名称、经度、纬度及相关信息，如表 2-20 所示。

表 2-20　创建点图层示例数据表

基　站　名　称	经　　度	纬　　度	杆塔类型	基站高度	方　位　角
南宁中海华府基站	108.37181	22.87153	6m 支撑杆	30m	0/75/245
南宁兴桂路小学基站	108.36827	22.86935	18m 高椿杆	30m	0/120/240

2）从表格创建点图层

可使用 QGIS 软件"从表格创建点图层"工具或"添加分隔文本图层"工具批量创建点，分 3 步，一是选取数据文件和设置数据范围，二是设置经纬度和坐标系统，三是检查样例数据和生成站点图层，其操作方法如图 2-39 所示。

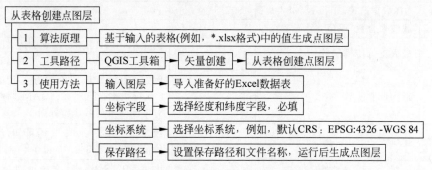

图 2-39　使用 QGIS 从表格创建点图层的操作方法

其中，添加分隔文本图层主要包括读取文件、设置文件格式、设置数据范围、观察数据样例等步骤，如图 2-40 所示。

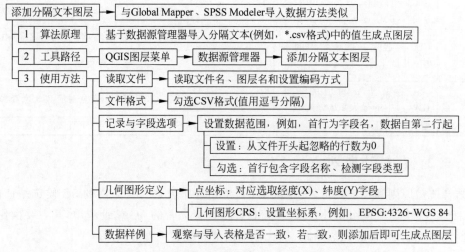

图 2-40　使用 QGIS 添加分隔文本图层的操作方法

2. 计算相邻站距

在 5G 网络规划中，站距计算是判断站址合理性的主要手段之一，分两步操作：一是计算相邻站距；二是建立相邻站点连线，其典型应用为查找相邻 N 个站址、主瓣指向邻站及周边一圈站址等，如图 2-41 所示。

1）计算相邻站距

可使用 QGIS 软件"距离矩阵"工具来完成站址自匹配、N 个相邻站址匹配及区域内平均站距计算等工作，其操作步骤包括选择输入点图层、目标点图层、设置矩阵类型及限制邻站数量等，如图 2-42 所示。

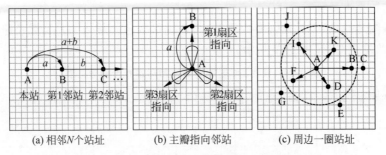

图 2-41　5G 网络规划中站距计算的应用场景

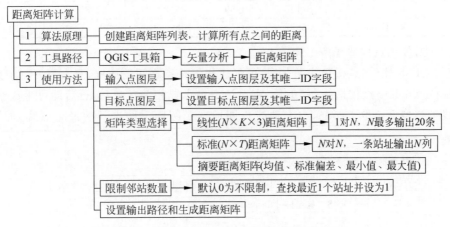

图 2-42　使用 QGIS 距离矩阵计算的操作方法

其中,设置距离矩阵类型是站距计算的关键环节,其主要包括线性($N \times K \times 3$)距离矩阵、标准($N \times T$)距离矩阵、摘要距离矩阵 3 种类型,如图 2-43 所示。

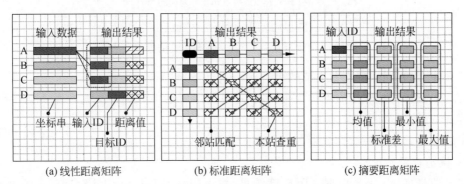

图 2-43　距离矩阵类型设置方法示意图

2）建立相邻站点连线

建立相邻站点连线主要使用 QGIS 软件 Shape Tools 工具中的"点构造线条"功能模块,分 3 步操作,一是构造和准备数据,二是使用点构造线条,三是设置图层属性。

第 1 步,数据准备。

根据"点构造线条"工具输入参数要求,其关键参数包括输入 ID、起点经纬度、目标 ID、终点经纬度及站距等,如表 2-21 所示。

表 2-21　使用 QGIS 距离矩阵相邻站距示例数据表

输入 ID	起点经度	起点纬度	目标 ID	终点经度	终点纬度	站距/m
Site1	108.37181	22.87153	Site2	108.37376	22.86935	314.00
Site1	108.37181	22.87153	Site3	108.37260	22.87494	386.06
Site1	108.37181	22.87153	Site6	108.36827	22.86935	435.84
Site1	108.37181	22.87153	Site7	108.37150	22.86653	554.07
Site1	108.37181	22.87153	Site39	108.37721	22.87341	591.81
Site2	108.37376	22.86935	Site1	108.37181	22.87153	314.00

第 2 步,使用点构造线条工具。

使用 QGIS 软件"点构造线条"工具可创建相邻站点之间的连线,双击打开"QGIS 工具箱→Shape Tools→点构造线条"工具,在对话框中设置相关参数,运行后即可生成线图层,其中,线条类型可选取 Geodesic(大地线),即地球椭圆面上两点间的最短曲线,如图 2-44 所示。

图 2-44　使用 QGIS 点构造线条工具的操作方法

第 3 步,设置图层属性及生成效果。

完成上述操作步骤生成点构造线图层后,在图层属性中分别定义线条样式、显示标签、文本样式等信息,如图 2-45 所示。

最终输出的站间距计算效果,如图 2-46 所示。

3. 挑选存量站址

可分两步操作:一是根据站距计算结果,按不同站距分档制作站距连线的专题地图;二是结合专题地图和选址要求,优先挑选拓扑结构合理、覆盖条件良好的候选站址,剔除站距过近站址及补充覆盖空洞区域。

1）制作线专题图层

为快速直观地挑选出不符合条件的存量站,可制作相邻站距连线的专题图层,按站距

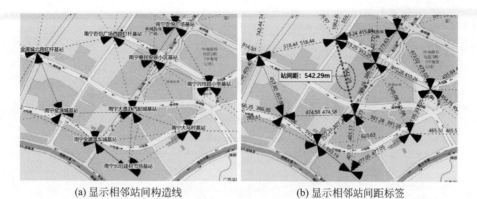

| (a) 显示相邻站间构造线 | (b) 显示相邻站间距标签 |

图 2-45　点构造线的生成效果和图层属性

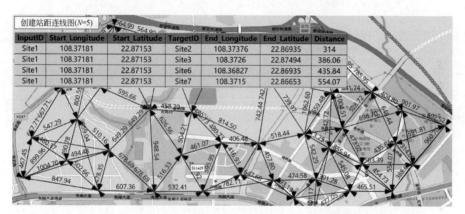

图 2-46　5G 站址规划中站距计算输出效果图

由粗到细表示过近、正常和过远站址,例如,可分为 3 档:200m 以下、200~500m、500m 以上,通过定义专题地图中的取值范围、线条样式和图例样式设置专题的呈现方式,如图 2-47所示。

2)挑选存量站址

结合专题地图和选址要求,可直观地获得符合站距要求的站点,保留优者,剔除劣者,例如,剔除站距过近、挂高过低的站点,如图 2-48 所示。

(1)平均站距:根据链路预算结果,例如,城区控制在 300~500m。

(2)站距过近:对于站距在 200m 以内的站址,根据站址布局和建设条件,保留优者(例如,挂高 30m 左右),剔除劣者(例如,挂高低于 15m)。

(3)站距过远:可共享友商或新建站址来补充覆盖空洞。

4. 配置工程参数

参数规划是无线网络规划的主要任务之一,是建立网络硬件与软件能力的桥梁及纽带,5G 基站主要参数包括站点经纬度、挂高、方位角、下倾角、水平/垂直波束宽度等,例如,站址点位用于定位站址位置,天线挂高用于控制天线安装高度,天线方位角和下倾角则分

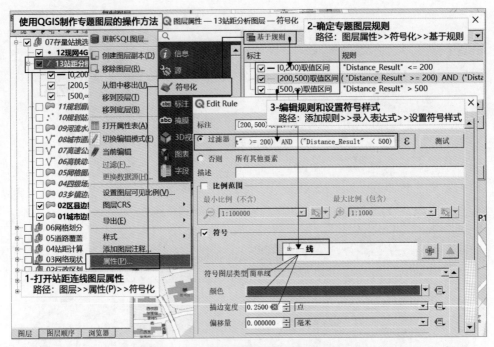

图 2-47　使用 QGIS 制作专题图层的操作方法

图 2-48　使用 QGIS 挑选存量站址的操作方法

别用于控制天线指向和抑制信号覆盖范围。

其主要做法为,可从一张工程参数表开始,分类梳理每条工程参数的定义、用途、规划原则、配置规则和编制方法,在此基础上,根据配置规则借助专业的规划工具输出一套符合规范要求的工程参数,如表 2-22 所示。

表 2-22　5G NR 基站挂高、方位角、下倾角等工程参数示例

基站名称	小区名称	经度	纬度	基站类型	网络制式	工作频段	挂高/m	方位角/(°)	机械下倾角/(°)	电子下倾角/(°)	总体下倾角/(°)	SSB波束类型	水平3dB波束宽度/(°)	垂直3dB波束宽度/(°)
A基站	A基站_1	108.371753	22.871504	宏站	NR/SA	3.5G	30	0	4	3	7	单波束	65	6
A基站	A基站_2	108.371753	22.871504	宏站	NR/SA	3.5G	30	120	4	3	7	单波束	65	6
A基站	A基站_3	108.371753	22.871504	宏站	NR/SA	3.5G	30	240	3	3	6	单波束	65	6

1）站址点位

站址点位,一般是指通信基站所在的地理坐标位置,主要用于定位网络覆盖目标和呈现站址分布格局,其关联参数包括覆盖半径、基站站距等。可结合卫星地图或矢量地图,使用地理信息软件来创建站点和获取经纬度信息,一般要求保留小数点后 5 位精度,例如,东经 108.37376°,北纬 22.869348°,如图 2-49 所示。

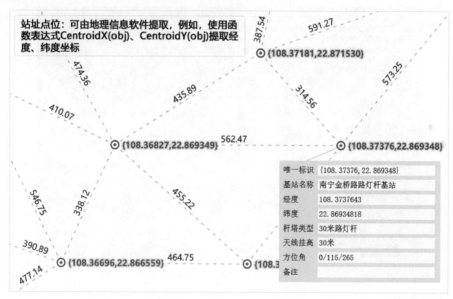

图 2-49　站址点位的获取方法

2）天线挂高

天线挂高,一般是指天线下沿到地面的垂直高度(含楼高、塔高等),是控制 5G 网络信号覆盖范围的决定性因素,因此,在 5G 网络规划中,应优选天线挂高合理和视通条件良好的站址。以城区场景为例,天线设置要求为 5G 候选站址各扇区覆盖方向 100m 范围内无明显障碍物、天线挂高控制在目标覆盖区域建筑平均高度 10～15m 范围内,避免出现越区覆盖或覆盖不足的问题,如图 2-50 所示。

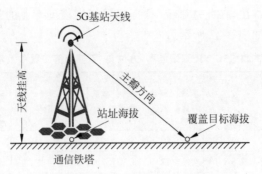

图 2-50　天线挂高的获取方法

3）天线方位角

俗话说,"覆盖好不好,就看方位角"。天线方位角,一般是指正北方向的平面顺时针旋转到天线所在平面重合所经历的角度,主要用于指向目标覆盖区域和指导天线安装施工。可结合卫星地图或矢量地图,使用地理信息软件中的"测量方位角"工具获取扇区指向和方位角信息,例如,在蜂窝网络结构中,理想的方位角为 0°、120°、240°,如图 2-51 所示。

图 2-51　天线方位角的获取方法

4）天线下倾角

天线下倾角,一般是指天线和竖直面的夹角,主要用于控制信号覆盖范围、防止信号越区干扰,从而有效地覆盖用户群体。天线下倾角,可分为机械下倾角和电子下倾角,其中,机械下倾角是在天线安装时直接将天线物理倾斜使天线向下辐射和覆盖,电调天线则是通过控制和调制天线的相位变化实现天线波束的下倾,如图 2-52 所示。此外,传统天线下倾角是小区级的,5G Massive MIMO 天线下倾角是信道级的,其下倾角设置涉及机械下倾、SSB(广播信道)电调下倾及 CSI-RS 波束下倾等基本参数,主要用于对广播信道和业务信道的无线信号控制。

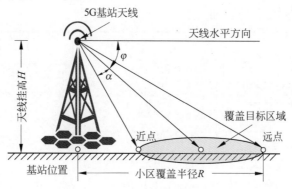

图 2-52　天线下倾角的计算方法

天线下倾角可通过以下计算公式得出：

$$\varphi = \arctan\left(\frac{H}{R}\right) + \left(\frac{\alpha}{2}\right) \tag{2-2}$$

其中，φ 为天线下倾角；H 为天线挂高，由建筑物高度和天线高度组成；R 为小区覆盖半径，可结合目标覆盖需求测量得到；α 为天线的垂直半功率角，可从天线产品性能参数表中获得。

5）最终输出结果

按照上述步骤，对照地图，逐站复核，补充覆盖空洞，配置参数，输出 5G 规划图层和站址清单，如图 2-53 所示。

图 2-53　输出 5G 规划图层和站点清单

2.5.3　新建站规划

规划新建站址是基于满足业务发展需求、完善网络拓扑结构、补齐网络覆盖空洞等方面考虑的，在无覆盖或弱覆盖的区域规划新站址作为 5G 存量站址库的有效补充。以 5G 新建高速公路站址规划为例，规划新建站主要分为 3 步，一是获取 GIS 数据图层，二是制作缓

18min

冲区图层,三是沿道路规划站点,如图 2-54 所示。

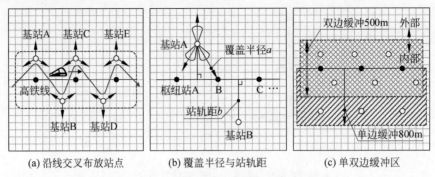

(a) 沿线交叉布放站点 (b) 覆盖半径与站轨距 (c) 单双边缓冲区

图 2-54　5G 网络规划中道路覆盖的应用场景

1. 规划准备

获取 GIS 数据是开展空间分析的基础性工作,主要获取方式包括购买地图、在线下载、数据转换、手工绘制等,其中,可从公开的地理数据库中下载矢量数据或栅格数据,例如,行政区划边界、建筑物轮廓、交通干线、水系、地名及标记等。对于在建的高速公路来讲,由于网络规划跟随道路建设同步开展,所以获得的线图层数据往往是有限的,可借助 QGIS 软件手工绘制线路图层。

1) 梳理交通干线库

结合政府或企业公开发布的信息,梳理和整理所在省份已通车、在建或规划的全量交通干线信息库,用于后期管理、关联和更新 GIS 图层对应的属性表,如表 2-23 所示。

表 2-23　交通干线信息库示例

线路类型	线路名称	途经地市	起点	终点	境内里程 /km	开通时间
机场高速	南宁机场高速	南宁	南宁那洪收费站	南宁吴圩国际机场	18.44	2005 年 12 月
跨省高铁	南广高铁	南宁、贵港、梧州	南宁东站	梧州两广隧道省界	335.58	2014 年 12 月
动车线	湘桂客运专线	桂林、柳州	桂林全州庙头镇省界	柳州火车站	315.87	2013 年 6 月
跨省高速	G72 泉南高速	桂林、柳州、来宾、南宁	桂林全州黄沙河互通	南宁三岸互通立交	521.14	2015 年 1 月
省内高速	防东高速	防城港	防城港防城大宝坝村	防城港滨海公路立交	55.18	2019 年 5 月

2) 手工绘制线图层

按照先做表、后作图、再复核的操作顺序,使用 QGIS 软件分别定义属性表结构、绘制线场景图层、连接和更新属性表。

第 1 步:定义属性表结构。

GIS 图层中的数据信息是与属性表关联的,可通过定义属性表结构来存储线路类型、线路名称、起止位置、境内里程等数据,如图 2-55 所示。

- ❏ 调出工具:在工具栏上,右击勾选和调出"数据源管理器工具栏"。
- ❏ 创建文件夹:在图层控制面板中,新建"交通干线图层"文件夹,用于存放新建的 Shapefile 图层文件。
- ❏ 新建 Shapefile 图层:在工具栏中,单击和调出"新建 Shapefile 图层"工具。
- ❏ 定义数据结构:分别定义图层文件名称、编码方式、图形类型、坐标系统,以及字段名称、字段类型、字段长度等信息,创建完成后,单击"确认"按钮退出。

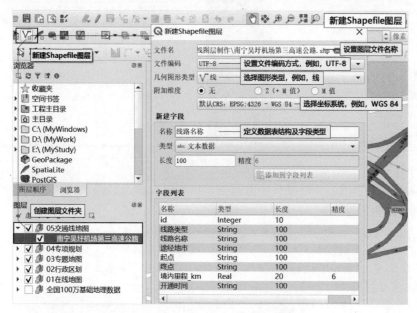

图 2-55 新建 Shapefile 图层的操作方法

第 2 步:绘制线图层方法。

① 做好 3 项准备工作:一是切换可编辑状态,二是打开自动捕捉模式,三是设置线要素样式,其中,启用捕捉主要用于自动吸附线段的顶点来保持绘图的连贯性,如图 2-56 所示。

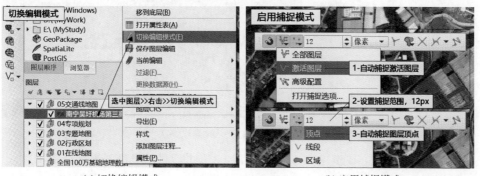

(a) 切换编辑模式   (b) 启用捕捉模式

图 2-56 切换编辑状态和启用捕捉模式的操作方法

同时,为了更直观地观察和绘制线图层,可设置线要素的样式,例如,分别将线条的颜色、线宽、样式设置为红色、3毫米、点画线等,如图2-57所示。

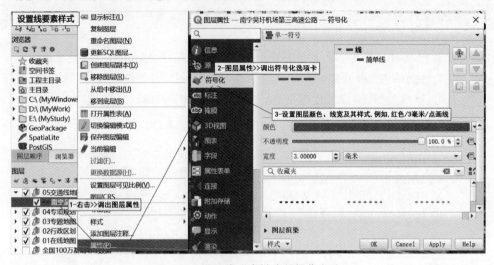

图 2-57　设置线要素样式的操作方法

② 绘制线图层操作:主要操作步骤包括切换编辑模式、添加线要素、绘制线图层、优化调整图层等,如图2-58所示。

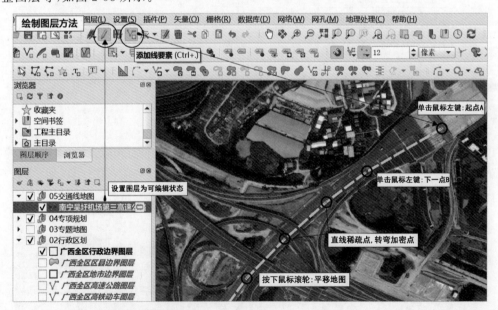

图 2-58　绘制线图层的操作方法

❑　切换编辑模式:在新建 Shapefile 图层上,右击后将图层设置为可编辑状态。

❑　添加线要素:在工具栏上,单击"添加线要素(Ctrl+.)"工具,鼠标图标将显示为靶心形状,此时可开始绘制线图层。

❑ 绘制线图层：单击鼠标左键绘制线的起点和终点，按下鼠标滚轮可拖动和平移地图，右击后结束绘制，录入 ID 编号，保存文件即可。

❑ 优化调整图层：在 QGIS 软件中，加载制作好的 GIS 图层，将其与在线矢量地图、卫星影像比对分析，观察线路总体走向是否一致，复核路段放大的细节信息是否吻合，并根据实际情况进行优化调整，例如，可使用顶点工具来优化调整线要素的平滑度，直线路段稀疏点、转弯路段加密点，如图 2-59 所示。

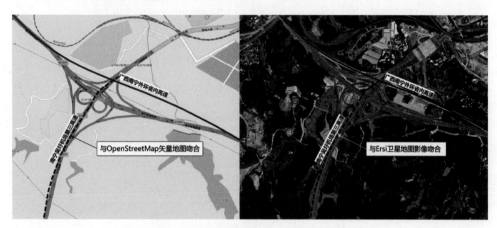

图 2-59　交通干线图层复核的操作方法

第 3 步：连接和更新属性表。

与 Mapinfo 软件"更新列工具"类似，保持目标属性表与连接属性表中键值的唯一性，可使用 Excel 表格录入、更新连接属性表中的数据，使用 QGIS 软件"连接工具"快速建立起两张属性表之间的连接关系，从而达到批量更新图层属性表的目的，如图 2-60 所示。

图 2-60　使用连接工具更新 QGIS 属性表

① 导入连接属性表：结合交通干线图层的数据结构，通过"数据源管理器"工具将使用 Excel 表格制作好的连接属性表转换为 *.csv 格式导入 QGIS 软件中，如图 2-61 所示。

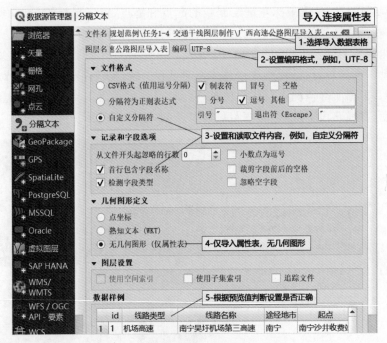

图 2-61　导入连接属性表的操作方法

② 更新属性表：在 QGIS 软件的图层属性中,打开连接工具,选取导入的连接属性表、连接字段及目标字段,批量更新交通干线图层的属性表,如图 2-62 所示。

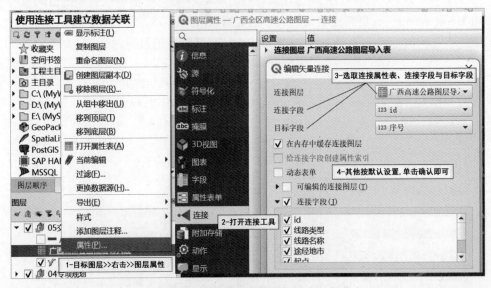

图 2-62　使用连接工具批量更新属性表的操作方法

2. 制作缓冲区图层

制作缓冲区图层的目的在于获取高速公路一定范围内的 4G 现网站址用于 5G 网络建

设,分两步操作：一是制作缓冲区图层；二是按位置关系提取站点。

1）制作缓冲区图层

可使用 QGIS 软件的"缓冲区"工具制作高速公路线要素两边指定距离的缓冲区图层,
如图 2-63 所示。

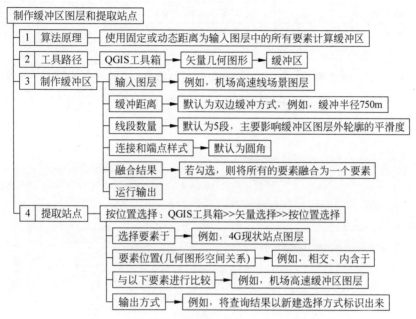

图 2-63　制作缓冲区图层和选取站点的操作方法

2）按位置关系提取站点

按位置关系提取落在机场高速缓冲区内的 4G 现状站点,并将查询结果以新建选择方
式标识出来,如图 2-64 所示。

3. 沿道路规划新站址

与绘制线图层方法相类似,先做表、后布点、再复核,使用 QGIS 软件的操作步骤包括定
义属性表结构、沿线布放站点、测量方位角和更新属性表等环节。

1）定义属性表结构

新建 Shapefile 图层,将其几何图形类型设置为点并添加主要字段,用于存放沿高速布
放的 5G 基站规划参数,例如,基站名称、经纬度、站址类型、方位角、挂高、下倾角等,如
表 2-24 所示。

表 2-24　5G 高速公路专项规划站址清单示例

序号	基站名称	经度/(°)	纬度/(°)	方位角/(°)	挂高/m	站址类型
1	Site01	108.19409	22.60718	35/230	30/30	新建站
2	Site02	108.19953	22.61450	50/220	30/30	新建站
3	Site03	108.20738	22.62104	25/230	30/30	新建站

续表

序号	基站名称	经度/(°)	纬度/(°)	方位角/(°)	挂高/m	站址类型
4	Site04	108.13714	22.58059	130/340	30/30	存量站
5	Site05	108.20122	22.75168	40/170	30/30	新建站
6	Site06	108.21041	22.75838	0/100/230	30/30/30	存量站
7	Site07	108.19937	22.74289	20/90/180	30/30/30	新建站

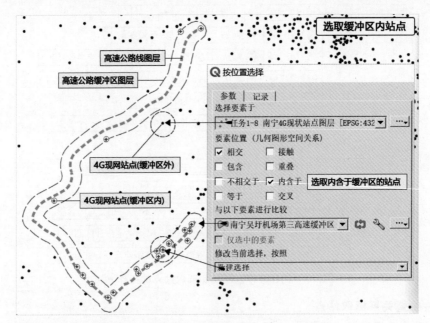

图 2-64　按位置关系提取缓冲区内的现网站点

2) 沿高速公路布放站点

5G 高速公路专项覆盖的重点在于遵循规划原则和选址要求,优选拓扑合理、视通良好、覆盖良好的站址,同时,通过站距、挂高、方位角、下倾角等关键参数规划予以落实,如图 2-65 所示。

3) 方位角、挂高等参数规划

使用 QGIS 软件的"测量线"和"测量方位角"工具,按规划原则沿高速公路两侧布放站点和规划方位角等关键参数,并将测量结果录入属性表中,例如,表示为"60/230",两个扇区使用"/"分隔,如图 2-66 所示。

4) 更新属性表

使用 QGIS 软件批量更新属性表的主要方法包括使用图层属性的连接工具、使用表达式更新、按位置连接属性、按字段值连接属性等,其中,可在规划站点图层上右击打开属性表,选择字段对应的列,使用表达式更新经纬度、里程、面积等参数,如图 2-67 所示。

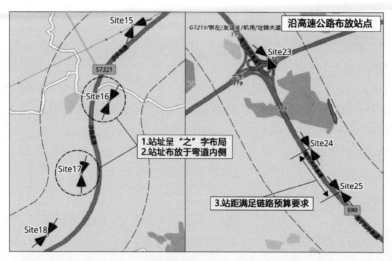

图 2-65　沿高速公路布放站点的操作方法

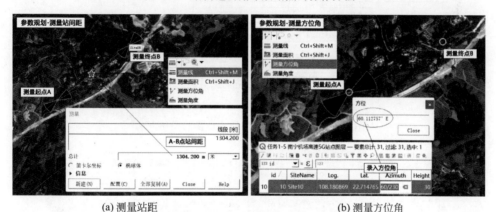

(a) 测量站距　　　　　　　　　　　　　(b) 测量方位角

图 2-66　测量站距和方位角的操作方法

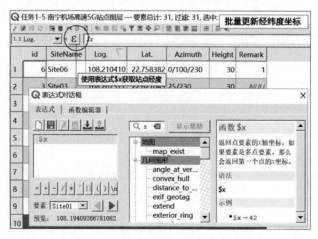

图 2-67　批量更新站点的经纬度坐标

2.5.4 输出规划图

在 5G 网络规划中,可使用数据转换工具将创建好的点、线、面矢量图层转换为可在 QGIS、MapInfo、Google Earth、ArcGIS、AutoCAD 等软件直接读取的文件格式。本节主要探讨和分享使用 FME 软件将 KML 图层转换为 TAB 图层的操作方法。

1. QGIS(*.shp)转换为 Mapinfo(*.tab)

可使用 QGIS 软件将规划的站点、线路、网格等矢量图层另存为多种格式文件,例如, MapInfo TAB、Google Earth KML 等,如图 2-68 和图 2-69 所示。

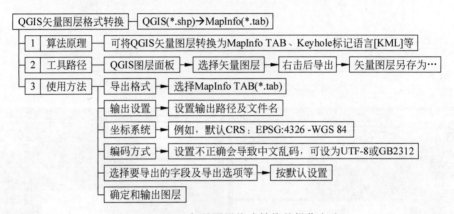

图 2-68 QGIS 矢量图层格式转换的操作方法

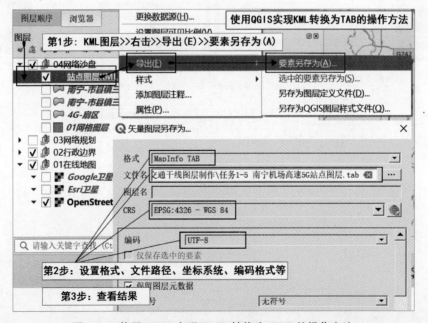

图 2-69 使用 QGIS 实现 KML 转换为 TAB 的操作方法

2. MapInfo(＊.tab)转换为 Google Earth(＊.kml)

可使用 Google Earth Link 工具将 MapInfo 软件创建的站点、扇区、网格等矢量图层自动导出到 Google Earth 软件中，如图 2-70 所示。

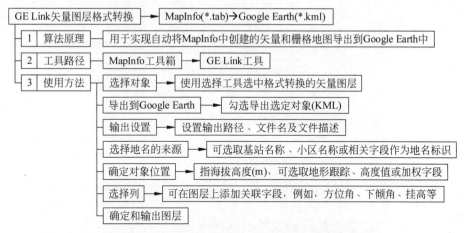

图 2-70　GE Link 向量图层格式转换的操作方法

3. Google Earth(＊.kml)转换为 MapInfo(＊.tab)

1）问题描述

在 5G 网络规划中，将 KML 图层逆向转换为 TAB 图层会出现属性表丢失或无法解析的现象，无法导出为 Excel 数据表来二次使用，如图 2-71 所示，可借助 FME 软件来建立模型、读取数据、格式转换和输出为目标文件格式。

2）解决思路

FME 软件是一款主流的数据转换工具，可实现不同数据格式的相互转换，例如，KML2TAB、KML2SHP、DWG2SHP 等，其解决思路为利用 FME 构建模型和数据流，将源数据按模型输出为目标数据，可拆分为读取源数据、查看数据和建构模型、数据变换和属性重构、写入新格式和输出目标数据等操作步骤，如图 2-72 所示。

3）操作方法

FME 软件主要由 FME Workbench 和 FME Data Inspector 等应用程序组成，前者定位为数据流操作，后者则定位为数据查看操作，其界面主要由菜单栏、工具栏/选项卡、导航器、转换器库、画布窗口、视觉预览及状态栏等模块组成。借助 FME 软件的各种转换器库可轻松搭建不同的数据流以实现不同格式数据的相互转换操作，其主要操作步骤分 5 步，即添加读模块、连接到 Inspector(查看数据)、创建转换器 StringSearcher(字符搜索)、创建转换器 AttributeCreator(属性重构)、添加写模块等，如图 2-73 所示。

第 1 步：添加读模块。读取 KML 数据源，设置格式、数据集、工作流模式及相关参数，添加后可在画布中看到浅黄色的读模块，如图 2-74 所示。

第 2 步：使用 FME Data Inspector 查看要素的属性和属性值，以及提取数据的关键特征，例如，在 kml_description 要素属性中发现需提取的数据是由一对对< td >…</ td >标签

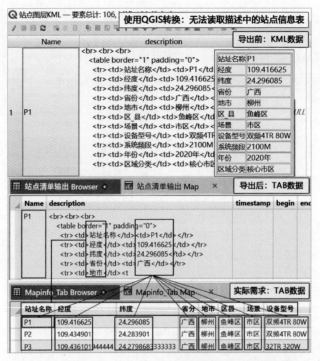

图 2-71　使用 QGIS 软件无法解析属性表的问题描述

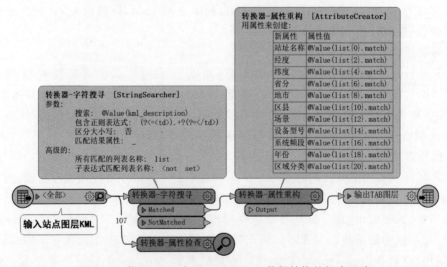

图 2-72　使用 FME 实现 KML2TAB 数据转换的解决思路

组成的,可使用 StringSearcher 转换器获取要素的属性和属性值,如图 2-75 所示。

　　第 3 步:创建 StringSearcher 转换器,提取 KML 文件中 kml_description 属性对应的属性表中<td>…</td>标签中的属性值,其主要操作步骤分 4 步,包括添加转换器、与读模块建立连接、StringSearcher 参数设置、验证匹配结果等,例如,在参数设置环节,可使用正则表

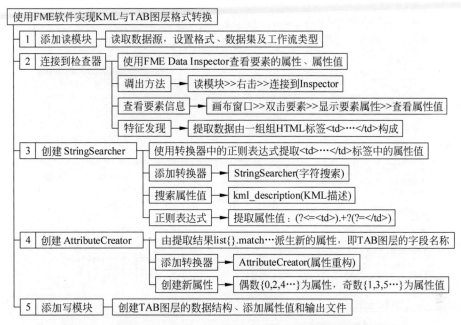

图 2-73　使用 FME 实现 KML 与 TAB 图层格式转换的操作方法

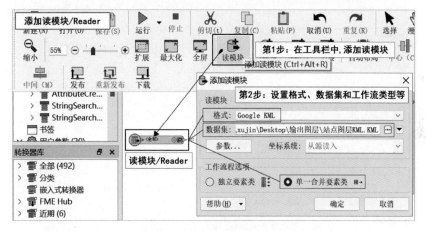

图 2-74　使用 FME 软件添加读模块的操作方法

达式(?<=< td>). ＋?(? =</td>)提取要素的属性和属性值,并将其存放在 list 列表中,如图 2-76 所示。

　　第 4 步:创建 AttributeCreator 连接器,根据提取结果派生新的属性,对应输出 TAB 图层的字段名称,如图 2-77 所示,使用 AttributeCreator 连接器将提取的 KML 文件 kml_description 列表中的字段连接过来,其属性值从上一步提取的结果 list{}. match…中读取。

　　第 5 步:添加写模块,主要是添加属性类和输出 MapInfo TAB 文件,TAB 文件的属性表结构由上一步操作派生,注意与 KML 文件中 kml_description 属性和属性值对应,即偶数{0,2,4…}为属性(例如,站址名称),奇数{1,3,5…}为属性值(例如,XX 具体站址),如图 2-78 所示。

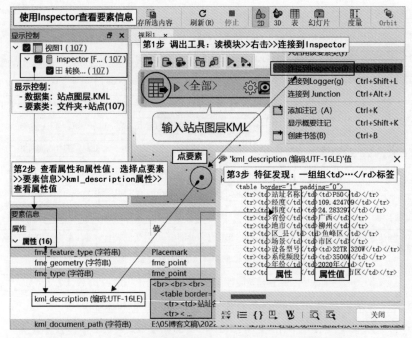

图 2-75　使用 FME Data Inspector 查看要素信息的操作方法

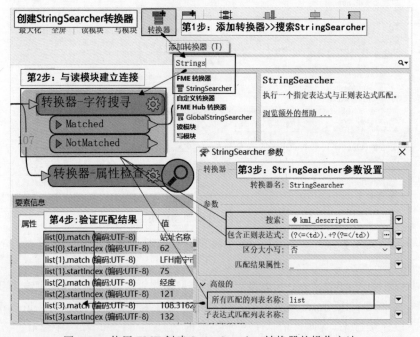

图 2-76　使用 FME 创建 StringSearcher 转换器的操作方法

　　第 6 步:输出规划站址清单,主要包括基站名称、经纬度、频段、站址类型、机房类型、杆塔类型、挂高、方位角等参数,部分参数如表 2-25 所示。

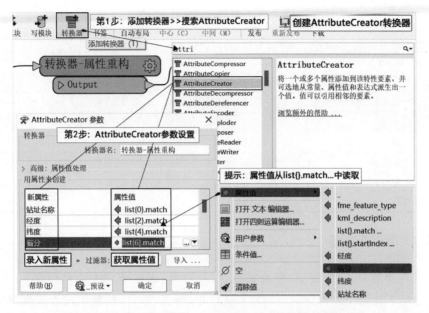

图 2-77　使用 FME 创建 AttributeCreator 转换器的操作方法

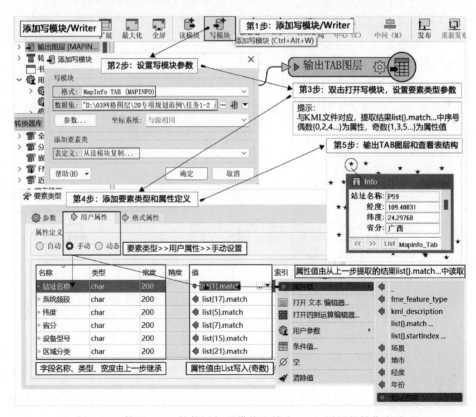

图 2-78　使用 FME 软件添加写模块和输出 TAB 图层的操作方法

表 2-25　5G 规划站址清单示例

基 站 名 称	经度/(°)	纬度/(°)	杆塔类型	挂高/m	方位角/(°)
南宁中海华府基站	108.37181	22.87153	6m 支撑杆	21	0/75/245
南宁金桥路路灯杆基站	108.37376	22.86935	30m 路灯杆	30	0/115/265
南宁那考河湿地公园路灯杆基站	108.37260	22.87494	30m 路灯杆	30	150/240/340
南宁恒大华府基站	108.36926	22.87689	6m 支撑杆	35	50/160/260
南宁吾悦广场基站	108.36610	22.87312	6m 支撑杆	25	0/130/250
南宁兴桂路小学基站	108.36827	22.86935	18m 高栀杆	35	0/120/240
南宁降桥村基站	108.37150	22.86653	18m 高栀杆	35	0/170/270
南宁大乌村基站	108.36696	22.86656	18m 高栀杆	35	0/120/230

2.5.5　规划成果

凡事谋定而后动,规划定事,擘画蓝图,指引方向,最终落脚于实践。在 5G 网络规划中,思辨、论证和比选工作贯穿网络规划的全过程,覆盖、容量、质量和成本成为网络发展的约束边界,顶层设计指明目标方向、架构体系和策略原则,底层基础则是确定模型方法、解决方案和保障措施,每个结论的得出均应建立在充分的评估论证和数据支撑之上,其主要规划成果形式包括规划图层、规划报表、规划文档和汇报材料等。

1. 策略原则

5G 网络规划的主要任务包括确定规划目标、梳理思路原则、谋划组网架构、建立评估模型、比选规划方案和网络仿真验证等模块,可将 5G 网络规划的策略原则提炼和浓缩成一张张简明扼要的图表、一条条深思熟虑的信息,如图 2-79 所示,图中直观地表达了 5G 高铁专项覆盖及其邻区切换策略。

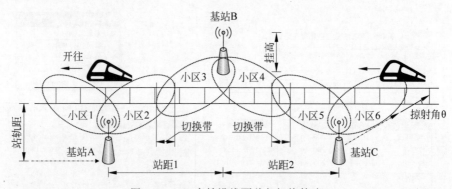

图 2-79　5G 高铁沿线覆盖与切换策略

2. 规划表格

在 5G 网络规划中,规划表格往往与规划文档、汇报文稿是相辅相成、相互支撑的。例如,匹配 5G 无线网规划,可将规划内容分解为规划执行情况、现状分析、规划目标、规划方案、规划效果、投资估算等模块,明确每个模块包含的主要内容、主要指标及其统计要求,如表 2-26 所示。

表 2-26　5G 无线网规划报表内容结构

表 格 名 称	主 要 内 容
1.1 规划执行情况	回顾上一年度规划执行情况,包括规划目标、投资规模、建设效果及差异对比等
2.1 现状:网络规模	了解网络规模和网络结构,分地市、分频段、分制式统计 2/3/4/5G 网络现状规模
2.2 现状:网络指标	对网络覆盖、容量和质量等关键指标进行分析,例如,对 MR 数据、路测数据、投诉数据、NPS 指标等专题进行分析
2.3 现状:业务发展	对数据和语音业务的发展情况进行分析,可对用户规模、用户行为、终端分布、频率使用、业务承载等专题进行分析
2.4 现状:用户体验	对数据和语音业务的连接类、切换类、掉线类、感知类指标进行分析,例如,上下行用户体验速率、上下文异常掉线率、CQI 优良率、无线接入成功率等
2.5 现状:问题点分	存在问题分析及其应对措施,可对网络指标、业务发展、用户体验及相关指标进行问题点梳理和分析
3.1 业务发展预测	对竞争态势、发展目标及其趋势进行分析,包括 5G 用户、终端、业务趋势及其占比情况
3.2 目标:室内、室外规划目标	对标 4G、对标友商,匹配业务预测,确定分年度、分阶段的室内、室外规划目标
4.1 方案:室外站现状信息表	按物理站址梳理 2/3/4/5G 室外现状库,包括站址基本信息、场景信息、分频段的逻辑站信息及其设备配置信息
4.2 方案:5G 室外规划方案表	梳理不同场景的 5G 室外需求和制定规划方案,包括站址基本信息、场景信息、规划方案、设备配置及投资估算等
4.3 5G 室外规划方案汇总表	对不同地市、不同类型和配置的 5G 室外规划规模进行汇总
4.4 方案:室分现状信息表	按小区或建筑物梳理现状 2/3/4/5G 室分现状库,包括站址基本信息、楼宇信息、覆盖类型、分布系统信息、各网络制式信源信息等
4.5 方案:5G 室内规划方案表	梳理不同的建筑物楼宇、地铁、隧道等场点的 5G 室分需求和制定规划方案,包括站址基本信息、楼宇信息、分布系统信息、规划方案及投资估算等
4.6 5G 室分规划方案汇总表	对不同地市、不同类型和配置的建筑物室内、地铁、隧道等场景的 5G 室分规划规模进行汇总
5.1 2C 规划效果	分地市、分场景及分规划年份测算面向公众用户的(含室内和室外站)人口、面积、业务及终端等指标覆盖率
5.2 2B 规划效果	进行名单制管理,分地市、分行业及相关应用测算面向政企需求的关键指标达标率和业务满足度
6.1 投资规模汇总	分不同地市、室内外站型、高低频段及不同配置汇总投资规模

3. 规划图层

规划图层是 5G 网络规划的主要输出成果之一,作为独立章节插入规划文档中,可直观地呈现覆盖场景、网络结构、资源分布等信息,例如,网络拓扑图、综合接入区图层、站址分布图层、业务分布云图、高铁线路走向图等,如图 2-80 所示。

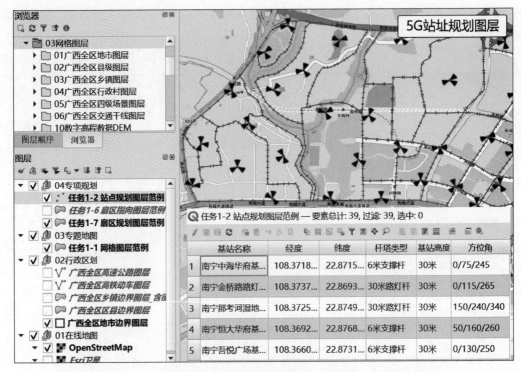

图 2-80 5G 无线网规划图层内容结构

4. 规划文档

在 5G 网络规划中,一套规范的规划文件应符合技术规范所规定的编册组成、文档结构和格式要求,其中文档结构主要包括封面、扉页、资质证书、目录、文本说明、附表及附图等。以 5G 通信站址专项规划为例,按照"总-分-总"逻辑框架,规划文件应包括项目背景、现状分析、需求分析、规划原则、站址规划、光节点规划、管道规划、投资估算、效益评估、保障措施、上位规划衔接及附表附图等章节,其文档结构如图 2-81 所示。

(1)开宗明义:站在全局视角,讲清楚"是什么",交代好规划背景、规划对象、规划范围、规划期限、规划任务、规划目标、规划原则及编制依据等内容。

(2)模块分解:巧用一个"拆"字,运用工作分解结构工具将宏观的问题拆解成若干模块和事项,例如,可分解出基站站址、通信机房、传输光节点、通信管道等内容模块。

(3)结构表达:运用"SCQA 表达模型",建立事物之间的逻辑关系,厘清资源现状、抓住问题痛点、引申规划目标及其解决思路,进一步落实到规划原则、规划方法、解决方案和资源需求上,例如,可站在城市发展的全局视角,建立 5G 通信基础设施的目标定位及其衔接关系,在此基础上,摸清基础设施现状、预测业务发展需求、做好模块规划方案和落实资源保障措施,形成一套结构清晰、思路严谨、内容翔实的 5G 规划方案。

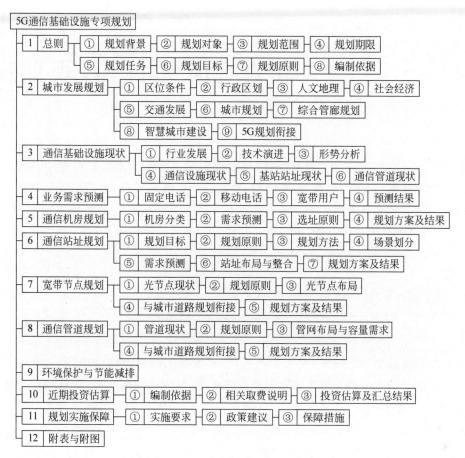

图 2-81　5G 站址专项规划文档结构

第 3 章

仿真推演 验证 5G 规划效果

与军事领域的"兵棋推演"类似,网络规划是一个不断探索求真的过程,其解决问题的典型路径为定义问题、提出假设、建立模型、验证假设和落地实施,可借助数据建模、链路预算和仿真推演 3 把利器来解决 5G 网络规划中链路级与系统级的覆盖、容量和质量等技术问题,从而找到最优的解决方案,进一步支持项目决策和网络部署。

3.1 数据建模

在信息化浪潮中,数据是一种无形的资产,谁掌握了数据,谁就占有了先机,数据的重要性不言而喻。数据分析是解决方案的重要组成部分,应以问题为导向,找准用户痛点,挖掘业务需求,在此基础上,建立数据模型,洞察事物本质,进一步提出解决方案,最终推动项目落地。

19min

3.1.1 认识数据

1. 数据结构

在计算机的世界里,数据是忠实的史官,数据是形、信息是质,朴素的数字符号"0"和"1"便是表示、记录和传递信息的主要载体,因此,数据可泛指所有能够输入计算机并被计算机程序处理的信息符号的集合,可直观地表现为文字、表格、声音、图形、视频等多种形式。

1) 按结构形式划分

在现实的世界里,我们所能够捕获的信息量是极其丰富的,透过眼睛可以看到的世界是立体的、直观的,然而,从现实物理系统向虚拟数字空间反馈信息时,能够被我们抽象、转码、输出为结构化数据的信息往往是有限的,更多的非结构化数据如同"黑盒"一般沉默在各类存储设备中无法发挥其应有的价值。与现实世界相对应,计算机系统中的数据可分为结构化数据和非结构化数据。

(1)结构化数据。

结构化数据是指能够使用固化、统一的二维表结构进行逻辑表达和实现的数据,它严格地遵循数据格式和长度规范,主要通过关系数据库进行存储和管理,例如,5G 网管系统中以关系数据库形式存储的基站信息、工程参数、性能指标等数据便是结构化数据。

在关系数据库中,数据库是一系列关联表的集合,而数据表则是数据的矩阵,表现为一张由行和列编织成的栅格状表格,其中的数据对象对应表格文件中的记录(或行),数据属性则是对应表格文件中的字段(或列),用于刻画和反映现实世界中被测量对象的关键特征,如图 3-1 所示。

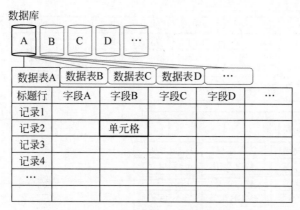

图 3-1　关系数据库结构示意图

（2）非结构化数据。

非结构化数据则是指数据结构不规则、不完整,并且不符合任何预定义的数据模型,无法使用二维表结构来直观表达和记录的数据,存储于非关系数据库中。据统计,在现实世界中非结构数据占数据总量的 80% 以上,而且非结构化数据的格式和标准是多样的,更难被采集、查询和存储,使其价值被静默地"雪藏"起来了。例如,5G 垂直行业应用中的各类图像、音频、视频信息等。

随着 5G 时代的到来,数据的采集、存储、转发和处理能力得到了大幅提升,同时,得益于云计算、数据挖掘、人工智能、图像识别等新技术的强力助推,非结构化数据的价值将会被进一步挖掘出来,例如,短视频应用便是围绕非结构化数据提供产品和服务的。可以预见,未来非结构化数据将呈现更丰富的世界。

2）按数据类型划分

对于结构化数据,在理解数据维度和度量的基础上,可将其分为定性数据与定量数据、连续数据与离散数据等数据类型,以便进一步分析和处理。

（1）数据维度和度量。

数据维度和度量是数据分析领域的两个基本概念,数据维度是指观察数据的角度,数据度量是以数据维度为基础纵向延伸和衡量统计结果的值。一般来讲,一个数据集可由一组或多组数据维度及其对应的数据度量构成。

- ❑　数据维度:即数据字段,主要用于刻画数据对象的属性或特征。例如,位置信息维度可包括"经度""纬度""详细地址"等。在 5G 网管和营账系统中,数据维度通常与一个或多个指标关联起来详细记录和刻画用户画像,描述用户使用何种终端,于何时、何地发生了何种业务行为,产生了多少业务量,如图 3-2 所示。

❑ 数据度量:是一种特殊的数据维度,用于描述被观测数据的统计值,数据度量与数据维度是相关联的,离开数据维度单独谈数据度量是无意义的。例如,在表征位置信息的"经度"维度中,其数据度量的取值范围为 0~180°。

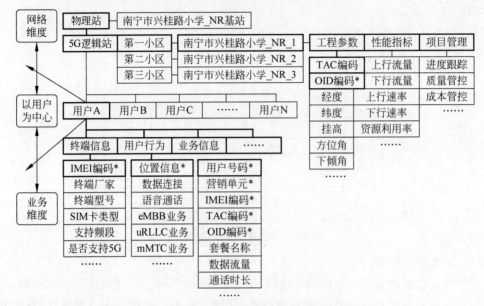

图 3-2　5G 基站关联数据的逻辑关系

(2) 定性数据与定量数据。

与问题定性和定量分析相对应,定性数据不具有数的大部分性质,其主要性质与文字符号类似,而定量数据则具备数的大部分性质,可使用数来表示。

❑ 定性数据:指一组用于表示事物性质、规定事物类别的文字型数据,除分类和排序外,不支持数学运算。例如,"5G 支持频段"包括 N1、N3、N26、N78 等可枚举的、离散的 5G 频段信息。

❑ 定量数据:指一组用于表示事物属性的数值型数据,支持数学运算。例如,"5G 数据流量"的取值范围为 0 至无穷大的任意实数,对其进行求和运算便可得到指定颗粒度的数据流量之和。

(3) 连续数据与离散数据。

可根据区间属性的可能取值的个数将其细分为离散数据和连续数据。

❑ 离散数据:具有有限的取值,常用于数据分类或计数,例如,"是否支持 5G"的取值范围只能是"是"或"否"。

❑ 连续数据:具有连续的、无限的取值,常用于数据测量,其取值为无限区间。例如,"通话时长"的取值范围为 0 至无穷大的任意实数。

2．数据管理

作为数字经济时代最核心的资源，数据的重要性是不言而喻的，抛开数据库、编程技术等技术要素不谈，应学会建立一套适合自身需要的数据管理方法论及思维体系，从而快速高效地解决海量数据的数据组织、模板编制、信息表达、数据查询等工作问题。

1）表格结构

主要解决海量数据表的组织和归档问题。在开展工作前，从源头上建立一张数据资源结构图，可按不同专业、不同阶段、不同内容及其关联表格等类型划分，建立系统的、固化的表格模板，并长期跟踪、收集和更新数据信息，如图 3-3 所示。

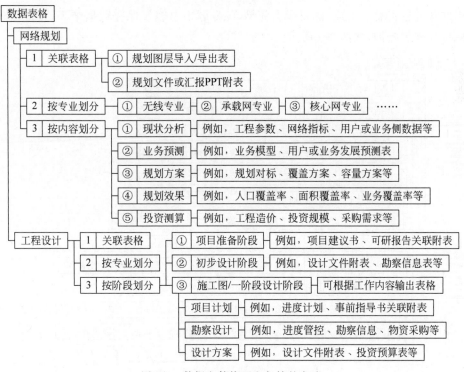

图 3-3　数据文件梳理和归档的方法

2）数据模板

主要解决的是每张数据表格的规范性管理问题，一张汇总表对应 N 张数据详表。每张数据表应编制规范、来源真实、统计科学，每张数据表应包含使用说明、数据汇总表及数据详表，其中，使用说明中应明确填报要求、统计时间及相关责任人，解决好"由何人、于何时、如何填报"的问题；数据汇总表和数据详表应以问题为导向统计和展现各维度的基础数据及其汇总结果，解决好数据真实性、统计科学性及数据前后一致性的问题，如图 3-4 所示。

3）数据速查

主要解决海量数据快速查询的问题。可按不同专题内容、重要程度及使用频率，从每张数据统计表中抽取数据并组织成一张基础数据速查表。数据速查表主要由使用说明、目

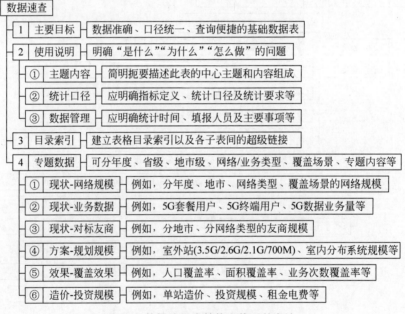

图 3-4　数据表格设计和命名的方法

录索引和各专题汇总表组成,需要指出的是,各专题汇总表仅保存数据结果,详细清单可在各专题统计表中查询,如图 3-5 所示。

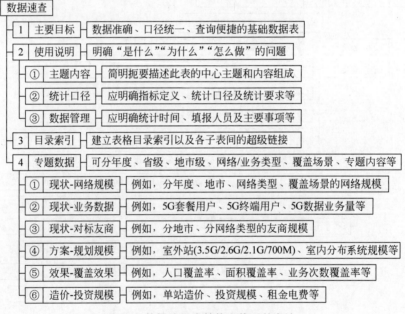

图 3-5　数据速查表结构和梳理的方法

3. 数据挖掘

数据是形,信息是质,认识数据和管理数据的落脚点在于应用数据,应学会用数据说话,从海量大数据挖掘过程中发现问题、分析问题和解决问题,从而进一步地获取价值信息、理解事物规律和支撑项目决策。

1）数据分析

数据分析可理解为以问题为导向,选取合适的工具或方法获取、处理和分析数据,从中探索并发现事物规律、获取有价值的信息,进一步支撑项目决策的过程。区别于数据挖掘,数据分析的目标是明确的,始于需求识别,按需收集数据和选择方法,先建立假设,后验证假设,用数据说话,最终得出明确的结论,如图 3-6 所示。

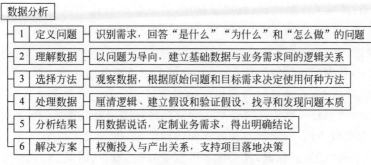

图 3-6　数据分析方法和流程

2）数据挖掘

数据挖掘则是指通过算法和模型从大数据中挖掘出隐含的、先前未知的且具有价值的信息的过程，主要侧重解决数据分类、聚类、关联、预测和异常检测 5 类问题。根据跨行业数据挖掘标准流程（CRISP-DM）的定义，数据挖掘可分为商业理解、数据理解、数据准备、建立模型、模型评估和模型发布 6 个标准化过程，如图 3-7 所示。

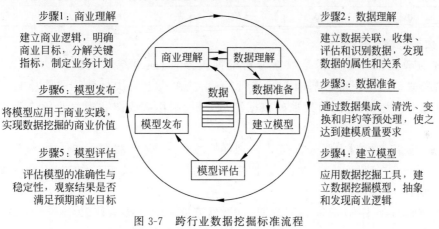

图 3-7　跨行业数据挖掘标准流程

3.1.2　数据分析

数据分析是解决 5G 工程项目问题的主要手段之一，可结合不同的应用场景选择合适的工具来解决对应的问题，例如，Excel、SPSS Modeler、Python 编程、Origin 等工具。本节主要探讨和分享 5G 规划方案编制时的数据获取、数据分析及数据呈现等工作技能。

1. 数据获取

俗话说，"巧妇难为无米之炊"，获取数据是开展数据分析的前提条件，前者侧重数据准备、收集和整理，从而使数据更易于分析；后者则是利用获得的数据，选取合适的方法，分析和输出相应的结果。

1）工作思路

数据获取需重点解决 3 个问题，一是做什么，明确数据统计的目的、统计口径和关键指标;二是怎么做,理顺工作思路、规范数据结构、制定数据模板和收集数据样本;三是好不好,开展数据质量评估和验证,重点关注数据完整性、规范性和准确性等内容。

2)数据模板

一般情况下,数据模板应包括使用说明、数据汇总表和数据详表 3 部分,其中,使用说明表中应明确编制要求、建立表格目录和规范参考字段等信息;数据汇总表则呈现主要指标及其统计结果,而数据详表则用于统计更小颗粒度的样本值及其指标项。

以业务数据获取为例,可结合业务需求和预期结果,提取某市指定周 7×24h 小区级上行/下行 RLC 层用户面流量数据,其关键字段包括省份、城市、时间、对象编号、对象名称及RLC 层用户面流量等,如表 3-1 所示。

表 3-1 某市指定周 7×24h 小区级数据流量统计表

省份	城市	时　间	对 象 编 号	对 象 名 称	上行 RLC 层用户面流量_KB	下行 RLC 层用户面流量_KB
XX省	XX市	2023-04-17 00:00:00	110_11731468_1	基站小区_1	13184.39	195904.65
XX省	XX市	2023-04-17 00:00:00	110_11731468_2	基站小区_2	14066.98	138836.39
XX省	XX市	2023-04-17 00:00:00	110_11731468_3	基站小区_3	672.42	7463.95

3)数据校验

获取完整且准确的数据是数据分析的前提条件,应对统计填报、现场采集、系统提取、网络爬取等方式获得的基础数据进行校验,从源头上解决好数据采集质量问题。例如,可将地市作为颗粒度,对提取的数据汇总分析、制作折线图和观察业务趋势,如图 3-8所示。

❑ 数据流量忙时主要分布在中午 12:00—14:00、晚上 22:00—24:00,流量闲时则主要分布在凌晨 2:00—6:00;业务变化趋势与南方城市工作、生活作息规律基本吻合。

❑ 工作日(4 月 17 日—4 月 21 日)的数据流量大于周末(4 月 22 日—4 月 23 日)的数据流量。

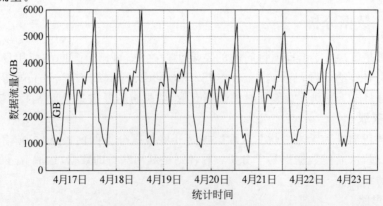

图 3-8 某市指定周 7×24h 数据流量变化趋势图

2．数据分析

数据预处理是开展数据挖掘工作的第 1 步,其主要目的是通过对获取的数据进行数据集成、数据清理、数据变换和数据归约等操作来提高数据挖掘模式的质量。本节主要分享使用 SPSS Modeler 工具来解决 5G 网络问题点挖掘中 MR 数据预处理的问题。

1）任务描述

以目标为导向,带着问题找答案,其主要任务是输出一份规整的 MR 数据表和一套直观的 MR 弱覆盖图层。MR 弱覆盖图层常见的表现形式为扇区图和栅格图,其中,扇区图对应的属性表应包括站址位置、MR 弱覆盖扇区指向、MR 弱覆盖评估结果等基本信息,如图 3-9 所示。

图 3-9　MR 数据预处理结果的地理化呈现

2）工作思路

坚持以问题为导向,理顺工作思路,将概念翻译成图、将操作实例化,在实践中发现问题和解决问题,可将 MR 数据预处理问题拆解为软件可执行的操作技法,如图 3-10 所示。

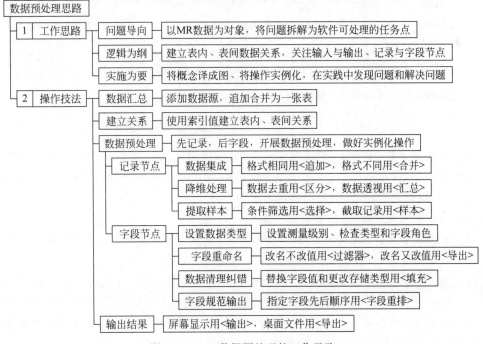

图 3-10　MR 数据预处理的工作思路

3)操作方法

IBM SPSS Modeler 是一款以数据流为主线、拖曳式快速数据建模的工具,可有效支撑 5G 网络规划中网络、用户、业务和终端等方面的数据挖掘工作。该软件主要由菜单栏、工具栏、工作窗口、节点选项板、流管理器、工程管理器等模块组成,"节点"是其关键模块,得"节点"者得 Modeler。

❑ 流:可理解为流程,做一件事的若干步骤或环节。做一件事的流程由起因、经过和结果 3 部分组成,对应到 Modeler 软件中,由数据源输入,经过节点处理,最终输出预期的成果,如图 3-11 所示。

❑ 节点:节点便是做一件事的"节骨眼",是其关键的环节。在 Modeler 软件中,主要节点包括源节点、过程节点和输出节点,其中,过程节点主要由记录节点、字段节点、图形节点和建模节点组成。

❑ 记录和字段:可从一张数据表出发,记录对应行(或记录、样本),字段对应列(或字段),数据预处理对象便是数据表的行与列,经过数据集成、数据清理、数据归约和数据变换等操作步骤,最终输出一份规整的数据表。

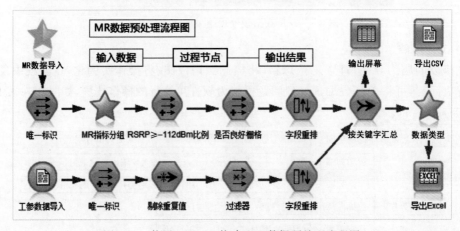

图 3-11 使用 Modeler 构建 MR 数据预处理流程图

主要目标是使用 Modeler 构建流,并输出一份规整的 MR 数据表。这份数据表至少应包含 3 部分信息,即站点信息、小区信息及对应的 MR 弱覆盖分析结果,其主要操作步骤分为数据汇总、数据关联、数据预处理及输出结果等环节。

第 1 步:添加数据源,追加合并为一张表。

❑ 添加源节点:获取原始的 MR 数据表后,主要完成从变量文件中读取数据、建立节点间的连接、将若干张表追加合并为一张表等操作。

❑ 设置变量文件:添加变量文件,可根据行列界定符读取 MR 数据文件,学会使用数据预览功能,确保每条操作结果与预期相吻合。

❑ 构建流:将变量文件、追加节点拖曳到工作窗口中,右击连接源节点和目标节点,同时,设置各节点的参数和连接关系。

第 2 步：多表操作，使用唯一标识建立表间关系。

索引值（唯一标识、关键字）是建立关系数据库（表）之间联系的"纽带"。例如，MR 数据是网络指标，若要添加工程参数（例如，方位角），则需使用"导出"节点创建唯一标识（连接符为"><"），建立表间关系后，可使用"合并"节点来引用关联数据表中的各种数据，如图 3-12 所示。

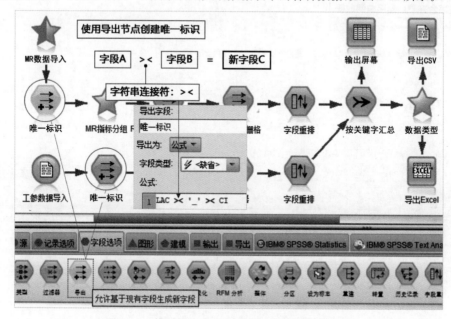

图 3-12　使用导出节点创建唯一标识的操作方法

第 3 步：使用记录选项，开展数据集成、数据降维、数据提取及数据排序等操作，其中，解决问题的诀窍可总结为关联性思考、实例化应用和图形化理解。

① 关联性思考：例如，建立与熟悉的 Excel 软件的关联思考，可快速了解和掌握 Modeler 软件的操作要领，如表 3-2 所示。

表 3-2　Modeler 软件主要记录节点的操作要领

分类	节点名称	操作要领	对应 Excel
数据集成	追加	将结构相同的数据集添加到前一个数据集的末尾	合并表格
	合并	使用关键字段连接多个数据集，创建一个包含全部或部分输入字段的输入记录	VLOOKUP 函数
数据降维	区分	按照关键字段剔除数据集中的重复记录，例如，包含或丢弃首个记录	删除重复项
	汇总	用于对数据集进行降维处理，将一系列输出记录替换为摘要表格	数据透视表
数据提取	选择	按指定条件选择或丢弃数据流中的部分记录	筛选
	样本	按照提取前 N 条、N 中选 1、随机%、聚类或分层等方式选择或废弃部分记录	—
数据排序	排序	根据一个或多个字段值按升序或降序对记录进行排序	升降序、自定义排序

② 实例化应用：以"合并"节点为例，其主要功能与 Excel 软件中的 VLOOKUP 函数相类似，使用"关键字"来建立和获取不同数据表中指定字段数据，例如，使用唯一标识(LAC_CI)，从网络工参表中关联和添加经纬度、方位角等数据，如图 3-13 所示。

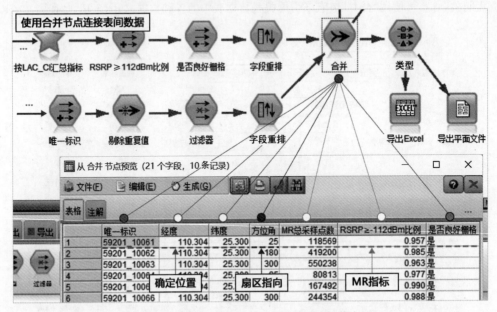

图 3-13　使用合并节点建立表间联系的操作方法

③ 图形化理解：在"合并"节点中使用关键字合并时会遇到"内部连接""完全外部连接""部分外部连接""反连接"等新概念。实际上，这些概念与数学中集合的交集、并集、差集概念类似，可将概念翻译成图并结合实例化数据予以验证，以便加深对概念的理解，如图 3-14、图 3-15 所示。

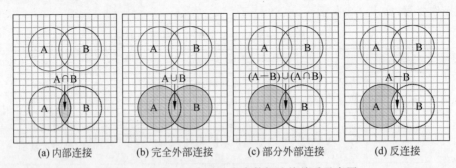

图 3-14　Modeler 合并节点中数据连接关系示意图

第 4 步：使用字段选项，设置数据类型、字段重命名、数据清理、字段排序等操作。

字段选项的主要操作对象是字段名称和字段属性值，其中，字段名称可重命名/移除字段、基于旧字段派生新字段、字段排序等；字段值可设置类型、修正错漏值、字段匿名化等，如表 3-3 所示。

TestData_A(数据集A)

唯一标识	基站名称	经度	纬度
A	Site_A	110.517	24.201
B	Site_B	109.429	24.363
C	Site_C	109.647	24.375

TestData_B(数据集B)

唯一标识	地市	覆盖场景
A	南宁	市区
B	南宁	县城
D	柳州	乡镇
E	桂林	农村

1. 内部连接(仅包含与数据集A相匹配的记录)

唯一标识	基站名称	经度	纬度	地市	覆盖场景
A	Site_A	110.517	24.201	南宁	市区
B	Site_B	109.429	24.363	南宁	县城

2. 完全外部连接(包含与数据集A匹配和不匹配的记录)

唯一标识	基站名称	经度	纬度	地市	覆盖场景
A	Site_A	110.517	24.201	南宁	市区
B	Site_B	109.429	24.363	南宁	县城
C	Site_C	109.647	24.375	$null$	$null$
D	$null$	$null$	$null$	桂林	乡镇
E	$null$	$null$	$null$	柳州	农村

3. 部分外部连接(包含匹配记录和选定的不匹配记录)

唯一标识	基站名称	经度	纬度	地市	覆盖场景
A	Site_A	110.517	24.201	南宁	市区
B	Site_B	109.429	24.363	南宁	县城
C	Site_C	109.647	24.375	$null$	$null$

4. 反连接(数据集A中不与任何其他记录相匹配的记录)

唯一标识	基站名称	经度	纬度
C	Site_C	109.647	24.375

图 3-15　Modeler 合并节点中数据连接实例化

表 3-3　Modeler 软件主要字段节点的操作要领

节 点 名 称	操 作 要 领
类型	允许确定和控制字段元数据,包括格式、枚举值等
过滤器	允许重命名或移除指定的字段
导出	允许基于现有字段派生出新的字段
填充	允许使用新值替换现有字段中的值
字段重排	允许更改字段的排序次序
重新分类	允许按照规则重新分类设置值
匿名化	允许对机密数据的字段名称或字段值进行掩饰
分级化	允许按照规则将现有连续字段的值重新分级划分
分区	允许生成分区字段、切割数据样本供模型构建使用
设为标志	允许从指定字段的分类值中派生出标志字段
重建	允许根据名义字段或标志字段的值生成多个字段
转置	允许交换行与列中的字段

以派生新指标为例,可使用"导出"节点基于现有字段派生新字段及其属性值,例如,使用"导出"节点中"导出为公式"的操作方法,将 RSRP 指标分区间汇总统计和派生出新字段,如图 3-16 所示。

第 5 步:输出 MR 弱覆盖评估结果表、图层及解决方案。

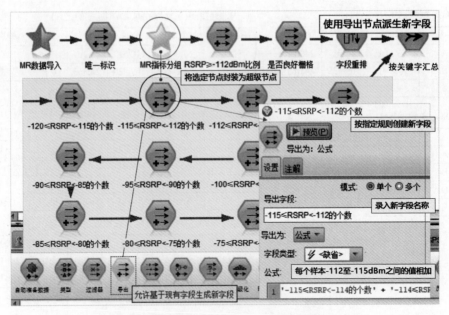

图 3-16　使用导出节点派生新字段的操作方法

区分"输出节点"和"导出节点",将评估结果输出到屏幕或导出为 CSV 文件,如图 3-17 所示。

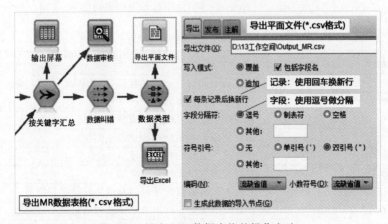

图 3-17　导出 MR 数据表格的操作方法

最终,输出的 MR 数据预处理结果表和制作 MR 弱覆盖扇区图层,如表 3-4 所示。

表 3-4　MR 数据预处理结果表

唯一标识	经度/(°)	纬度/(°)	方位角/(°)	MR 总采样点数	RSRP ≥−112dBm 比例	是否良好栅格
59241_10061	110.30848	25.34034	25	118569	95.73%	是
59241_10062	110.30848	25.34034	180	419200	98.48%	是
59241_10063	110.30848	25.34034	300	550238	96.29%	是

3. 数据呈现

在 5G 数据分析中,数据是源、逻辑是根、呈现是皮,数据呈现便是以简洁的图表形式向读者直观地传递信息的过程,应以问题为导向、以数据为驱动做足数据图表逻辑性、简洁性和自明性的文章。可根据作图目的和数据逻辑来决定准备哪些基础数据、使用什么图表类型,其主要数据逻辑可分为事物构成、分类比较、变化趋势、分布格局等,例如,可使用密度云图表示用户、终端、业务分布格局。

1) 事物构成

可使用饼图、堆积柱状图等图表类型来描述事物结构组成、属性特征等信息,例如,研究对象的投资结构、指定场景的指标体系等,如图 3-18 所示。

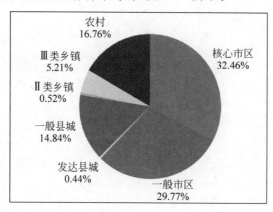

图 3-18　使用饼图表示事物构成的方法

2) 分类比较

可使用柱状图、条形图等图表类型描述不同时间、空间及分类事物之间分类、关联和比较的逻辑关系,例如,分析不同场景下事物的异同、高下或变化情况,如图 3-19 所示。

3) 变化趋势

可使用折线图、面积图等图表类型来描述事物短期、中长期的变化趋势,例如,观测点前后的指标变化、规划期内业务发展预测等,如图 3-20 所示。

4) 分布格局

可使用散点图、专题地图等图表类型来描述不同事物的相关性或分布关系,例如,话务密度云图、终端聚类分布图等,如图 3-21 所示。

3.1.3　数据挖掘

数据建模是一项贯穿 5G 网络规划全过程的基本技能,其典型的应用包括网络问题发现、终端分布评估、价值用户挖掘、网络容量分析等方面。以 5G 网络问题点挖掘为例,进一步阐述 MR 数据分析中涉及的定义问题、准备数据、建立模型、数据挖掘、输出结果和提出方案等多个环节的操作方法。

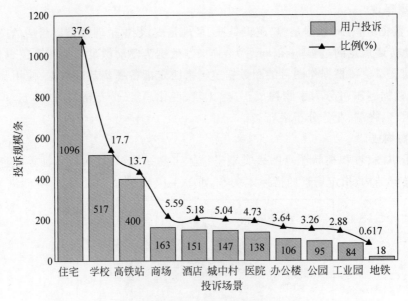

图 3-19　使用柱状图比较事物的方法

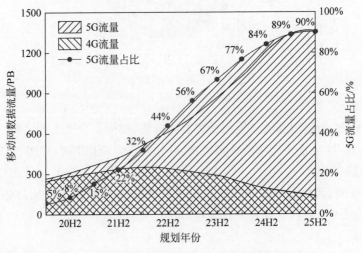

图 3-20　使用折线图和面积图表示变化趋势的方法

1. 准备工作

1）数据来源

在 5G 网络规划中,可借助 MR 数据、DT/CQT 测试数据、投诉数据等各种数据源来梳理 5G 网络存在的问题点,并通过问题点圈选、归集和排序,最终按照规划和建设原则输出问题点库和解决方案库。相比 DT、CQT、投诉等数据,MR 数据能更客观、快速、准确且低成本地反映无线网络质量,从而真实地还原用户体验情况,其优劣势如表 3-5所示。

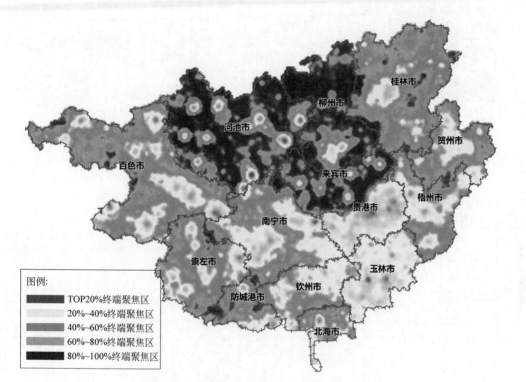

彩图

图例：
- TOP20%终端聚焦区
- 20%~40%终端聚焦区
- 40%~60%终端聚焦区
- 60%~80%终端聚焦区
- 80%~100%终端聚焦区

图 3-21　使用密度云图表示分布格局的方法

表 3-5　网络问题点分析及其优劣势对比

项目	获取方式	应用场景	优　势	劣　势
路测	驱车测试	高铁、高速、城区道路等	直观反映道路沿线信号覆盖	1. 局部抽样存在偶然性 2. 无法反映室内用户真实感知 3. DT 测试耗时费力
拨测	打点记录	住宅小区、建筑物内部	直观反映建筑物内部信号覆盖	1. CQT 测试耗时费力且效率低 2. 无法适应大规模快速网络部署节奏
投诉	用户上报	全域（含无信号区）	真实反映用户体验情况	1. 被动的用户感知采集方式 2. 无线网络质量问题反馈往往滞后
MR	基站上报	基站信号覆盖区内	实时精准反映无线环境质量自动直接反映用户真实感知	1. 精准定位困难，用户位置由 TA 值反推估算 2. MR 数据量大，问题点挖掘技术要求高

　　如何从海量数据中梳理问题、建立模型、形成对策和直观呈现是 MR 数据分析的一项重大挑战，可将 MR 数据挖掘结果以扇区化、栅格化及混合模式呈现，如图 3-22 所示。

　　2）输出要求

　　在 5G 网络问题点梳理中，应重点解决两个问题，一是问题点圈选标准，例如，统计口径、图例设置、应用场景、圈选标准和评估方法等；二是解决方案输出原则，应坚持"先维后优再建设""先宏后微再室分"的规划原则，分优先级匹配不同场景的解决方案，其输出成果

 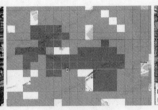 

MR扇区化　　　　　　　　MR栅格化　　　　　　　MR混合模式

图 3-22　典型的 MR 数据呈现结果示例

包括 5G 网络问题清单、解决方案库、问题点图层及相关支撑数据,如表 3-6 所示。

表 3-6　5G 网络问题点库输出清单

地市	问题点编号	场景	中心经度/(°)	中心纬度/(°)	MR数据	DT数据	CQT数据	用户投诉	对标友商	其他说明
A	NN-0001	市区	110.52502	22.47139	是	否	否	否	否	5 个连续 MR 栅格弱覆盖(50m×50m 步长、SS-RSRP≤−112dBm)
B	NN-0002	市区	110.17123	22.61564	否	是	否	否	是	市区 SS-RSRP≤−112dBm 且弱覆盖路段≥300m
C	NN-0003	县城	109.98745	22.25970	否	否	是	否	否	大型超市室内收银处 SS-RSRP≤−112dBm
D	NN-0004	县城	108.36720	22.77706	否	否	是	否	否	VIP 用户投诉 5 起且周边站距≥400m
E	NN-0005	乡镇	108.44058	22.81117	否	是	否	否	否	参数优化
F	NN-0009	农村	108.33610	22.76103	否	是	否	否	否	邻区优化

对应匹配解决方案如表 3-7 所示。

表 3-7　5G 网络问题点对应解决方案

地市	问题点编号	场景	中心经度/(°)	中心纬度/(°)	解决手段	基站需求/站	室内分布系统需求/套	其他说明
A	NN-0001	市区	110.52502	22.47139	新建基站	1	0	利旧 4G 存量站
B	NN-0002	市区	110.17123	22.61564	新建基站	1	0	利旧 4G 存量站
C	NN-0003	县城	109.98745	22.25970	新建室分	0	1	传统 DAS 改造
D	NN-0004	县城	108.36720	22.77706	新建基站	1	0	利旧 4G 存量站
E	NN-0005	乡镇	108.44058	22.81117	优化解决	0	0	接入问题
F	NN-0006	乡镇	108.36720	22.77706	优化解决	0	0	切换问题
G	NN-0007	农村	108.30564	22.79460	优化解决	0	0	无法驻留 5G
H	NN-0009	农村	108.33610	22.76103	优化解决	0	0	弱覆盖

2. 模型方法

为了从海量 MR 数据中挖掘和呈现网络问题点,结合 MR 扇区化和栅格化特点,可将 MR 定位问题转换为寻找最大概率用户感知弱区问题,应用数据挖掘及网格聚类方法,提出精准的网络覆盖方案。建模思路为,遵循分层处理、逐层映射的评估原则,将评估模型分为数据处理层、指标映射层及地理呈现层,经过各层数据扇区化和栅格化处理后,建立对应的指标映射关系,运用网格聚类分析方法,最终形成 5G 网络问题点的地理化呈现和最大概率劣质指标格局判别,如图 3-23 所示。

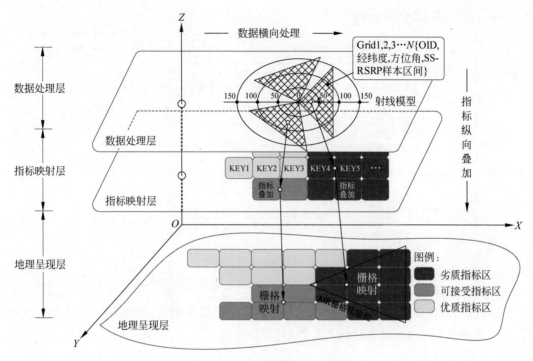

图 3-23　MR 数据精准评估模型

问题点精准定位是 MR 数据格局判别的关键,基于上述模型,反推和测算 MR 事件发生位置,进而模拟和还原用户真实体验,将指标格局分为优质的、可接受的和劣质的指标。各层数据评估思路如下:

(1) 数据处理层:厘清两条主线,一是结合不同区间 RSRP 值、TA 值的指标范围,运用网络仿真工具,校正传播模型,获得扇区化的最佳信号覆盖区,若发生信号弱覆盖,则大概率会发生在该区域内;二是结合 MR 采样点的统计步长,以 50m×50m 为单位栅格尺寸,对最佳信号覆盖区进行栅格化处理,形成若干小颗粒度的栅格,与指标映射层的特征库相匹配,从而建立起纵向指标映射关系。

(2) 指标映射层:构造与数据处理层相匹配的关键特征库,对不同场景赋予不同的权重,形成类似滤镜功能的人口分布、建筑物分布的特征映射图层,为 MR 数据纵向叠加和地理呈现提供更精准的问题定位。

(3) 地理呈现层:将处理结果精准定位、网格聚类和地理呈现,形成直观的劣质指标区、可接受指标区和优质指标区,使 MR 数据空间分布和评估判别变得更直观、更简单、更轻松。

3. 应用案例

在数据挖掘中,主要的聚类方法包括划分法、层次法、密度法和网格法。根据上述模型,基于网格聚类法可快速输出问题点和解决方案库,其评估流程包括数据获取、数据预处理、指标构造、叠加分析、网格聚类、格局判别及输出方案等环节，如图 3-24 所示。

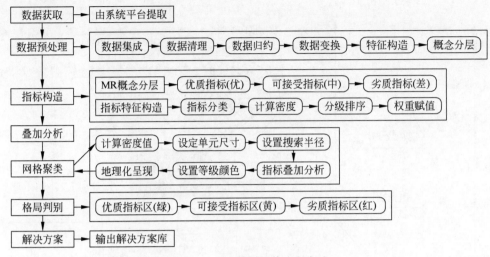

图 3-24　MR 数据评估流程方法

1）获取数据

在开展数据提取前，应明确统计口径、数据格式及提取模板，指定对接人员和反馈时限，并从系统平台中提取解析后的 MR 数据，如图 3-25 所示。

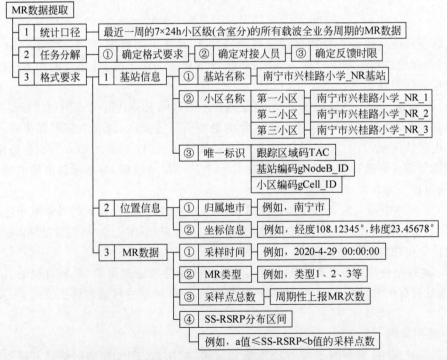

图 3-25　MR 数据提取流程方法

2）数据预处理

开展数据预处理工作是提高数据质量和分析效率的重要步骤,主要由数据集成、数据清理、数据归约、数据变换、特征构造和概念分层等环节来确保数据的完整性、准确性和一致性,如图 3-26 所示。

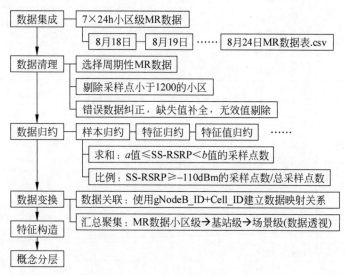

图 3-26　MR 数据预处理流程方法

3）指标构造

假设人口密度大、建筑物密集的覆盖场景用户使用终端上报 MR 数据更多,为了更精准地寻找用户感知弱区,指标构造旨在建立一套与数据处理层相匹配的关键特征库和地理化图层,其主要流程包括场景划分、计算密度、分级排序、权重赋值等环节。

(1)场景划分:结合地形地貌、功能特征、人口分布、建筑分布等覆盖场景特征,梳理、细化和划分出 32 种不同的覆盖场景,如表 3-8 所示。

(2)计算密度:对人口分布及建筑物分布进行综合评估,获取不同场景的典型人口密度和建筑物密度值。以居民小区为例,对 50m×50m 为栅格进行典型指标评估。

❑　楼宇典型人口:每层典型户数×每户典型人数×典型楼层数×典型单元数。

❑　典型建筑物密度:建筑物面积/标准栅格面积(50m×50m)。

(3)指标排序:对典型人口密度和建筑物密度进行综合评估、指标加权分析和指标排序,构建出细化场景的重要等级排序。

(4)赋予权重:对细化场景进行等级划分和指标权重赋值。例如,对细化场景进行等级划分,划分为重要等级 A、B、…,F 等 6 个等级,并对其进行指标权重赋值,对应赋值 1,0.8,…,0.1 等 6 个指标值。

(5)等级划分:将扇区化和栅格化处理后的 MR 数据与指标映射层数据进行分层叠加,从而构造出概念分层的地理呈现层数据。

表 3-8　覆盖场景划分及其指标构造示例

覆盖类型	场景分类	场景细化	典型人口密度/(人/平方千米)	典型建筑物密度(建筑物面积/标准栅格面积)	权重分档	权值指标
面覆盖(适用市区、县城及乡镇镇区等面状区域)	生产服务型功能区域	行政办公区	1364	0.48	B	0.8
		商业金融区	4721	0.74	A	1
		文化娱乐区	2335	0.51	B	0.8
		工业研发区	1527	0.13	C	0.6
		旅游休闲区	1192	0.16	C	0.6
		教育科研区	2945	0.62	A	1
	基础设施型功能区	居住区	4320	0.49	A	1
		医疗卫生区	3271	0.57	A	1
		物流园区	1146	0.4	C	0.6
		交通枢纽区	5213	0.68	A	1
		体育场馆区	2479	0.44	B	0.8
		城市设施服务区(水、电、气、热等)	838	0.29	D	0.4
		绿化环境区(江、河、湖水系)	151	0.06	F	0.1
	特殊型功能区	军事设施区	689	0.15	D	0.4
		人防建设区	124	0.03	F	0.1
线覆盖(适用高铁、动车、高速等线状区域)	交通干线	跨省高铁	1080	0	D	0.4
		省内高铁	1060	0	D	0.4
		动车线	1040	0	D	0.4
		跨省高速	1024	0	E	0.2
		省内高速	820	0	E	0.2
		环城高速	450	0	E	0.2
		国道	360	0	F	0.1
		省道	280	0	F	0.1
		县道	230	0	F	0.1
		普通铁路	180	0	F	0.1
		水运航道	105	0	F	0.1
点覆盖(适用城区外景点、校园、行政村等点状区域)	旅游景点	5A级景区	1438	0.41	B	0.8
		4A级景区	1151	0.25	C	0.6
		3A级景区	719	0.16	D	0.4
		3A级以下景区	432	0.08	E	0.2
	农村	行政村	1984	0.42	B	0.8
		自然村	1185	0.25	C	0.6

4）网格聚类

将经叠加分析后的 MR 概念层数据对应映射和定位到地理化图层中,输出直观的"劣质指标区""可接受指标区""优质指标区"地理图层,在此基础上,根据网络问题点评估方法,形成针对性的网络问题点库和解决方案库。

（1）寻找最佳信号覆盖区：使用网络仿真手段建构和获取与 MR 小区相匹配的最佳信号覆盖区图层，如图 3-27（a）所示。

（2）栅格化最佳信号覆盖区：使用地理信息软件建构和获取栅格化的最佳小区图层，按 50m×50m 步长划分栅格，对每个基站的最佳信号覆盖区进行归集编号、指标导入、栅格归类等操作，得到一张附带 MR 数据的栅格化最佳覆盖区图层，如图 3-27（b）所示。

(a) 寻找最佳信号覆盖区　　　　　　　　　　(b) 栅格化最佳信号覆盖区

图 3-27　最佳信号覆盖区栅格化处理示意图

（3）MR 网格聚类分析：将构造的栅格化 MR 数据映射到最佳信号覆盖区中，按照"劣质指标区""可接受指标区""优质指标区"的分级划分进行网格聚类分析，如图 3-28（a）所示。

（4）特征过滤与格局判别：在上述图层的基础上，映射和叠加关键特征库及其地理图层，将最大概率的用户感知弱区从网格聚类结果中筛选出来，从而直观地呈现 MR 劣质指标分布格局，为 5G 网络问题点圈选提供参考依据，如图 3-28（b）所示。

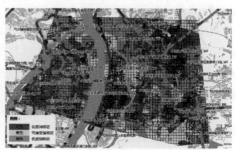

(a) MR 网格聚类分析　　　　　　　　　　(b) 特征过滤与格局判别

图 3-28　MR 网格聚类与格局判别示意图

5）方案输出

结合网格聚类结果，对劣质指标区进行格局判别和问题定位，有针对性地提出相应的解决方案。在桂林城区场景中，桂林帝苑酒店第二小区、桂林东江小区第一小区、桂林福隆园唐家第一小区重叠区为 MR 弱覆盖区域，按照"先维后优再建""先宏后微再室内"的建设原则，建议优先考虑通过调整天线方位角、下倾角、挂高和系统参数等优化手段解决问题，其次，结合现场无线传播环境，选取合理的站址新建宏站、微站或室分等建设手段解决问题，如图 3-29 所示。

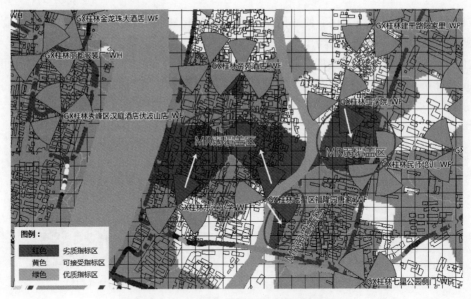

图 3-29　MR 问题点分析案例示意图

24min

3.2　链路预算

　　链路预算是评估基站覆盖能力的主要方法,也是开展无线网络规划的基础性工作。在 5G 网络规划中,主要可通过链路预算、网络仿真、试点验证等方式获得 5G 单站覆盖半径和典型站距,其中,链路预算是对发射端与接收端之间各种增益、损耗及工程余量进行分析,获得满足覆盖要求所允许的最大路径损耗,在选用合适的无线传播模型的基础上,计算得出单站最大覆盖半径。

3.2.1　工作原理

　　链路预算的主要目的是确定上下行链路发射端与接收端之间的最大允许路径损耗(MAPL),并结合不同覆盖场景的无线传播模型计算出单站覆盖半径、覆盖面积及覆盖区域站点需求规模,如图 3-30 所示,其中,最大允许路径损耗计算公式如下:

最大允许路径损耗 PL_{max}

$$
\begin{aligned}
=&\text{基站发射功率(dBm)}+\text{基站天线增益(dBi)}-\text{馈线损耗(dB)}-\\
&\text{穿透损耗(dB)}-\text{植被损耗(dB)}-\text{雨/雪损耗(dB)}-\\
&\text{阴影衰落余量(dB)}-\text{干扰余量(dB)}-\text{人体损耗(dB)}-\\
&\text{热噪声功率(dBm)}-\text{UE 噪声系数(dB)}+\text{UE 天线增益(dB)}-\\
&\text{解调门限 SINR(dB)}
\end{aligned}
$$
$$(3\text{-}1)$$

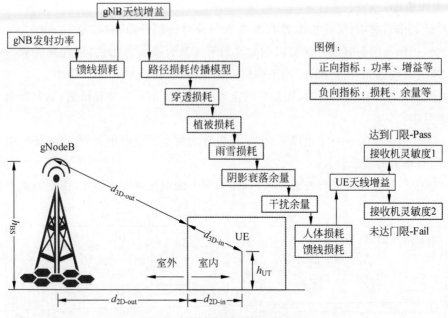

图 3-30 下行链路预算工作原理

由链路预算和传播模型可得出单站最大覆盖半径 R，并按照标准的移动蜂窝结构（正六边形）计算出单站最大覆盖面积 S，在此基础上，由覆盖区域面积与单站覆盖面积之比，可计算出覆盖区域内所需站点总规模，如图 3-31 所示，其中，单站覆盖面积计算公式为 $S = \dfrac{3\sqrt{3}}{2} R^2$，$R$ 为单站最大覆盖半径。

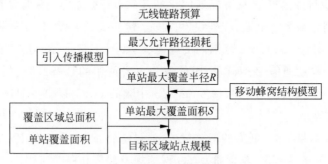

图 3-31 规划站点规模估算方法

3.2.2 传播模型

无线电波无形无影，最让人捉摸不透，却是信息传递的"天使"，透过天线的"窗口"优美地飘向远方，可从电磁波的工作原理、频率特性、覆盖能力和传播模型等方面来认识无线电波和开展链路预算。

1．工作原理

在移动通信系统中,天线扮演着收发信机与外界传播介质的"桥梁"的角色,其主要作用是将发信机输出的射频信号能量以电磁波的形式从天线辐射出去,当天线接收到电磁波信号后,通过馈线或光纤将"翻译"出来的信息传递给收信机,如图 3-32 所示。

(1)当两根导线距离很近时,理想导线上产生的感应电动势相互抵消,辐射到两根导线之外的能量很小。

(2)当两根导线张开一定角度后,由于两根导线的电流方向相同,产生的感应电动势方向相同,向外辐射的能量较大。

(3)当张开导线的长度与波长可比拟时,导线上的电流就大大增加,因而就能形成较强的辐射。

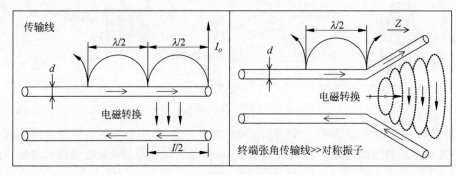

图 3-32　电磁辐射工作原理示意图

2．电波特性

了解无线传播特性是开展网络规划优化的基础,电磁波可分为电波和光波,按其频率或波长的不同可划分为无线电波、红外线、可见光、紫外线、X 射线和 γ 射线,其中无线电波主要是指频率在 3kHz～300GHz 范围内的电磁波,如图 3-33 所示。应当指出的是,并非所有频段都适合用于移动通信,公众移动通信业务主要使用的是特高频、超高频或极高频等频段,例如,低频的 700MHz/800MHz/900MHz、中频的 1.8GHz/2.1GHz/2.6GHz、高频的 3.5GHz/4.9GHz 等。

可发挥高频的容量优势、低频的覆盖优势,通过链路预算、模拟仿真和测试验证等方式进一步确定 5G 单站覆盖范围,从而推动 5G 网络规模部署和商业应用。

(1)广覆盖优先用低频段:频率越低,波长越长,绕射能力越强,传播损耗越小,单站覆盖范围越广;反之,频率越高,波长越短,绕射能力越弱,单站覆盖范围极大收缩。正因如此,700MHz 被称为"黄金频段",其单站覆盖能力是中高频的数倍,成为各家运营商竞相争取的宝贵频率资源。在 5G 网络规划中,可充分发挥低频段的覆盖优势,以有限的投资解决城郊、农村、交通干线等场景的广覆盖问题。

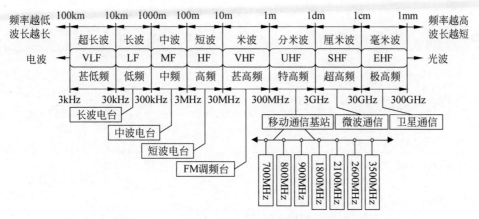

图 3-33　不同频段的无线电波特性及其主要用途

（2）容量需求优先用中高频段：低频段（指 1GHz 以内）可用且连续的频率资源非常有限，应当指出的是，5G 建网初期，低频段仍承载着 2/3/4G 的数据和语音业务，频率重耕非常困难；相对来讲，中高频段（指 1.8GHz/2.1GHz/2.6GHz/3.5GHz 等）频率资源较为丰富，可用带宽大且系统容量大，可满足市区、县城及镇区不同场景的容量需求覆盖。

3. 传播模型

不同频段的无线电波的传播方式和特性不尽相同，主要受到无线传播环境、电波波长及相关障碍物阻挡等因素影响，除了直射方式外，无线电波具有反射、绕射和散射等传播方式。在 5G 网络规划中，往往会将传播环境抽象和简化为不同场景的无线传播模型，例如，3GPP Uma 模型、Cost231-Hata 模型、Aster 3D 射线跟踪模型等，如图 3-34 所示。

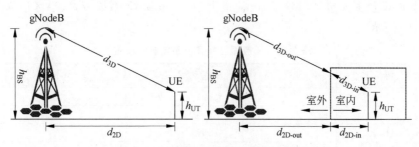

图 3-34　抽象和简化的无线传播模型

可查阅标准协议 3GPP TR 38.901，此标准协议给出了城市宏蜂窝（UMa）、城市微蜂窝街道（UMi-Street Canyon）、室内分布（InF）、室内热点办公区（InH-Office）和农村宏蜂窝（RMa）共 5 种模型，每种模型又分为可视（LOS）和不可视（NLOS）场景，适用频段为 0.5～100GHz，其中城区和郊区室外宏站无线传播模型（UMa）如表 3-9 所示。

表 3-9　城区和郊区室外宏站无线传播模型(UMa)

场景	传播模型	慢衰落标准差/dB	适用范围和天线高度
视距	$PL_{UMa-LOS}=\begin{cases}PL_1 & 10m \leqslant d_{2D} \leqslant d'_{BP}\\ PL_2 & d'_{BP} \leqslant d_{2D} \leqslant 5km\end{cases}$ $PL_1=28.0+22lg(d_{3D})+20lg(f_c)$ $PL_2=28.0+40lg(d_{3D})+20lg(f_c)-$ $\quad 9lg((d'_{BP})^2+(h_{BS}-h_{UT})^2)$	$\sigma_{SF}=4$	$1.5m \leqslant h_{UT} \leqslant 22.5m$ $h_{BS}=25m$
非视距	$PL_{UMa-NLOS}=max(PL_{UMa-LOS},PL'_{UMa-NLOS})$ $(10m \leqslant d_{2D} \leqslant 5km)$ $PL'_{UMa-NLOS}=13.54+39.08lg(d_{3D})+$ $\quad 20lg(f_c)+0.6(h_{UT}-1.5)$	$\sigma_{SF}=6$	$1.5m \leqslant h_{UT} \leqslant 22.5m$ $h_{BS}=25m$
	$PL=32.4+20lg(f_c)+30lg(d_{3D})$	$\sigma_{SF}=7.8$	

其中,PL 为最大路径损耗(dB);f_c 为工作频率(GHz);h_{UT} 为移动台天线有效高度(m);h_{BS} 为基站天线有效高度(m),UMa 模型默认为 25m;d_{2D} 为基站与移动台的水平距离(m);d_{3D} 为基站天线与移动台天线的直线距离(m)。

3.2.3　站距预算

站距预算主要解决两个问题:计算最大路径传播损耗和代入传播模型求出覆盖半径。可将站距预算模型和无线传播模型做成小工具,分别设置好系统参数、发射机参数、接收机参数、额外损耗及余量等基本参数,在此基础上,计算出不同场景的最大路径传播损耗和单站覆盖半径。

1. 系统参数

系统参数设置主要包括覆盖场景、信道类型、工作频率、系统带宽、小区边缘速率等参数,如表 3-10 所示。

表 3-10　一般城区场景的系统参数设置

指　标	计 算 公 式	一般城区/郊区		说　明
信道类型	—	上行	下行	
用户环境	—	eMBB		
工作频率/MHz	—	3500～3600		
系统带宽/MHz	—	100	100	
边缘速率/Mb/s	a	1	50	参考规划目标要求
分配的 RB 数	b	32	273	上行 RB 与上下行时隙配比有关
子载波数	$c=b \times 12$	384	3276	每个 RB 有 12 个子载波
实际占用带宽/MHz	$B=c \times 30/1000$	11.5	98.3	每个子载波 30kHz,$\mu=1$

主要参数说明如下。

(1) 覆盖场景:根据覆盖区域的规划指标要求的不同,将覆盖场景划分为密集城区、一般城区及郊区、农村等场景,其对应不同的小区边缘速率及配置需求。

（2）用户环境：根据用户分布场景,可将用户环境分为室内、室外环境,针对室外环境可细分出 eMBB（大带宽）、uRLLC（低时延）、mMTC（超密连接）三大应用场景。

（3）工作频率：5G 具备全频段接入能力,可结合不同的业务和覆盖需求来发挥不同的频率优势,国内已授权或试点用于 5G NR 公众通信频率如表 3-11 所示。

表 3-11　国内已授权或试点用于 5G NR 公众通信频率

使　用　者	NR 频段号	上行频段（基站接收/UE 发射）	下行频段（基站发射/UE 接收）	带宽/MHz	双工模式	备　注
中国广电	n28	703～743MHz	758～798MHz	40/40	FDD	频率重耕
中国电信	n5	824～835MHz	869～880MHz	11/11	FDD	频率重耕
中国联通	n8	904～915MHz	949～960MHz	11/11	FDD	频率重耕
中国电信	n1	1920～1940MHz	2110～2130MHz	20/20	FDD	频率重耕
中国联通	n1	1940～1965MHz	2130～2155MHz	25/25	FDD	频率重耕
中国移动	n41	2515～2675MHz	2515～2675MHz	160	TDD	频率重耕
中国电信/联通/广电	n78	3300～3400MHz	3300～3400MHz	100	TDD	
中国电信	n78	3400～3500MHz	3400～3500MHz	100	TDD	
中国联通	n78	3500～3600MHz	3500～3600MHz	100	TDD	
中国移动	n79	4800～4900MHz	4800～4900MHz	100	TDD	
中国广电	n79	4900～4960MHz	4900～4960MHz	60	TDD	

（4）工作带宽。

为实现频谱资源的灵活配置,5G NR 系统设计了可变的系统带宽,用户可根据实际需求配置不同的传输带宽,例如,20MHz（NR 2.1G）、40MHz（NR 700M）、100MHz（NR 3.5G）等,如表 3-12、表 3-13 所示。

表 3-12　Sub-6GHz 频段 5G NR 载波带宽与子载波间隔

SCS/kHz	5MHz N_{RB}	10MHz N_{RB}	15MHz N_{RB}	20MHz N_{RB}	25MHz N_{RB}	30MHz N_{RB}	40MHz N_{RB}	50MHz N_{RB}	60MHz N_{RB}	70MHz N_{RB}	80MHz N_{RB}	90MHz N_{RB}	100MHz N_{RB}
15	25	52	79	106	133	160	216	270	N/A	N/A	N/A	N/A	N/A
30	11	24	38	51	65	78	106	133	162	189	217	245	273
60	N/A	11	18	24	31	38	51	65	79	93	107	121	135

表 3-13　毫米波频段 5G NR 载波带宽与子载波间隔

SCS/kHz	50MHz N_{RB}	100MHz N_{RB}	200MHz N_{RB}	400MHz N_{RB}
60	66	132	264	N/A
120	32	66	132	264

（5）小区边缘速率：是在小区边缘所要求达到的目标吞吐率要求,例如,NR 覆盖小区边缘,应该提供下行 50Mb/s、上行 1Mb/s 的速率。

2. 发射机参数

发射机参数设置包括 UE/gNB 最大发射功率、单用户最大发射功率、每个天线通道的发射增益、馈线损耗和人体损耗等参数,如表 3-14 所示。

表 3-14 一般城区场景的发射机参数设置

指 标	计 算 公 式	一般城区/郊区		说 明
		上行	下行	
信道类型	—	上行	下行	
UE/gNB 最大发射功率/W	d	0.2	200	终端:23dBm(NSA)/26dB(SA) 基站:53dBm(200W)
单用户最大发射功率/dBm	$e=10\times\lg(d/c\times10^3)$	−2.83	17.86	
每个天线通道的发射增益/dBi	f	0	25	
馈线损耗/dB	g	0	0	AAU 无馈线损耗
人体损耗/dB	h	0	0	
有效全向辐射功率/dBm	$i=e+f-g$	−2.83	43	

主要参数说明如下。

(1) UE/eNodeB 最大发射功率:查阅设备产品手册,典型的 gNB 最大发射功率为 200W,即 53dBm,而 UE 最大发射功率为 0.2W,即 23dBm。

(2) 单用户最大发射功率:下行发射功率一般分配在系统带宽的各个 RB 上,并由用户对频率资源占用情况计算得到,其计算公式如下:

$$单用户最大发射功率=最大发射功率-10\times\lg(可分配的子载波功率) \quad (3-2)$$

(3) 每个天线通道的发射增益:gNB 天线增益由单 TRX 天线增益和波束赋形增益组成,典型的单 TRX 增益为 10dBi,64T64R 波束赋形增益为 15dBi;UE 天线增益可忽略不计,即取 0dBi。

(4) 馈线损耗:馈线损耗与馈线长度、工作频段、馈线类型等参数有关,例如,NR 3.5G 设备主要采用 BBU+AAU 组网方式,BBU 与 AAU 采取光纤直驱,馈线损耗取 0dB。

(5) 人体损耗:NR 系统主要承载数据业务(不支持 VoNR 情况下),其人体损耗可忽略不计,即取 0dB。

(6) 有效全向辐射功率:EIRP(Effective Isotropic Radiated Power)用来衡量发射机发射强信号的能力及干扰的强度,其计算公式如下:

$$EIRP=单用户最大发射功率+每个天线通道的发射增益-$$
$$发射端的馈线损耗-发射端的人体损耗 \quad (3-3)$$

3. 接收机参数

接收机参数设置包括解调门限 SINR、接收机噪声系数、接收机灵敏度、天线增益、馈线损耗、人体损耗、干扰余量、最小接收信号电平等参数,如表 3-15 所示。

表 3-15 一般城区场景的接收机参数设置

指 标	计 算 公 式	一般城区/郊区		备 注
		上行	下行	
信道类型	—	上行	下行	
解调门限 SINR/dB	j	−3	−3	与编码方式有关
接收机噪声系数/dB	k	3.5	7	

续表

指　　标	计　算　公　式	一般城区/郊区		备　　注
热噪声功率/dBm	l	−174	−174	
每子载波接收机灵敏度/dB	$m=j+k+l+10\lg(30\times10^{3})$	−129	−125	
天线增益/dBi	n	25	0	
馈线损耗/dB	o	0	0	
人体损耗/dB	p	3	3	
干扰余量/dB	q	3	8	
最小接收信号电平/dBm	$r=m-n+o+p+q$	−148	−114	

主要参数说明如下。

(1) 解调门限 SINR：是指接收机能够有效解调信号的最低信噪比要求，其主要影响因素包括上下行调制编码方式(MCS)、误码率(BLER)、MIMO 方式及 HARQ 设置等。一般地，SINR 值取决于接收机的设计，并从系统仿真结果中取得。

(2) 接收机噪声系数：它是用来表征接收机性能的关键参数，为输入端信噪比与输出端信噪比的比值。接收机噪声系数由系统带宽和 gNB 容量等因素决定。

(3) 接收机灵敏度：是指接收端能够接收到射频信号的最小门限，其主要影响因素包括无线传播环境、覆盖目标质量要求、小区边缘数据速率、接收机噪声系数等，其计算公式如下：

$$接收机灵敏度 RxSen＝解调门限 SINR＋接收机噪声系数 NF＋$$
$$热噪声功率谱密度 NP＋所用带宽 N \tag{3-4}$$

其中，热噪声功率谱密度 NP 等于玻耳兹曼常数 k 与绝对温度 T 的乘积，为 −174dBm/Hz，即 $NP＝\lg(290\times1.38\times10^{-23}\times103)＝-174\text{dBm/Hz}$，而所用带宽 N 的计算公式为 $N＝10\lg30\times1000$，其中 30kHz 为子载波间隔。

(4) 干扰余量：受 NR 小区间干扰的影响，当 NR 系统负荷增大时，小区覆盖范围会随着负荷的增加而减小，因而在链路预算中需考虑并预留一定的干扰余量。

(5) 最小接收信号电平：是指接收端能够正确解调有用信号的最小接收信号强度要求，具体计算公式如下：

$$最小接收信号电平＝接收机灵敏度－天线增益＋馈线损耗＋$$
$$人体损耗＋干扰余量 \tag{3-5}$$

(6) 天线增益、馈线损耗、人体损耗：可参考发射机中的相关参数进行设置。

4. 额外损耗及余量

额外损耗及余量主要包括室内穿透损耗、阴影衰落余量等基本参数，如表 3-16 所示。

表 3-16　一般城区场景的额外损耗及余量设置

指　　标	计算公式	一般城区/郊区		说　　　明
穿透损耗/dB	s	26	26	不同的场景，穿透损耗有差异
大规模 MIMO 垂直增益	t	0	0	测算覆盖半径，暂不考虑垂直增益

指　标	计算公式	一般城区/郊区		说　明
雨雪损耗/(dB	u	0	0	
边缘覆盖概率/%	v	90%	90%	
阴影衰落标准差/dB	w	6	6	参考 3GPP 38.901
阴影衰落余量/dB	x	7.7	7.7	
植被损耗/dB	y	0	0	
OTA 损耗/dB	z	4	4	

主要参数说明如下。

(1) 室内穿透损耗:穿透损耗用来表征由于地形地貌和建筑物阻隔造成的用户终端从室内(或车内)到基站之间的无线信号衰落,如表 3-17 所示。

表 3-17　室内穿透损耗的典型取值

穿透损耗/dB	700MHz/800MHz/900MHz	1.8GHz	2.1GHz	2.6GHz	3.5GHz	4.9GHz	24GHz	26GHz	28GHz
典型值	18	21	22	23	26	28	36	37	38
混泥土	20	23	24	25	28	30	58	62	65
砖	6	8	9	10	11	12	20	21	22
石膏板	2	3	4	5	6	7	18	19	20
木	2	3	4	5	6	6	7	8	8
普通玻璃	2	2	2.5	2.5	3	3	7	7	7.5
特种玻璃	23	23.5	23.5	24	24	24	30	31	31.5

(2) 阴影衰落余量:因无线电波在传播过程中受到建筑物、山体及地物等阻碍而产生的阴影效应,故在站距预算中考虑一定通信概率下,用于预留对抗阴影衰落的余量,即阴影衰落余量。

(3) OTA 损耗:在实际通信网络中,当终端与基站的最佳接收和最佳发射方向存在偏差时,终端的发射功率和接收灵敏度存在一定的损失,整机的辐射性能下降。终端的这种辐射性能损失称为 OTA(Over The Air)损失。

(4) 雨雪损耗、植被损耗等:结合实际的无线传播环境取值。

5. 最大允许路径损耗

站距预算的最终目标就是确定上下行无线链路中发射端和接收端天线之间的最大允许路径损耗值,其计算公式如下:

$$MAPL = 发射端有效全向辐射功率 EIRP - 最小接收信号电平 + \\ 其他增益 - 其他损耗 - 其他余量 \tag{3-6}$$

6. 覆盖半径

结合站距预算中最大允许路径损耗 MAPL 的结果,采用城市宏蜂窝(UMa)无线传播模型进行覆盖半径的预测,其计算公式如下:

$$d_{3D}=10^{((PL'_{UMa-NLOS}-13.54-20\lg(f_c)-0.6(h_{UT}-1.5))/39.08)} \tag{3-7}$$

其中，$PL'_{UMa-NLOS}$ 为非视距的最大路径损耗(dB)，由站距预算模型计算得出；f_c 为工作频率(GHz)，已知条件为 3.5GHz；h_{UT} 为移动台天线有效高度(m)，UMa 模型默认为 1.5m；h_{BS} 为基站天线有效高度(m)，UMa 模型默认为 25m；d_{3D} 为基站天线与移动台天线直线距离(m)，为所需计算的值。

典型的 gNB 和 UE 天线高度如表 3-18 所示。

表 3-18 一般城区场景的最大路径损耗与小区半径计算

指　　标	计　算　公　式	一般城区/郊区	
最大路径损耗/dB	$PL=i-r-s+t-u-x-y-z$	107	119
传播模型	—	UMa-NLOS	
基站天线有效高度/m	—	25	25
终端天线有效高度/m	—	1.5	1.5
街道宽度	—	20.0	20.0
建筑物平均高度	—	20.0	20.0
小区半径/m	—	**131.3**	**269.3**

7. 典型站距

可通过站距预算、模拟仿真和试点验证 3 种方法获取不同频段的 5G 单站覆盖站距，其主要解决思路如下。

(1) 站距预算：结合不同的覆盖场景、传播模型和业务模型，获得 5G 基站上下行链路发射端与接收端之间的最大允许路径损耗，可估算出市区、县城、乡镇及农村等不同场景的单站覆盖能力，如表 3-19 所示。

表 3-19 不同频段的 5G 基站典型覆盖站距

工 作 频 段	密集市区/m	一般市区及县城/m	郊区及乡镇/m	农村/m
700MHz/800MHz/900MHz	500～700	700～1000	1000～2000	2000～3500
2.1GHz	400～500	500～700	700～1000	1200～2000
2.6GHz	350～450	450～600	600～900	1000～1600
3.5GHz	250～350	350～500	500～800	800～1200
4.9GHz	200～300	300～400	400～600	600～1000

(2) 模拟仿真：站距预算是单站覆盖能力的估算，模拟仿真则是系统级覆盖能力和干扰协调的综合评估。可使用蒙特卡洛仿真方法，建立和校正 5G 无线传播模型，输入网络、用户、终端和业务数据，最终输出 5G 最佳小区覆盖预测和干扰协同评估结果。

(3) 试点验证：在 5G 大规模部署前，可建立单站试点、连片试点和地市试验局等方式搭建真实的 5G 网络运行环境，辅以路测(DT)、拨测(CQT)、测量报告(MR)等数据分析手段来验证不同覆盖场景、业务需求和网络负荷下的单站覆盖范围。

▶ 31min

3.3　仿真推演

　　网络仿真是评估和验证 5G 规划效果的主要手段之一，通过网络仿真可有效地发现 5G 网络规划中存在的覆盖、容量和质量等技术问题，进一步输出高质量的 5G 规划方案，从而有效地避免网络存在的"先天性缺陷"及精准地指引规划落地实施。本节主要介绍使用 Atoll 仿真软件开展 5G 网络覆盖仿真分析，其主要步骤包括制作工参、数据建模、模型校正、仿真预测和方案调优等工作环节。

3.3.1　仿真软件

　　Atoll 是一款主流的无线网络仿真软件，支持 NR、LTE、UMTS、GSM 等多种无线接入技术，可有效地支持 5G 网络建模、覆盖预测、网络规划及优化等功能。

1．软件界面

　　了解软件界面，固定常用工具。Atoll 软件主要分菜单栏、工具栏、控制面板、地图窗口和状态栏等模块，可将常用的功能模块固定在工具栏或控制面板上，并将学习重心放在掌握关键模块和解决主要问题上，例如，标准工具、地图工具、窗口工具、矢量工具、无线规划等工具，如图 3-35 所示。

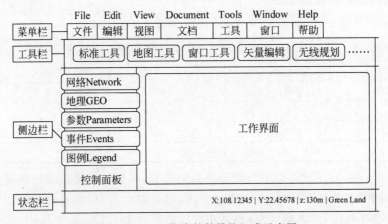

图 3-35　Atoll 仿真软件模块组成示意图

2．软件菜单

　　认识软件菜单，建立连贯思路。Atoll 软件菜单栏由文件、编辑、视图、文档、工具、窗口和帮助菜单组成，其主要功能如表 3-20 所示。

表 3-20　Atoll 软件的菜单栏及其功能说明

工 具 名 称	对 应 中 文	功 能 说 明
File	文件	新建、打开、保存和关闭工程,以及导入地图
Edit	编辑	撤销、重做、剪切、复制、粘贴数据或对象
View	视图	刷新、移动、缩放,调出网络、GEO、参数、事件、图例等面板,调出工具栏、状态栏、标尺等模块
Document	文档	仿真运算、数据导入、坐标系统设置、单位设置等
Tools	工具	查找站点、CW 测试、路测数据、点分析、微波分析等专业工具
Window	窗口	新建、重置、选取窗口图层
Help	帮助	帮助主题及其他

　　以任务为牵引,将软件功能及其关联操作连贯起来,落实到每个具体的问题上,例如,在 Atoll 创建工程时,可将新建、保存、关闭和导入等基本操作"串联"起来,图 3-36 所示。

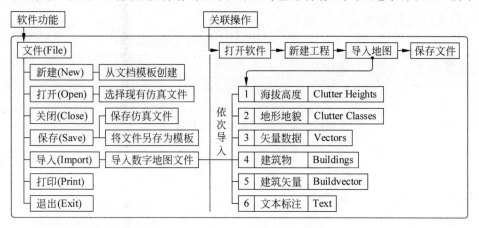

图 3-36　认识 Atoll 软件的文件菜单

3. 工具栏

　　调出工具栏,了解操作技法。可建立学习地图,将主要工具、功能模块做成思维导图或清单表格形式,以便快速查阅和高效使用,例如,将工具栏中的常用工具做成清单表格,对标准工具、地图工具、窗口工具、矢量编辑和无线规划等功能深入学习,如表 3-21所示。

表 3-21　Atoll 软件的工具栏及其功能说明

工 具 名 称	对 应 中 文	功 能 说 明
Standard	标准	对应文件和编辑菜单,包括新建、打开、保存、导入、复制、粘贴、剪切、撤销等功能
Map	地图	对应视图菜单,包括刷新、选择、移动、缩放、标尺、查找、比例尺等功能
Window	窗口	对应视图菜单,可调出侧边栏的网络、GEO、参数、事件、图例等工具
Vector Editor	矢量编辑	新建和选择向量,新建点,绘制多边形、直线、矩形等对象并对其进行合并、删除、相交或分割等编辑操作

工 具 名 称	对 应 中 文	功 能 说 明
Radio Planning	无线规划	对应工具菜单,包括分层选取、新增基站和天线、点分析、邻区分析、计算、强制计算等功能
Microwave Link Planning	微波链路规划	对应工具菜单,包括新建链路、中继、多跳链路、点对多网络、微波链路分析、信道编排等功能
Transport Layer	传输分析	对应工具菜单,包括新建节点、段落、传输层分析、带宽计算器等功能
Add-ins	插件	例如,小区面积计算、多层预测、导出到谷歌地球等

4. 控制面板

善用控制面板,设置关键参数。由"视图"菜单栏调出,固化于软件侧边栏上,常用功能包括网络设置、GEO 配置、参数配置、图例和事件等模块。

(1) 网络设置:属于常用模块,主要完成 Sites/Transmitters/Cell 数据导入、覆盖预测、网络建模及相关分析,如表 3-22 所示。

表 3-22　Atoll 软件的网络设置模块及其功能说明

一级目录	对应中文	主要选项及说明
Sites	基站参数	由基站表(Sites)导入,包含基站名称、经纬度、备注信息等
4G/5G Transmitters	4/5G 发射机参数	由扇区表(Transmitters)和小区表(Cells)导入,包含扇区(小区)名称、经纬度、频段、天线类型、挂高、方位角、下倾角、传播模型、设备参数及小区参数等
Predictions	覆盖预测	覆盖预测工具,例如,最佳小区、最佳波束覆盖图、覆盖分析、干扰分析、上下行吞吐量分析等
ACP-Automatic Cell Planning	自动小区规划(ACP)	小区规划分析,例如,站点选择、覆盖和容量优化
Simulations	模拟分析	网络建模分析,例如,蒙特卡洛仿真
Multi-point Analysis	多点分析	特定用户组(小区)分析,例如,定位掉话、低吞吐量等问题
4G/5G Interference Matrices	4/5G 干扰矩阵	4/5G 干扰分析
CW Measurements	CW 测试	开展 CW 测试校正传播模型
4G/5G Drive Test Data	4/5G 路测数据	使用路测数据校正传播模型
Links	链路	不同通信链路分析,例如,微波链路、传输链路、点对多分析
KPIs	KPI 指标	KPI 指标分析
UE Traces	终端轨迹	终端轨迹分析

(2) GEO 配置:属于常用模块,主要完成地形地貌、地理高程、向量数据、区域划分等地理数据导入和管理,如表 3-23 所示。

表 3-23　Atoll 软件的 GEO 配置模块及其功能说明

一级目录	对应中文	主要选项及说明
Terrain Sections	地形剖面	按可见度划分,例如,VISIBILITY <0、0 ≤VISIBILITY <100、VISIBILITY≥100

一级目录	对应中文	主要选项及说明
Zones	区域划分	用于设置过滤、计算和输出区域,包括过滤区、聚焦区、运算区、热点区、打印区、导出区等
Traffic Maps	业务地图	—
Weighting Maps	权重地图	—
Geoclimatic Parameters	地理气候参数	—
Population	人口地图	—
Clutter Heights	地理高程	由地图导入,例如,buildings.bil
Clutter Classes	地形地貌	由地图导入,含城区和农村场景的不同类型建筑、交通干线、森林、绿地、水域等
Buildvectors	建筑物向量	由地图导入,不同类型建筑物轮廓
Vectors	向量数据	由地图导入,含城市道路、高铁、高速、水域、边界等向量数据
Text Data	文本标注	由地图导入,含城市、县城、城镇、村庄、交通线等标注信息
Digital Terrain Model	数字地形模型	由地图导入,例如,nn50dem.bil
Online Maps	在线地图	—

（3）参数配置：属于常用模块,主要完成业务参数、4/5G 网络参数、传播模型等参数配置及模型校正,如表 3-24 所示。

表 3-24　Atoll 软件的参数配置模块及其功能说明

一级目录	二级目录	主要选项及说明
业务参数	业务类型	5G 数据、宽带、互联网、机器连接、视频通话、语音通话
	移动性类型	50km/h、90km/h、静止、步行
	终端类型	2G 手机、3G 手机、3G+智能手机、4G 智能手机、5G 智能手机、物联网设备
	用户配置	5G 用户、商务用户、标准用户
	业务环境	密集城区、一般城区、郊区、农村
4/5G 网络设置	基站模板	5G NR 宏站/微站、4G LTE 宏站/微站、NB-IoT 宏站
	频率	带宽、载波参数
	UE 类别	例如,UE Category 1、2、3 等
	无线设备	5G NR、4G LTE、NB-IoT 等
	调度	例如,按最大载干比、按需求分配、按平均分配、按循环分配
	小区参数	分域参数、分组参数
	网络分层	宏站层、微站层
无线网设备	天线	不同基站天线,例如,65deg 18dBi 0Tilt 1900/2100MHz
	3D 波束赋型	3D 波束赋型建模、波瓣图
	塔放	例如,默认 TMA 设备
	馈线	例如,1/2 英寸(1 英寸＝2.54 厘米)馈线、7/8 英寸馈线
	发射机	例如,默认 eNode-B 设备

续表

一 级 目 录	二 级 目 录	主要选项及说明
无线网设备	接收机	例如,默认设备
	干扰协同系数	—
微波设置	—	频率、性能、配置、数据模板、传输链路类型等模块
微波设备	—	制造商、无线设备、天线、馈线及电磁兼容等模块
KPI/终端轨迹参数	—	KPI 定义、终端轨迹地图等模块
传播模型	—	不同无线传播模型,例如,SPM、Cost-Hata、Aster 等

(4) 其他模块:包括任务、事件、图例、站点浏览等模块,其中事件模块用于记录网络仿真过程中的各种事件和错误信息,图例模块则用于呈现仿真预测图中各类指标的图例信息。

3.3.2 仿真预测

仿真预测是 5G 网络规划、设计、优化和建设的重要验证手段,可直观地预测网络性能和趋势,发现网络存在的覆盖、容量和干扰等问题,其主要操作步骤分为准备数据、创建工程、导入工参、配置模型、仿真预测和仿真调优等环节。

1. 仿真流程

对移动通信系统性能进行计算机仿真及评估是网络付诸实施前的规划阶段的重要评估手段,例如,可采用 Atoll 仿真软件和校正的传播模型,使用蒙特卡洛仿真方法建立最佳小区覆盖预测,如图 3-37 所示,主要仿真流程如下。

(1) 仿真数据收集:包括仿真地图数据、设备数据、天馈数据及相关传播模型等参数。

(2) 仿真数据输入:制作和输入 Sites 表、Transmitters 表、Cells 表等仿真数据。

(3) 仿真参数调整:对输入仿真数据进行调整和校正,例如,对传播模型进行校正。

(4) 仿真预测和运算:导入话务环境模型,设置话务环境、用户行为、手机终端、NR 系统服务等网络参数并进行网络仿真。

2. 创建工程

以创建"NR 3.5G 网络仿真"的工程文件为例,其主要步骤分为创建工程、加载地图、设置坐标系统和地图样式等,如图 3-38 所示。

1) 创建工程

主要做法是使用工程模板来创建仿真工程,工程模板内置一组默认的网络基础配置参数,可极大地提高工作效率和减少出错概率。

使用模板创建工程的路径为 File→New→From a Document Template...,根据 5G 网络仿真需要选取"5G Multi-RAT"工程模板并勾选"5G NR"作为无线接入技术。

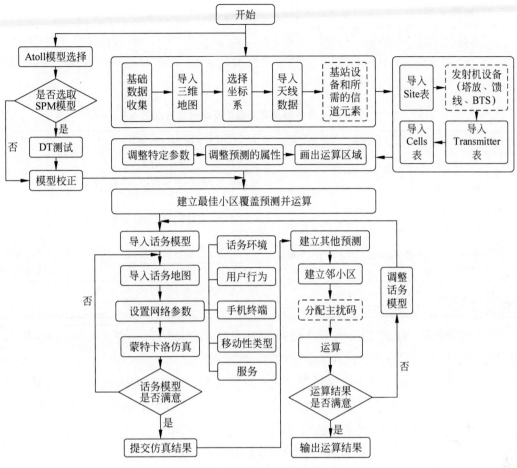

图 3-37　5G 网络仿真流程示意图

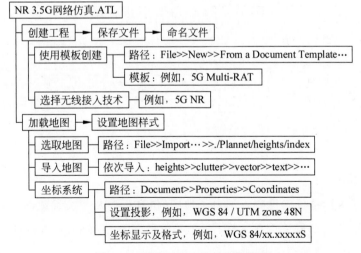

图 3-38　创建工程文件的操作步骤

2）加载地图

（1）电子地图：在 Atoll 仿真中，常使用 Planet 数据文件格式的高精度电子地图，其精度包括 5m、20m、50m、100m 等，对应的地图数据包括 Clutter、Height、Vector、Buildings、Buildvector 和 Text 等，如表 3-25 所示。

表 3-25　电子地图文件描述及其对应关系

序号	中文名称	英文名称	对应 Atoll	文 件 描 述	备　　注
1	海拔高度	Height	Altitudes	栅格格式，海拔高度数据	
2	地形地貌	Clutter	Clutter classes	栅格格式，地物覆盖数据，例如，城区、绿地、水域、森林等	
3	向量数据	Vector	Vectors	向量格式，线性向量数据，例如，边界、道路等	
4	建筑物	Buildings	Clutter heights	栅格格式，三维建筑物数据	5m 精度地图
5	建筑物向量	Buildvector	Vectors	向量格式，建筑物向量数据	5m 精度地图
6	文本标注	Text	Text data	文本格式，信息标注，例如，地名、路名等	

（2）地图信息：打开对应的地图文件夹，可从索引文件（index.txt）中获取地图的边界和精度信息，例如，读取 index 文件信息 dem.bil 224202.20 226517.20 2523281.10 2525581.10 5，其中 dem.bil 指向该 dem 高程数字地图文件；224202.20 226517.20 为地图东西边界坐标，2523281.10 2525581.10 则为地图南北边界坐标，单位为 m，是以大地原点为参考的，我国的大地原点位于陕西省泾阳县永乐镇北流村，具体位置位于北纬 34°32′27.00″，东经 108°55′25.00″；最后的数字 5 是指该电子地图为 5m 精度地图，如图 3-39 所示。

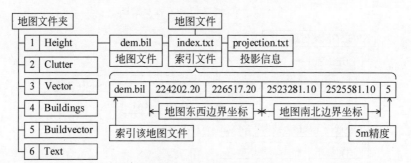

图 3-39　电子地图文件信息解读

3）选择坐标系

选择正确的坐标系可确保导入的电子地图、仿真工参及相关参数的一致性，避免出现电子地图与站址布局的偏移问题。选择 Atoll 软件的文档菜单，打开路径为 Document→Properties，其设置方法如图 3-40 所示。

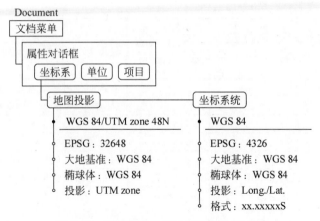

图 3-40　投影系统和显示系统的设置方法

4）地图样式

（1）地图设置：选择 Atoll 软件的视图菜单，打开路径为 View→Geo Explorer→Clutter Classes Properties，可根据当地实际和工程经验设置数字地图的标准偏差、室内损耗、MIMO 参数及地图样式等参数值，其中地形地貌样式的参考样式如表 3-26 所示。

表 3-26　地图中地形地貌样式的设置方法

图　例	对应中文	颜色（RGB 值）	说　明
Dense_Urban	密集城区	238,238,238	与城乡规划对应，主要依据人口、建筑物密度，以及商业活动活跃度划分
Urban	一般城区	244,244,244	同上
SubUrban	郊区	192,220,192	城市外围人口较多的区域，商业活动少，住宅相对分散
Village	村庄	192,220,192	农村或城郊区域人口居住相对集中的自然村落
High_Buildings	高层建筑	128,128,128	城市内（含市区、县城）高度大于 40m 的建筑物
Ordinary_Regular_Buildings	普通规则建筑物	128,128,128	城市内（含市区、县城）高度为 20～40m 的建筑物
Parallel_Regular_Buildings	平行规则建筑物	128,128,128	城市内（含市区、县城）平行排列、街道规则且高度低于 20m 的建筑物
Irregular_Large_Buildings	不规则大型建筑	128,128,128	城市内（含市区、县城）不规则排列、面积较大且高度低于 20m 的建筑物
Irregular_Buildings	不规则建筑物	128,128,128	其余不规则的建筑物
Urban_OpenArea	城市开阔地	240,243,250	例如，城市内的广场、公园等
SubUrban_OpenArea	郊区开阔地	240,243,250	除高铁、高速、国道、铁路及道路外，城市郊区中植被覆盖稀少或荒芜的区域，含荒山、荒地、荒滩、露天矿等

续表

图　　例	对应中文	颜色(RGB 值)	说　　明
Green_Land	绿地	244,244,244	城市内(含市区、县城)低矮、混杂植被覆盖的区域
Wet_Land	湿地	180,235,175	潜水面与植被混杂覆盖的区域,含池塘、沼泽、水田、滩涂、岩滩、沙砾滩等
Forest	森林	57,182,46	林木覆盖率大于 60% 的面状区域
Water	水域	125,254,255	水域覆盖区域,含河流、水库、湖泊、河口等
Sea	海域	178,206,254	海水覆盖区域,含海洋、港湾等
Dense_Avenue	城区主干道	253,188,6	城市道路网骨架和交通动脉
Avenue	城区道路	253,188,6	除城区主干道外的街道
Road_Area	道路面积	253,188,6	城区道路配套设施
High_speed_Railway	高速铁路	204,174,174	设计时速 200km 以上的客运专用铁路
Railway	铁路	204,174,174	除高速铁路外,供火车行驶、客货两用的轨道线路

(2) 仿真运算区:主要用于划定运算范围和归类覆盖场景,可通过手工绘制、导入图层等方式获得,其导入路径为 View→Geo→Zones→Computation Zone,如图 3-41 所示。

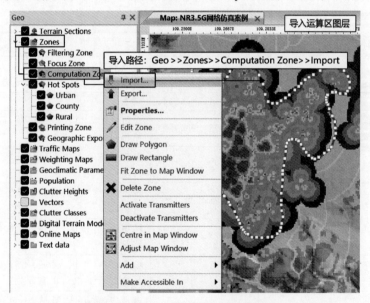

图 3-41　导入运算区图层的操作方法

☐　划定运算范围:界内参与运算,反之不参与。

☐　归类覆盖场景:与导入图层对应,方便后期数据统计,其导入路径为 Hot Spots→Vector Import→Fields to be imported。

☐　坐标系统调整:保持工程文件与导入图层坐标系统相统一,其调整路径为 Computation Zone→Vector Import→Coordinate Systems→Change。

3．制作工参

从工程实操角度看，5G 网络仿真分 3 步，一是制作工参与校正模型，二是创建工程与仿真预测，三是效果分析与优化调整，其中，制作工参是 5G 网络仿真的基础性工作，在开展网络仿真前，应批量制作和配置仿真工参数据，主要涉及 3 张表，即 Sites 表、Transmitters 表、Cells 表，分别对应站址级、扇区级和小区级（载波级）工程参数。

1）站址参数表

从网络规划成果中，可获得站址规划参数表，主要参数包括站址位置、站址类型、场景、挂高、方位角、下倾角、频段、设备配置等，如表 3-27 所示。

表 3-27　站址规划基础参数表

地市	基站名称	小区名称	经度/(°)	纬度/(°)	场景	挂高/m	方位角/(°)	下倾角/(°)	频段/GHz	设备配置	站址类型
A 市	SiteA	SiteA_1	110.151981	22.648959	市区	20	0	7	NR 3.5	64TR	现网
A 市	SiteA	SiteA_2	110.151981	22.648959	市区	20	110	7	NR 3.5	64TR	现网
A 市	SiteA	SiteA_3	110.151981	22.648959	市区	20	220	7	NR 3.5	64TR	现网
A 市	SiteD	SiteD_1	110.323843	22.676483	农村	20	80	3	NR 2.1	4TR	新增
A 市	SiteD	SiteD_2	110.323843	22.676483	农村	20	200	3	NR 2.1	4TR	新增
A 市	SiteD	SiteD_3	110.323843	22.676483	农村	20	330	3	NR 2.1	4TR	新增

2）Sites 表

Sites 表对应站址级工参数据，例如，站址名称、站址位置、站址分类及相关参数，如表 3-28 所示。

表 3-28　Sites 表的填写方法

字 段 名 称	中 文 名 称	单位	填写说明
Name	基站名称	—	必填，例如，南宁市那考河小学
Longitude	经度	(°)	必填，例如，110.151981
Latitude	纬度	(°)	必填，例如，110.151981
Altitude（m）	海拔	m	从数字高程地图中读取
Comments	备注	—	可按场景、频段、类型划分
Support Height（m）	支撑物高度	m	例如，50m
Support Type	支撑物类型	—	例如，建筑物屋顶、支撑式塔架、独立式塔架、管状塔架等
Alias	别名	—	
Max No. of UL CEs	最大上行 CE 数	—	256
Max No. of DL CEs	最大下行 CE 数	—	256
Max Iub UL Backhaul Throughput（kb/s）	Iub 接口最大回传吞吐量（UL）	kb/s	12 288
Max Iub DL Backhaul Throughput（kb/s）	Iub 接口最大回传吞吐量（DL）	kb/s	12 288
Equipment	设备名称	—	例如，5G NR Radio Equipment

续表

字 段 名 称	中 文 名 称	单位	填 写 说 明
Max No. of EV-DO CEs per Carrier	每载波最大 EV-DO CE 数	—	96
Max Backhaul Throughput（DL）(kb/s)	最大回传吞吐量(DL)	kb/s	950 000
Max Backhaul Throughput（UL）(kb/s)	最大回传吞吐量(UL)	kb/s	950 000

3）Transmitters 表

Transmitters 表对应扇区级工参数据，主要由 4 组参数组成，包括基本参数、设备参数、天线参数、传播模型等，其中，基本参数主要涉及站址下挂的扇区数据，例如，扇区位置、无线接入技术、使用频段、对应载波及相关信息，如表 3-29 所示。

表 3-29　Transmitters 表中基本参数的填写方法

字 段 名 称	中 文 名 称	单位	填 写 说 明
Site	站点名称	—	必填，例如，南宁市那考河小学
Transmitter	扇区名称	—	必填，例如，南宁市那考河小学_1
DX(m)	—	m	0
DY(m)	—	m	0
Use Absolute Coordinates	是否使用绝对坐标	—	必填，1 表示勾选，0 表示取消
Longitude	经度	(°)	必填，例如，110.151981
Latitude	纬度	(°)	必填，例如，22.648959
Radio Access Technology	无线接入技术	—	必填，对应 Station Templates 表，例如，5G NR
Layer	网络分层	—	必填，对应 Layers 表，例如，Macro Layer
Frequency Band	频段名称	—	必填，对应 Bands 表，例如，n78/LT
Carrier	载波名称	—	必填，对应 Carriers 表，例如，100 MHz -NR-ARFCN 636667
Shared Antenna	共享天线	—	按需配置
Shared pattern	共享模式	—	按需配置
Max Range（m）	最大范围	m	例如，800m
Comments	备注	—	可按场景、频段、类型划分

设备参数主要涉及发射机类型、主设备信息、发射及接收损耗等数据，如表 3-30 所示。

表 3-30　Transmitters 表中设备参数的填写方法

字 段 名 称	中 文 名 称	单位	填 写 说 明
Active	是否激活扇区	—	必填，1 表示勾选，0 表示取消
Transmitter Type	发射机类型	—	必填，默认设置作为服务小区和干扰源，即 Intra-network（Server and Interferer）
Transmitter Equipment	主设备名称	—	必填，对应 Radio Network Equipment→Transmitter Equipment 中的模型，例如，Default eNode-B Equipment
TMA Equipment	塔放名称	—	不涉及

续表

字 段 名 称	中文名称	单位	填 写 说 明
Feeder Equipment	馈线名称	—	不涉及
Transmission Feeder Length（m）	发射馈线长度	m	因 BBU-RRU 使用尾纤连接，默认 0m
Reception Feeder Length（m）	接收馈线长度	m	同上
Transmission losses（dB）	发射损耗	dB	光纤传播损耗可忽略不计，可取 0dB
Reception losses（dB）	接收损耗	dB	同上
Noise Figure（dB）	基站噪声系数	dB	必填，一般取值范围为 5～7dB，例如，取 4dB
Miscellaneous Transmission Losses（dB）	其他发射损耗	dB	按需配置
Miscellaneous Reception Losses（dB）	其他接收损耗	dB	按需配置

天线参数主要涉及天线类型、天线挂高、方位角、下倾角、波束模型、天线通道数等数据，如表 3-31 所示。

表 3-31　Transmitters 表中天线参数的填写方法

字 段 名 称	中 文 名 称	单位	填 写 说 明
Antenna	天线类型	—	按需配置，对应 Radio Network Equipment→Antennas 中的模型，例如，NR 2.1G 使用的 65deg 18dBi 0Tilt 1900/2100MHz
Height（m）	天线挂高	m	必填，若位于建筑物上，则需加上天面高度和所在平台高度
Azimuth（°）	天线方位角	（°）	必填，根据覆盖目标设置，例如，120°
Mechanical Downtilt（°）	机械下倾角	（°）	必填，由下倾角公式计算，例如，6°
Additional Electrical Downtilt（°）	电子下倾角	（°）	按需配置
Beamforming Model	波束赋型模型	—	必填，对应 Radio Network Equipment→3D Beamforming Models 中的模型，例如，NR 3.5G 使用的 Default Beamformer
Number of Transmission Antennas	发射天线数量	—	必填，例如，通道数 64TR 对应填 64
Number of Reception Antennas	接收天线数量	—	同上
Number of Power Amplifiers（DL）	下行功放数量	—	按需配置，例如，1 个

传播模型与控制面板中 Parameters（参数）→Propagation Models（传播模型）中的模型相对应，可选取不同的传播模型、设置最大路损距离、计算精度等数据，如表 3-32 所示。

表 3-32　Transmitters 表中传播模型的填写方法

字 段 名 称	中 文 名 称	单位	填 写 说 明
Main Propagation Model	主选传播模型	—	必填，与 Propagation Models 模型对应，例如，Standard Propagation Model
Main Calculation Radius（m）	对应的计算半径	m	必填，计算和限定扇区路损的最远距离，例如，城区 2000m

续表

字 段 名 称	中 文 名 称	单位	填 写 说 明
Main Resolution（m）	对应的计算精度	m	必填，与地图精度保持一致，例如，5m/20m/50m
Extended Propagation Model	备选传播模型	—	按需配置
Extended Calculation Radius（m）	对应的计算半径	m	按需配置，应大于主选传播模型中的计算半径
Extended Resolution（m）	对应的计算精度	m	按需配置

4）Cells 表

Cells 表则是更小颗粒度的工参数据，对应小区（载波）级数据，主要涉及载波激活状态、使用频点号、PCI 编码、最大发射功率、最低电平门限、信道参数集、业务参数集及网络负荷模型等数据，如表 3-33 所示。

表 3-33　Cells 表的填写方法

字 段 名 称	中 文 名 称	单位	填 写 说 明
Name	小区/载波名称	—	默认载波名称为扇区名称＋（载波编号），例如，南宁市那考河小学基站_1(0)，载波编号自 0 开始；亦可手动设置
Transmitter	扇区名称	—	与 Transmitters 表对应，例如，南宁市那考河小学基站_1
Active	是否激活载波	—	1 表示勾选，0 表示取消
ID	载波编号	—	与 CELL ID 对应
Order	在扇区内部显示的顺序	—	例如，1
Carrier	载波频点号	—	对应 Carriers 表，例如，100 MHz-NR-ARFCN 636667
Channel Allocation Status	信道分配状态	—	分 3 种状态 Not Allocated(未分配)、Allocated(已分配)、Locked(锁定)
Physical Cell ID	物理小区 ID	—	使用 AFP 模块自动分配 PCI，PCI＝PSS ID＋3×SSS ID，可用范围为 0～1007
Physical Cell ID Domain	PCI 可用范围域	—	—
PSS ID	PSS ID 号(主同步信号)	—	由 PCI 自动配置，可用范围为 0～2(共 3 个)
PSS ID Status	分配 PSS ID 给小区的状态	—	分 3 种状态：Not Allocated(未分配)、Allocated(已分配)、Locked(锁定)
SSS ID	SSS ID 号(次级同步信号)	—	由 PCI 自动配置，可用范围为 0～335(共 336 个)
SSS ID Status	分配 SSS ID 给小区的状态	—	与 PSS ID Status 选项相同
Reuse Distance（m）	最小复用距离	m	例如，10 000m
Max Power（dBm）	最大发射功率	dBm	例如，53dBm

字 段 名 称	中 文 名 称	单位	填 写 说 明
SSS EPRE（dBm）	SSS 信道单 RE 上的功率值	dBm	例如,17.8dBm
PSS EPRE Offset/SSS（dB）	PSS 信道相对 SSS 信道单 RE 的功率偏置	dB	按默认值,例如,3dB
PBCH EPRE Offset/SSS（dB）	PBCH 信道相对 SSS 信道单 RE 的功率偏置	dB	按默认值,例如,0dB
PDCCH EPRE Offset/SSS（dB）	PDCCH 信道相对 SSS 信道单 RE 的功率偏置	dB	按默认值,例如,0dB
PDSCH EPRE Offset/SSS（dB）	PDSCH 信道相对 SSS 信道单 RE 的功率偏置	dB	按默认值,例如,0dB
Layer	网络分层	—	例如,Macro Layer
Cell Type	小区类型	—	可选项为主小区 PCell、辅小区 SCell(DL)、辅小区 SCell（UL）
Min SS-RSRP（dBm）	最低电平门限值	dBm	RSRP 低于该门限值视为无覆盖,例如,−140dBm
Cell Individual Offset（dB）	小区特定偏置	dB	按默认值,例如,3dB
Cell Selection Threshold（dB）	小区选择门限	dB	例如,4dB
Handover Margin（dB）	切换门限	dB	例如,4dB
Cell Edge Margin（dB）	小区边缘电平	dB	例如,0dB
SS/PBCH Numerology	SS/PBCH 参数集	—	可选项为 0(15kHz)、1(30kHz)、3(120kHz)、4(240kHz),例如,NR 3.5G 选取 1(30kHz)
SS/PBCH Periodicity	SS/PBCH 发射周期	—	可选项为 5ms、10ms、20ms、40ms、80ms、160ms,例如,NR 3.5G 选取 10ms
SS/PBCH OFDM Symbols	SS/PBCH OFDM 符号数	—	可选项为 $\{2,8\}+14n[Lmax=4]$、$\{2,8\}+14n[Lmax=8]$、$\{4,8,16,20\}+28n[Lmax=4]$、$\{4,8,16,20\}+28n[Lmax=8]$、$\{4,8,16,20\}+28n[Lmax=64]$、$\{8,12,16,20,32,36,40,44\}+56n[Lmax=64]$,例如,NR 3.5G 选取 $\{4,8,16,20\}+28n[Lmax=8]$
PDCCH Overhead（OFDM Symbols）	PDCCH 开销(OFDM 符号)	—	按默认值,例如,1
Traffic Numerology	业务参数集	—	可选项为 0(15kHz)、1(30kHz)、2(60kHz Normal CP)、2（60kHz Extended CP）、3(120kHz),例如,NR 3.5G 选取 1(30kHz)
TDD DL OFDM Symbols（%）	TDD 下行 OFDM 符号占比	%	例如,85%

字 段 名 称	中 文 名 称	单位	填 写 说 明
Radio Equipment	无线设备	—	对应 4G/5G Network Settings 中的模型,例如,5G NR Radio Equipment
Scheduler	调度算法	—	按默认值,可选项为 Max C/I(最大载干比)、Proportional Demand(按比例)、Proportional Fair(取平均)、Round Robin(取循环)
Diversity Support（DL）	下行支持的 MIMO 模式	—	按需配置,可选项为 none、Transmit Diversity、SU-MIMO、MU-MIMO
Diversity Support（UL）	上行支持的 MIMO 模式	—	按需配置,可选项为 none、Receive Diversity、SU-MIMO、MU-MIMO
Number of MU-MIMO Users（DL）	下行平均 MU-MIMO 用户数	—	例如,200 户
Number of MU-MIMO Users（UL）	上行平均 MU-MIMO 用户数	—	例如,100 户
Max Number of Users	小区最大同时连接用户数	—	例如,1000 户
Number of Users（DL）	下行连接用户数	—	例如,500 户
Number of Users（UL）	上行连接用户数	—	例如,500 户
Traffic Load（DL）（%）	下行负载	%	例如,50%
Traffic Load（UL）（%）	上行负载	%	例如,50%
Max Traffic Load（DL）（%）	最大下行负载	%	例如,100%
Max Traffic Load（UL）（%）	最大上行负载	%	例如,100%
Beam Usage（DL）（%）	下行波束利用率	%	0 0.01 1 0.09 2 1.11 3 1.54 4 0.74 5 1.52 6 0.02 7 0.04 8 1.12 9 0.51 10 0.49 11 0.96 13 0.34 14 2.67 15 0.4 16 0.19 17 0.13 19 0.02 20 0.49 21 0.8 22 0.7 23 0.56 25 0.04 26 0.34 27 0.92 28 0.49 29 0.91 30 0.01 31 0.01 32 1.5 33 1.3 34 0.56 35 0.8 36 0.14 37 1.24 38 2.9 39 1.35 40 0.83 41 0.82 43 0.02 44 0.3 45 0.21 46 0.37 47 0.71 49 0.04 50 0.09 51 0.34 52 0.18 53 1.08 54 0.06 55 0.18 56 13.17 57 21.55 58 17.62 59 15.46
Beam Usage（UL）（%）	上行波束利用率	%	同上
UL Noise Rise（dB）	上行底噪抬升	dB	例如,3dB
Additional DL Noise Rise（dB）	额外下行底噪抬升	dB	按需配置,例如,0.5dB

续表

字段名称	中文名称	单位	填写说明
Additional UL Noise Rise（dB）	额外上行底噪抬升	dB	按需配置,例如,0dB
Fractional Power Control Factor	路损补偿因子	—	例如,0.8
PRACH Preamble Format［Max Cell Radius］	PRACH 前导码格式［最大小区半径］	—	按需配置
Number of Required PRACH RSI	PRACH RSI 需求数量	—	最小值为 1
PRACH RSIs	PRACH 根序列	—	按需配置
PRACH RSI Domain	PRACH RSI 可用范围域	—	按需配置
PRACH RSI Allocation Status	PRACH RSI 分配状态	—	分 3 种状态：Not Allocated(未分配)、Allocated(已分配)、Locked(锁定)
PRACH Resource Blocks	PRACH 资源块数量	—	按需配置
PRACH subframes	PRACH 子帧数量	—	按需配置
PRACH RSI/Cell Size Mapping	PRACH RSI 到小区覆盖大小尺度	—	按需配置
Max number of 4G/5G neighbours	4/5G 最大邻区数	—	例如,0
Max number of inter-technology neighbours	与其他技术间最大邻区数	—	同上
Comments	备注	—	与 Sites 表、Transmitters 表对应

4. 导入工参

一般情况下,可采取先导出数据模板,填写和补充后再批量导入的方式实现仿真工参的快速导入,主要涉及 Sites 表、Transmitters 表、Cell 表、Bands/Carriers 表、Antennas 表等数据表格操作,如图 3-42 所示。

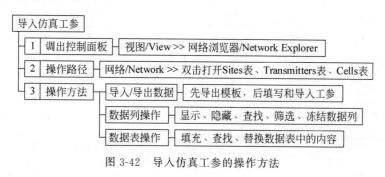

图 3-42　导入仿真工参的操作方法

1）基础工参表

依次导入 Sites 表、Transmitters 表、Cells 表,这 3 张工参表的导入主要涉及增、删、改、查 4 项操作,对应数据的导入/导出、筛选排序、数据填充、查找替换等工具。以 Sites 表操作为例,其操作要领如下。

(1) 如何导入:Sites 表导入路径为"网络/Network→站点/Sites→双击/打开对话框→导入/Import→选择文件导入",导入时应注意保持源表和目标表字段的一致性,若目标表对应列出现<Ignore>字样,则表示源表找不到相匹配的导入信息,应手工选取对应的目标表字段,如图 3-43 所示。

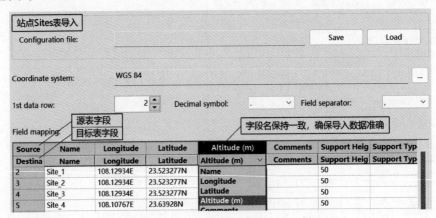

图 3-43　导入站点 Sites 表的操作方法

(2) 如何删除:与 Windows 系统中软件操作方法类似,分 3 步,第 1 步,选中首行;第 2 步,按住 Shift+鼠标左键选中的最后一行;第 3 步,选中状态下按住 Delete 键直接删除,如图 3-44 所示。

图 3-44　删除工参数据的操作方法

(3) 如何修改:分特定数据修改或数据批量修改两种方式,特定数据修改可使用"查找替换"工具,输入查找内容和替换为数据直接替换即可,如图 3-45 所示;数据批量修改可用到筛选、填充工具,先筛选出相关分类数据,填好第 1 个单元格,然后按住 Shift 键＋指定列最后一个单元格,选中状态下按住快捷键 Ctrl＋D,即可向下批量填充了。

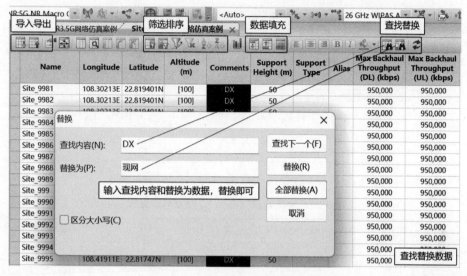

图 3-45　查找替换数据的操作方法

　　(4) 如何判断:如何判断导入操作是否正确、数据是否完整?分 4 步,第 1 步,导入地图和工参后,按 F5 键刷新地图和文件夹中的数据;第 2 步,刷新后,导入的站点和扇区数据会根据图例重新加载,图形由黑色变为彩色,圆点为站点、扇形为扇区;第 3 步,找任意站点、扇区,双击调出属性对话框,抽样检查,观察数据是否准确和完整;第 4 步,若出现大规模单扇区,则可能是由导入数据时字段未对齐导致的,应检查工参表数据是否缺失、导入时操作是否正确,如图 3-46 所示。

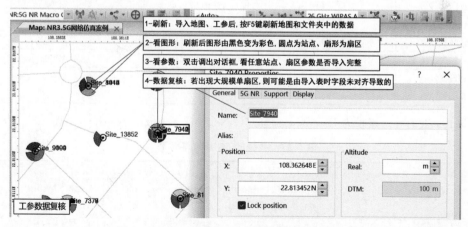

图 3-46　工参数据复核的判断方法

2)Bands/Carriers 表

与频率规划相对应,主要是确定仿真所使用的频段、频点号、上下行带宽等参数,分 3 步操作,第 1 步,根据公式制作工具;第 2 步,查找关联参数;第 3 步,使用工具生成 Bands/Carriers 表。

第 1 步:可使用 5G 频率与频点号转换关系计算工具获得相关参数,如表 3-34 所示。

表 3-34　5G 频率与频点号转换关系计算表

序号	参数	参数说明	单位	输入/输出	备注
1	F_{REF}	F_{REF} 为中心频率	MHz	3550	
2	$F_{REF-Offs}$	$F_{REF-Offs}$ 可通过查表获得	MHz	3000	
3	ΔF_{Global}	ΔF_{Global} 和 BAND 有关,查表获得	kHz	15	
4	N_{REF}	N_{REF} 为输入的 5G 下行绝对频点号	—	636667	$=ROUND(((D2-D3)\times1000)/D4+D6,0)$
5	$N_{REF-Offs}$	$N_{REF-Offs}$ 可通过查表获得	—	600000	

第 2 步:结合 3GPP 标准协议,查找关联的参数,如表 3-35 所示。

表 3-35　全局频率栅格的 5G 频点号参数表

Frequency range/MHz	ΔF_{Global}/kHz	$F_{REF-Offs}$/MHz	$N_{REF-Offs}$	Range of N_{REF}
0~3000	5	0	0	0~59 999
3000~24 250	15	3000	600 000	600 000~2 016 666
24 250~100 000	60	24 250.08	2 016 667	2 016 667~3 279 165

第 3 步:计算、固化和导入典型的 Bands/Carriers 表。

Bands 表的导入路径为 Parameters→4/5G Network Settings→Bands,如表 3-36 所示。

表 3-36　典型的 5G 频段参数表

Name	Reference Frequency/MHz	Name	Reference Frequency/MHz
n28/GD	703	n78/DX	3400
n1/DX	2110	n78/LT	3500
n1/LT	2130	n78/DL	3400
n1/DL	2110	n78/YD	4800
n41/YD	2515	n78/YD	4900
n41/YD	2515	n78/YG	4800
n78/DLG	3300		

Carrier 表的导入路径为 Parameters→4/5G Network Settings→Carrier,如表 3-37 所示。

表 3-37　典型的 5G 载波参数表

Name	Frequency Band	Duplexing Method	Centre Frequency (DL) /MHz	Centre Frequency (UL) /MHz	Total Width (DL) /MHz	Total Width (UL) /MHz	ARFCN
30MHz-NR-ARFCN 143600	n28/GD	FDD	718	773	30	30	143 600
20MHz-NR-ARFCN 424000	n1/DX	FDD	2120	1930	20	20	424 000
20MHz-NR-ARFCN 428000	n1/LT	FDD	2140	1950	20	20	428 000

Name	Frequency Band	Duplexing Method	Centre Frequency (DL) /MHz	Centre Frequency (UL) /MHz	Total Width (DL) /MHz	Total Width (UL) /MHz	ARFCN
40MHz-NR-ARFCN 426000	n1/DL	FDD	2130	1940	40	40	426 000
60MHz-NR-ARFCN 509000	n41/YD	TDD	2545	2545	60	60	509 000
100MHz-NR-ARFCN 513000	n41/YD	TDD	2565	2565	100	100	513 000
100MHz-NR-ARFCN 623333	n78/DLG	TDD	3350	3350	100	100	623 333
100MHz-NR-ARFCN 630000	n78/DX	TDD	3450	3450	100	100	630 000
100MHz-NR-ARFCN 636667	n78/LT	TDD	3550	3550	100	100	636 667
200MHz-NR-ARFCN 633333	n78/DL	TDD	3500	3500	200	200	633 333
100MHz-NR-ARFCN 723333	n78/YD	TDD	4850	4850	100	100	723 333
60MHz-NR-ARFCN 728666	n78/YD	TDD	4930	4930	60	60	728 666
160MHz-NR-ARFCN 725333	n78/YG	TDD	4880	4880	160	160	725 333

3）业务和网络参数

在控制面板中的"参数/Parameters"选项卡中设置或导入业务参数、4/5G 网络设置、无线网络设备、传播模型等配置参数，可打开对应的参数表导出、修改和导入基本的参数，例如，提供一组宏站和微站的默认参数，如表 3-38 所示。

表 3-38　宏站和微站的 Station Templates 表参数设置

字 段 名 称	中 文 名 称	宏站小区默认参数	微站小区默认参数
Number of sectors	扇区数量	3	1
Layer	网络分层	Macro Layer	Small Cell Layer
Carrier	载波频点号	50MHz-NR-ARFCN 621667	100MHz-NR-ARFCN 2054999
Physical Cell ID	物理小区 ID	0	0
Radio Access Technology	无线接入技术	5G NR	同左
Active	是否激活扇区	TRUE	同左
Height（m）	天线挂高	30	7
Azimuth（°）	天线方位角	0	0
Mechanical Downtilt（°）	机械下倾角	0	0
Main Propagation Model	主选传播模型	(Default model)	(Default model)
Main Calculation Radius（m）	对应的计算半径	10 000	500
Main Resolution（m）	对应的计算精度	50	5
Extended Propagation Model	备选传播模型	(none)	同左
Transmitter Type	发射机类型	Intra-network (Server and Interferer)	同左
Beamforming Model	波束赋型模型	Default Beamformer	同左

续表

字 段 名 称	中 文 名 称	宏站小区默认参数	微站小区默认参数
Transmitter Equipment	主设备名称	Default eNode-B Equipment	同左
Transmission Feeder Length（m）	发射馈线长度	0	0
Reception Feeder Length（m）	接收馈线长度	0	0
Miscellaneous Transmission Losses（dB）	其他发射损耗	0	0
Miscellaneous Reception Losses（dB）	其他接收损耗	0	0
Noise Figure（dB）	基站噪声系数	5	10
Transmission losses（dB）	传播损耗	0	0
Reception losses（dB）	接收损耗	0	0
Number of Transmission Antennas	发射天线数量	64	64
Number of Reception Antennas	接收天线数量	64	64
Additional Electrical Downtilt（°）	电子下倾角	0	0
Number of Power Amplifiers（DL）	功率控制单元数量（DL）	1	1
Cell Individual Offset（dB）	小区特定偏置	0	0
Cell Selection Threshold（dB）	小区选择门限	0	20
Cell Type	小区类型	1	1
Diversity Support（DL）	下行支持的 MIMO 模式	7	7
Additional DL Noise Rise（dB）	额外下行底噪抬升	0	0
Traffic Load（DL）（%）	下行负载	100	100
Max Traffic Load（DL）（%）	最大下行负载	100	100
Reception Equipment	接收设备	5G NR Radio Equipment	同左
Handover Margin（dB）	切换门限	0	4
Interference Coordination Support	干扰协调支持	0	0
Max number of 4G/5G neighbours	4/5G 最大邻区数	16	16
Max number of inter-technology neighbours	与其他技术间的最大邻区数	16	16
Max Power	最大发射功率	50	34
Min RSRP	最低电平门限值	−140	−140
PBCH EPRE Offset/RS（dB）	PBCH 信道相对 RS 信道单 RE 的功率偏置	0	0
PDCCH EPRE Offset/RS（dB）	PDCCH 信道相对 RS 信道单 RE 的功率偏置	0	0

续表

字 段 名 称	中 文 名 称	宏站小区默认参数	微站小区默认参数
PDCCH Overhead (OFDM Symbols)	PDCCH 开销（OFDM 符号）	1	1
PDSCH EPRE Offset/RS (dB)	PDSCH 信道相对 RS 信道单 RE 的功率偏置	0	0
PSS EPRE Offset/SSS (dB)	PSS 信道相对 SSS 信道单 RE 的功率偏置	3	3
Number of Required PRACH RSI	PRACH RSI 需求数量	10	1
PUCCH Overhead (PRBs)	PUCCH 开销（PRB 数）	4	4
RS EPRE per Port	每端口的 RS 信道单 RE 功率值	15	5
Scheduler	调度算法	Proportional Fair	同左
SS EPRE Offset/RS (dB)	SS 信道相对 RS 信道单 RE 的功率偏置	0	0
SS/PBCH Numerology	SS/PBCH 参数集	0 (15kHz)	3 (120kHz)
SS/PBCH Periodicity	SS/PBCH 发射周期	10ms	10ms
SS/PBCH OFDM Symbols	SS/PBCH OFDM 符号数	$\{4,8,16,20\}+28n$ [Lmax=4]	$\{4,8,16,20\}+28n$ [Lmax=64]
Special Subframe Configuration	特殊子帧配置	0	0
Cell-edge Noise Rise (UL) (dB)	小区边缘上行底噪抬升	0	0
Diversity Support (UL)	上行支持的 MIMO 模式	7	7
Additional UL Noise Rise (dB)	额外上行底噪抬升	0	0
Max PUSCH C/(I+N) (dB)	PUSCH 信道最大信噪比	20	20
Fractional Power Control Factor	路损补偿因子	1	1
Max Noise Rise (UL) (dB)	最大上行底噪抬升	6	6
Traffic Load (UL) (%)	上行负载	100	100
Max Traffic Load (UL) (%)	最大上行负载	100	100
UL Noise Rise (dB)	上行底噪抬升	0	0
Traffic Numerology	业务参数集	2 (60kHz Normal CP)	3 (120kHz)
TDD DL OFDM Symbols (%)	TDD 下行 OFDM 符号占比	50	50

5. 传播模型选择

传播模型可分为统计性模型和决定性模型，其中，统计性模型可使用测试数据分析得到，仿真运算量相对较小且对地图精度要求不高，包括 Cost-Hata 模型、SPM（Standard Propagation Model）模型等；决定性模型即射线跟踪模型，在 1km 范围内较为准确，包括

Myriad 模型、ASTER 模型等。上述模型均适合宏蜂窝场强预测。

Atoll 提供了多个缺省的传播模型供用户使用,其中,Cost-Hata、SPM 和 Aster 是最常用的模型,而且这 3 个模型都可以被自动传播模型校正。在 5G 网络仿真中,传播模型参数可在无线参数模板导入时一并导入,也可在 Atoll 仿真软件中修改及调整。

在选择传播模型前,应结合实际情况予以模型校正后使用,建议在精度为 5m 的地图中优先选择 ASTER 射线跟踪模型,在精度为 20m 或 50m 的地图中优先选择 SPM(Standard Propagation Model)模型或 Cost-Hata 模型,其设置路径如图 3-47 所示。

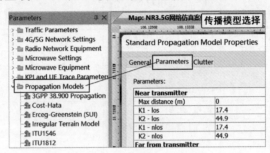

图 3-47 传播模型选择方法

6. 仿真预测

仿真预测分 3 步,选择预测类型、设置预测属性、导入运算区并开启运算,其中,仿真运算区图层可使用 Mapinfo 或 QGIS 软件提前制作,Atoll 软件可导入(*.tab)格式的图层数据。

(1) 选择仿真类型:路径为"网络/Network→覆盖预测/Predictions→选取预测类型",例如,选取 Coverage by Signal Level (DL),对应覆盖电平值,如图 3-48 所示。

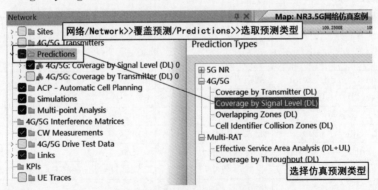

图 3-48 选取仿真预测类型的方法

(2) 预测属性设置:例如,设置默认传播模型、计算精度和路损缓存路径等,如图 3-49 所示。

(3) 导入运算区、开启仿真运算:将制作好的仿真运算区图层导入 GEO 对应的文件夹中,同时在对应的仿真预测类型上右击,开启仿真运算,如图 3-50 所示。

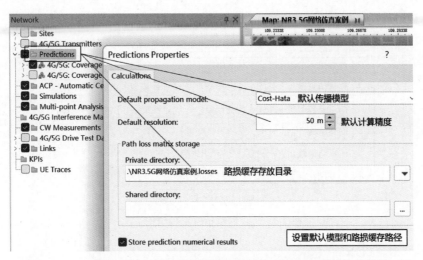

图 3-49 设置默认模型和路损缓存路径的方法

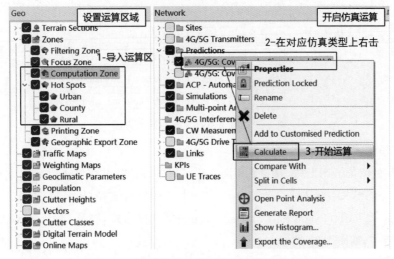

图 3-50 设置仿真运算区和开启仿真的方法

3.3.3 仿真输出

1. 仿真报告

仿真分析报告主要分为项目概况、规划目标、仿真流程、参数配置、网络结构评估、仿真结果输出及主要结论等章节,可针对特定区域输出仿真预测图和仿真报表进行仿真调优和方案修正,其中,仿真分析报告结构如图 3-51 所示。

Atoll 软件可输出的仿真结果主要分三类,一是覆盖预测图,二是统计性图表,三是点分析结果,可用于宏观与微观、定性与定量相结合来研判格局、定位问题和优化调整规划方案,其输出方法如图 3-52 所示。

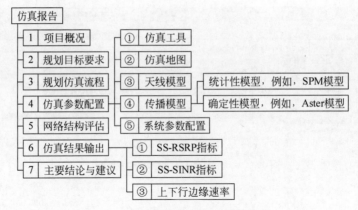

图 3-51　5G 网络仿真报告结构示例

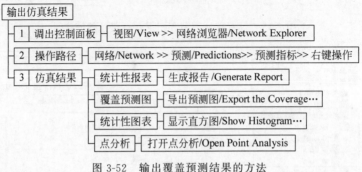

图 3-52　输出覆盖预测结果的方法

2．仿真预测图

以栅格状的渲染云图形式，直观呈现网络覆盖格局，精准定位网络问题点。可输出网络规划中常用的 ArcGIS、QGIS、MapInfo、Google Earth 等软件所支持的 ArcView Files(＊.shp)、MapInfo Files(＊.tab)、Google Earth Files(＊.kmz)等文件格式，以及 BMP、PNG、TIFF、JPEG 等多种图片格式，如图 3-53 所示。

3．仿真图表

仿真图表主要用于定量分析仿真结果是否满足规划要求，例如，可通过对标 4G 现状或竞争对手的 SS-RSRP≥−112dBm 比例来做出判断。通过在仿真预测指标上右击调出"显示直方图"对话框来获得统计性图表，其主要输出形式为柱状图、累积曲线及相关数据表，并将其转换为绝对值、百分比等形式，如图 3-54 所示。

4．统计表格

在 5G 网络仿真中，仿真报告表是量化分析指标的主要工具之一，其输出结果应符合网络资源和覆盖能力指标的预期，主要从两个方面分析，一是对标 4/5G 现网规模和友商覆盖能力；二是对比现状和规划后 SS-RSRP、SINR、上下行速率等指标的改善（或恶化）情况，查找问题根因和提出解决方案，给出统计图表范例，如表 3-39 和表 3-40 所示。

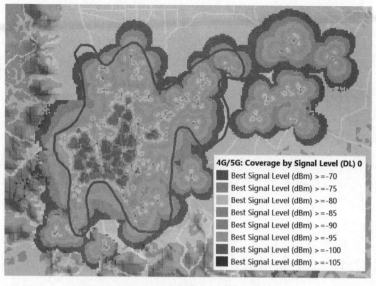

图 3-53　5G 网络 SS-RSRP 指标仿真预测图

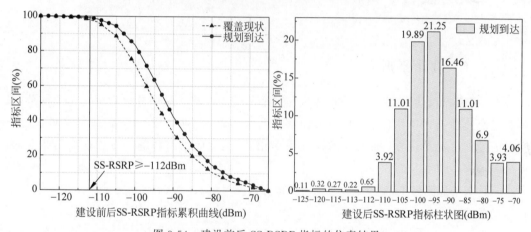

图 3-54　建设前后 SS-RSRP 指标的仿真结果

表 3-39　5G 建设前后网络规模对标分析

地市	仿真面积		网络规模（站）			
	仿真面积/km²	有效面积占比/%	现状规模	本期新增	规模达到	对标友商占比/%
A 市	17 463.13	78.85	4500	573	5073	86.71
B 市	17 386.00	62.69	4450	412	4862	99.43

表 3-40　5G 现状与规划仿真指标对比分析

地市	SS-RSRP ≥ −112dBm 占比/%					SS-SINR ≥ 0dB 占比/%				
	对标友商	现状覆盖	规划到达	本期提升	对标差距	对标友商	现状覆盖	规划到达	本期提升	对标差距
A 市	87.70	69.75	82.25	12.50	−5.45	92.54	83.65	90.46	6.81	−2.08
B 市	78.64	75.80	80.75	4.95	2.11	88.22	87.40	89.25	1.85	1.03

工程设计 指导 5G 项目施工

在 5G 工程项目中,设计可按字面意思理解为"设想"与"计算",是将某种设想通过合理的规划、周密的计划及文字、图形、表格等多种形式直观地表达出来的过程,其关键环节包括编制事前指导书、现场勘察设计、制定解决方案、绘制工程图样、计算工程量、编制工程预算和输出设计文件等工作内容。

4.1 现场设计

22min

4.1.1 设计原则

在 5G 基站设计中,主要工作量体现在前期的现场勘察和后期的设计交付两个环节,最精彩绝伦莫过于一个个工程问题迎刃而解并转换为勘察草图、施工图纸、设计文件及工程实物的输出过程。不同专业的技术路线不尽相同,其设计思路和解决方法往往是相似的,可分 3 步解决问题:

一是基于原则做事,确定设计原则、模型方法及其标杆案例,使所交付产品均可满足工程质量要求。

二是固化作业流程,以问题为导向,运用项目管理思维,分解建设目标、工作任务、操作要领及技术要求,进一步简化生产程序和提升工作效率。

三是抓住问题主线,模块化分解问题,梳理组网架构,做好基站设备的安装空间、电源动力、塔桅改造、传输接入等环节的保障方案,如表 4-1 所示。

表 4-1   5G 基站设计的主要配置原则

项目	分　类	配　置　原　则
设备安装	综合机架	1. 组网方式:优先采用 C-RAN 模式,BBU 集中放置,AAU/RRU 远端安装;其次采用 D-RAN 模式,BBU 按需下沉 2. 室内站:优选 19 英寸标准机柜安装,其次选壁挂安装 3. 室外站:非必要,BBU 不下沉。可室外综合机柜安装,同步 4/5G BBU 共框改造以节省安装空间

项目	分　类	配　置　原　则
设备安装	BBU 设备	1. 机柜空间满足：直接安装，可堆叠或竖插安装，同时，可考虑 4/5G BBU 共框改造 2. 机柜空间不足：可考虑新增机柜或壁挂安装 3. 均不满足：采取 C-RAN 模式，并且考虑调整 BBU 集中放置点
	AAU/RRU 设备	1. 塔桅空间满足：新增或利旧支臂，AAU/RRU 上塔安装 2. 塔桅空间不足：使用多频天线整合 4G，腾出安装平台和支臂供 5G AAU/RRU 上塔安装，或新建抱杆、塔桅安装
电源方案	BBU 集中供电	直流供电，可采取直流电源分配单元供电（例如，从电源柜接两个 100A 或 160A 熔丝引至 DCDU-12E 后再二次分配）
	AAU/RRU 拉远取电	优选直流供电，可采取直流电源分配单元直接供电（例如，接 DCDU-16D/12B 45A 空开），或接升压配电盒供电（例如，从电源柜接两个 100A 空开引至升压配电盒再二次分配）；若上述不满足，则考虑直流远供或交流供电
传输方案	前传方案	前传光模块＋光纤连接，若资源充足，则可直连；若资源不足，则可考虑单芯双向、无源波分等连接方式
	回传方案	4/5G 分离传输，建议 D-RAN 模式 5G 提供 1 路 10GE，C-RAN 模式 5G 提供 1 路 25G
塔桅方案	—	1. 能改造不新增，最大限度利旧现有天面资源，优先利旧现有架设物，其次改造和整合天馈系统 2. 主要覆盖方向 100m 内无明显障碍物，天线挂高宜控制在周边建筑物平均高度以上 10～15m 范围内
接地方案	—	联合接地，基站设备及其配套设施应妥善做好工作接地、保护接地和防雷接地
时钟方案	—	支持 GPS/北斗、1588V2 等时钟信号源同步，若 4/5G 共站，则可使用 GPS/北斗分路器方案

4.1.2　设计流程

在 5G 工程项目中，勘察设计是推动项目落地的关键环节，也是发现和解决网络问题的必经之路，现场勘察工作可分为 3 步：一是分解任务，从任务派工单中获得勘察设计的基本要求，解决好"做什么"的问题；二是任务指引，可结合任务指导书，将目标任务转换为可执行的勘察设计指令，解决好"怎么做"的问题；三是现场勘察，打印好勘察信息表、草图模板，收拾好勘察工具包，按既定工作计划，抵达工地现场开展基站勘察设计工作，落实好"如何操作"的问题，如图 4-1 所示。

其中，现场设计流程说明如下。

1. 确认基站信息

抵达勘察现场后，应先向业主或随工人员确认基站名称和基站地址，检查是否与派工任务单一致，在勘察草图的"手写区"记录下来，并拍下基站铭牌及建筑物全景照。

2. 记录现场环境

进入机房后，在环顾机房四周后，绘制"机房设备布置平面图"及"机房走线架平面图"

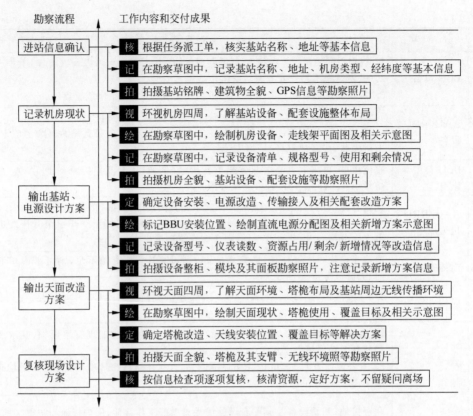

图 4-1 5G 基站设计流程示意图

的勘察草图,以及记录机房内所有设备名称、设备型号、规格尺寸及设备数量等现状信息。同时,在确认新增设备位置及解决方案后,拍摄机房全景照、设备整体照、新增设备位置照及各模块照片等勘察照片。

(1) 绘制勘察草图:应详细记录机房尺寸、设备位置、走线架位置、馈线窗位置、新增 BBU 位置、电源使用情况等信息并绘制成勘察草图。

(2) 拍摄勘察照片:应按照先整体后局部、先整柜后模块的方式进行多角度拍摄,尤其应注意拍摄新增落地机柜、BBU 设备、电源改造点等勘察照片。

3. 输出基站、电源设计方案

确认新增或利旧机柜安装位置、空间需求及传输接入需求等信息,输出"新增综合机架及 BBU 设备立面图",同时,在手写区输出初步的新增 BBU 安装方案、电源改造方案、传输接入方案及相关配套方案。

绘制完机房平面图后,应重点关注交流配电箱、开关电源、蓄电池组等电源设备,详细记录交/直流设备型号、已使用模块、可扩容模块情况、开关电源监控显示、直流端子占用情况等信息,同时,绘制"开关电源空开及熔丝分配图",准确、完整地采集基础数据,以便核实和计算电源改造方案。

4．输出天面改造方案

抵达天面后，首先，打开 GPS 设备，待信号稳定后记录站点经纬度信息；其次，环顾天面四周，从正北方向每隔 30°（或每隔 45°）拍摄一张无线传播环境照、从天面四角拍摄天面整体照及通信杆塔整体照等全局照片；最后，绘制天面俯视图和天馈系统侧视图的勘察草图，侧视图应重点反映机房和天线的相对位置等信息。

在绘制天面草图和拍摄无线环境照的同时，应重点关注杆塔安装位置、平台和支臂使用情况、新增 AAU/RRU 安装位置及新增天线的方位角等信息，确认天馈改造方案后，在勘察草图中详细记录上述信息并完成勘察照片拍摄工作。

5．复核现场设计方案

采集和记录完成勘察信息表、勘察草图和勘察照片等基础数据后，应对照勘察信息检查表逐项复核和确认，以及时补全信息、纠正错误，不带疑问离场。

4.1.3　工程做法

在 5G 工程项目中，存量站设计是 5G 基站设计的重点和难点，主要解决 3 类问题，一是资源整合问题，例如，站址、机房和天面整合；二是配套改造问题，例如，电源改造、塔桅改造及相关配套改造；三是传输接入问题，主要涉及 C-RAN 模式（或 D-RAN 模式）的前传及回传问题。

1．设备安装

设备安装是将规划构思与设计方案转换为工程实物的重要环节，设计图纸便是指导工程实施最直接的依据，可从设计准备、安装场景及其注意事项等方面进一步梳理 5G 基站设备的安装方法及要求。

1）工作思路

在 5G 基站勘察前，应了解和掌握基站主设备参数，包括设备厂家、规格型号、安装方式和性能参数等基础数据，以便现场勘察时判断设计方案的合理性和可行性。一般情况下，主流的 5G BBU 均可支持 19 英寸标准机柜安装，并且满足 BBU 高度小于或等于 3U（1U≈44.45mm）的安装尺寸要求，可采取堆叠式、竖插式或壁挂式安装，因此，进入通信机房时，应明确新增设备的机柜、5G BBU 设备的安装位置，测量和核查设备机柜空间是否可满足新增 5G BBU 的安装要求，如表 4-2 所示。

表 4-2　5G BBU 主设备典型参数表

设备厂商	BBU 规格尺寸（$W \times D \times H$）	总量	安 装 方 式
A 设备	442mm×310mm×86mm（2U）	≤18kg	支持 19 英寸机柜安装、壁挂安装等
B 设备	482.6mm×370mm×88.4mm（2U）	≤18kg	支持 19 英寸机柜安装、壁挂安装等
C 设备	483mm×313mm×44mm（1U）	≤6.5kg	支持 19 英寸机柜安装、壁挂安装等
D 设备	482mm×364mm×132mm（3U）	≤18kg	支持 19 英寸机柜安装、壁挂安装等

2）设备安装

在 5G 基站设计中，BBU 设备的主要安装方式包括堆叠式、竖插式和壁挂式安装，可安装于标准机柜、机框改造或壁挂机箱内。

方式一：堆叠式安装。

其主要做法为，将 5G BBU 设备安装于 19 英寸标准综合柜内，每个基站系统可考虑预留 5U 安装空间供 BBU 设备和电源分配单元使用，可考虑采取堆叠式安装将 BBU 设备集中放置，如图 4-2、图 4-3 所示。

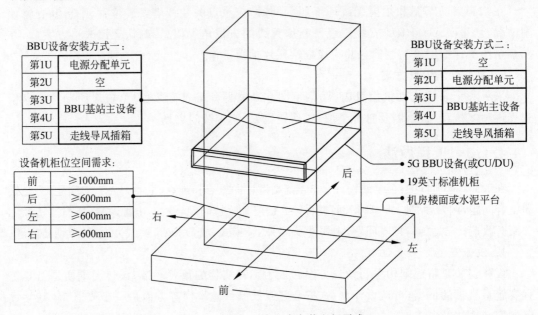

图 4-2　5G BBU 堆叠式安装空间需求

方式二：竖插式安装。

对于 BBU 集中放置点，常采用竖插式解决 BBU 集中放置引起的气流紊乱和设备散热问题，可通过将 BBU 设备及其配套机框灵活拔插并竖向安装于 19 英寸标准机柜中，如图 4-4、图 4-5 所示。

方式三：壁挂式安装。

对于机房空间有限无法新增机柜或机柜无足够空间的情况，可考虑将 BBU 设备壁挂安装于机房的墙壁上，如图 4-6、图 4-7 所示。

2. 电源改造

电源系统是通信基站的"供血系统"，电源设计的关键在于计算，其主要操作技法可归纳为"明原理、懂规则、建模型、编工具、做设计"。可在掌握电源系统工作原理的基础上，根据国家标准、行业标准和企业标准的技术要求，结合现场实际情况，进一步确定编制原则、建立计算模型和输出分场景解决方案。

1) 掌握工作原理

移动通信基站的基础电源分为交流、直流基础电源两部分，对应分解为市电引入、交流

图 4-3　5G BBU 堆叠式安装实物图

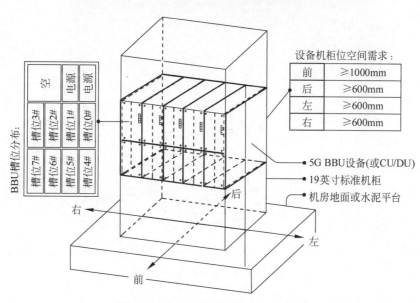

图 4-4　5G BBU 竖插式安装空间需求

供电、直流供电和负载用电等模块,如图 4-8 所示,其工作原理为,380/220V 的交流电以市电引入方式接入通信基站,经由交流配电箱进行交流电二次分配,接入开关电源进行电力净化、整流和稳压后输出为可供基站设备使用的 −48V 直流电,同时,按照一次、二次下电设置原则分别给基站主设备、传输设备等负载供电,此外,可在市电中断的情况下,使用蓄电池组为基站设备提供电源续航。

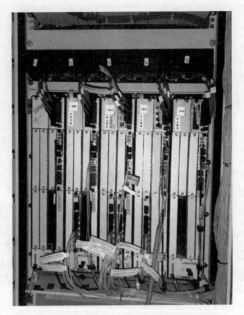

图 4-5   5G BBU 竖插式安装实物图

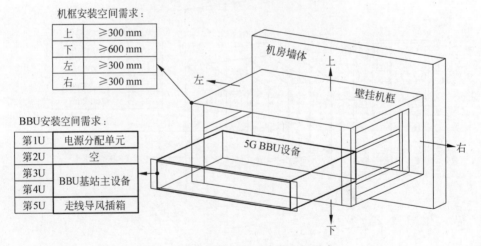

图 4-6   5G BBU 壁挂式安装空间需求

其主要技术要求说明如下。

(1) 交流供电系统:主要由一路三类以上(含三类)的 380V/220V 市电电源、一个计量电度表、一个市电油机切换箱、一个交流配电箱(含浪涌保护器)和组合开关电源的交流配电单元组成。在移动通信基站中,应优先选用市电作为主用电源,当市电停电时,启动备用发电机组(含移动油机)提供交流电源。

(2) 直流供电系统:主要由一套组合开关电源和两组蓄电池组组成,并由组合开关电源的直流配电单元分别向基站设备、传输设备及其他设备提供−48V 直流电源。当市

图 4-7　5G BBU 壁挂式安装实物图

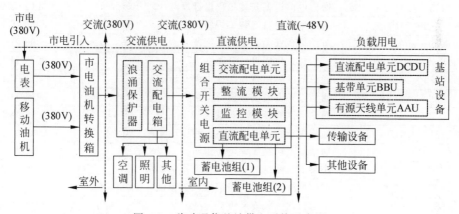

图 4-8　移动通信基站供电系统示意图

电正常时,采用全浮充供电方式;当市电停电时,由蓄电池组经开关电源向通信设备供电。

(3)负载供电:在工程应用中,为了防止蓄电池组过度放电且又给重要负载尽量长的供电时间,按重要等级划分开关电源中直流配电单元的直流负载,按照一次下电、二次下电的先后次序分别切断基站设备、传输设备的供电,其技术要点如下。

- ❑ 工作原理:当市电中断时,蓄电池组开始放电,其电压值下降到一次下电阈值时,一次下电,即切断非重要负载的供电,基站主设备退服,只保证重要负载供电;一次下电后,蓄电池组继续放电,其电压值下降到二次下电阈值时,防止蓄电池过度放电,切断所有负载,所有基站设备均退服。
- ❑ 应用场景:当市电停电时,一般无人值守的通信基站均须设置一次、二次下电功能,而核心机房由于供电等级较高和设备较为重要,不设置下电功能。
- ❑ 应对举措:当市电停电时,运维人员应采取油机发电的方式来防止基站宕站和传输切断。

2）解读技术规范

技术规范是国家、行业或企业对产品质量的技术要求，在查阅规范的同时，可将设计原则、技术要求、计算公式及主要参数转换为场景化的设计模型，在不同应用场景中选取对应的模型方法，进一步提升工作效率和提升产品质量，主要的技术规范如表 4-3 所示。

表 4-3 通信电源系统设计技术规范

标准编号	标准名称	发布时间
GB 51348—2019	民用建筑电气设计标准	2019-11-22
YD/T 5003—2005	电信专用房屋设计规范	2006-07-25
GB 51195—2016	互联网数据中心工程技术规范	2016-08-26
GB 50016—2014	建筑设计防火规范	2014-08-27
YD/T 1051—2018	通信局（站）电源系统总技术要求	2018-12-21
GB 51194—2016	通信电源设备安装工程设计规范	2016-08-26
GB 51199—2016	通信电源设备安装工程验收规范	2016-10-25
YD 5059—2005	电信设备安装抗震设计规范	2006-07-25
YD/T 5054—2019	通信建筑抗震设防分类标准	2019-11-11
GB 50689—2011	通信局（站）防雷与接地工程设计规范	2011-04-02
YD 5060—2019	通信设备安装抗震设计图集	2019-11-11
YD/T 1058—2015	通信用高频开关电源系统	2015-04-30
GB 51215—2017	通信高压直流电源设备工程设计规范	2017-01-21
YD/T 2060—2009	通信基站用交流配电防雷箱	2009-12-11
YD/T 3007—2016	小型无线系统的防雷与接地技术要求	2016-01-15
YD 5167—2009	通信用柴油发电机组消噪声工程设计暂行规定	2009-02-26
YD/T 5026—2005	电信机房铁架安装设计标准	2006-07-25
YD/T 5131—2019	移动通信工程钢塔桅结构设计规范	2019-11-11
YD/T 5027—2005	通信电源集中监控系统工程设计规范	2006-07-25
GB 50217—2007	电力工程电缆设计规范	2007-10-23
GB 3096—2008	声环境质量标准	2008-08-19
YD 5039—2009	通信工程建设环境保护技术暂行规定	2009-02-26
YD 5191—2009	电信基础设施共建共享工程技术暂行规定	2009-07-18

3）输出解决方案

在 5G 工程项目中，基站设备主要采用直流供电，其应用场景包括 BBU 集中供电、AAU/RRU 拉远引电等，因此，在电源引入前应核算市电容量、交流和直流容量是否满足本期接电需求，若不能满足，则应考虑相关模块扩容问题，如图 4-9 所示。

（1）直流电源分配单元。

当机房采取直流供电时，须配置一台直流电源分配单元进行直流电源的引入和二次分配，并与 BBU 同机架安装（占用 1U 空间），其接入容量、电缆配置及引电距离参考值如图 4-10 所示。

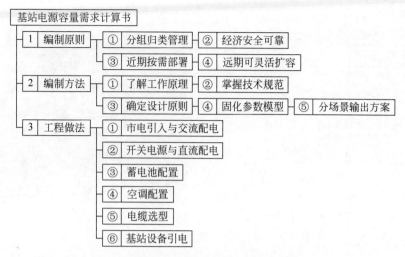

图 4-9　基站电源容量需求计算思路和做法

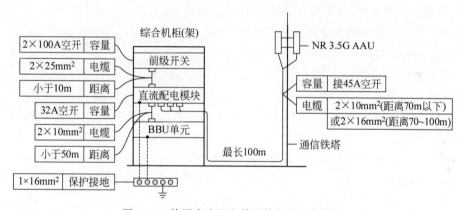

图 4-10　使用直流配电单元给基站设备供电

（2）升压配电盒。

对于远端站可使用升压配电盒给 BBU 和 AAU 供电，每个升压配电盒最大支持 3 个 AAU 供电，由前级开关引入两路 100A 电源至升压配电盒后再二次分配至 BBU 和 AAU 设备，如图 4-11 所示。

3. 塔桅改造

坚持覆盖与质量优先、兼顾成本原则，塔桅改造的工作思路为，一是能改造不新增，最大限度利旧现有天面资源，优先利旧现有架设物，其次整合和改造天馈系统；二是划定参考线，主要覆盖方向 100m 内无明显障碍物，天线挂高宜控制在目标覆盖区内建筑物平均高度 10～15m 范围内。

1）改造思路

对存量站塔桅改造是 5G 网络建设的重要工作，主要步骤包括需求整合、资料准备、检测评估、数据验算、方案编制及塔桅改造等，其难点在于塔桅结构检测评估及其安全性复

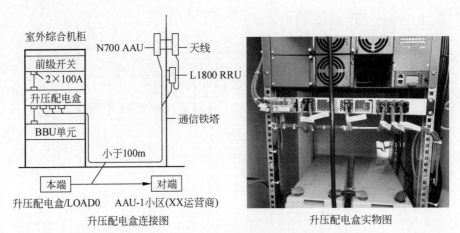

室外综合机柜　N700 AAU — 天线

前级开关　2×100A

L1800 RRU

升压配电盒

BBU单元　通信铁塔

小于100m

本端 → 对端

升压配电盒/LOAD0　AAU-1小区(XX运营商)

升压配电盒连接图　　　升压配电盒实物图

图 4-11　使用升压配电盒给基站设备供电

核。在满足覆盖要求和结构安全的前提下,提供两个改造方向,一是架设物改造,可通过直接挂载、新增抱杆或支臂、共享或新建塔桅等方式满足 5G AAU 设备的挂载要求;二是天面资源整合,可对 4G 天馈系统进行天线合路、更换多端口天线等改造方式为 5G AAU 设备腾出安装空间。

2)改造方案

可根据《高耸结构设计规范》《通信铁塔、机房施工及验收规范》等技术规范要求,结合新增 5G AAU 设备的挂载需求,进行塔桅结构受力分析,评估其是否满足安全性、经济性、可用性等指标要求。以 NR 3.5G 和 NR 2.1G 塔桅改造为例。

(1) NR 3.5G 站址:能改造不新建,最大限度利旧现有天面资源。根据天面实际情况,对现有架设物进行结构评估和安全复核,在满足安全条件的前提下,按照利旧塔桅、新建抱杆、天线整合(例如,更换多端口天线)、共享或新建塔桅的先后次序为 5G AAU 设备提供安装空间。

(2) NR 2.1G 站址:对塔桅影响相对较小,分两步走,一是安全复核,评估是否满足更换 2.1G 双频 4TR RRU 设备后的挂载需求,若不满足,则加固改造;若满足,则执行下一步;二是利旧 4G 天线,直接升级 2.1G NR。

3)防雷接地

通信基站防雷系统主要由铁塔防雷、天馈系统防雷、交直流供电系统防雷、传输线路防雷等部分组成,应综合考虑地网雷电冲击半径、浪涌电流就近疏导分流、站内线缆的屏蔽接地、电源线和信号的雷电过电压保护等因素择优选取方案。根据 GB 50689—2011《通信局(站)防雷与接地工程设计规范》相关技术要求,通信基站接地系统应采用联合接地方式,将工作接地、保护接地、防雷接地三位一体联合接入地网中,如图 4-12 所示。

4. 传输承载

5G 网络主要分为无线接入网、承载网和核心网,其中,核心网是 5G 网络的"大脑中枢",无线接入网是最靠近用户的"末梢触角",那么,承载网则是连接核心网与无线接入网

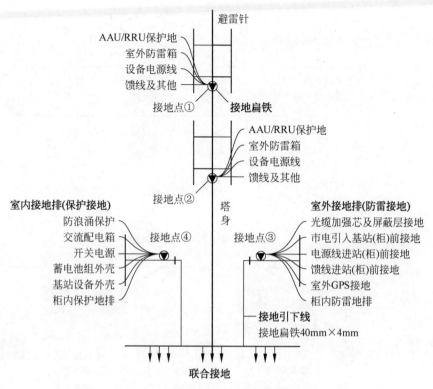

图 4-12 通信基站防雷接地系统示意图

的"神经网络"和"毛细血管",其主要作用是负责数据和指令的上传与下达。

不同于 5G 基站的单点设计思维,5G 承载网主要解决的是端到端连接、多点组网的线状或网状的数据承载问题,以 5G 智能城域网为例,其组网结构主要分为接入层、汇聚层、本地核心层和省级核心层,对应综合业务接入机房、汇聚机房、地市核心机房、省级或大区级核心机房,如图 4-13 所示。

5G 承载网设计流程主要涉及需求对接、组网设计、模型计算、设备选型、设备设计、线路设计等环节,其中,设备设计主要涉及组网设计、机房布局、设备摆放、ODF 成端、电源保障及防雷接地等模块,线路设计则涉及架空、壁挂、管道、微波等接入场景,如图 4-14 所示。

5. 时钟同步

一般情况下,5G BBU 设备均应配置内部时钟单元,并且内部时钟的精度应至少不低于 ITU-T G.812 规范的三级钟(Type Ⅲ)的要求。同时,为了保证时钟同步的可靠性,5G BBU 设备须支持北斗、GPS 和 1588V2 同步等多个外同步源的时钟同步,可通过提供北斗、GPS 相关卫星接收模块、天馈线、防雷模块及所需线缆来满足同步需求,此外,对于 BBU 集中放置点的多路时钟同步信号接入问题可考虑使用功分器解决,对于防雷接地问题可考虑增加避雷器解决,如图 4-15 所示。

(1)对于 4/5G BBU 共址时,可优先通过信号分路方式利旧现有同步信号,若遇 4/5G 时间信号强度不能满足接收灵敏度要求时,则可通过新增中继放大器来解决。

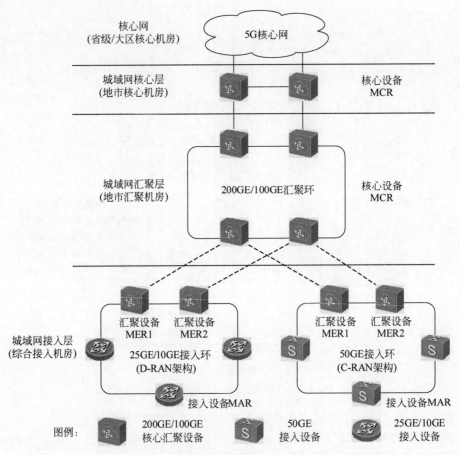

图 4-13　5G 智能城域网拓扑结构示意图

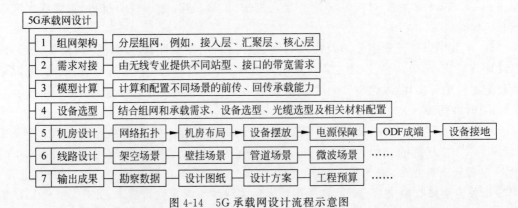

图 4-14　5G 承载网设计流程示意图

(2) 对于需新建时钟同步时,应采用北斗/GPS 双模同步系统,主要安装要求如下:

□ 保证卫星接收天线的净空,即安装卫星接收天线平面的可使用面积越大越好,若周围存在高大建筑物或山峰等遮挡物,则需保证卫星接收天线南向净空,使天线顶部

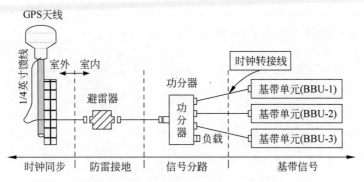

图 4-15　时钟同步问题的解决方法

和遮挡物顶部的任意连线与天线垂直向上的中轴线之间的夹角不小于 60°。

❑ 保证卫星接收天线的防雷接地，天线应置于通信铁塔避雷针的 45°保护范围内，同时，安装好避雷器和做好防雷接地保护。

❑ 避免近距离的强辐射干扰源，不要将卫星接收天线放置于微波站、高压电缆、电视发射台等强辐射干扰源的下方，并保持一定的天线隔离距离。

4.1.4　设计成果

在 5G 工程项目中，设计阶段的主要交付成果包括设计文件、设计图纸、解决方案、工程预算及相关数据表，其中，现场勘察阶段主要输出勘察草图、勘察照片、勘察信息表等资料，勘察完成后编制完成勘察报告、设计图纸及相关解决方案等资料。

1. 勘察草图

在 5G 基站设计中，勘察草图是第一手调查资料，也是设计思想的速写稿，正是通过绘制勘察草图向设计产品注入思想与灵魂。不同于工艺美术作品，勘察草图侧重于真实记录现场环境、清晰地表达设计意图及高效输出产品方案。

不同设计阶段的勘察草图的侧重点不尽相同，其中，选址阶段侧重反映站址与周边环境的关系，通过现场调研来判断 5G 候选站址是否符合规划目标、是否符合建设条件，主要解决的是"行不行"的问题，而设计阶段则侧重于对基站机房和天面的个性化定制以达到 5G 网络覆盖、容量和质量要求，主要解决的是"怎么做"的问题。

（1）基站选址草图：主要记录所选站址的位置信息、覆盖目标，以及周边人口、经济、交通等环境信息，在此基础上，初步评估和形成候选站址的选址建议及解决方案。

（2）基站设计草图：侧重于落实工程实施方案，主要核实并记录基站机房及天面的设备布局、电源动力、传输接入、安全承重等资源现状和解决方案，如图 4-16 所示。

2. 勘察照片

在 5G 基站设计中，勘察照片主要用于记录基站现状信息、新增设备或模块方案信息以供方案编制和项目会审使用，其主要记录内容包括机房照片、天面照片、无线传播环境、现状及新增设备照片等。

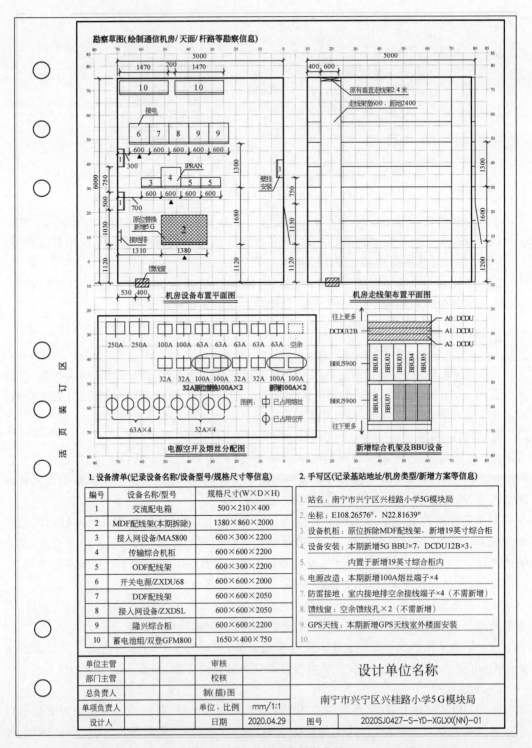

图 4-16 5G 基站机房勘察草图

1）机房照片

存量站机房勘察照片记录和反映机房内部设备布局、设备及相关辅材使用情况、新增5G 设备需求等信息，主要包括基站建筑全景照、基站机房全景照、通信机柜、设备模块及其使用情况、走线架、馈线窗等基站辅材、新增 5G 设备及机房草图等内容，存量站机房勘察照片拍摄要求如表 4-4 所示。

表 4-4　存量站机房勘察照片拍摄要求

目　标	位　置	任务分解	拍摄要求	数　量
识别基站	基站楼下	基站建筑全景照	关注建筑名称、周边路名、地址等	1 张必选，3 张辅助
		手机 App 地图截图	确保与派工单基站位置一致	1 张必选
机房照片	基站开门前	基站铭牌照片	确保与派工单基站名称一致	1 张必选
	正立于门口	基站机房全景照	在机房门前，以最大角度拍摄机房全景	1 张必选
	机房四角	基站机房全景照	在机房内四角，以最大角度拍摄机房全景	4 张必选
设备照片	通信机柜	开柜前机柜相对位置	采取斜拍、正拍两个角度反映机柜相对位置	2 张必选
		通信机柜铭牌照	关注通信机柜名称、规格型号等	1 张必选
		开柜后机柜全景照	采取斜拍、正拍两个角度反映开柜后内部全景	2 张必选
		设备模块照	拍摄设备模块相对位置、规格型号等	由上而下，视实际情况
		设备槽位（或器件）照	拍摄设备槽位使用情况、标签等	由上而下，视实际情况
		监控屏幕照	拍摄监控屏幕显示信息	由上而下，视实际情况
	壁挂设备	开箱前机箱相对位置	采取斜拍、正拍两个角度反映机箱相对位置	2 张必选
		开箱后机箱全景照	采取斜拍、正拍两个角度反映开箱后内部全景	2 张必选
		设备模块照	拍摄设备模块相对位置、规格型号等	由上而下，视实际情况
基站辅材	走线架	走线架走向照	站在机房四角，以最大角度拍摄走线架全景	4 张必选
	线缆	线缆路由走向照	关注电源线、接地线、传输线、信号线走向	沿路由走向，视实际情况
		线缆走线架布放照	反映线缆在走线架的相对位置以避免交叉布放	沿路由走向，视实际情况
新增设备	新增 5G 设备	新增 5G 主设备位置	重点关注落地、嵌入、壁挂等多种备选方案	3 张必选
		复核电源容量	重点关注监控屏幕、空开占用、新增模块方案	3 张必选
		复核传输路由	重点关注现有设备上连点、新增设备安装位置	2 张必选
		复核接地和走线	重点关注接地排、馈线孔占用情况	2 张必选
勘察草图	机房草图	机房勘察草图照片	绘制机房勘察草图后拍摄照片	1 张必选

2）天面勘察照片

天面勘察照片用于记录和反映无线传播环境、覆盖目标、天面环境、铁塔使用及新增 5G 设备等信息,主要包括无线传播环境、基站天面全景、覆盖目标、通信铁塔及其使用情况、室外机柜及其内部使用情况、新增 5G 设备位置、友商占用情况、天馈辅材及天面勘察草图等内容,存量站天面拍摄要求如表 4-5 所示。

表 4-5　存量站天面勘察照片拍摄要求

目标	位置	任务分解	拍摄要求	数量
基站环境	基站天面	无线传播环境照	站在天面边缘每隔 30°或 45°拍摄,反映基站周边环境	≥8 张必选
天面环境	天面四角	基站天面全景照	站在天面四角,以最大角度拍摄天面和杆塔全景	4 张必选
		覆盖目标照	确定天线主要覆盖目标及方位角照片	≥3 张必选
通信铁塔	通信杆塔	现有通信铁塔全景照	站在天面竖排,反映通信铁塔高度和占用情况	1 张必选
		现有铁塔脚墩位置	拍摄通信铁塔脚墩、拉线墩位置,核实承重情况	4 张必选
		铁塔平台照片	站在天面四角,聚焦拍摄铁塔平台全景照	4 张必选(每层)
		现有天线安装情况	拍摄现有天线安装情况、空余支臂情况	2 张必选
		现有天线铭牌照	辨识天线使用频段、归属网络或运营商	视实际情况
	抱杆和支撑杆	现有抱杆和支撑杆照	拍摄抱杆、支撑杆、美化天线等相对天面位置	≥3 张必选
		现有天线安装情况	拍摄现有天线安装情况、空余支臂情况	≥3 张必选
		现有天线铭牌照	辨识天线使用频段、归属网络或运营商	视实际情况
设备照片	室外机柜	开柜前机柜相对位置	采取斜拍、正拍两个角度反映机柜相对位置	室外站,2 张必选
		通信机柜铭牌照	关注通信机柜名称、规格型号等	室外站,1 张必选
		开柜后机柜全景照	采取斜拍、正拍两个角度反映开柜后内部全景	室外站,2 张必选
		设备模块照	拍摄设备模块相对位置、规格型号等	室外站,视实际情况
		设备槽位(或器件)照	拍摄设备槽位使用情况、标签等	室外站,视实际情况
		监控屏幕照	拍摄监控屏幕显示信息	室外站,视实际情况
	壁挂设备	开箱前机箱相对位置	采取斜拍、正拍两个角度反映机箱相对位置	室外站,2 张必选
		开箱后机箱全景照	采取斜拍、正拍两个角度反映开箱后内部全景	室外站,2 张必选
		设备模块照	拍摄设备模块相对位置、规格型号等	室外站,视实际情况
新增设备	新增 5G 设备	新增 5G AAU 位置照	重点关注新增或利旧杆塔平台及支臂使用情况	3 张必选
		复核电源走向	重点关注 5G AAU 接电和电源线缆走向	1 张必选
		复核传输路由	重点关注 5G AAU 传输路由走向	2 张必选
		复核接地点	重点关注 5G AAU 防雷接地点	2 张必选
友商天馈	友商天馈	友商杆塔照	关注和辨识友商杆塔占用情况	视实际情况
		友商天线照	关注和辨识友商平台占用、天线安装位置	视实际情况
		友商辅材照	关注和辨识友商线缆敷设情况	视实际情况

续表

目标	位置	任 务 分 解	拍 摄 要 求	数 量
基站辅材	GPS 照	GPS 天线照	站在天面上,拍摄 GPS 天线及其线缆走向照	1 张必选
	走线架	走线架走向照	站在天面上,拍摄水平、垂直走线架照	2 张必选
	线缆	线缆路由走向照	关注电源线、接地线、传输线、信号线走向	沿路由走向,视实际情况
	承重构件	承重构件全景照	拍摄设备平台、槽钢等承重构件的全景照	室外站,视实际情况
勘察草图	天面草图	天面勘察草图照片	绘制天面勘察草图后拍摄照片	1 张必选

其中,基站选址无线传播环境照如图 4-17 所示。

图 4-17　基站选址无线传播环境照

3. 勘察信息表

在 5G 基站设计中,勘察信息表主要涉及新建站的选址勘察和存量站的资源普查,其侧重点各不相同,新建站的选址勘察是从无到有划定搜索圈、确定候选站址、明确建设需求和设计新建站址的过程;存量站的资源普查则是对现网资源梳理、核查和确定合适站址的过程。一般勘察信息表主要包括填报说明、勘察方案汇总表和单站勘察信息表,如表 4-6 所示。

表 4-6   5G 基站选址勘察信息表范例

<table>
<tr><td rowspan="3">基本信息</td><td>站名</td><td>B市兴桂路小学
5G NR 基站</td><td>站址位置</td><td colspan="4">B市兴桂路2号兴桂路小学C教学楼</td></tr>
<tr><td>需求经度/(°)</td><td>108.371898</td><td>需求纬度/(°)</td><td>22.87158</td><td>海拔/m</td><td colspan="2">73</td></tr>
<tr><td>实际经度/(°)</td><td>108.371898</td><td>实际纬度/(°)</td><td>22.87158</td><td>海拔/m</td><td colspan="2">74</td></tr>
<tr><td rowspan="1"></td><td>站址偏离/m</td><td>0</td><td>其他事项</td><td colspan="4">—</td></tr>
<tr><td rowspan="5">楼面站</td><td>产权归属</td><td>A运营商</td><td>建筑总楼层</td><td>6F</td><td>建筑结构</td><td colspan="2">框架结构</td></tr>
<tr><td>机房所在楼层</td><td>5F</td><td>机房类型</td><td>租赁机房</td><td>机房净高/m</td><td colspan="2">3.2</td></tr>
<tr><td>塔桅所在楼层</td><td>6F</td><td>塔桅类型</td><td>18m高桅杆</td><td>方位角/(°)</td><td colspan="2">0/120/240</td></tr>
<tr><td>覆盖目标</td><td colspan="6">S1中海国际社区/S2中海悦公馆/S3兴桂路小学</td></tr>
<tr><td>其他事项</td><td colspan="6">—</td></tr>
<tr><td rowspan="5">地面站</td><td>是否存在危险源</td><td>否</td><td>危险源名称</td><td>不涉及</td><td>对危险源采取的措施</td><td colspan="2">不涉及</td></tr>
<tr><td>是否地势低洼</td><td>否</td><td>是否需要抬高</td><td>否</td><td>抬高高度/m</td><td colspan="2">0</td></tr>
<tr><td>机房类型</td><td>—</td><td>机房净高/m</td><td>—</td><td>机房面积/m</td><td colspan="2">—</td></tr>
<tr><td>塔桅类型</td><td>—</td><td>方位角/(°)</td><td colspan="4">—</td></tr>
<tr><td>其他事项</td><td colspan="6"></td></tr>
<tr><td>市电引入</td><td>引入类型</td><td>转供电</td><td>引入电压</td><td>220V</td><td>引入距离/m</td><td colspan="2">20</td></tr>
<tr><td>传输引入</td><td>上连局址名称</td><td>B市XX模块局</td><td>传输方案</td><td>新建光缆</td><td>纤芯需求/芯</td><td colspan="2">2</td></tr>
<tr><td>主要结论</td><td>站址是否可用</td><td>是</td><td>其他特殊情况</td><td colspan="4">不涉及</td></tr>
<tr><td>责任栏</td><td>勘察人员</td><td>张三</td><td>设计单位</td><td>C邮电咨询设计院</td><td>勘察日期</td><td colspan="2">2020年4月15日</td></tr>
</table>

4. 勘察报告

在5G基站设计中,勘察报告是全面反映现场实际情况和综合评估场址是否适合建设通信设施的主要交付物,其主要内容包括工程概况、勘察目的与任务、现场调研情况、工程评估分析、主要成果和结论、附表及附图等内容。

1)选址报告

选址报告是基站选址阶段的主要交付成果,主要用于选址方案评审和站址谈判等环节回答所选站址的建设条件、覆盖效果、投资收益是否满足建设要求和预期等问题,其主要文档结构如表4-7所示。

表 4-7   5G 基站选址报告文档结构示例

章 标 题	节 标 题	主 要 内 容
1. 概述	—	包括项目名称、站址名称、选址位置、选址原因及解决问题、主选及备选方案主要结论等

续表

章 标 题	节 标 题	主 要 内 容
2. 新建站选址方案	2.1 无线传播环境	包括主选及备选点全景图、360°无线环境照等
	2.2 主要覆盖目标	包括主要覆盖目标、方位角设置等
	2.3 市电引入情况	包括低压配电的变压器或接火点、引电距离及其路由勘察草图等
	2.4 机房和天面环境	包括机房结构、机房空间、天面空间、设备及杆塔安装位置等
	2.5 交通和维护条件	包括交通、维护及其他条件
3. 覆盖效果预测	—	可从拓扑结构、链路预算、模拟仿真等方面来预测单站、连片覆盖效果,最终评估是否满足覆盖要求
4. 投资收益估算	—	包括单站平均造价、分类或分专业投资规模、投资回收期测算等
5. 选址结论	—	包括选址方案及其覆盖效果、投资方案及其收益预期、主选及备选点是否可用等

2）地勘报告

在通信机房和通信铁塔建设前,应组织勘察和编制工程地质勘察报告,结合工程特点及勘察阶段,综合评估和论证勘察地区的工程地质条件和工程地质问题,并做出工程地质评价,以 5G 通信基站场址的铁塔基础勘察为例,其文档结构如表 4-8 所示。

表 4-8　通信铁塔岩土工程勘察报告文档结构示例

章标题	节 标 题	主 要 内 容
1. 前言	1.1 工程概况	包括工程概况、任务要求、场地位置、海拔高度、塔型需求等
	1.2 勘察目的与任务	根据拟建工程特点、设计要求及技术规范,明确勘察目的与任务,包括查明场地土层分布特征、地下水分布特征、不良地质现象、工程地质评价及相关建议等
	1.3 勘察依据	包括国家、地方及相关行业颁布的规范、规程、规定、标准和条例等
	1.4 勘察分级与工作量布置	包括勘察分级、勘察方法及勘察工作量布置等
	1.5 勘察工作完成情况	包括采用坐标系、勘探点位、钻孔类型、孔口高程、孔深、静止水位埋深、完成工作量及相关数据统计表等
2. 场地工程地质条件	2.1 区域地质概况	包括场地区域的活动断裂带分布、地质构造情况等
	2.1 地形地貌特征	包括场地区域的地形地貌、地势落差、周边植被等
	2.3 地层岩性及分布特征	根据现场钻探鉴别、现有勘察资料及岩土层成因和力学性质等因素,描述各地层岩性及分布特征
	2.4 岩土参数的分析和选定	根据室内土工试验和现场原位测试试验资料,分析和提出本场地主要岩土层的岩土设计参数建议值

章标题	节 标 题	主 要 内 容
3. 场地水文地质条件	3.1 地下水埋藏条件	包括地表水、地下水埋藏条件及水质背景值等
	3.2 水和土对建筑材料的影响	根据区域水文地质资料判定,场地土和地下水对砼结构的腐蚀性及相关影响
4. 岩土工程分析评价	4.1 场地稳定性及适宜性评价	结合场地工程地质和水文地质条件,判断场地是否稳定、是否适宜兴建拟建建(构)筑物
	4.2 不良地质作用评价	判断场地区域内是否存在坍塌、滑坡、崩塌等不良地质作用,若存在,则需描述其主要表现和影响
	4.3 地震效应分析	包括地震设防烈度及场地类别、地基土的液化判别、场地地震地段划分等
	4.4 地基土工程性质评价	结合室内土工试验及原位测试结果,提出地基土岩承载力容许值等工程特性参数的建议值
	4.5 特殊性岩土评价	结合现场勘察结果,判别场地内土层膨胀性
	4.6 地基均匀性评价	结合现场勘察结果,判别场地地基压缩层范围的土层均匀性
	4.7 地基基础评价	结合现场勘察结果,判别场地地基是否满足建(构)筑物基础埋深及承载力要求
	4.8 场地土层电阻率	结合现场勘察结果,给出场地岩土层电阻率及相关参数
5. 结论与建议	—	根据勘察结果,给出主要结论和建议
6. 附表、附图	附件 1 钻孔一览表	—
	附件 2 各岩土层物理力学指标统计表	—
	附件 3 土工试验成果报告	—
	附件 4 标准贯入试验成果表	—
	附件 5 钻孔平面布置图	—
	附件 6 工程地质剖面图	—

5. 设计图纸

在 5G 基站设计中,设计图纸是指导工程施工的主要依据,是表达设计思想的主要交付成果,可用于直观描述网络拓扑、系统结构、设备布局、走线路由、设备面板及相关技术要求。以 5G 基站设计图为例,主要包括网络结构、设备摆放、走线路由、天馈系统、覆盖区域及相关工程量计算、设计要求、施工说明等内容,如图 4-18 所示。

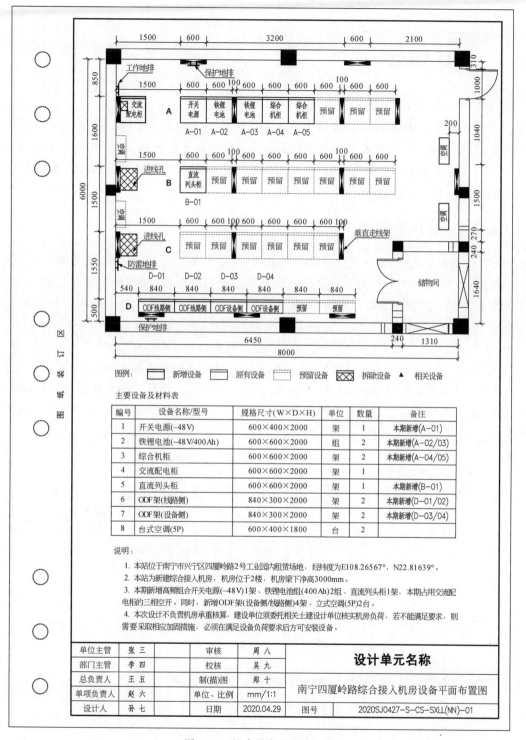

图例：　□ 新增设备　□ 原有设备　□ 预留设备　⊠ 拆除设备　▲ 相关设备

主要设备及材料表

编号	设备名称/型号	规格尺寸(W×D×H)	单位	数量	备注
1	开关电源(-48 V)	600×400×2000	架	1	本期新增(A-01)
2	铁锂电池(-48 V/400 Ah)	600×600×2000	组	2	本期新增(A-02/03)
3	综合机柜	600×600×2000	架	2	本期新增(A-04/05)
4	交流配电柜	600×600×2000	架	1	
5	直流列头柜	600×600×2000	架	1	本期新增(B-01)
6	ODF架(线路侧)	840×300×2000	架	2	本期新增(D-01/02)
7	ODF架(设备侧)	840×300×2000	架	2	本期新增(D-03/04)
8	台式空调(5P)	600×400×1800	台	2	

说明：

1. 本站位于南宁市兴宁区四厦岭路2号工业园内租赁场地，经纬度为E108.26567°、N22.81639°。
2. 本站为新建综合接入机房，机房位于2楼，机房梁下净高3000mm。
3. 本期新增高频组合开关电源(-48 V)1架、铁锂电池组(400 Ah)2组、直流列头柜1架，本期占用交流配电柜的三相空开。同时，新增ODF架(设备侧/线路侧)4架、立式空调(5P)2台。
4. 本次设计不负责机房承重核算，建设单位须委托相关土建设计单位核实机房负荷，若不能满足要求，则需要采取相应加固措施，必须在满足设备负荷要求后方可安装设备。

单位主管	张 三	审核	周 八	**设计单元名称**	
部门主管	李 四	校核	吴 九		
总负责人	王 五	制(描)图	郑 十	南宁四厦岭路综合接入机房设备平面布置图	
单项负责人	赵 六	单位、比例	mm/1:1		
设计人	孙 七	日期	2020.04.29	图号	2020SJ0427-S-CS-SXLL(NN)-01

图 4-18　机房设备平面布置图

4.2 设备布放

基站主设备是基站系统的"大脑中枢",基站设计的关键在于布局,不同基站的现场环境各不相同,可结合不同的业务需求适配差异化的解决方案。例如,在认识基站系统、掌握组网架构和落实业务需求的基础上,抓住最接近用户的 5G 无线接入网,解决好机房布局、设备选型、设备整合和设备安装等工程问题。

4.2.1 认识基站

在 5G 基站系统中,基站主设备处于核心地位,主要由基带单元(BBU)、有源天线单元(AAU)及电源分配单元(DCDU)组成,主要解决基带信号处理,并调制为高频信号经由天线口发射出去。围绕基站主设备的是"四大金刚",分别是解决电源动力问题的开关电源、解决传输接入问题的传输设备、解决防雷接地问题的接地系统及实现信号同步的 GPS天线。

其中,基站主设备是基站系统的"大脑中枢",电源系统则是源源不断的"供血泵站",最终,只为将携带信息的高频信号传播到远方,如图 4-19 所示,俨然一则有趣的游戏,各路人马紧跟"英雄"(基站主设备),各种神操作,电源设备"供血"、传输设备"补蓝",只为保障用户能够畅快淋漓地交互信息。

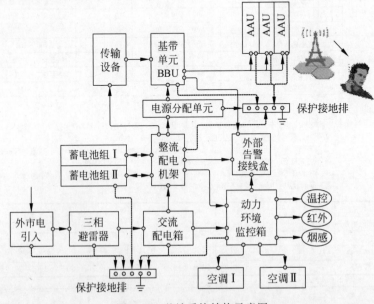

图 4-19　基站系统结构示意图

4.2.2　机房布局

在 5G 基站设计中,设备布放是勘察设计的主要任务之一,应做到近期有方案、远期有前瞻,为 5G 网络发展提供多样化的资源保障方案。可结合不同部署场景和功能需求,进一步梳理机房格局、空间资源及机房配套需求,形成可行的 5G 基站设备布放方案。

1. 布局原则

结合设计规范要求,确定基站设备布局的主要原则如下。

(1)分区摆放:分强电区、弱电区、信号区,设备应尽量靠内边摆放,保证扩容位置。

(2)设备朝向:主设备面板应整齐划一,设备正面或侧面朝向机房开门处。开门第一眼便可看到设备正面或侧面,这是设备朝向的基本要求。

(3)维护空间:设备摆放横平竖直且维护方便,约定设备正面、侧面、背面距离墙体(或障碍物)的距离。例如,正面距墙大于 1m,背面大于 0.6m,机架两侧大于 0.5m。

(4)线缆连接:在满足设备间连线的前提下,设备摆放以缩短线缆路径、距离为原则,减少连接长度、避免强弱电交叉、信号线交叉。

2. 解决方法

针对不同的部署场景和功能需求,制作一表和一图,一表为典型机房面积需求表,一图为机房设备分区摆放示意图,具体做法如下。

(1)制作典型机房面积需求表:根据通信机房近期和远期发展需求,分类统计出设备类型、安装方式、规格尺寸及需求数量,估算出典型的机房面积需求,如表 4-9 所示。

表 4-9　通信机房面积需求估算表

分类	设备类型	安装方式	规格尺寸($W \times D \times H$/mm^3)	数量	单位	面积需求/m^2
电源	交流配电箱	壁挂安装	$470 \times 170 \times 600$	1	个	0.00
	开关电源	落地安装	$600 \times 600 \times 1600$	2	架	0.72
	蓄电池组	落地安装	$950 \times 470 \times 870$	4	组	1.79
机架	标准机柜	落地安装	$600 \times 600 \times 2000$	8	架	2.88
空调	柜式空调	落地安装	$500 \times 260 \times 1750$	2	台	0.26
其他	预留	落地安装		5	架	2.06
	走道和空间		按系数估算(1.5~2.0)			11.56
合计						20.00

(2)绘制设备分区摆放示意图:机房设备摆放有道可循,设备分区布放,起于“强电区”、围绕开关电源划出“弱电区”和“信号区”。交流配电箱壁挂安装,开关电源、传输机柜和无线机柜依次摆放,蓄电池组靠墙摆放,如图 4-20 所示。

(3)绘制机房配套设施布放示意图:以综合接入机房为例,主要涉及机房走线架、尾纤槽、汇流条等配套设施,用于解决电缆布放、尾纤敷设、防雷接地、机房环境控制等,如图 4-21 所示。

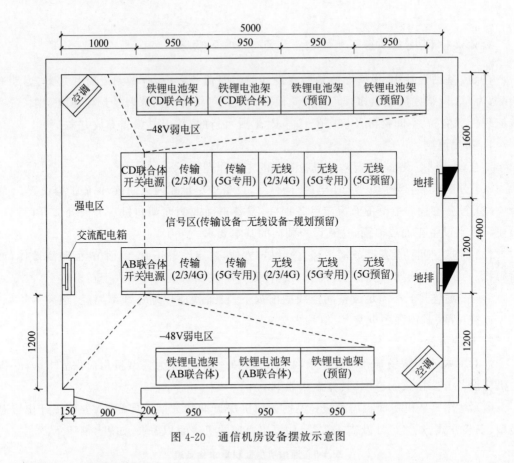

图 4-20   通信机房设备摆放示意图

4.2.3   设备选型

常言道,"好吃的饭离不开顺手的锅",设备选型主要解决的是如何"买锅"的问题,即根据网络服务能力需求来选取性价比最优的设备规格型号。5G 网络设备通常是定制化、标准化制造的,其性能指标受到合同协议和标准规范的约束,买卖双方事前约定好设备的通用要求、性能、接口、规格及各项技术指标,并通过集中采购的方式确定符合技术规范书要求的供货商、设备产品及相应技术服务。

1. BBU 选型

BBU 设备选型应遵循标准规范及建设原则,满足可用性、可靠性及安全性要求,同时应满足技术演进、组网拓扑、多场景和多模型的软硬件性能要求,如图 4-22 所示。

可从组网能力、设备安装、载波性能及接口性能等方面明确 5G BBU 设备选型方法。

(1) 组网能力:主要应满足 4/5G 平滑演进、后向兼容、不同组网类型、4/5G 共框、小区合并、RRU 拉远、高速移动环境的 BBU 设备性能要求。

(2) 设备安装:主要解决设备安装空间、安装方式、供电方式、设备能耗、环境指标、GPS 同步等要求,例如,5G BBU 应满足 19 英寸标准机架安装,并且安装空间不超过 3U,同时具备壁挂安装的能力。

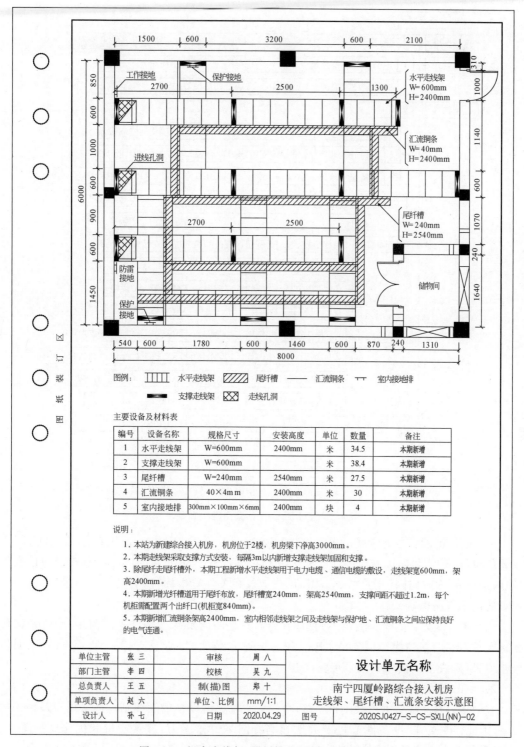

图例： ⦀⦀⦀ 水平走线架　▨ 尾纤槽　── 汇流铜条　⊤ 室内接地排
　　　■ 支撑走线架　⊠ 走线孔洞

主要设备及材料表

编号	设备名称	规格尺寸	安装高度	单位	数量	备注
1	水平走线架	W=600mm	2400mm	米	34.5	本期新增
2	支撑走线架	W=600mm		米	38.4	本期新增
3	尾纤槽	W=240mm	2540mm	米	27.5	本期新增
4	汇流铜条	40×4mm	2400mm	米	30	本期新增
5	室内接地排	300mm×100mm×6mm	2400mm	块	4	本期新增

说明：

1. 本站为新建综合接入机房，机房位于2楼，机房梁下净高3000mm。

2. 本期走线架采取支撑方式安装，每隔3m以内新增支撑走线架加固和支撑。

3. 除尾纤走尾纤槽外，本期工程新增水平走线架用于电力电缆、通信电缆的敷设，走线架宽600mm，架高2400mm。

4. 本期新增光纤槽道用于尾纤布放，尾纤槽宽240mm，架高2540mm，支撑间距不超过1.2m，每个机柜需配置两个出纤口(机柜宽840mm)。

5. 本期新增汇流铜条架高2400mm，室内相邻走线架之间及走线架与保护地、汇流铜条之间应保持良好的电气连通。

单位主管	张 三	审核	周 八	**设计单元名称**	
部门主管	李 四	校核	吴 九		
总负责人	王 五	制(描)图	郑 十	南宁四厦岭路综合接入机房	
单项负责人	赵 六	单位、比例	mm/1:1	走线架、尾纤槽、汇流条安装示意图	
设计人	孙 七	日期	2020.04.29	图号	2020SJ0427-S-CS-SXLL(NN)-02

图4-21 机房走线架、尾纤槽、汇流条安装示意图

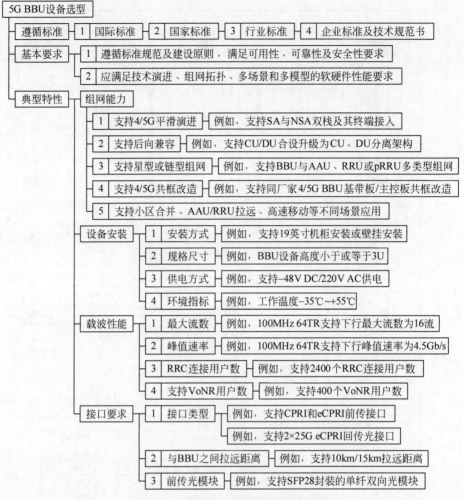

图 4-22　5G BBU 设备选型做法和要求

（3）载波性能：主要应满足大带宽（eMBB）、低时延（uRLLC）、密集连接（mMTC）三大场景的容量、时延和连接方面的性能要求，例如，可定义不同带宽、通道数、制式下的最大流数、峰值速率、RRC 连接用户数、VoNR 用户数及相关性能指标，以满足不同场景、不同业务模型的网络部署需求。

（4）接口能力：主要应满足不同组网结构、拉远距离及部署条件下的前传、中传及回传指标要求，例如，接口类型应支持 CPRI 和 eCPRI 前传接口，以及支持 $2 \times 25G$ eCPRI 回传光接口，以解决不同接入的信号传输问题。

2. AAU 选型

空中接口是无线数据承载的重要接口，作为空口关键设备的天线则是连接用户最紧密的设备，因此，5G AAU 设备性能将极大地影响着网络覆盖能力、覆盖质量和优化维护工作。AAU 设备选型应满足无线信号的有效传输要求，符合网络部署的可用性、可靠性及安全性等技术性能指标,尤其需要关注射频类、天线类及其相关接口的性能指标,如图 4-23 所示。

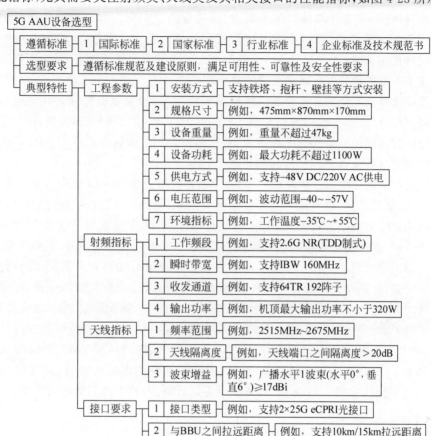

图 4-23　5G AAU 设备选型做法和要求

可从工程指标、射频指标、天线指标、接口要求等方面明确 5G AAU 设备选型方法。

(1) 遵循标准:AAU 设备应符合客户在采购协议及相关技术规范中约定的基本要求、配置模型、设备性能及工程服务要求,以及工程参数、射频指标、天线指标及相关接口要求。一般情况下,建设单位在集中采购设备前会组织相关单位编制和审核技术规范书,从顶层设计约束好所提供的 AAU 设备应符合哪些性能指标要求,设备厂家只有符合条件才能入围或中标相关项目。

(2) 工程指标:设备应满足并优于技术规范书中对设备性能、接口、功耗、供电及环境等指标要求,使 AAU 设备能够安装和部署于城区、农村及交通干线等不同场景,并且能够正常向用户提供网络接入服务。例如,安装方式应支持铁塔、抱杆及壁挂等安装方式,关注 AAU 设备迎风面积、生存风速等关键指标,使其具备 AAU 上塔安装的条件。

(3) 射频指标:应满足 5G AAU 设备部署的工作频段、带宽容量、输出功率、接收灵敏度等指标要求。例如,根据不同场景的容量需求配置不同的收发通道,可配置 64TR/

32TR/16TR/8TR/4TR 等不同通道数。

(4) 天线指标：应从天线硬件基本能力、满足覆盖需求能力和改善通信质量能力 3 个方面关注天线的电路参数、辐射参数及抗干扰相关指标要求。例如，在勘察设计时应关注天线端口之间的隔离度，设计好 AAU 天线安装的水平和垂直隔离距离，进一步降低系统间干扰和解决好 5G 系统与现有通信系统的共存问题。

❑ 天线硬件基本能力：天线硬件特性是天线应用的"根基"，它是天线质量与工艺控制的综合体现，更会影响到天馈系统的匹配度及各端口间的相关性，一旦出现问题往往无法通过网络优化手段解决，对网络覆盖和质量的影响较大，其中相关的电路参数包括多阶互调、驻波比、隔离度等。

❑ 满足覆盖需求能力：从宏观上分析，单站覆盖能力主要受限于基站发射功率、覆盖距离、架设高度、覆盖范围及覆盖强度等因素，而从天线"窗口"辐射的角度分析，天线选型将影响信号辐射效率、辐射能量集中度、辐射精准度等覆盖需求能力的实现，其中相关的辐射参数包括天线增益、水平或垂直波瓣角宽度、下倾角精度等。

❑ 改善通信质量能力：天线通信质量主要通过抑制干扰能力来衡量，有效控制后向辐射抑制、副瓣抑制及极化相关性等通信质量，以达到控制越区干扰、减缓同频干扰的效果，其中相关的辐射参数包括前后比、上第一副瓣抑制、交叉极化比等。

(5) 接口要求：AAU 设备接口应满足不同组网结构、拉远距离及部署条件的指标要求。例如，对于业务需求为 BBU 集中放置、AAU 下沉部署的场景，AAU 与 BBU 之间的距离一般应满足 10km 以上的拉远距离。此外，对于传输纤芯不足的场景，应支持 SFP28 封装的单纤双向可插拔单模 25G 光模块，复用原有光纤资源，减少传输纤芯的需求。

4.2.4 设备安装

空间需求是 5G 通信基站设计的核心主题，其主要解决思路和原则为，一是以 C-RAN 模式为主，优先集中放置，按需下沉部署；二是追求极简组网，做好站址整合、设备整合和天面整合；三是灵活安装部署，能集中不下沉，优先选机柜安装，其次选壁挂安装。

1. 拓扑结构

了解 4/5G 基站架构演进、设备性能及其空间需求，加深对 C-RAN 和 D-RAN 部署方式的理解，以及建立对"星型组网"和"链型组网"拓扑结构的直观印象，进一步推动 5G 基站设备整合和资源最大化利用。

1) 认识基站结构

相对于 4G LTE，5G 基站架构的明显变化表现为在物理和逻辑上实现了控制面和用户面的分离，由集中单元 CU、分布单元 DU 和有源天线单元 AAU 组成的组网架构可实现更灵活的部署和更高效的演进，如图 4-24 所示，其主要功能如下：

(1) 集中单元(Centralized Unit，CU)是由原 BBU 的非实时部分分割出来的部分，主要实现低实时的无线协议栈功能，同时也支持部分核心网功能下沉和边缘应用业务的部署，可进一步进行功能的池化和云化，获得统计上的复用增益。

（2）分布式单元（Distribute Unit，DU）主要实现物理层功能和高实时的无线协议栈功能，满足 uRLLC 业务需求，与 CU 一起形成完整协议栈，分离构造出更适应边缘计算的网络架构，以满足超低时延的业务需求。

（3）有源天线单元（Active Antenna Unit，AAU）则是将原天线、RRU 及 BBU 的部分物理层处理功能合并为 AAU，以支持大容量、多连接的用户接入需求。

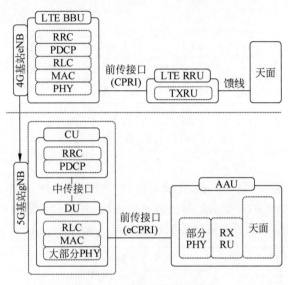

图 4-24　4/5G 基站架构演进

2）确认组网方式

以点结线，根据点所处位置建立不同的组网架构，两个及以上的点汇聚同一位置，即为集中，两点或多点分散不同位置，则为分布，分别对应 C-RAN 模式和 D-RAN 模式。不同站址的资源禀赋各不相同，挑选优质条件的站址比要求每个站址同质化更容易，应明确指出，C-RAN 模式是 5G 网络部署的主流架构，其优势在于部署方式灵活，可减少对机房的依赖程度，进一步节省基站配套建设成本和后期的运营维护成本，如图 4-25 所示。

3）选取设备集中放置点

在 5G 工程设计中，应做好资源普查工作，并与传输专业共同协商确定 BBU 设备集中放置点，可从拓扑结构、传输条件和机房环境等方面综合评估，先设定原则而后择优选取。主要实施方法和思路如下。

（1）拓扑结构：看 BBU 集中放置点的辐射能力是否最佳、传输路径是否最优、拓扑关系是否最简，使其面上的资源条件最优。

（2）传输条件：看 BBU 集中放置点的传输接入能力，评估本期接入条件是否满足、远期拓展能力是否灵活，观其"攻守"是否兼备。

（3）机房环境：评估机房内的安装条件是否满足，是否具备接电、接传输、接地及必需的机房环境，使新增设备装得下、开得通、用得好。

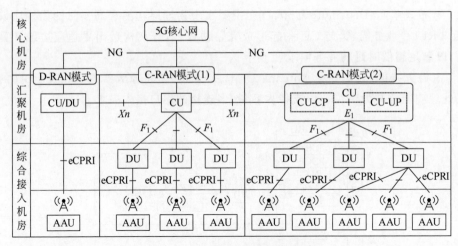

图 4-25　5G 基站组网架构示意图

2. 设备整合

BBU 设备整合应遵循"集中放置、拓扑灵活、能效最优"原则，以综合业务接入区为单位设置 BBU 集中放置点，AAU（或 RRU）按需灵活部署，并结合设备集约化、共享载波、4/5G 共框改造等方式，实现 BBU 节点机房资源和能效最优化目标，如图 4-26 所示。

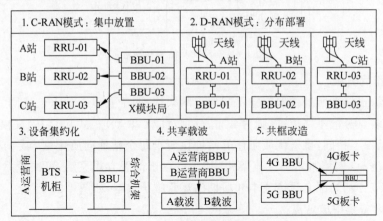

图 4-26　BBU 设备整合思路和工程做法

同时，结合近期、中远期机房空间需求，5G 网络建设主推 C-RAN 模式，优先将 BBU 集中放置于综合接入机房、汇聚机房或核心机房，逐步推进 BBU 整合，从而有效地腾退远端站 BBU 安装空间和节省传输接口资源。主要实施方法和思路如下。

（1）设备集约化：大柜化小，采用 SDR 方式腾退现网 2/3G BTS 机柜安装空间，可有效地降低设备能耗和提升机房空间利用率。

（2）共享载波：在多运营商核心网（Multi-Operator Core Network，MOCN）共享网络架构下，不同运营商采取共享载波方式联合部署 5G 网络，可进一步降低基础设施和基站设备投资成本。

（3）共框改造：若 5G BBU 兼容 4G BBU，则可考虑采用 5G BBU 机框替换原有 4G BBU 机框，进行 4/5G 共框改造和空间整合。

3．设备安装

设备安装在哪里看拓扑结构，安装空间够不够看机房布局，例如，将 BBU 集中放置于汇聚机房，可简化和节省评估每个远端站机房的工程建设条件，只需做好汇聚机房的安装空间、电源改造、传输接入及机房环境等工程建设条件准备，然后将光纤连接到远端站，远端站只需找寻合适的 AAU 挂载空间便可解决问题了。

通常，基站主设备是标准化产品，每台设备仅需找寻 3U 安装空间即可，其支持的安装方式包括机柜（架）安装、机框改造安装、壁挂安装等，主流安装方式是机柜安装，可考虑以4/5G 共框改造、共建共享等方式来解决安装空间不足的问题，如图 4-27 所示。

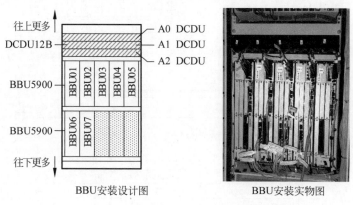

图 4-27　基站 BBU 设备安装示意图

4.2.5　输出成果

在 5G 基站设计中，主要涉及基站主设备、电源设备、传输设备、天馈系统等设备设施布放安装，通常以平面图、立面图和剖面图等形式予以体现，例如，设备平面布置图、天馈系统俯视图。

1）设备平面布置图

设备平面布置图主要用于指导基站设备在室内（或室外）的安装位置及其线缆布放路由，主要由设备摆放图、设备列表、设计说明及相关图例组成，其中，在设备摆放图中，设备名称用编号表示、新增设备用粗实线表示、原有设备用细实线表示、预留设备用虚线表示、拆除设备用细实线和网格阴影表示、关联设备用实心三角形表示，如图 4-28 所示。

2）天馈系统俯视图

天馈系统俯视图主要用于体现天面设施的基本俯视形状，用于指导塔桅改造、天面改造、天线安装、小区参数配置、工程量计算等工程施工，应准确示意通信铁塔、天面设备和天线的安装位置，并简洁体现电缆、光缆、GPS 馈线等线缆的布放路由，以及明确天线选型、方位角、下倾角、挂高及安装位置等关键参数，如图 4-29 所示。

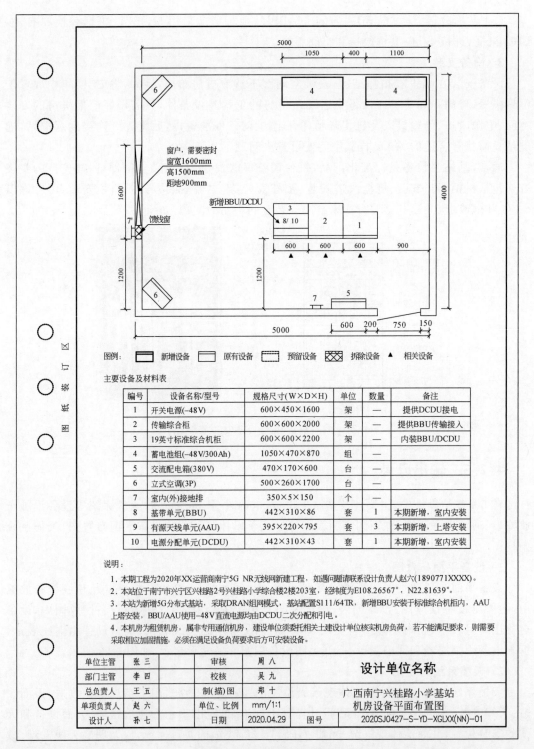

主要设备及材料表

编号	设备名称/型号	规格尺寸(W×D×H)	单位	数量	备注
1	开关电源(-48V)	600×450×1600	架	—	提供DCDU接电
2	传输综合柜	600×600×2000	架	—	提供BBU传输接入
3	19英寸标准综合机柜	600×600×2200	架	—	内装BBU/DCDU
4	蓄电池组(-48V/300Ah)	1050×470×870	组	—	
5	交流配电箱(380V)	470×170×600	台	—	
6	立式空调(3P)	500×260×1700	台	—	
7	室内(外)接地排	350×5×150	个	—	
8	基带单元(BBU)	442×310×86	套	1	本期新增,室内安装
9	有源天线单元(AAU)	395×220×795	套	3	本期新增,上塔安装
10	电源分配单元(DCDU)	442×310×43	套	1	本期新增,室内安装

说明:

1. 本期工程为2020年XX运营商南宁5G NR无线网新建工程,如遇问题请联系设计负责人赵六(1890771XXXX)。

2. 本站位于南宁市兴宁区兴桂路2号兴桂路小学综合楼2楼203室,经纬度为E108.26567°、N22.81639°。

3. 本站为新增5G分布式基站,采取DRAN组网模式,基站配置S111/64TR,新增BBU安装于标准综合机柜内,AAU上塔安装,BBU/AAU使用-48V直流电源均由DCDU二次分配和引电。

4. 本机房为租赁机房,属非专用通信机房,建设单位须委托相关土建设计单位核实机房负荷,若不能满足要求,则需要采取相应加固措施,必须在满足设备负荷要求后方可安装设备。

单位主管	张 三	审核	周 八	**设计单位名称**
部门主管	李 四	校核	吴 九	
总负责人	王 五	制(描)图	郑 十	**广西南宁兴桂路小学基站**
单项负责人	赵 六	单位、比例	mm/1:1	**机房设备平面布置图**
设计人	孙 七	日期	2020.04.29	图号 2020SJ0427-S-YD-XGLXX(NN)-01

图 4-28 设备平面布置图示例

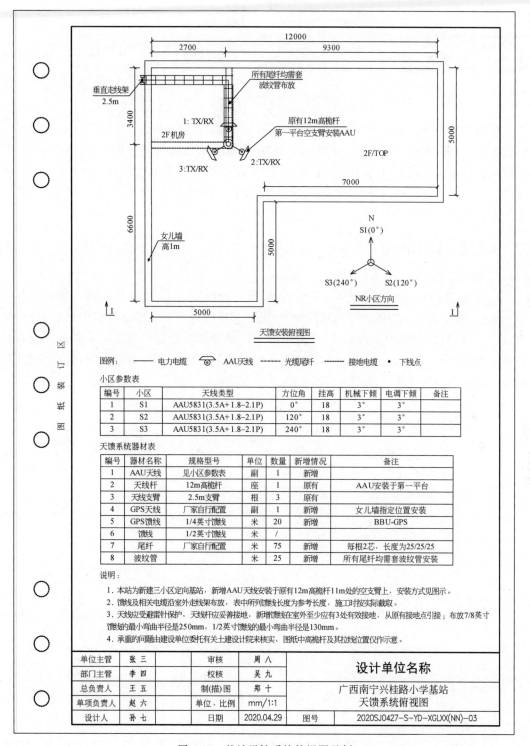

天馈安装俯视图

图例：　—— 电力电缆　◁▷ AAU天线　----- 光缆尾纤　——— 接地电缆　• 下线点

小区参数表

编号	小区	天线类型	方位角	挂高	机械下倾	电调下倾	备注
1	S1	AAU5831(3.5A+1.8-2.1P)	0°	18	3°	3°	
2	S2	AAU5831(3.5A+1.8-2.1P)	120°	18	3°	3°	
3	S3	AAU5831(3.5A+1.8-2.1P)	240°	18	3°	3°	

天馈系统器材表

编号	器材名称	规格型号	单位	数量	新增情况	备注
1	AAU天线	见小区参数表	副	1	新增	
2	天线杆	12m高桅杆	座	1	原有	AAU安装于第一平台
3	天线支臂	2.5m支臂	根	3	原有	
4	GPS天线	厂家自行配置	副	1	新增	女儿墙指定位置安装
5	GPS馈线	1/4英寸馈线	米	20	新增	BBU-GPS
6	馈线	1/2英寸馈线	米	/		
7	尾纤	厂家自行配置	米	75	新增	每根2芯，长度为25/25/25
8	波纹管		米	25	新增	所有尾纤均需套波纹管安装

说明：

1．本站为新建三小区定向基站，新增AAU天线安装于原有12m高桅杆11m处的空支臂上，安装方式见图示。

2．馈线及相关电缆沿室外走线架布放，表中所列馈线长度为参考长度，施工时按实际截取。

3．天线应受避雷针保护，天线杆应妥善接地，新增馈线在室外至少应有3处有效接地，从原有接地点引接；布放7/8英寸馈线的最小弯曲半径是250mm，1/2英寸馈线的最小弯曲半径是130mm。

4．承重的问题由建设单位委托有关土建设计院来核实，图纸中高桅杆及其拉线位置仅作示意。

单位主管	张 三	审核	周 八	**设计单位名称**	
部门主管	李 四	校核	吴 九		
总负责人	王 五	制(描)图	郑 十	广西南宁兴桂路小学基站	
单项负责人	赵 六	单位、比例	mm/1:1	天馈系统俯视图	
设计人	孙 七	日期	2020.04.29	图号	2020SJ0427-S-YD-XGLXX(NN)-03

图 4-29　基站天馈系统俯视图示例

46min

4.3 电源配置

电源系统是通信基站的"供血系统",电源设计的关键在于计算,其主要方法可归纳为认识电源、掌握原理、解读规范、建立模型、编制工具和输出成果等工作环节,同时,结合不同应用场景的交流配电、直流配电、电池续航、空调配置及电缆选型的技术特点,进一步制订电源设计的需求预测表、技术计算书、选型配置表等模型工具,从而有效地提高 5G 电源设计方案的编制和交付效率。

4.3.1 认识电源

1. 电力系统

根据能量守恒定律,能量既不会凭空产生,也不会凭空消失,只会从一种形式转换为另一种形式,或者从一个物体转移到其他物体,能量总量保持不变。电能主要来源于水力、火力、风力、核能、太阳能等多种形式,经由电力系统将源源不断的电能输入千家万户。电力系统是指由发电、变电、输电、配电和用电等环节组成的电能生产与消费系统,包括发电厂、电力网和电力用户等部分,如图 4-30 所示。

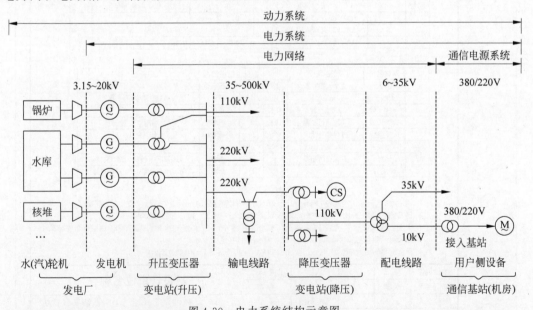

图 4-30 电力系统结构示意图

其主要结构说明如下。

(1) 发电厂:将自然界蕴藏的一次能源(例如,火力、水力、风力、核能等)转换为二次能源(电能)的工厂,在我国电力系统中起主导作用的仍是火力、水力、核能发电厂,风能、太阳能等其他清洁能源的比重正逐年增加。

(2)电力网:电力网是电力系统的主要组成部分,主要由变电所、配电所及各种电压等级的电力线路组成,其中,变电所主要是输送电能和变换电压;配电所则是对电能进行接收、分配、控制和保护,不对电能进行变压。此外,电力线路是输送电能的通道,分为输电线路和配电线路,其中,输电线路为电压在 35kV 及以上的高压电力线路,配电线路则是将发电厂生产的电能直接或由降压变电站分配给用户的 10kV 及以下的电力线路。

(3)电力用户:在电力系统中,凡是消费电能的用电设备均称为电力用户(或电力负荷),分为居民用电和工业用电。通信电源系统中的用电设备便是电力用户的一种。

(4)通信电源系统:位于电力系统末端,通信电源系统是对通信局站各种通信设备及建筑负荷提供用电的设备或系统的总称,包括外市电及高压供电、低压供电、直流供电、后备电源、动环监控、防雷接地等系统。

2. 电源系统

基站电源系统俨然一个源源不断的“供血泵站”,没了电,设备就会“晕倒”;同时,供电质量的好坏、设备配置是否合理将直接影响整个网络的畅通,因此,基站电源系统配置和改造将是 5G 工程勘察设计所面临的主要问题之一,其主要目的是为基站设备、传输设备及相关负载提供稳定的、干净的交直流电源保障,主要由交流供电、直流供电、防雷接地及动环监控等系统组成,如图 4-31 所示。

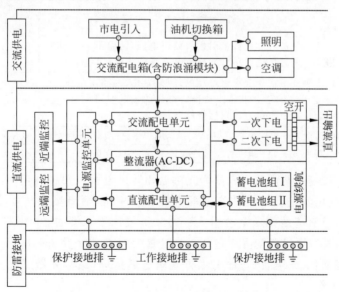

图 4-31　基站电源系统结构示意图

其主要结构说明如下。

(1)交流供电系统:市电电源是通信电源系统首选的主用输入能源。交流供电系统主要是按照不同局站的重要性、机房条件和技术要求向用电设备提供 380V/220V 交流电源,其主要是由计量电度表、交流配电箱、市电油机转换箱等设备组成的。

(2) 直流供电系统:主要为机房内基站设备、传输设备、监控设备等通信设备提供 $-48V/+24V$ 直流电源保障。根据不同局站类别,直流供电系统分可集中式或分散式供电,其主要采用并联浮充制运行,即市电正常时,由开关电源的整流模块给通信设备供电、蓄电池浮充供电;当交流电源断电后,由蓄电池组反向放电对通信设备供电。

(3) 防雷接地系统:通信局站一般采取联合接地方式进行防雷接地保护,室外部分主要由避雷针、引下线、联合地网、接地体、接地引入线、室外地排等部分组成;室内部分则是由浪涌保护装置、工作地排及保护地排等部分组成。

4.3.2 交流配电

交流配电箱是交流配电环境的主要设备之一,其主要作用为实现交流电的二次分配、防浪涌保护等功能。在工程设计中,市电容量应按照终期负荷容量需求来估算和配置,本节主要回答和解决市电引入要求、市电容量评估、交流配电箱配置等问题。

1. 引电要求

在通信工程中,可根据通信局(站)的重要程度、当地供电条件、用电需求及后期维护要求的实际情况来引入不同的市电类型,如表 4-10 所示。

表 4-10　通信局(站)市电类型及其引电要求

市电类型	供电条件	平均每月停电次数	平均每次故障时间
一类市电	从两个稳定可靠的独立电源各引入一路供电线,两路不应同时出现检修停电。两路供电线路宜配置市电电源自动投入装置	≤1 次	≤0.5h
二类市电	由两个以上独立电源构成稳定可靠的环形网引入一路供电线,或由一个稳定可靠的独立电源或从稳定可靠的输电线路上引入一路供电线。供电线路可有计划检修停电	≤3.5 次	≤6h
三类市电	从一个电源引入一路供电线,供电线路长、用户多,供电有一定保障	≤4.5 次	≤8h
四类市电	由一个电源引入一路供电线,经常昼夜停电,供电无保障	不确定	不确定

一般情况下,通信基站市电引入分为直供电和转供电引入两种,前者是向供电局报装,从自建变压器或共用其他变压器的交流配电屏(箱)引电,后者则是从业主的交流配电屏(箱)引电。通常,通信基站要求至少引入一路三类或优于三类的 380V/220V 市电作为主用交流电源系统,其主要设备配置应包括 1 个计量电度表、1 个交流配电箱及 1 个市电油机切换箱,要求以套钢管(或铠装)埋地引入方式引进通信局(站),并做好电力电缆及其金属护套的防雷接地工作。

2. 计算方法

一般情况下,外市电引入容量应按基站远期负荷考虑,可通过收集和汇总各专业、各级设备的终期用电负荷得到"交流负荷预测表",并结合市电引入和交流配电原则计算出相关基站的交流引电容量需求,其主要思路如图 4-32 所示。

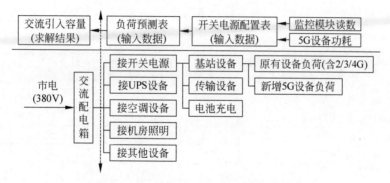

图 4-32　基站交流引电容量需求估算方法

其主要计算方法可分为以下三步。

1）市电引入容量

市电引入容量，即交流负荷的最大功率，与设备负荷、空调配置和电池备电时长密切相关，主要包括现有设备、新增设备、电池充电、空调、照明及其他设备负荷，同时应考虑 10% 冗余系数，其主要计算公式如下：

$$P_{max} = \frac{(P_{现有设备} + P_{新增设备} + P_{电池充电} + P_{空调} + P_{照明} + P_{其他})}{0.9} \tag{4-1}$$

其中，P_{max} 为市电引入容量，即交流负荷的最大功率；$P_{现有设备}$ 为现有设备负荷，由开关电源的监控模块读取现有负载电流折算得到；$P_{新增设备}$ 为新增 5G 设备负荷，由 5G 设备技术书的设备功耗参数得到；$P_{电池充电}$ 为蓄电池的充电负荷，按 0.1 的浮充系数（按 10h 充满电）计算蓄电池组的充电电流折算得到；$P_{空调}$ 为空调用电负荷，由空调容量计算书获得；$P_{照明}$ 为照明用电负荷，可按 $0.01kW/m^2$ 计算；$P_{其他}$ 为其他用电负荷，根据实际情况计取。

2）总负荷电流

交流配电箱总负荷电流，由市电引入容量计算得出，应按终期负荷容量配置，其主要计算公式如下：

$$I_c \geqslant \frac{P_{max} \times 1000}{\sqrt{3} \times 380 \times \cos\varphi} \approx 1.9 \times P_{max} \tag{4-2}$$

其中，I_c 为交流配电箱额定电流（A）；P_{max} 为交流负荷的最大功率（kW）；$\cos\varphi$ 为功率因数，一般取 0.8。

3）交流配电箱选型

根据交流负荷最大功率计算得到交流配电箱的额定电流及总进线开关电流，并根据相关配置原则得出交流配电箱型号和电缆型号。以 380V 交流市电引入为例，可分 3 步走，一是统计基站用电负荷，输出交直流负荷需求预测表；二是计算市电引入容量和总进线开关电流，输出市电引入容量需求配置表；三是固化数据模型，输出不同负荷的需求测算参考表。

（1）交直流负荷需求预测表。

根据不同的设备类型、需求规模、额定功耗及用电负荷，制作 Excel 表格统计和输出室内型基站交直流负荷需求预测表,如表 4-11 所示。

表 4-11　基站交直流负荷需求预测表

设备类型	设备名称	需求规模/台·架$^{-1}$	额定功耗/W	直流负荷/A	交流负荷/kW	备　注
基站设备	BBU 设备(3G)	1	320	6.67	0.32	查阅技术手册
	RRU 设备(3G)	3	130	8.13	0.39	同上
	BBU 设备(4G)	1	614	12.79	0.61	同上
	RRU 设备(4G)	3	240	15.00	0.72	同上
	BBU 设备(5G)	1	800	16.67	0.80	同上
	AAU 设备(5G)	3	1140	71.25	3.42	同上
	小计 1			130.50	6.26	
传输设备	PTN/IPRAN 设备	1	200	4.17	0.20	查阅技术手册
	小计 2			4.17	0.20	
其他设备	蓄电池充电(10h)	—	—	36.44	1.97	按 10h 充满电计算
	空调设备	2	—	—	4.41	由空调容量计算书得到
	机房照明	—	—		0.2	按 $0.01kW/m^2$ 计算
	其他设备	—	—	6	0.32	根据实际情况计取
	小计 3			42.44	6.90	
	合计			177.10	13.37	

(2)市电引入容量需求配置表。

根据交流负荷需求预测表,计算出交流负荷最大功率、配电箱额定电流及总进线开关电流值,并根据电源配置原则,输出市电引入容量需求配置表,如表 4-12 所示。

表 4-12　市电引入容量需求配置表

序号	A	B	C	D
1	主要参数	数据来源	公式说明	输入/输出
2	交流负荷最大功率 P_{max}/kW	交直流负荷需求预测表	$P_{max}=(P_{现有设备}+P_{新增设备}+P_{电池充电}+P_{空调}+P_{照明}+P_{其他})/0.9$	14.85
3	配电箱额定电流 I_c/A	根据公式输出	$I_c \geqslant (P_{max} \times 1000)/(1.732 \times 380 \times 0.8)$	28.20
4	安全系数 K	取 15%～20%	取 20%	20.00%
5	建议配置容量/A	根据公式输出	$=D3 \times (1+D4)$	33.85
6	建议配电箱型号	根据原则配置	$="380V/" \& IF(D5>100,160,IF(D5>60,100,60)) \& "A"$	380V/60A
7	建议电缆型号	交流电缆配置表	—	$4 \times 25mm^2$

(3)市电引入容量配置参考表。

通信基站常见的交流配电箱主要分为额定电压 380V,额定电流 63A、100A 两种。可根据上述方法,固化和输出市电引入容量、变压器容量、配电箱型号、电缆型号等主要配置参考值,如表 4-13 所示。

表 4-13　市电引入容量典型配置参考表

基站负荷需求	变压器容量需求	交流配电箱型号	参考电缆型号
8kW	—	220V/63A	$3 \times 25mm^2$
15kW	20kVA	380V/63A	$4 \times 25mm^2$
20kW	30kVA	380V/63A	$4 \times 25mm^2$
25kW	30kVA	380V/100A	$4 \times 25mm^2$

其中,典型的交流配电箱配置模型如下。

❑ 标配 63A 交流配电箱:输入分路为 1 个 63A/4P;输出分路为 2 路 63A/3P,3 路 25A/3P,3 路 16A/1P、1 路 10A/1P、1 个 16A/2P。

❑ 标配 100A 交流配电箱:输入分路为 1 个 100A/3P×1 路;输出分路为 50A/3P×2 路,16A/3P×2 路,25A/1P×2 路,16A/1P×2 路,10A/1P×2。

❑ 防雷保护:应符合 GB 50689—2011《通信局(站)防雷与接地工程设计规范》相关规定,其防雷等级应按照规范中第 9.3 节的规定,并在交流配电箱中安装交流第一级浪涌保护器。

❑ 仪表:交流配电箱标配仪表应为数字显示智能监测仪表,具备测量输入总电流、输入电压功能及遥测、遥信功能。

❑ 插座:应配置 1 个油机电源输入 63A 四孔快速连接移动工业插座。

4.3.3　直流配电

开关电源是通信基站直流配电的关键设备之一,其主要作用是完成交流配电、交流转直流、直流配电及电源监控等工作。一般情况下,基站开关电源属于交直流输出混合柜,其主要模块包括交流模块、直流模块、整流模块和监控模块。

1. 配置要求

根据 GB 51194—2016《通信电源设备安装工程设计规范》技术要求,通信机房新增或扩容开关电源的满架容量应按远期负荷配置,整流模块容量可按本期负荷配置,其主要作用为交流转直流,以及滤波稳压,整流模块的总容量配置主要由已安装设备直流负荷、新增设备直流负荷及蓄电池充电电流 3 个要素共同决定。

一般情况下,室内型基站应配置 1 台开关电源,其满架容量可按 300A、600A 配置,整流模块则按本期直流负荷配置,主要采取 $N+1$ 冗余方式来确定整流模块数量,其中 N 只为主用模块,当 N 小于或等于 10 时,应备用 1 只;当 N 大于 10 时,宜每 10 只备用 1 只。除无人站外,主用整流器的总容量应按负荷电流和电池的均充电流(10h 浮充电电流)之和确定。

2. 计算方法

开关电源的直流配电可分 3 步走,一是"核",核实现状和新增需求,包括已安装设备、新增设备及电池充电的直流负荷需求;二是"算",根据配置原则计算近期和远期的直流总负荷需求;三是"配",按需配置开关电源的整流模块、空气开关等容量需求。

1）核实需求

在通信基站中,电源需求来源分为 3 类,即已安装的设备、新增的设备和电池浮充的电源需求。

一是已安装的各种直流用电设备,包括一次下电的无线设备(例如,BBU、AAU/RRU、直放站等)、二次下电的传输设备(例如,IPRAN 设备、PTN 设备)及其他设备,可从开关电源的监控模块面板上读取已安装设备的实际直流负荷。

二是新增设备直流负荷需求,可查阅设备产品手册获取其额定功耗,按照公式 $I=P/U$ 进一步计算出直流负荷需求。

三是电池充电电流,可按照一定浮充系数(例如,按 10h 充满电计算取 0.1 系数)计算得出蓄电池组的充电电流。

2）计算容量

在通信基站中,开关电源的单个整流模块容量为 30A 或 50A,整流模块配置遵循 $N+1$ 冗余原则,同时,采取均流技术使所有模块可共同分担负载电流,一旦其中某个模块失效,其他模块可均摊负载电流,避免因开关电源整流器故障而导致的基站宕站,其主要配置方法如表 4-14 所示。

表 4-14　开关电源容量需求配置表

主要参数	数据来源	公式说明	输入/输出
负载总电流 $I_{负载}$/A	负荷需求预测表	按基站设备、传输设备及其他设备的直流负荷之和并考虑 0.95 的有效系数确定	148.07
电池充电电流 $I_{充电}$/A	负荷需求预测表	按 10h 充满电计算	36.44
单体额定输出电流 $I_{单体}$/A	电源产品说明书	例如,整流模块为 50A/个	50
主用模块数量/个	根据公式输出	$=\mathrm{ROUNDUP}((I_{负载}+I_{电池})/I_{单体},0)$	4
备用模块数量/个	按 $N+1$ 冗余原则配置	手动输入	1
整流模块总数/个	根据公式输出	=主用模块数量+备用模块数量	5
总配置负荷/A	根据公式输出	=整流模块总数×单体额定输出电流	250
建议开关电源型号(满架/本期)	根据原则配置	组合开关电源满架容量分 300A、600A 两种	600A/250A

3）模块配置

单套开关电源主要由交流配电单元、整流模块、直流配电单元和监控模块组成,具备交流转直流、整流滤波、直流稳压、故障告警及保护功能,其典型配置如表 4-15 所示。

表 4-15　组合开关电源典型配置参考表

项　目	配置参数
整柜配置	例如,PS48600-3A/2900,代表 48V 开关电源,满配容量 600A,整流模块的额定功率为 2900W
交流配电单元	交流输入为 380V/100A×3 路(可自动、手动切换);三相输出分路为 100A×2 路+63A×2 路,单相输出分路为 63A×2 路+32A×8 路+10A×4 路

续表

项　　　目	配 置 参 数
直流配电单元	蓄电池分路为≥48V/500A×2 路；直流输出分路为一次下电 100A×2 路＋63A×2 路＋32A×2 路(熔丝/空开)，63A×2 路＋32A×2 路＋20A×2 路＋10A×2 路(空开)
整流模块	遵循 $N＋1$ 冗余方式配置，满配容量 600A，本期配置 250A
监控模块	提供多个 RS232/RS485 接口，用于对接变电所监控系统、动环监控系统的通信接口

4.3.4　电池配置

蓄电池主要是为通信基站设备提供电源续航服务，蓄电池容量主要由负荷电流、放电小时数（备电时长）决定，其中，负荷电流由机房现有设备的负荷电流和新增 5G 设备的负荷电流组成，而蓄电池放电小时数则由设备配置策略及技术规范要求来确定。

1. 技术要求

根据 GB 51194—2016《通信电源设备安装工程设计规范》，同时考虑不同市电类型、局站类别、运维能力及机房条件等因素，蓄电池配置技术要求如下：

① 蓄电池组的容量应按近期（建成投产后 1～3 年）负荷配置，依据蓄电池的寿命，考虑远期（建成投产后 3～5 年）发展。

② 直流供电系统的蓄电池宜设置两组，一主一备。交流不间断电源设备（UPS）的蓄电池组每台宜设一组。当容量不足时可并联，蓄电池组最多的并联组数不应超过 4 组。

③ 蓄电池组并联应符合以下规定：

❑　不同厂家、不同容量、不同型号的蓄电池组不应并联使用。

❑　不同时期的蓄电池组不宜并联使用。

④ 蓄电池组总容量应按照下式计算：

$$Q \geqslant \frac{K \times I \times T}{\eta[1+\alpha(t-25)]} \tag{4-3}$$

其中，Q 为蓄电池组总容量（Ah）；K 为安全系数，取 1.25；I 为负荷电流（A）；T 为放电小时数（h）；η 为放电容量系数，如表 4-16 所示；t 为实际电池所在地最低环境温度数值。当所在地有采暖设备时，按 15℃ 考虑，当无采暖设备时，按 5℃ 考虑；α 为电池温度系数（1/℃），当放电小时率≥10 时，取 $\alpha=0.006$；当 10＞放电小时率≥1 时，取 $\alpha=0.008$；当放电小时率＜1 时，取 $\alpha=0.01$。

表 4-16　铅酸蓄电池放电容量系数（η）表

电池放电小时数/h		0.5			1			2	3	4	6	8	10	≥20
放电终止电压/V		1.65	1.70	1.75	1.70	1.75	1.80	1.80	1.80	1.80	1.80	1.80	1.80	≥1.85
放电容量系数	防酸电池	0.38	0.35	0.30	0.53	0.50	0.40	0.61	0.75	0.79	0.88	0.94	1	1
	阀控电池	0.48	0.45	0.40	0.58	0.55	0.45	0.61	0.75	0.79	0.88	0.94	1	1

2. 计算方法

在 5G 基站勘察设计中，蓄电池容量配置可分为采数据、查参数、定原则、做测算 4 个步骤,同时,可将计算公式转换为 Excel 工具,通过固化环境参数、输入负荷电流和放电时间实现蓄电池容量的计算和复核。

(1) 采:采集基础数据,包括实际使用电流、蓄电池型号和容量等基础数据。例如,在现场勘察设计时,应在勘察草图和勘察照片中记录开关电源监控面板上的"负载电流"的读数,例如,20A。

(2) 查:新增设备功耗和计算参数要求,前者可从基站设备技术规范书、产品技术手册及相关硬件描述书中查得,例如,某设备厂家的 3.5G NR 64TR 的 BBU 和 AAU 最大功耗分别为 800W、1140W;后者则可从 GB 51194—2016《通信电源设备安装工程设计规范》中查得,主要参数包括安全系数、放电容量系数、电池温度系数等。

(3) 定:不同场景备电原则,例如,可根据局站类别(重要程度)、市电类别(可靠性)、不同场景的机房条件和运维条件,结合各运营商的配置要求,可将城区、郊区及乡镇、农村场景的蓄电池备电时间分别设定为 3h、5h 和 8h。

(4) 算:固化模型、编制工具和测算需求。蓄电池组总容量的计算公式已由 GB 51194—2016《通信电源设备安装工程设计规范》给出,属于经验模型,可将其编制和固化为 Excel 工具形式,在此基础上,测算存量站和新建站的蓄电池组容量需求。

(5) 可根据不同已知条件测算蓄电池组容量 Q、放电小时数 T 及负荷电流 I,以存量改造站的蓄电池容量核算为例进一步说明如下。

① 已知条件:
- B 市兴桂路小学 5G NR 基站位于南方,属无采暖设备地区。
- 机房原有两组 300Ah 阀控式铅酸蓄电池,双层安装于承重墙一侧。
- 结合勘察照片记录,开关电源监控模块显示直流电压为 53.6V,负载电流为 20A。
- 本期新增 1 台 BBU 设备和 3 台 AAU 设备,查询技术规范书发现其最大功耗分别为 800W 和 1140W。
- 根据运营商的蓄电池配置要求,假设蓄电池放电小时数为 4h。

② 复核结果:经核算,所需蓄电池组容量为 813.12Ah,原蓄电池组容量为 2×300Ah $<$ 813.12Ah,无法满足本期需求,建议更换蓄电池组为 2×500Ah,如表 4-17 所示。

表 4-17 蓄电池容量需求配置表

序号	主要参数	数 据 来 源	公 式 说 明	输入/输出
1	地区选择	分有采暖设备和无采暖设备	手工选择	无采暖设备
2	安全系数 K	取 1.25	固定系数	1.25
3	负荷电流 I/A	现有负荷电流(监控面板读数)+新增负荷电流(设备能耗折算)	根据需求负荷测算表手动输入	107.92
4	放电小时数 T/h	蓄电池组放电小时数配置表	根据运营商配置原则手动输入	4

序号	主要参数	数据来源	公式说明	输入/输出
5	放电容量系数 η	查表获得	=INDEX('02 辅助表'!＄A＄1:＄C＄10,MATCH(＄E＄7,'02 辅助表'!＄A＄1:＄A＄10,0),3)	0.79
6	电池温度系数 $\alpha/$℃$^{-1}$	查表获得	=IF(D5<1,0.01,IF(D5>=10,0.006,0.008))	0.008
7	当地最低环境温度数值	有采暖设备时取 15℃，无采暖设备时取 5℃	=IF(D2="有采暖设备",15,5)	5
8	蓄电池组总容量 Q/Ah	输出结果,公式为 $Q \geqslant KIT/\eta[1+\alpha(t-25)]$	=D3×D4×D5/(D6×(1+D7×(D8−25)))	813.12

4.3.5　空调配置

在通信工程项目中,空调是通信基站的"用电大户",如何选配空调是基站设计的重要工作内容之一,常采用功率面积法来计算机房空调的负荷容量,其主要影响因素包括设备负荷、机房结构及所在区域(温度带)等,其主要计算公式如下:

$$Q_t = Q_1 + Q_2 \tag{4-4}$$

其中,Q_t 为空调总制冷量(kW);Q_1 为室内设备热负荷(kW),由设备功耗×同时利用系数(取 0.8~1.0)得到;Q_2 为环境热负荷(kW),主要受机房面积、当地气候条件、机房位置、朝向等因素的影响,由机房面积×估算系数得到。

可根据机房现网设备功耗和新增设备功耗计算出室内设备热负荷,再根据机房的面积计算出机房环境热负荷,从而得出机房总热负荷,由此配置机房所需的空调配置和数量,其中,室内型基站空调容量计算书如表 4-18 所示。

表 4-18　基站空调容量需求配置表

序号	主要参数	数据来源	公式说明	输入/输出
1	空调制冷量 Q_t/kW	输出结果,公式为 $Q_t=Q_1+Q_2$	=D3+D4	10.00
2	室内设备热负荷 Q_1/kW	源自需求负荷测算表,公式为 $Q_1=$ 设备功耗×同时利用系数(0.8~1.0)	=SUM('01 容量需求'!F8,'01 容量需求'!F10)/0.95	6.80
3	环境热负荷 Q_2/kW	过程数据,公式为 $Q_2=K×S$	=D5×D6	3.20
4	机房面积 S/m^2	源自勘察设计图纸	手工输入	20.00
5	估算系数 K	根据当地气候条件、机房位置、朝向等因素考虑取 0.1~0.2kW/m^2	手工输入,取 0.16	0.16
6	匹数转换/HP	1HP=0.735kW×能效比(3.5)	=INT(D2/(0.735×3.5))	3

4.3.6 电缆选型

电缆是给通信设备提供电源的"血管",电缆选型、配置和敷设应视不同的工程条件、环境特点、电缆型类及其载流量等实际情况,以技术先进、经济合理、安全适用、便于施工和维护为原则开展工程设计工作。

1. 技术要求

根据 GB 51194—2016《通信电源设备安装工程设计规范》、GB 50217—2007《电力工程电缆设计规范》的有关规定并结合工程实际,电缆选型的主要要求如下。

(1)容量计算:

❑ 高压柜出线、低压配电设备的交流进线导线截面宜按变压器容量计算,低压配电屏的出线截面应按被供负荷的容量计算。

❑ 直流电源馈线应按远期负荷确定,若近期负荷与远期负荷相差悬殊,则可考虑分期敷设且考虑将来扩装条件,其主要计算方法包括电流矩法和固定压降分配法。

(2)电缆选型:电缆形式与截面选择应按其环境条件、敷设条件来确定导体的载流量,同时应满足电压压降、热稳定及机械强度的要求。此外,线路的电压损失应满足用电设备正常工作及启动时端电压的要求。

(3)电缆敷设:一般情况下,室外高、低压电缆不宜同沟敷设,室内交、直流电缆不宜同上线井、同架、同槽敷设,若无法避免,则应分开两边敷设、不能交叉穿越且应采取屏蔽措施。此外,机房内的导线应采用阻燃电缆或耐火电缆,接地导线宜采用铜芯导线。

2. 计算方法

通信局(站)的基础电源分为交流基础电源和直流基础电源两种,其电压等级主要分为直流−48V(或+24V)和交流 220V/380V,本节主要对交流电缆、直流电缆和保护地线的线径计算及选型方法进行进一步说明。

1)交流电缆

(1)三相四线制。

在低压配电网中,输电线路一般采用三相四线制,其中三条线分别代表 A/B/C 相线(俗称"火线"),另外一条是中性线 N 或 PEN(俗称"零线"),如图 4-33 所示,接入三相中的两相可获得 380V 电压,接入三相中的一相和零线可获得 220V 电压。

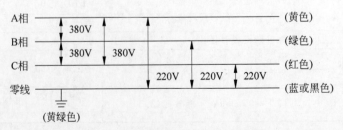

图 4-33 三相四线制工作原理示意图

（2）三相电力线。

在室内型基站中，向交流配电箱引入 380V 交流市电涉及三相电力线的选型和配置，主要步骤包括计算变压器每相输出线电流、计算相线和零线截面积、选取合适的电缆规格型号，如表 4-19 所示，除考虑导线的载流量外，交流市电引入电缆还应满足热稳定及机械强度要求，同时应符合技术规范"通信用交流中性线应采用与相线相等截面的导线"的要求，故而，建议 380V 交流市电引入电缆可按 $4 \times 25 \text{mm}^2$ 规格来配置。

表 4-19　380V 交流市电引入电缆选型计算表

主要参数	数据来源	公式说明	输入/输出
变压器每相输出线电流 I_P / A	市电引入容量需求配置表	公式为 $I_P = (P_{\max} \times 1000)/(1.732 \times 380 \times \cos\varphi)$	28.20
相线截面积 $S_{相} / \text{mm}^2$	根据公式输出	公式为 $S_{相} = I_P / 2.5 \text{mm}^2$，式中，2.5 为经济电流密度，单位为 A/mm^2	11.28
零线截面积 $S_{零} / \text{mm}^2$	根据公式输出	公式为 $S_{零} = 1.7 \times S_{相}$	19.18
建议电缆型号	根据原则配置，查表获得	铜芯 A 类阻燃聚氯乙烯绝缘聚氯乙烯护套钢带铠装软电缆	ZA-RVV $4 \times 25 \text{mm}^2$

（3）单相电力线。

在室外型基站中，向交流配电箱引入 220V 交流市电涉及单相电力线的选型和配置，主要步骤包括计算单相电力线载流量、计算相线截面积和电缆选型等。

① 计算单相电力线载流量：

$$I_P = \frac{P_{\max} \times 1000}{220 \times \cos\varphi} \tag{4-5}$$

其中，I_P 为单相电力线输出电流（A）；$P_{\max}$ 为交流负荷的最大功率（kW）；$\cos\varphi$ 为功率因数，一般取 0.8。

② 计算相线截面积：

$$S_{相} = \frac{I_P}{2.5} \tag{4-6}$$

其中，$S_{相}$ 为相线截面积（mm^2）；经济电流密度取 2.5，单位为 A/mm^2。

按年最大负荷利用小时数估算，导线的经济电流密度如表 4-20 所示。

表 4-20　导线的经济电流密度参考表

导线材料	年最大负荷利用小时数 $T_{\max}$		
	3000h 以下	3000～5000h	5000h 以上
铝芯电缆	1.92	1.73	1.54
铜芯电缆	2.5	2.25	2

（4）典型配置。

根据上述计算方法，给出 380V 交流电缆选型及其典型配置如表 4-21 所示。

表 4-21　380V 交流市电引入典型配置参考表

交流配电箱容量/A	交流电缆参考截面积/mm²	交流配电箱容量/A	交流电缆参考截面积/mm²
10	2.5	63	25
16	4	80	35
20	6	100	50
25	10	125	70
32	10	160	95
40	16	200	120
50	16	250	150

2）直流电缆

（1）电压压降。

根据技术规范要求,通信网络接入侧站点应采用−48V 直流供电或交流供电,并且通信设备的受电端子处的电压允许变动范围为−40～−57V,由此可推算出,当按满足电压要求选取直流放电回路的导线时,−48V 直流放电回路全程压降值不应大于 3.2V,如图 4-34 所示。

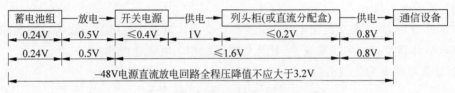

图 4-34　直流电源放电回路全程压降分配

（2）计算方法。

在通信工程中,可使用电流矩法和固定压降分配法来计算电力线的截面积,其主要解决思路为利用欧姆定律及其转换公式,当设备型号及其安装位置确定后,可获得导线上的电流、导线回路长度、导体导电率等已知条件,进而转换为求解导线回路压降、导线截面积的问题。

① 电流矩法：其主要思路为采取试算法,假定导线截面积 S,代入式(4-7)得到导线回路压降,若导线回路压降小于技术规范所规定的压降值,则说明线径可满足要求,同时,取更粗或更细一级的导线线径代入公式,不断尝试和逼近合适的导线截面积。

$$\Delta U = I \times R = \frac{I \times L}{S \times \gamma} \tag{4-7}$$

其中,ΔU 为导线回路允许压降(V);I 为导线负载电流(A);L 为导线回路长度(m);S 为导线截面积(mm²);γ 为导体的导电率(m/Ω·m),其中铜线为 57、铝线为 34。

② 固定压降分配法：其主要思路为采取经验模型法,事前根据技术规范及相关要求将蓄电池至通信设备之间的每段压降划分好,代入式(4-7)便可求解最小的导线截面积,在此基础上,结合电缆选型原则向上选取合适的直流电缆型号,如表 4-22 所示。

表 4-22 使用固定压降法计算导线截面积的方法

主 要 参 数	数 据 来 源	公 式 说 明	输入/输出
导线截面积 S/mm^2	根据公式计算	自动输入,公式为 $S=(I\times L)/(\Delta U\times\gamma)$	7.31
导线负载电流 I/A	负荷需求预测表	例如,5G BBU 的直流负荷为 16.67A	16.67
导线回路长度 L/m	查阅设计图纸	例如,BBU 至直流分配盒长度为 10m	20
导线回路允许压降 $\Delta U/V$	根据压降分配	直流分配盒至通信设备(5G BBU)运行压降为 0.8V	0.8
导体的导电率 $\gamma/(S/m)$	—	例如,铜线 57、铝线 34	57
建议电缆型号	根据原则配置	向上选取合适的导线线径和规格型号	$2\times10\mathrm{mm}^2$

在通信工程中,往往可从设备厂家的产品说明书中查阅 5G BBU、RRU/AAU 等设备的配电规格、输入或输出电缆规格型号等主要参数,如表 4-23 所示,使用上述方法验算后,若符合技术规范要求,则可直接使用了。

表 4-23 直流电源分配单元配置参数表

项 目	技 术 参 数
工程环境	适用室内机房、DRAN 组网架构下的直流配电条件
设备作用	自开关电源(或直流配电屏)引入两路 −48V DC,按需分配 N 路 −48V DC 给 BBU、AAU/RRU 等设备供电
配电规格	$4\times42A$(1 个 BBU+3 个 AAU)+$6\times25A$(6 个 RRU)
输入电缆	$6\sim35\mathrm{mm}^2$,例如,开关电源至直流配电盒电缆规格为 $2\times25\mathrm{mm}^2$
输出电缆	$2.5\sim16\mathrm{mm}^2$,例如,直流配电盒至 5G BBU/AAU 的电缆规格为 $2\times10\mathrm{mm}^2$

3)保护地线

在通信机房中,接地线主要包括工作接地、设备外壳保护接地和防雷接地 3 种,工程中的主要做法是通过接地装置、防浪涌保护器与联合地网相连接实现"三地合一"的目标,其中工作接地和设备外壳保护接地选型要求如下。

(1)工作接地:通信用交流中性线应采用与相线相等截面的导线,最小截面积不小于 $16\mathrm{mm}^2$。

(2)保护接地:当交流相线线径 $S\leqslant16\mathrm{mm}^2$ 时,保护地线线径与相线相同;当交流相线线径 $16<S\leqslant35\mathrm{mm}^2$ 时,保护地线线径选用 $16\mathrm{mm}^2$;当交流相线线径 $35<S\leqslant400\mathrm{mm}^2$ 时,保护地线线径为相线线径的一半;保护地线(PE)最小截面积应符合表 4-24 的规定。

表 4-24 保护地线最小截面积选择表

相线截面积/mm^2	PE 线截面积/mm^2	相线截面积/mm^2	PE 线截面积/mm^2
$S\leqslant16$	S	$400<S\leqslant800$	$\geqslant200$
$16<S\leqslant35$	16	$S>800$	$\geqslant S/4$
$35<S\leqslant400$	$S/2$		

4.3.7 输出成果

在 5G 基站设计中,电缆布放路由、规格型号、工程量需求等工作内容往往体现在基站系统连接图中,如图 4-35 所示。

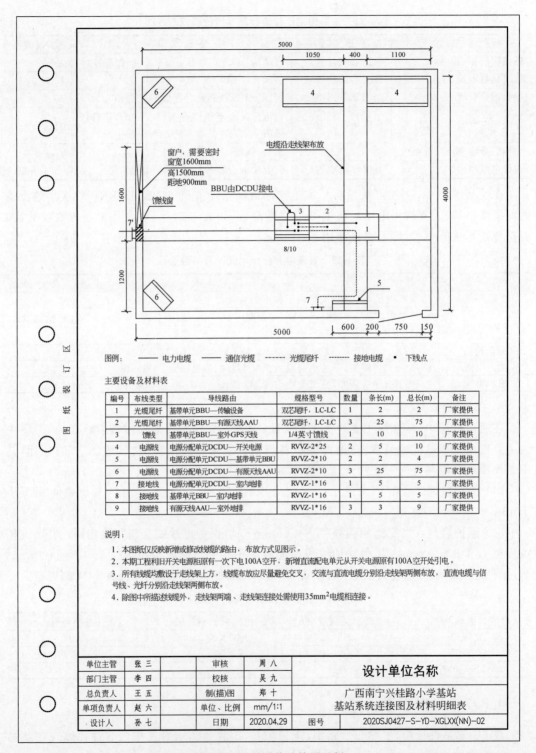

图例：—— 电力电缆 —— 通信光缆 ⋯⋯ 光缆尾纤 ------ 接地电缆 • 下线点

主要设备及材料表

编号	布线类型	导线路由	规格型号	数量	条长(m)	总长(m)	备注
1	光缆尾纤	基带单元BBU—传输设备	双芯尾纤，LC-LC	1	2	2	厂家提供
2	光缆尾纤	基带单元BBU—有源天线AAU	双芯尾纤，LC-LC	3	25	75	厂家提供
3	馈线	基带单元BBU—室外GPS天线	1/4英寸馈线	1	10	10	厂家提供
4	电源线	电源分配单元DCDU—开关电源	RVVZ-2*25	2	5	10	厂家提供
5	电源线	电源分配单元DCDU—基带单元BBU	RVVZ-2*10	2	2	4	厂家提供
6	电源线	电源分配单元DCDU—有源天线AAU	RVVZ-2*10	3	25	75	厂家提供
7	接地线	电源分配单元DCDU—室内地排	RVVZ-1*16	1	5	5	厂家提供
8	接地线	基带单元BBU—室内地排	RVVZ-1*16	1	5	5	厂家提供
9	接地线	有源天线AAU—室外地排	RVVZ-1*16	3	3	9	厂家提供

说明：

1. 本图纸仅反映新增或修改线缆的路由，布放方式见图示。

2. 本期工程利旧开关电源柜原有一次下电100A空开，新增直流配电单元从开关电源原有100A空开处引电。

3. 所有线缆均敷设于走线架上方，线缆布放应尽量避免交叉，交流与直流电缆分别沿走线架两侧布放，直流电缆与信号线、光纤分别沿走线架两侧布放。

4. 除图中所描述线缆外，走线架两端、走线架连接处均需使用35mm²电缆相连接。

单位主管	张 三	审核	周 八	设计单位名称
部门主管	李 四	校核	吴 九	广西南宁兴桂路小学基站
总负责人	王 五	制(描)图	郑 十	基站系统连接图及材料明细表
单项负责人	赵 六	单位、比例	mm/1:1	
设计人	孙 七	日期	2020.04.29	图号 2020SJ0427-S-YD-XGLXX(NN)-02

图 4-35 基站系统连接图示例

4.4　工程制图

常言道,"一图胜千言",工程图纸是工程技术人员表达思想和交流技术的重要工具,也是设计单位交付的最终技术产品,其重要性主要体现在 3 方面,一是指导工程施工的依据,二是直接影响工程建设的质量及效果,三是一旦发生质量问题或事故,作为界定工程参与方技术与法律责任的主要依据。

4.4.1　工程识图

27min

一般来讲,不同项目、专业和现场环境的工程图样会各不相同,可从项目、单项、单站 3 个层面来认识和解读 5G 工程项目的设计文件与设计图纸,了解和掌握其文件结构、内容组成、编制要求、要素表达及相关工程量计算等工作内容。

1. 设计文件

第一件事是认识施工图设计文件。施工图设计文件是指导项目实施的重要技术文件,可与设计文件合为一册,亦可自成一册。从文件结构上可分为文字表述和图形表示两部分,其主要内容包括封面、扉页、设计资质证书、设计文件分发表、目录、设计说明、通用图纸及单站设计图纸等,其中,单站设计图纸按其表现方式又可分为平面图、立面图、剖面图及详图等,如图 4-36 所示。

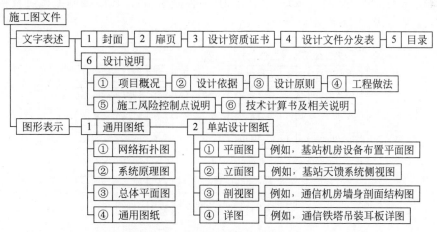

图 4-36　施工图设计文件结构示意图

在施工图文件中主要内容包括基本信息、设计说明、通用图纸和单站图纸等部分。

(1)文件封面、扉页:用于明确项目基本信息和责任主体,主要包括项目名称、设计阶段、分册名称、建设单位、设计单位及相关责任人等基本信息,如图 4-37 所示。

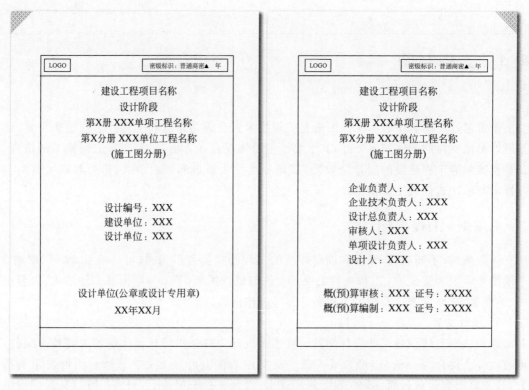

图 4-37　施工图设计文件的封面和扉页示意图

（2）设计说明：主要由项目信息、规范依据、设计要旨及专项说明 4 部分组成，应重点阐述工程概况、设计范围、设计依据、设计原则、工程做法、施工风险控制点说明及相关技术计算书等内容，如图 4-38 所示。

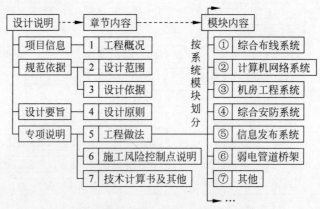

图 4-38　施工图设计文件结构示意图

（3）通用图纸：为了避免大量重复劳动和提高工程制图效率，可将工程项目中的网络拓扑图、系统原理图、总体平面图及共性的工程做法绘制成通用图纸的形式，以便在不同的工程项目中重复利用和指导施工，如图 4-39 所示。

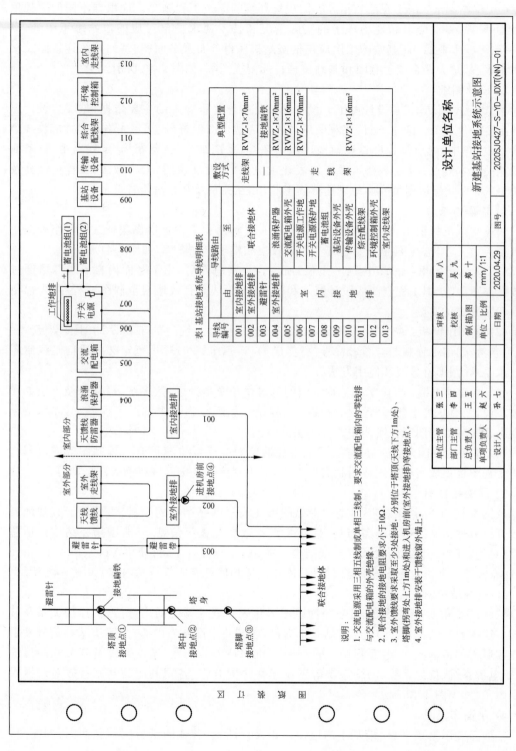

表1 基站接地系统导线明细表

导线编号	导线路由		敷设方式	典型配置
	由	至		
001	室内接地排	联合接地体	走线架	RVVZ-1×70mm²
002	室外接地排		—	接地扁铁
003	避雷针			RVVZ-1×70mm²
004	室外接地排	浪涌保护器		RVVZ-1×16mm²
005		交流配电箱外壳		RVVZ-1×70mm²
006		开关电源工作地		
007	室	开关电源保护地	走	
008	内	蓄电池组	线	RVVZ-1×16mm²
009	接	基站设备外壳	架	
010	地	传输设备外壳		
011	排	综合配线架		
012		环境控制箱外壳		
013		室内走线架		

说明：
1. 交流电源采用三相五线制或单相三线制，要求交流配电箱内的零线绝缘
与交流配电箱的外壳绝缘。
2. 联合接地的接地电阻要求小于10Ω。
3. 室外馈线要求至少取3处接地，分别位于主塔顶(天线下方1m处)、
塔脚(拐弯处上方1m处)和进入机房前(室外接地排等接地点。
4. 室外接地排安装于馈线窗外墙上。

设计单位名称		新建基站接地系统示意图	
单位主管	张 三	审核	周 八
部门主管	李 四	校核	吴 九
总负责人	王 五	制描图	郑 十
审页负责人	赵 六	单位·比例	mm/1:1
设计人	孙 七	日期	2020.04.29

2020SJ0427-S-YD-JDXT(NN)-01
图号

图 4-39　新建 5G 基站接地系统示意图

(4) 单站图纸:用于规范和指导不同现场环境的单站工程施工。应根据不同的工程项目、设计阶段、专业分工和现场环境的实际情况和技术要求输出对应的单站施工图纸,例如,一张无线专业的 5G 基站施工图应包括基站机房设备布置平面图、基站系统连接图及材料明细表、基站天馈系统示意图和基站覆盖目标俯视图等,如图 4-40 所示。

2. 设计图纸

第二件事是认识工程设计图纸。设计图纸是指导工程施工的主要依据,是表达设计思想的主要交付成果。通常,通信工程图纸的内容表达由图形符号、文字表格和尺寸标注 3 个要素构成,其中,图形符号可直观地描述网络拓扑、系统结构、设备布局、走线路由、设备面板及相关技术要求;文字表格可系统地表述规范规定、设计说明、工程做法、工程量计算及相关要求;尺寸标注则可准确地表达形体形状、相互关系及其相对位置等信息。

1) 梳理方法

快速掌握工程识图和工程制图操作技法,一是解读和掌握标准图集;二是制作和使用图纸模板;三是借鉴和绘制设计图纸;四是收集和整理标准图库,如图 4-41 所示。

(1) 读标准图集:正如《论语·里仁》所说,"见贤思齐焉,见不贤而内自省也",可通过阅读标准图集,掌握工程制图的设计范式和标准做法,从而有效地规范制图流程、减少出错概率和提升交付质量。

(2) 做图纸模板:应结合工程制图规定,使用规范的、统一的工程设计图纸模板。例如,可参考《通信工程制图与图形符号规定》(YD/T 5015—2015)规范定义的通信工程制图的技术要求、图形符号及其使用方法。

(3) 画设计图纸:快速掌握工程制图的有效途径便是勤思考、多练习、常总结。正如卖油翁所说,"无他,唯手熟耳",可借鉴前期工程设计图纸在临摹中掌握工程做法,亦可结合本期勘察实际绘制图纸在实践中找寻解决方案。

(4) 整理标准图库:分组归类、规范整理通信图标库可快速提升工程制图效率,例如,可将工程图标做成表格形式或树状文件形式,工程制图时直接复制或插入图标即可。

2) 网络拓扑图

从网络视角看,网络拓扑图是一种以图形化表示网络结构的工具,主要用于直观地展示计算机或通信网络中的设备布局、连接关系和数据配置等信息,其典型拓扑结构包括总线型、星型、环型、树形、网状及混合型结构。在 5G 工程设计中,可使用 Visio、PowerPoint、CAD 等软件工具快速输出 5G 组网架构、设备连接和信息流向等技术内容,如图 4-42 所示。

3) 系统结构图

从系统视角看,系统结构图是一种以图形化表示通信系统的内部结构、连接关系及其功能特征等要素的工具。以 5G 基站系统为例,以基站主设备为中心,为解决基站信号发射和接收所需的传输接入、电源保障、防雷接地、机房环境等问题,基站系统及其关联的传输系统、电源系统、接地系统、动环系统等系统模块协同合作、各司其职为基站有效运行提供了保障条件,如图 4-43 所示。

4) 平面布置图

平面布置图是最常见、最基本的通信工程设计图纸,其他图纸(例如,立面图、剖面图)

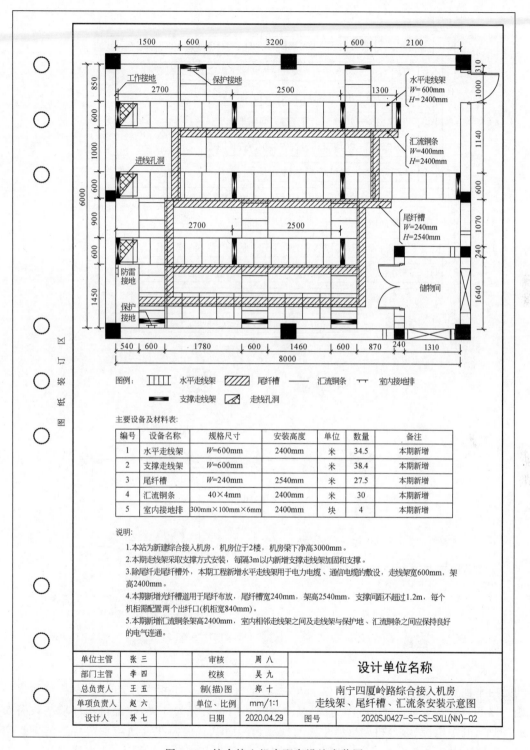

图例：▨ 水平走线架　▨ 尾纤槽　—— 汇流铜条　⊤ 室内接地排
　　　▨ 支撑走线架　▨ 走线孔洞

主要设备及材料表：

编号	设备名称	规格尺寸	安装高度	单位	数量	备注
1	水平走线架	W=600mm	2400mm	米	34.5	本期新增
2	支撑走线架	W=600mm		米	38.4	本期新增
3	尾纤槽	W=240mm	2540mm	米	27.5	本期新增
4	汇流铜条	40×4mm	2400mm	米	30	本期新增
5	室内接地排	300mm×100mm×6mm	2400mm	块	4	本期新增

说明：

1. 本站为新建综合接入机房，机房位于2楼，机房梁下净高3000mm。

2. 本期走线架采取支撑方式安装，每隔3m以内新增支撑走线架加固和支撑。

3. 除尾纤走纤槽外，本期工程新增水平走线架用于电力电缆、通信电缆的敷设，走线架宽600mm，架高2400mm。

4. 本期新增光纤槽道用于尾纤布放，尾纤槽宽240mm，架高2540mm，支撑间距不超过1.2m，每个机柜需配置两个出纤口(机柜宽840mm)。

5. 本期新增汇流铜条架高2400mm，室内相邻走线架之间及走线架与保护地、汇流铜条之间应保持良好的电气连通。

单位主管	张 三	审核	周 八	**设计单位名称**	
部门主管	李 四	校核	吴 九		
总负责人	王 五	制(描)图	郑 十	南宁四厦岭路综合接入机房 走线架、尾纤槽、汇流条安装示意图	
单项负责人	赵 六	单位·比例	mm/1:1		
设计人	孙 七	日期	2020.04.29	图号	2020SJ0427-S-CS-SXLL(NN)-02

图 4-40　综合接入机房配套设施安装图

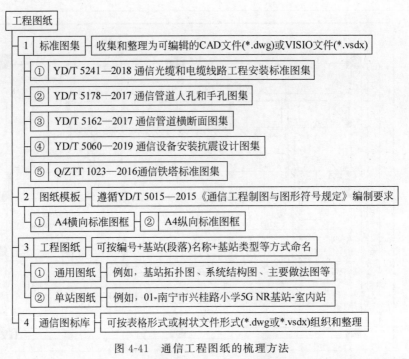

图 4-41　通信工程图纸的梳理方法

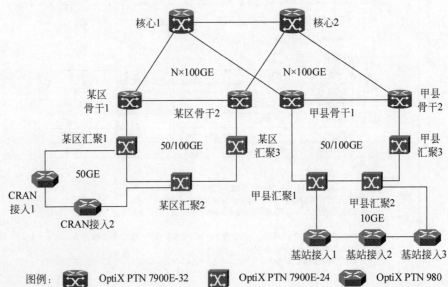

图 4-42　SPN 接入层网络拓扑图

均是由平面图深化或派生而来的,主要解决的是机房布局、机柜摆放和设备安装等技术问题。以 5G 基站设备平面布置图为例,其主要描述内容可分为 3 类,一是机房环境与设备布局,例如,开关电源、综合机架等横平竖直摆放,并且正面、侧面和背面均预留合适的维护空间;二是尺寸标注与设备定位,例如,新增 BBU 设备安装在 3 号机架上,正面离墙 1.2m、右

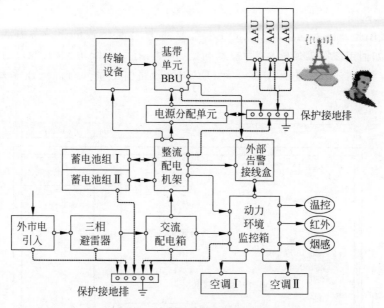

图 4-43 5G 基站系统结构示意图

侧离墙 2.1m；三是图纸图例与设备编号，例如，使用加粗图框表示新增设备、使用细线图框表示原有设备及使用数字代表设备编号，如图 4-44 所示。

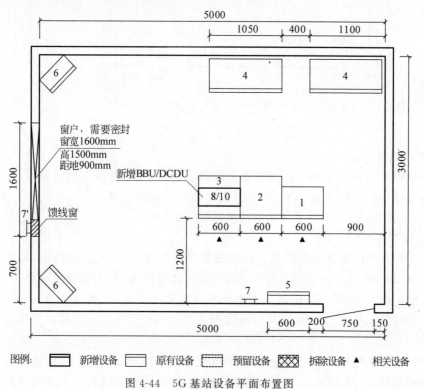

图 4-44 5G 基站设备平面布置图

5)系统连接图

系统连接图是通信工程设计图纸的主要组成部分,主要解决的是设备内部和设备之间"与谁连接""如何走线""如何配置"等技术问题,例如,有源天线单元(AAU)的直流供电方式为由开关电源柜接出,经电源分配单元(DCDU)分路引至室外有源天线单元,如图4-45所示。

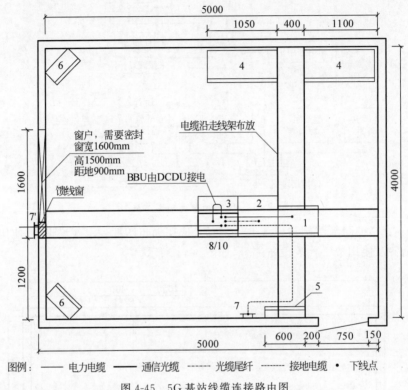

图例: —— 电力电缆 —— 通信光缆 ------ 光缆尾纤 ----- 接地电缆 · 下线点

图 4-45　5G 基站线缆连接路由图

6)工程量统计表

工程量统计表是记录和统计工程量数据的表格,常用于为施工物料领取、工程用量及线路布放等技术工作提供参考,例如,主要设备及材料表由设备编号、设备型号、规格尺寸、工程数量、度量单位及安装方式等内容组成,如图4-46所示。

3. 标准图集

第三件事是解读通信标准图集。标准图集是工程领域系统的、成熟的、标准化的通用技术文件,是加快工程产品交付速度最直接、最有效的措施,可从解读标准图集、设计图纸和工程实物中建立知识体系、借鉴工程做法和获得解决方案,例如,在工程勘察时,有意识地拍摄模范站的工程做法和勘察照片,长期积累和归纳成与标准图集相对应的工程实物图库,如图4-47所示。

通信标准图集的重要性是不言而喻的,可按照应用场景、工作内容、建设工序及工艺要求等技术要素将5G工程实施相关环节串联起来,例如,在《通信光缆和电缆线路工程安装

主要设备及材料表

编号	设备名称/型号	规格尺寸($W \times D \times H$)	单位	数量	备注
1	开关电源(-48 V)	600×450×1600	架	—	提供DCDU接电
2	传输综合柜	600×600×2000	架	—	提供BBU传输接入
3	19英寸标准综合机柜	600×600×2200	架	—	内装BBU/DCDU
4	蓄电池组(-48 V/300 Ah)	1050×470×870	组	—	
5	交流配电箱(380 V)	470×170×600	台	—	
6	立式空调(3P)	500×260×1700	台	—	
7	室内(外)接地排	350×5×150	个	—	
8	基带单元(BBU)	442×310×86	套	1	本期新增, 室内安装
9	有源天线单元(AAU)	395×220×795	套	3	本期新增, 上塔安装
10	电源分配单元(DCDU)	442×310×43	套	1	本期新增, 室内安装

图 4-46　主要设备及材料统计表

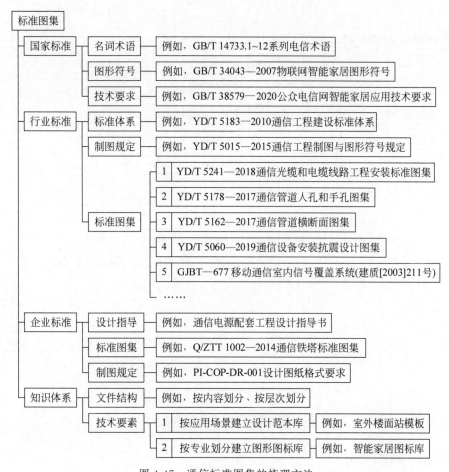

图 4-47　通信标准图集的梳理方法

标准图集》(YD/T 5241—2018)中,按不同场景、不同内容进行分类,标准图集由总说明、直埋、管道、架空、壁挂等场景光电缆安装图集,以及成端与设备内布线安装图集等部分组成,其中,架空场景按照"立杆""拉线""拉线加固""吊线""光缆吊挂"等施工环节给出标准图集,每个环节均配以直观的工程图纸,通过工程识图和图集解读可轻松地掌握架空光缆与电缆的设计要求及施工做法,如图 4-48 所示。

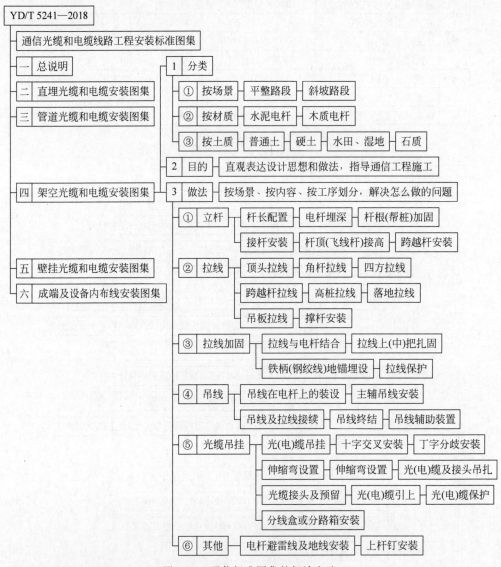

图 4-48　通信标准图集的解读方法

28min

4.4.2　制图规定

为了进一步提高通信工程制图效率,可针对不同项目、不同专业和不同场景编制一套标准的图纸模板,包括规范定义图纸的图框图衔、图线形式、文字说明、尺寸标注等绘图内容,例如,可参考《通信工程制图与图形符号规定》(YD/T 5015—2015)的规范要求。

1. 基本要求

不同工程环境的工程图样往往会各不相同,应抓住其逻辑模式和表达方法,方可完整、准确且清晰地反映设计意图。在通信工程图样中,应根据表述对象的性质、论述的目的与内容,选择适宜的图纸及表达方式,完整地表述主题内容,同时,图面应布局合理、排列均匀、轮廓清晰且便于识别,可指导工程项目实施,如表4-25所示。

表4-25　通信工程制图的基本要求

图 纸 要 素	基 本 要 求
图纸幅面	在保证图面布局紧凑和使用方便的前提下,应选择合适的图纸幅面,使原图大小适中
图框图衔	工程图纸应按照相关规定设置图衔、按编码规则顺序编号及按责任范围签字
图纸图线	工程图纸中应选用合适的图线宽度,图中的线条不宜过粗或过细
图形符号	正确使用国家及行业标准规定的图形符号,若派生新的符号,则应符合相关的派生规律
文字标注	应准确地按规定标注各种必要的技术数据和注释,并按规定进行书写或打印

2. 图纸幅面

图纸幅面是指图纸宽度与长度组成的图面,其基本幅面代号为A0、A1、A2、A3、A4。在通信工程图样中,应优先采用符合国家规定的基本幅面,并且一套图纸中所使用的幅面不宜多于两种,可优先采用A4图纸幅面。

3. 图框格式

图框是指图纸上限定绘图范围的线框,工程图样均需绘制于使用粗实线画出的图框内,其格式分为带装订边和不带装订边两种。在通信工程图样中,常使用带装订边的横向图框来绘制施工图纸,如图4-49所示。

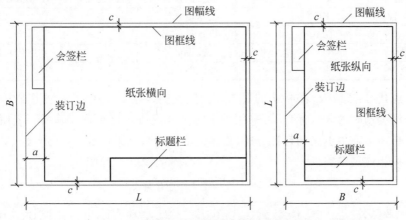

图4-49　带装订边图框的格式设置要求

4. 图衔格式

在通信工程图样中,应按照相关规定设置图衔,图衔位于图面的右下角,用于明确责任主体、图纸名称、图纸编号、单位及比例等基本信息,如图4-50所示。

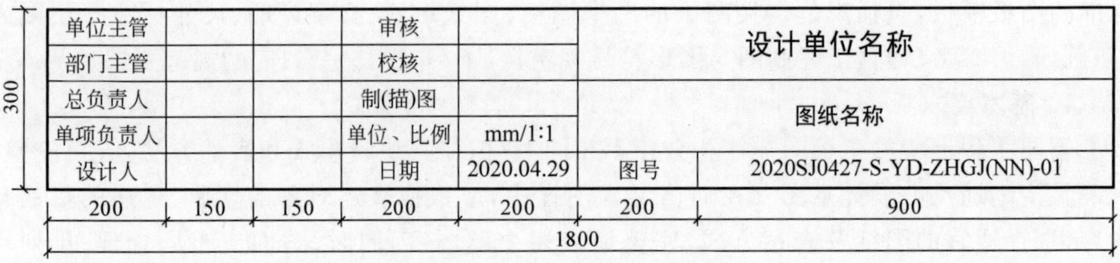
单位主管
审核
设计单位名称
部门主管
校核
总负责人
制(描)图
图纸名称
单项负责人
单位、比例
mm/1:1
设计人
日期
2020.04.29
图号
2020SJ0427-S-YD-ZHGJ(NN)-01
300
200
150
150
200
200
200
900
1800

图 4-50　图纸图衔的设置要求

如图 4-50 所示,设计图纸编号的编排应尽量简洁,应符合以下要求:

(1) 设计图纸编号应尽量简洁,并且符合"工程项目编号-设计阶段代号-专业代号-图纸编号"的编号规则,例如,2020SJ0427-S-YD-ZHGJ(NN)-01,工程项目编号为 2020SJ0427,S 为施工图设计阶段,YD 为移动通信专业,ZHGJ(NN)为基站编号,01 为图纸顺序号。

(2) 当同工程项目编号、同设计阶段、同专业需多册出版时,为了避免编号重复可按"工程项目编号(A)-设计阶段代号-专业代号(B)-图纸编号"的编号规则执行,其中 A、B 为字母或数字,用于区分不同册编号。

- 工程项目编号:应由工程建设方或设计单位根据工程建设方的任务委托统一给定。
- 设计阶段代号:应符合表 4-26 的要求。

表 4-26　通信工程设计阶段代号表

项目阶段	代　号	项目阶段	代　号
可行性研究	K	初设阶段的技术规范书	CJ
规划设计	G	施工图设计(或一阶段设计)	S(或 Y)
勘察报告	KC	技术设计	J
咨询	ZX	设计投标书	T
初步设计	C	修改设计	在原代号后加 X
方案设计	F	竣工图	JG

- 专业代号:应符合表 4-27 的要求,同时应注意两点。①用于大型工程中分省、分业务区编制时的区分标识,可采用数字 1、2、3 或拼音字母的字头等;②用于区分同一单项工程中不同的设计分册(如不同的站册),宜采用数字(分册号)、站名拼音字头或相应汉字表示。

表 4-27　通信工程专业代号表

名　称	代　号	名　称	代　号
光缆线路	GL	网管系统	WG
海底光缆	HGL	卫星通信	WD
传输系统	CS	同步网	TB
无线接入	WJ	通信电源	DY

名　称	代　号	名　称	代　号
数据通信	SJ	有线接入	YJ
电缆线路	DL	微波通信	WB
通信管道	GD	铁塔	TT
移动通信	YD	信令网	XL
核心网	HX	监控	JK
业务支撑系统	YZ	业务网	YW

- ❑ 图纸编号：为工程项目编号、设计阶段代号、专业代号相同的图纸间的区分号，应采用阿拉伯数字以简单顺序进行编制（同一图号的系列图纸用括号内加分数表示）。

5. 图线形式

图线是指起点与终点之间以任意方式连接的一种几何图形，可以是直线或曲线、连续线或不连续线。使用图线绘图时，应使图形的比例和所选线宽协调恰当，重点突出，主次分明。在同一张图纸上，按不同比例绘制的图样及同类图形的图线粗细应保持一致。

（1）图线线型：在通信工程图样中，应使用细实线作为最常用的线条。在以细实线为主的图纸上，粗实线主要用于图纸的图框及需要突出的部分，此外，指引线、尺寸标注应使用细实线表示，其中，线型分类及用途如表 4-28 所示。

表 4-28　线型分类及用途表

图线名称	图线性式	一般用途
实线	————	为基本线条，表示图纸主要内容用线、可见轮廓线
虚线	----------	为辅助线条，表示屏蔽线、机械连接线、不可见轮廓线、计划扩展内容用线
点画线	—·—·—·—	为图框线，表示分界线、结构图框线、功能图框线、分级图框线
双点画线	—··—··—··—	为辅助图框线，表示更多的功能组合或从某种图框中区分不属于它的功能部件
折断线	—⩗—	表示断开界线
波浪线	∼∼	表示断开界线

（2）图线宽度：线宽种类不宜过多，一般可采用两种宽度的图线，主要图线采用粗线，次要图线采用细线。对于复杂的图线可分粗、中、细 3 种线宽，线的宽度按 2 的倍数依次递增，可从下列线宽中选用：0.25mm、0.35mm、0.5mm、0.7mm、1.0mm、1.4mm，如图 4-51 所示。

（3）图例表示：在通信工程图样中，当需要区分新安装的设备时，可采用粗线表示新建，采用细线表示原有设施，采用虚线表示规划预留，原有机架内扩容部分宜用粗线表达。

6. 比例设置

比例是指图纸图形与其实物相应要素的线性尺寸之比。在通信工程图样中，对于平面布置图、管道及光（电）缆线路图、设备加固图及零件加工图等图纸，应按比例绘制；方案示意图、系统图、原理图、图形图例等可不按比例绘制，但应按工作顺序、线路走向、信息流向排列。比例设置要求如下。

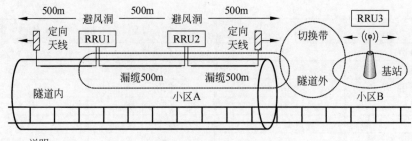

说明:
　　1.粗实线:0.5mm,表示物体、设备及相关设施。
　　2.细实线:0.25mm,表示连接关系及指向。
　　3.虚线:0.25mm,表示切换关系。

图 4-51　高铁隧道切换原理图的图线画法

　　(1)对于平面布置图、管道及线路图和区域规划性质的图纸,宜采用以下比例:1∶10、1∶20、1∶50、1∶100、1∶200、1∶500、1∶1000、1∶2000、1∶5000、1∶10 000、1∶50 000 等。

　　(2)对于设备加固图及零部件加工图等图纸宜采用的比例为 2∶1、1∶1、1∶2、1∶4、1∶10 等。

　　(3)应根据图纸表达的内容深度和选用的图幅,选择适合的比例。对于通信线路及管道类的图纸,为了更方便地表达周围环境情况,可沿线路方向采用一种比例,而周围环境的横向距离宜采用另外的比例,或示意性绘制。

　　在通信工程图样中,确定图纸模板的制图比例方法为在 CAD 模型绘图区内,任意绘制 1 条直线,例如,输入长度为 20mm,使用标注工具对所绘制的直线进行标注,例如,显示长度为 1000mm,那么,所使用图纸模板的比例为 1∶50。

7. 尺寸标注

　　在通信工程图样中,除了表达物体及其形状外,还应准确无误地标注出物体的实际大小和各部分的相对位置,用于指导工程施工。一个完整的尺寸标注应由尺寸数字、尺寸界线、尺寸线及其终端(箭头或斜线)等组成,如图 4-52 所示。

　　(1)图中的尺寸数字,应注写在尺寸线的上方或左侧,也可注写在尺寸线的中断处,同一张图样上的注法应一致。具体标注应符合以下要求:

　　❑　尺寸数字应顺着尺寸线方向书写并符合视图方向,数字的标注方向与尺寸线垂直,并不得被任何图线通过。当无法避免时,应将图线断开,在断开处填写数字。

　　❑　尺寸数字的单位除标高、总平面和管线长度应以米(m)为单位外,其他尺寸均应以毫米(mm)为单位。按此原则标注尺寸可为不加单位的文字符号。若采用其他单位,则应在尺寸数字后加注计量单位的文字符号。在同一张图纸中,不宜采用两种计量单位混用。

　　(2)尺寸界线应用细实线绘制,并且宜由图形的轮廓线、轴线或对称中心线引出,也可利用轮廓线、轴线或对称中心线作为尺寸界线。尺寸界线应与尺寸线垂直。

　　(3)尺寸线的终端,可采用箭头或斜线两种形式,但同一张图中应采用一种尺寸线终端

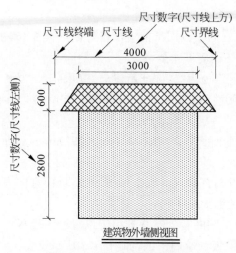

图 4-52　尺寸标注的设置要求

形式,不得混用。具体标注应符合以下要求:

❑ 采用箭头形式时,两端应画出尺寸箭头,指到尺寸界线上,表示尺寸的起止。尺寸箭头宜用实心箭头,箭头的大小应按可见轮廓线选定,并且其大小在图中应保持一致。

❑ 采用斜线形式时,尺寸线与尺寸界线应相互垂直。斜线应用细实线,并且方向及长短应保持一致。斜线方向应采用以尺寸线为准,逆时针方向旋转 45°,斜线长短约等于尺寸数字的高度。

8. 文字说明

(1) 图中书写的文字(包括汉字、字母、数字、代号等)均应字体工整、笔画清晰、排列整齐、间隔均匀有度,其书写位置应根据图面妥善安排,文字多时宜放在图的下面或右侧。文字书写应自左向右水平方向书写,标点符号占一个汉字的位置。中文书写时,应采用国家正式颁布的汉字,字体宜采用宋体或仿宋体。

(2) 图中的"技术要求""说明""注"等字样,宜写在具体文字的右上方,并使用比文字内容大一号的字体书写,当具体内容多于一项时,应按下列顺序号排列:

❑ 1、2、3……

❑ (1)、(2)、(3)……

❑ ①、②、③……

(3) 图中所涉及数量的数字,均应用阿拉伯数字表示。计量单位应使用国家颁布的法定计量单位。

4.4.3　图样画法

在 5G 工程项目中,通信工程师应掌握好工程识图、制图和审图 3 项基本功方能输出可指导工程施工的方案,以保障工程建设的功能性、安全性及经济性等质量特性。本节主要探讨和分享使用 Visio 软件制作模板、绘制图样和输出范例等制图方法及操作技巧。

1. 制作模板

以 Visio 软件为例,在开始绘制图纸前应准备好制图模板,其主要操作步骤包括创建模板、页面设置、绘制图框及图衔等基本要素。

(1) 创建空白模板页:路径为"文件→新建→空白绘图→公制单位"。

(2) 设置页面及相关属性值:在空白模板页的下方调出"页面设置"对话框,主要参数设置如下。

❑ 打印设置:打印机纸张为 A4 纸(210mm×297mm),页面方向为纵向,打印缩放比例为 100%。

❑ 页面尺寸:绘图页与打印机的纸张保持一致,页面方向为纵向。

❑ 绘图缩放比例:无缩放(1∶1)。

❑ 页属性:区分"前景"和"背景",背景用于设置绘图模板的图框和图衔等信息,前景则用于调取背景模板和绘制图纸,如图 4-53 所示。

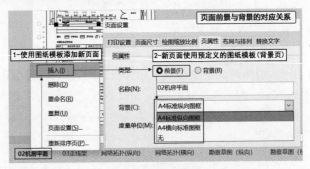

图 4-53　页面前景与背景的对应关系

(3) 绘制图纸模板:以绘制 A4 纵向标准图框为例,其主要步骤包括按规范算出图框宽和高、使用矩形绘制图框、借助辅助线调整图框边距等,如图 4-54 所示。

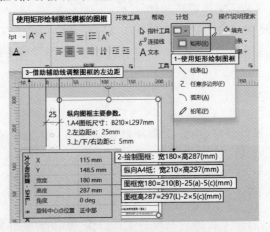

图 4-54　使用矩形绘制图纸图框的操作方法

最终输出的 A4 纵向图纸模板,如图 4-55 所示。

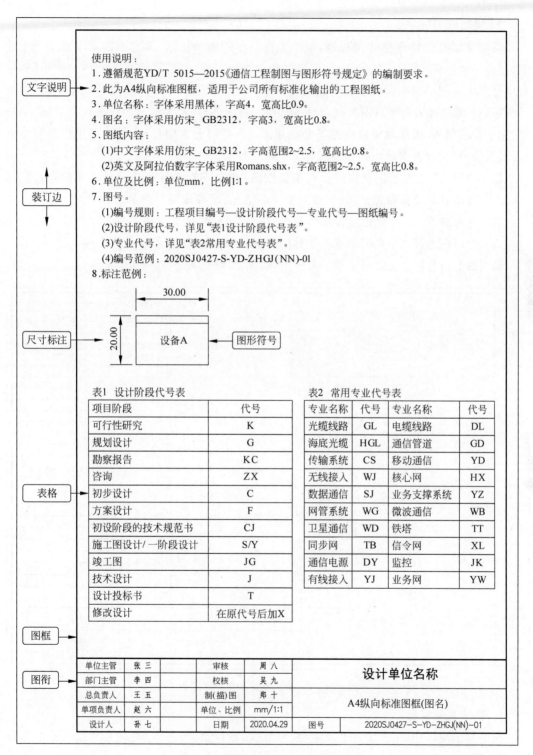

文字说明

使用说明：
1. 遵循规范YD/T 5015—2015《通信工程制图与图形符号规定》的编制要求。
2. 此为A4纵向标准图框，适用于公司所有标准化输出的工程图纸。
3. 单位名称：字体采用黑体，字高4，宽高比0.9。
4. 图名：字体采用仿宋_GB2312，字高3，宽高比0.8。
5. 图纸内容：
   (1)中文字体采用仿宋_GB2312，字高范围2~2.5，宽高比0.8。
   (2)英文及阿拉伯数字字体采用Romans.shx，字高范围2~2.5，宽高比0.8。
6. 单位及比例：单位mm，比例1:1。

装订边

7. 图号。
   (1)编号规则：工程项目编号—设计阶段代号—专业代号—图纸编号。
   (2)设计阶段代号，详见"表1设计阶段代号表"。
   (3)专业代号，详见"表2常用专业代号表"。
   (4)编号范例：2020SJ0427-S-YD-ZHGJ(NN)-01
8. 标注范例：

尺寸标注

30.00

20.00

设备A ← 图形符号

表格

表1 设计阶段代号表

项目阶段	代号
可行性研究	K
规划设计	G
勘察报告	KC
咨询	ZX
初步设计	C
方案设计	F
初设阶段的技术规范书	CJ
施工图设计/一阶段设计	S/Y
竣工图	JG
技术设计	J
设计投标书	T
修改设计	在原代号后加X

表2 常用专业代号表

专业名称	代号	专业名称	代号
光缆线路	GL	电缆线路	DL
海底光缆	HGL	通信管道	GD
传输系统	CS	移动通信	YD
无线接入	WJ	核心网	HX
数据通信	SJ	业务支撑系统	YZ
网管系统	WG	微波通信	WB
卫星通信	WD	铁塔	TT
同步网	TB	信令网	XL
通信电源	DY	监控	JK
有线接入	YJ	业务网	YW

图框

图衔

单位主管	张 三		审核	周 八		设计单位名称	
部门主管	李 四		校核	吴 九			
总负责人	王 五		制(描)图	郑 十		A4纵向标准图框(图名)	
单项负责人	赵 六		单位、比例	mm/1:1			
设计人	孙 七		日期	2020.04.29	图号	2020SJ0427-S-YD-ZHGJ(NN)-01	

图 4-55 通信工程 A4 纵向图纸模板

2. 解读草图

勘察草图是设计思想的速写稿,也是工程制图的编制依据,典型的勘察草图主要由绘图区、设备清单区、手写信息区、图衔信息区和信息检查项组成,可根据绘制内容的不同,在对应分区中详细记录勘察信息和绘制现场草图。

以 A4 横向布局勘察草图为例,绘图板分左、右两部分,左半部分为绘图区,呈"田"字布局,用于绘制机房、天面及传输线路等勘察草图;右半部分为信息记录区,用于记录基站信息、设备清单、设计方案及图衔信息等,如图 4-56 所示。

❑ 绘图区:主要绘制机房或天面现状信息、新增或改造方案及设备模块信息,例如,基站机房设备布置情况、天面天馈安装情况、设备线缆路由走向等。

❑ 设备清单区:主要记录设备名称、规格型号、尺寸信息及相关备注等。

❑ 手写信息区:主要记录基站基础信息、新增或改造方案及相关文字信息。

❑ 图衔信息区:主要记录基站名称、归属工期、联合勘察参与方信息等。

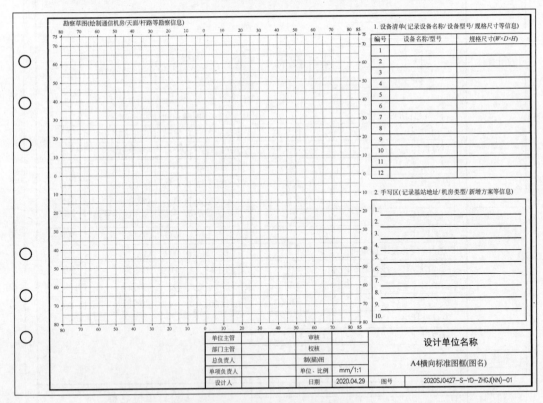

图 4-56　A4 横向基站勘察草图模板

1)基站基础信息

在手写信息区中,主要记录基站名称、地址、勘察日期、经纬度、基站类型及共享范围等数据,如图 4-57 所示。

折断线以上为绘图区

1.设备清单(记录设备名称/设备型号/规格尺寸等信息)

编号	设备名称/型号	规格尺寸($W \times D \times H$)
1	交流配电箱	$500 \times 210 \times 400$
2	MDF配线架(本期拆除)	$1380 \times 860 \times 2000$
3	接入网设备/MA5800	$600 \times 300 \times 2200$
4	传输综合机柜	$600 \times 600 \times 2200$
5	ODF配线架	$600 \times 300 \times 2200$
6	开关电源/ZXDU68	$600 \times 600 \times 2000$
7	DDF配线架	$600 \times 600 \times 2050$
8	接入网设备/ZXDSL	$600 \times 600 \times 2050$
9	隆兴综合柜	$600 \times 600 \times 2200$
10	蓄电池组/双登GFM800	$1650 \times 400 \times 750$

2.手写区(记录基站地址/机房类型/新增方案等信息)

1. 站名: 南宁市兴宁区兴桂路小学5G模块局
2. 坐标: E108.26576°, N22.81639°
3. 设备机柜: 原位拆除MDF配线架, 新增19英寸综合柜
4. 设备安装: 本期新增5G BBU×7, DCDU12B×3, 内置于新增19英寸综合柜内
5. 电源改造: 本期新增100A熔丝端子×4
6. 防雷接地: 室内接地排空余接线端子×4(不需新增)
7. 馈线窗: 空余馈线孔×2(不需新增)
8. GPS天线: 本期新增GPS天线室外楼面安装

单位主管		审核		设计单位名称
部门主管		校核		
总负责人		制(描)图		南宁市兴宁区兴桂路小学5G模块局
单项负责人		单位、比例	mm/1:1	
设计人		日期	2020.04.29	图号 2020SJ0427-S-YD-XGLXX(NN)-01

图 4-57 基站基础信息区记录范例

2）基站机房信息

在绘图区和设备清单区中,真实、准确、清晰地记录机房内无线、电源、传输、接地等设备设施的摆放位置、规格尺寸、使用现状及新增需求等,如图 4-58 所示。

3）基站天面信息

在绘图区中,主要记录基站楼面建筑布局及塔桅(含塔高、天线安装位置等信息)布局情况,以及测定的方位角、下倾角、覆盖区域等信息,如图 4-59 所示。

3. 绘制图形

一张设计图纸主要由图形、文字、标注及表格等要素组成,可使用形状工具绘制不同的机房环境、设备布局、线缆连接及尺寸标注等要素。

1）确定绘图比例

使用 Visio 软件制图,应学会判断和转换图纸模板中的绘图比例,其主要做法是将机房实物尺寸与绘图页尺寸相比较,从而获得比例关系。

❑ 绘图尺寸:在绘图页中绘制一根长度为 180mm 的线段,可从"大小和位置"工具中读出长度信息。

❑ 实物尺寸:结合勘察草图,获得机房空间信息,例如,机房长 6000mm 宽 × 8000mm,考虑图纸中尺寸标注占据一定位置,可取定绘图区宽度为 10 000mm。

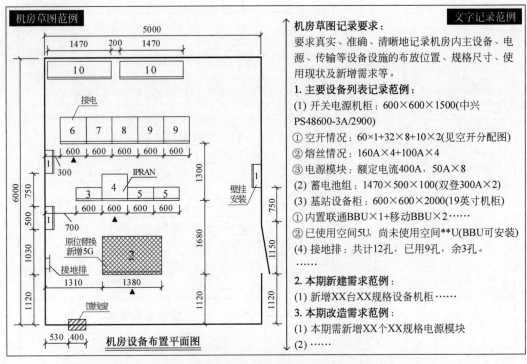

图 4-58　基站机房信息记录范例

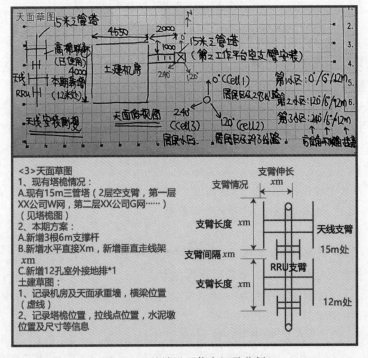

图 4-59　基站天面信息记录范例

❑ 比例尺：将绘图尺寸 180mm 除以实物尺寸 10000mm 得到比例尺为 1∶55，也就是说，图上的 1mm 代表实物 55mm，例如，绘制 600×600mm 机柜，在图上只需绘制 10.8×10.8mm 的矩形。

2）绘制图纸

（1）绘制图形：提供 3 种绘制形状的操作方法。

❑ 可使用"开始"菜单下"工具"选项卡中的矩形、椭圆、线条等形状工具来绘制设备形状，并借助"视图"菜单中的标尺和参考线，从状态栏中调出"大小和位置"工具来确定设备相对图纸的位置，如图 4-60 所示。

❑ 借助"开发工具"菜单下"形状设计"工具绘制和派生出不同的新形状，例如，对不同形状进行联合、组合、拆分、相交、剪除和修剪等操作。

❑ 可使用"形状"面板下"绘图形状工具"中提供的正多边形、扇形、圆弧等形状工具来添加三角形、天线扇形等图标。

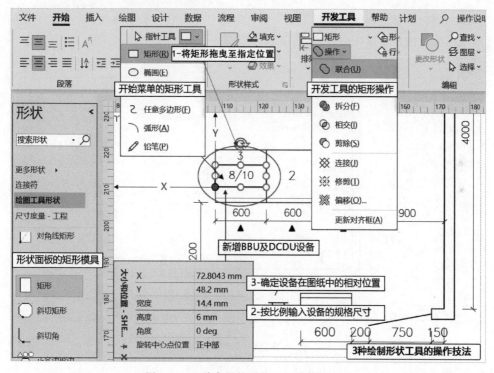

图 4-60　3 种常用的形状工具的使用方法

（2）添加文字或表格：在设计图纸中，文字说明应符合编制规定的要求，中文字体宜采用宋体或仿宋体、英文及阿拉伯数字宜采用 Times New Roman 或 Romans 字体，字高范围为 2~2.5，宽高比为 0.8。此外，可通过"插入"菜单中的"图表"工具来添加工程量及相关参数表，亦可使用"文字＋外框"形式来添加表格，如图 4-61 所示。

（3）尺寸标注：一个完整的尺寸标注应包含尺寸数字、尺寸界线、尺寸线及其终端（箭

主要设备及材料表

编号	设备名称/型号	规格尺寸($W×D×H$)	单位	数量	备注
1	开关电源(-48 V)	600×450×1600	架	—	提供DCDU接电
2	传输综合柜	600×600×2000	架	—	提供BBU传输接入
3	19英寸标准综合机柜	600×600×2200	架	—	内装BBU/DCDU
4	蓄电池组(-48 V/300 Ah)	1050×470×870	组	—	
5	交流配电箱(380 V)	470×170×600	台	—	
6	立式空调(3P)	500×260×1700	台	—	
7	室内(外)接地排	350×5×150	个	—	
8	基带单元(BBU)	442×310×86	套	1	本期新增，室内安装
9	有源天线单元(AAU)	395×220×795	套	3	本期新增，上塔安装
10	电源分配单元(DCDU)	442×310×43	套	1	本期新增，室内安装

图 4-61　Visio 软件中表格的绘制方法

头或斜线)等部分,可使用"形状"面板下"尺寸度量-工程"中的水平基线、垂直基线、对齐标准及角度标注等模具来给机房环境、设备布局及设备尺寸添加标注,如图 4-62 所示。

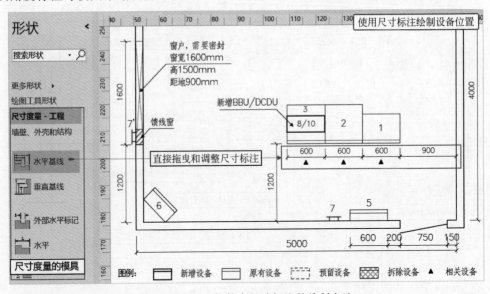

图 4-62　Visio 软件中尺寸标注的绘制方法

4. 图形排版

图形排版应抓住排列和位置工具,主要解决形状文件的水平或垂直排列、自动对齐和任意旋转 3 个基本问题。

(1)对齐形状:可按左对齐、上对齐、居中对齐或自动对齐等方式将形状对齐,例如,将基站设备沿其正面对齐。

(2)空间形状:可对空间形状设置自动对齐或自动调整间距,例如,将机房设备按指定间距自动对齐和有序排列。

（3）方向形状：可对方向形状中的形状和图表进行水平、垂直或任意角度旋转，其中，任意角度旋转要借助"大小和位置"工具，并设置其中的角度参数，如图 4-63 所示。

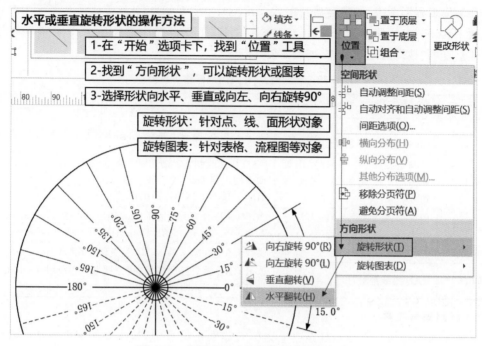

图 4-63　水平或垂直旋转形状的操作方法

5．添加模具

可通过 3 种方式添加模具，一是使用软件自带的形状，二是添加外部的模具文件，三是获取可缩放矢量图形（＊.vsg、＊.png 格式）。以添加外部模具文件为例，可将设备厂商提供的模具文件（＊.vss 格式），复制和存放到计算机的指定目录中，如图 4-64 所示。

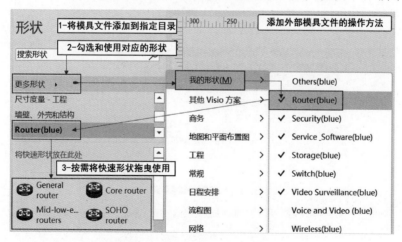

图 4-64　添加外部模具文件的操作方法

4.4.4 效率工具

在通信工程制图中,经常会遇到在 AutoCAD、中望 CAD、Visio 等软件上进行二次开发的高效工具,例如,杆路编号工具、走线架绘制工具、工程量统计工具等,要学会借助高效工具完成重复的、枯燥的制图工作,如表 4-29 所示。

表 4-29 典型的 CAD 绘图或修改工具插件

分　类	主 要 功 能	推 荐 工 具
集成工具	主要集成批量标注、批量打印、批量修改等功能	源泉工具箱、海龙工具箱、晓东工具箱等 CAD 工具箱
绘图工具	绘制走线架、杆路编号、图纸编号、工程量统计、文本替换等	CAD 快速绘制走线架工具 RackTool、CAD 编号数字自动递增工具 DZ、CAD 编号速写工具 SB、CAD 数字自动求和工具 NBS、CAD 图纸批量文本替换工具等
格式转换	PDF 转换 CAD、CAD 表格导出 Excel、高低版本转换等	PDF2CAD 工具、AutoDWG PDF to DWG Converter、TrueTable、Acme CAD Converter 等
看图工具	CAD 图纸浏览	迅捷 CAD 看图工具、CAD 迷你看图 MiniCADSee 等
打印工具	CAD 图纸批量打印	依云 CAD 批量打图精灵、快刀批量打印软件 KDPlot、批量打图工具 BPLOT 等

1. 杆路编号工具

该工具可广泛应用于传输杆路或电力标石等数字编号中,其主要使用方法为:加载插件,输入命令 DZ,即可快速生成自动递增的标注符号。具体的操作步骤如下:

(1) 打开 CAD,在菜单栏"工具→加载应用程序"下添加该 CAD 插件,导入成功后会在命令行提示"已成功加载",如图 4-65 所示。

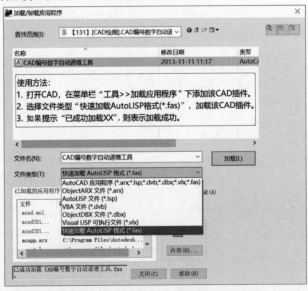

图 4-65 加载 CAD 编号数字自动递增工具的方法

（2）在 CAD 命令行中，输入命令 DZ 启动工具。

（3）如图 4-66 所示，连续执行 5 个动作，轻松添加递增的标注符号信息。

❑ 选择基准数字：例如，P1。

❑ 选择对象：指定对角点：找到 1 个。

❑ 输入增量（1）：默认增量为 1，即 P1、P2 等。

❑ 选择基点：指定数字的基准点。

❑ 指定插入点：指定需插入的位置。

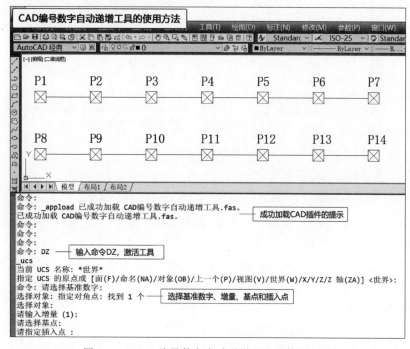

图 4-66　CAD 编号数字自动递增工具的使用方法

2．走线架绘制工具

此处介绍一款机房走线架绘制工具 RackTool“一键走线架绘制”。它的使用也很简单，只需 3 步操作，如图 4-67 所示。

（1）打开 CAD，在菜单栏“工具→加载应用程序”下添加 RackTool 工具。

（2）根据需要输入命令 NR（新增走线架）、NRS（新增加粗走线架）、OR（绘制原有走线架）、ORS（绘制垂直走线架）等命令，开始绘制走线架示意图。

（3）指定主干/分支走线架的起点、终点、走线架宽度及走线架横铁间隔，即可轻松输出走线架示意图。注意，使用 1∶50 比例绘制。

3．工程量统计工具

你是否还为统计 CAD 图纸中的工程量而苦恼不已？可使用 CAD 数字求和工具 NBS 进行通信设计中涉及的电缆、光缆、馈线等工程量的统计，其主要操作步骤如下：

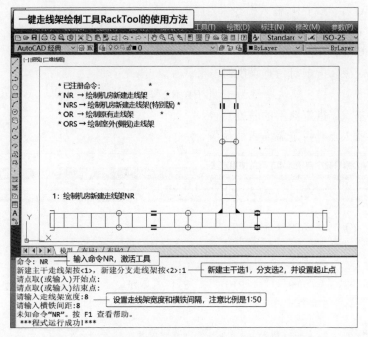

图 4-67 一键走线架绘制工具 RackTool 的使用方法

(1) 打开 CAD,在菜单栏"工具"→"加载应用程序"下添加 CAD 数字求和工具。

(2) 在 CAD 命令行中输入命令 NBS 激活工具。

(3) 选中要求和的文本对象。注意:对象应是数字,并且是单行文本对象。

(4) 输出求和结果,并设置计算精度、字高和插入点等参数,如图 4-68 所示。

4. 批量替换文本

在施工图设计阶段,往往涉及对基站图纸的设计编号或错误文本进行批量修改和替换,可使用 CAD 软件自带的"查找和替换工具",或者"批量文本替换工具"来快速解决问题。

1) CAD 软件自带"查找和替换工具"的使用方法

按快捷键 Alt+E+F(同时按下 3 个键),使用过 CAD 软件的查找和替换工具的设计人员肯定会很熟悉。具体的操作步骤如下:

(1) 在 CAD 软件菜单栏下,通过选择"编辑"→"查找"打开查找和替换工具。

(2) 输入查找和需替换的内容及查找的位置(范围),如图 4-69 所示。

(3) 列出查找结果,逐个替换或全部替换为对应的文本,确定后确认并完成即可。

2)"批量文本替换 V2.0"的使用方法

当遇到成百上千个 5G 基站图纸需要修改图纸编号时应如何应对?难不成打开一个个图纸,然后按快捷键 Alt+E+F 进行修改?可使用"批量文本替换 V2.0"进行批量修改和替换,具体的操作方法如下。

(1) 添加图纸:打开工具,添加需要批量文本替换的 CAD 图纸文件。

(2) 添加文本:添加替换前后的内容,选择 CAD 版本,并指定图层、对齐及高度等选项。

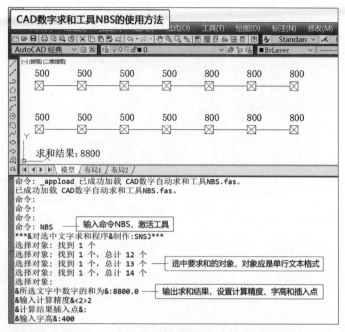

图 4-68　CAD 数字求和工具 NBS 的使用方法

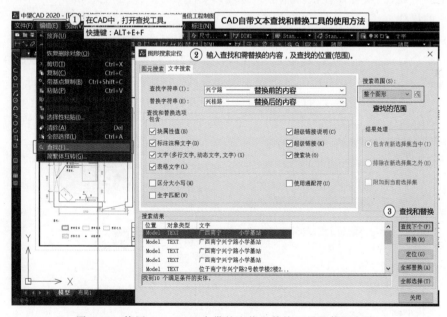

图 4-69　使用 AutoCAD 自带的查找和替换工具的使用方法

（3）批量替换：先预览，然后批量替换，如图 4-70 所示。

5. 批量打印图纸

输出 CAD 图纸是工程制图的一个重要环节，如何快捷打印、输出和交付 CAD 图纸呢？

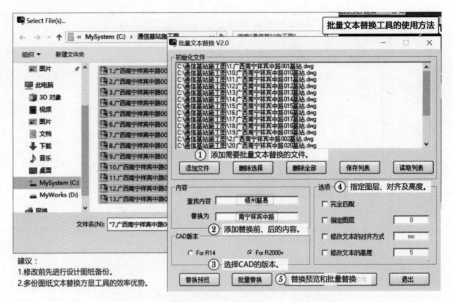

图 4-70　使用"批量文本替换 V2.0"的方法

CAD 批量打图精灵是一款简便灵活的 AutoCAD 批量打印工具,只需简单设置打印机属性及打印空间等属性,就可以轻松打印了。这里以 CAD 批量打图精灵为例,介绍 CAD 图纸批量打印的操作方法。

(1)批量打印前,应检查 CAD 图纸,确保其均设置有图框。

(2)在 CAD 命令行中,直接输入 QPLOT 命令,进入软件设置界面,如图 4-71 所示。例如,打印机选择 pdfFactoryPro、纸张大小设置为 A4、打印样式为 monochrome.stb,同时,设置打印空间/图框识别模式、打印顺序、打印范围及打印份数。

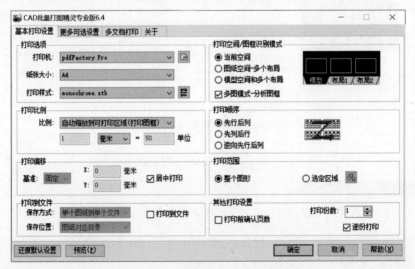

图 4-71　CAD 批量打印工具的使用方法

第 5 章

预算编制 支撑 5G 项目决策

　　天下熙熙,皆为利来;天下攘攘,皆为利往。交易是市场经济下永恒的主题,工程项目则是通过商品或服务等价交换实现工程建设和使用的增值目标的。造价控制是实现投资增值的有效手段之一,而工程计价则是造价控制的关键环节,本章主要探讨和分享 5G 工程预算编制的技术逻辑、计价规则、编制方法和应用案例,进一步支撑项目决策、资金筹措和造价控制等工作。

5.1　工程造价

27min

　　工程造价管理是投资决策与项目管理的重要环节,可从项目分解、建设程序、工程计价、造价控制等方面理解工程造价,并依据法律法规、工程定额、计价规则、合同协议及相关文件开展全过程、全要素、全方位的造价管理工作。

5.1.1　认识造价

1. 项目分解

　　脱离工程项目来谈工程造价管理是没有意义的,可结合项目特点、专业分工和技术要求将项目分解为一个或多个单项工程、单位工程、分部分项工程、工作任务包和计价子项,在此基础上,根据建设目标、设计方案、建设程序和实施要求来预测、计算、确定和监控工程造价及其变动,进一步支持项目决策和实现造价控制。

1）工程项目

　　工程项目的实施主体是企业,追求盈利和效率是其永恒不变的目标。通信建设项目是指为了形成特定的生产能力或使用效能而进行投资和建设,形成固定资产的各类项目,包括建筑安装工程和设备购置。可根据项目管理和造价控制工作的需要,按不同颗粒度、不同建设性质、不同建设阶段等角度对通信建设项目进一步地进行分解和细化,例如,按建设性质的不同,可分为新建、扩建、改建和迁建等项目,如图 5-1 所示。

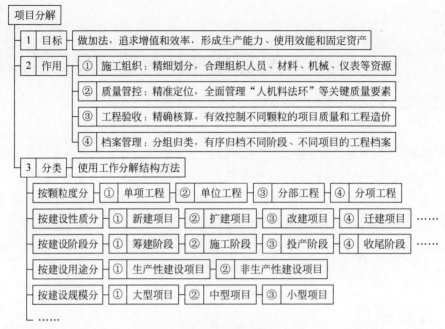

图 5-1　通信建设项目的划分方法

2）单项工程

单项工程，由工程项目分解得到，其主要特征分为，一是具有独立的设计文件，二是单独编制投资预算，三是竣工后可独立发挥生产效能或经济效益。在信息通信建设项目中，一般可按不同技术专业或通信系统来划分单项工程，例如，无线专业中的基站设备安装工程、分布系统设备安装工程等均可视为一个单项工程，如表 5-1 所示。

表 5-1　通信建设单项工程项目划分

专 业 类 别		单项工程名称	备注
电源设备安装工程		XX 电源设备安装工程（包括专用高压供电线路工程）	
有线通信设备安装工程	传输设备安装工程	1. XX 数字复用设备及光、电设备安装工程	
		2. XX 中继设备、光放设备安装工程	
	交换设备安装工程	XX 通信交换设备安装工程	
	数据通信设备安装工程	XX 数据通信设备安装工程	
	视频监控设备安装工程	XX 视频监控设备安装工程	
无线通信设备安装工程	微波通信设备安装工程	XX 微波通信设备安装工程（包括天线、馈线）	
	卫星通信设备安装工程	XX 地球站通信设备安装工程（包括天线、馈线）	
	移动通信设备安装工程	1. XX 移动控制中心设备安装工程	
		2. 基站设备安装工程（包括天线、馈线）	
		3. 分布系统设备安装工程	
	铁塔安装工程	XX 铁塔安装工程	

续表

专业类别	单项工程名称	备注
通信线路工程	1．XX 光（电）缆线路工程	进局及中继光（电）缆工程可按每个城市作为一个单项工程
	2．XX 水底光（电）缆工程（包括水线房建筑及设备安装）	
	3．XX 用户线路工程（包括主干及配线光（电）缆、交接及配线设备、集线器、杆路等）	
	4．XX 综合布线系统工程	
	5．XX 光纤到户工程	
通信管道工程	XX 路（XX 段）、XX 小区通信管道工程	

3）单位工程

单位工程，由单项工程分解得到，是指竣工后一般不能独立发挥生产能力或效益，但具有独立设计，可以独立组织施工的工程。在信息通信建设项目中，可将单项工程进一步分解为建筑工程和安装工程，而每类又可按照专业性质及作用的不同分解为若干单位工程。例如，安装、调测通信基站，安装、调测移动通信天、馈线均属于单位工程。

4）分部、分项工程

分部工程是单位工程的组成部分，是单位工程中分解出来的结构更小的工程。按照不同的设备、不同的材料、不同的工种、不同的结构或施工次序等方式，可将单位工程分解为若干个分部工程。例如，按照不同的设备划分，安装落地式机柜、安装嵌入式基站主设备均属于分部工程。

分项工程则是分部工程的组成部分，是施工图预算中最基本的计算单位。按照不同的施工方法、不同的材料、不同的工作内容，可将一个分部工程分解成若干分项工程。例如，按照工作内容不同，安装基站主设备的加固机架、加电检查等属于分项工程。

2．建设程序

在信息通信建设工程中，基本建设程序可分为项目立项、工程设计、工程施工和验收投产等阶段，其主要任务包括编制可行性研究报告、施工图设计、初步验收、试运转、竣工验收等环节，对应输出投资估算、投标报价、施工预算、竣工结算、竣工决算等造价文件，如图 5-2 所示。

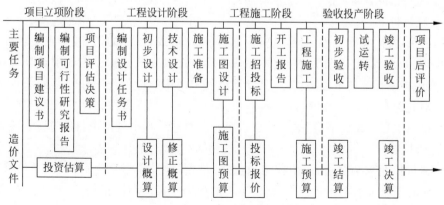

图 5-2　通信工程基本建设程序

不同阶段的工程造价控制特点对比、编制目的、编制要求如表 5-2 所示。

表 5-2　不同阶段的工程造价控制特点和要求

造价文件	编制阶段	编制单位	编制目的	编制依据
投资估算	可行性研究	工程咨询单位	考察项目建设的必要性和可行性，为项目投资决策和资金筹措提供依据	投资估算指标
设计概算	初步设计	设计单位	确定项目投资、组织项目施工和安排设备订货	参考预算定额
施工图预算	施工图（一阶段）设计	设计单位	控制工程造价、投标报价、签订合同、价款结算和成本考核等	预算定额
投标报价	项目招投标	投标方	编制工程量清单，计算和确定工程承包的投标价格，以合同价形式确定	企业定额及成本核算资料
施工预算	施工阶段	施工单位	用于企业内部成本控制和工程进度控制	施工定额
竣工结算	竣工验收前	施工单位	用于核实支付施工单位的工程款项，应据实核定工程量和价	工程量清单计价规范
竣工决算	项目投产前	建设单位	归集项目全生命周期的实际投资，全面反映竣工项目的建设费用、建设效果和财务情况等	预算定额、竣工结算资料、财务相关资料

3．工程造价

为项目目标服务，工程造价控制的任务是对工程项目的全过程、全要素、全方位进行管理，将工程造价控制在批复投资的限额内，并及时纠正发生的偏差，使项目投资获得良好投资回报和社会效益。

1）工程造价

工程造价是指建设工程产品的建造价格。从投资者角度看，工程造价是指建设项目的建设成本，包括项目筹建到竣工验收为止预期或实际开支的全部费用，而从建设市场主体视角看，工程造价则是指建设工程的承包价格，包括工程建设全过程所形成的工程承包合同价和建设工程总造价，前者属于投资管理范畴，后者属于架构管理范畴，如图 5-3 所示。

2）工程计价

工程造价计价，又称工程估价，是对投资项目造价（或价格）的计算，其主要目的是为项目投资决策、资金筹措、造价控制、效果评估等环节提供决策依据。工程项目具有独立性、组合性、实施周期长等技术经济特点，其计算过程中使用的计价程序和计价方法各不相同，一般通过对建设项目进行分解与组合，逐项分解、层层计价，最终按照"分部分项工程—单位工程—单项工程—建设项目"的计价层次组合汇总并计算出建设项目的总工程造价。

3）造价控制

工程造价控制强调全过程、全要素、全方位控制，涉及项目全生命周期、项目管理全要素及项目所有干系人的全面管理，为建设工程的前期决策、设计、招投标、施工、竣工验收等各个阶段提供决策依据。

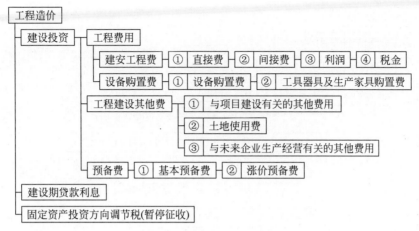

图 5-3　工程造价费用构成

5.1.2　投资估算

1. 文件组成

在项目建议书、可行性研究、方案设计阶段及项目申请报告中应编制投资估算,作为开展项目技术经济评价和投资决策的基础和依据,其主要由编制说明、投资估算分析、投资估算表、主要技术经济指标等内容组成,如图 5-4 所示。

2. 费用结构

建设项目总投资可分解为一个或多个项目、单项工程、单位工程及分部分项工程的投资估算,其费用构成包括建设投资、建设期利息、固定资产投资方向调节税和流动资金,其中建设投资又可细分为工程费用、工程建设其他费用和预备费,如图 5-5 所示。

对应的项目投入总资金估算汇总表,如表 5-3 所示。

表 5-3　项目投入总资金估算汇总表

序号	工程和费用名称	投资数额		占项目投入总资金比例/%
		投资额	其中,外汇(万美元)	
1	建设投资			
1.1	建设投资静态部分			
1.1.1	建筑工程费			
1.1.2	设备及工器具购置费			
1.1.3	安装工程费			
1.1.4	工程建设其他费用			
1.1.5	基本预备费			
1.2	建设投资动态部分			
1.2.1	涨价预备费			
1.2.2	建设期利息			
2	流动资金			
3	项目投入总资金(1+2)			

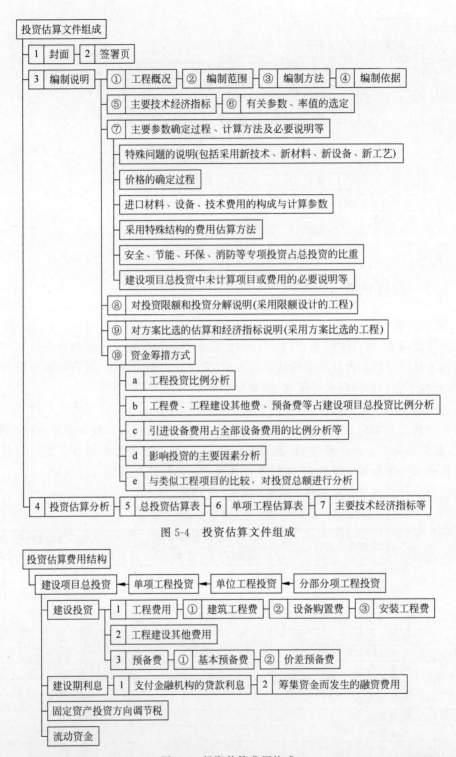

图 5-4　投资估算文件组成

图 5-5　投资估算费用构成

3. 编制依据

投资估算的编制依据主要由法律法规、标准规范、计价信息及相关的合同协议等基础资料组成,其中,法律法规是以法律条文的方式约束和管理工程建设全流程的生产活动,标准规范则是以技术要求的方式规范和指引生产活动与产品质量,此外,计价信息和合同协议则提供工程量、价格和作业范围等相关信息,如图 5-6 所示。

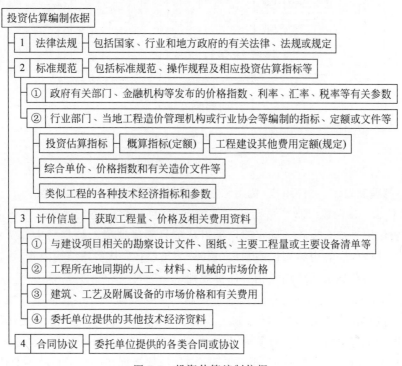

图 5-6 投资估算编制依据

4. 编制流程

不同阶段的投资估算的编制深度各不相同,项目建议书阶段的投资估算一般要求编制总投资估算,其投资误差一般控制在±30%左右,采用的方法主要包括生产能力指数法、比例估算法、系数估算法、估算指标法等;可行性研究阶段则采用更为准确的分类估算法来编制投资估算,其投资误差一般控制在±20%左右。可行性研究阶段的投资估算主要由静态投资、动态投资和流动资金估算 3 部分组成,其编制流程如图 5-7 所示。

(1)编制投资估算静态部分,分类统计工程量和参照相关指标进行投资估算,主要涉及工程费估算、工程建设其他费估算及基本预备费估算等,并汇总出建设投资估算。

(2)编制投资估算动态部分,主要涉及价差预备费估算和建设期贷款利息估算。

(3)估算流动资金,汇总得到建设项目总投资估算。

5.1.3 工程预算

在工程设计阶段,主要采用定额计价法编制工程概(预)算文件,本节主要探讨和分享

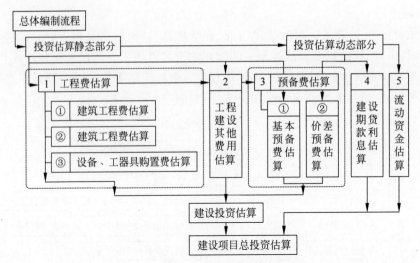

图 5-7　建设项目投资估算编制流程

工程概(预)算编制要求、文件组成、费用结构、编制依据及编制流程等内容。

(1) 是什么:设计概(预)算是设计文件的重要组成部分,是工程造价咨询的主要交付成果,其主要作用是综合反映和确定建设项目从项目筹建到竣工验收的全部费用。从编制内容上看,设计概(预)算由编制说明和概(预)算表格组成;从费用结构上看,可进一步分解为概(预)算表格、单项费用结构及相关计价规则。

(2) 为什么:设计概(预)算是工程造价控制的主要依据,其中,通信工程概算是编制投资计划、进行拨款和贷款的依据,是控制工程造价、落实各项技术经济责任的依据,是考核建设成本、提高工程管理和经济核算水平的必要手段。施工图(一阶段)预算则更深入、更精细,是控制工程造价的主要依据,也是签订合同、价款结算和成本考核的主要依据。

(3) 怎么做:工程概(预)算编制主要可分为 3 步,一是了解费用结构,二是梳理编制流程,三是落实操作方法。始于规则,理顺流程,落地于实践,可运用思维导图法分解任务,建立各项费用的学习卡片和积累各类项目的工程范例,做到学以致用、高效交付。

1. 文件组成

1) 设计文件

从设计文件结构看,工程概(预)算是项目初步设计或施工图(或一阶段)设计阶段输出的工程造价控制文件,一般由编制说明和概(预)算表组成,可作为章节内容包含于设计文件中,亦可将全套概(预)算文件单独成册出版。以一阶段设计文件为例,设计预算主要包含预算编制依据、取费说明、工程预算及经济技术指标分析、设计预算表等内容,如图 5-8 所示。

2) 概(预)算表格

对于工程造价文件而言,根据不同设计阶段的设计深度和编制要求,可编制初步设计概算或施工图(或一阶段)设计预算,以货币形式综合反映和确定建设项目从项目筹建到竣工验收的全部建设费用。

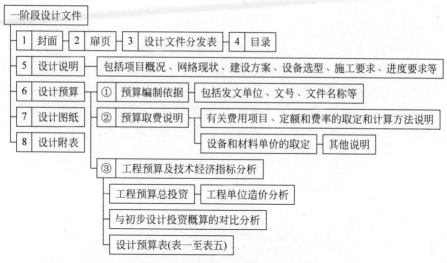

图 5-8　一阶段设计预算的编制内容

（1）初步设计概算。

信息通信建设工程在初步设计阶段编制设计概算，主要由建设项目总概算和单项工程概算组成。建设项目总概算由单项工程概算汇总而成，应计列一个建设项目从项目筹建到竣工验收的全部投资。单项工程概算则是由工程费、工程建设其他费、预备费和建设期利息组成，工程费又可分解为建设安装工程费和设备、工器具购置费，如图 5-9 所示。

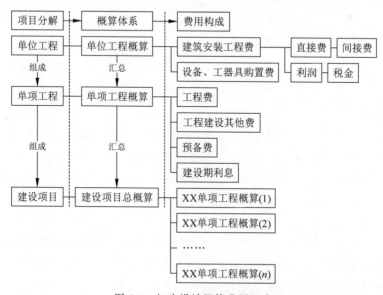

图 5-9　初步设计概算费用组成

（2）施工图设计预算。

信息通信建设项目在施工图（或一阶段）设计阶段编制施工图预算文件，其主要由建设项目总预算、单项工程预算和单位工程预算 3 个层次结构组成,自下而上,逐级汇总和输出上一层次的预算表,如图 5-10 所示。

- ❑ 建设项目总预算:由所有单项工程预算表汇总而成。
- ❑ 单项工程预算:涉及表一至表五全套预算表,应包括工程费、工程建设其他费和建设期利息,一阶段设计预算还应包含预备费。单项工程预算可独立编制,亦可由各单位工程预算表汇总而成。此外,应注意"工程建设其他费"是以单项工程作为计取单位的。
- ❑ 单位工程预算:由建筑安装工程费和设备、工器具购置费组成。

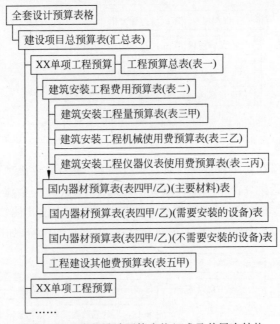

图 5-10　一阶段设计预算表格组成及其层次结构

2. 费用结构

了解和掌握工程造价的费用结构及其计价规则是合理且准确控制工程造价的前提,信息通信建设单项工程总费用由工程费、工程建设其他费、预备费和建设期利息组成。可运用"总-分-总"思维方式,从总费用结构入手,自顶向下,逐层分解,分组归类,梳理和形成一张直观的单项工程费用结构思维导图,如图 5-11 所示。

3. 编制依据

收集编制依据是进行信息通信建设工程概(预)算编制的基础性和前提性工作,应保证编制依据的合法性、全面性和有效性,以及概(预)算编制成果文件的准确性、完整性。可从法律法规、标准规程、前期成果及批复文件、计价信息、合同协议及委托单位提供的编制依据文件等方面进行资料的收集和整理,如图 5-12 所示。

(1)法律法规:法律法规是宏观上管理和控制工程造价的制度性文件,包括国家、行业、地方政府发布的有关法律法规或规定,例如,《中华人民共和国建筑法》《通信建设工程质量监督管理

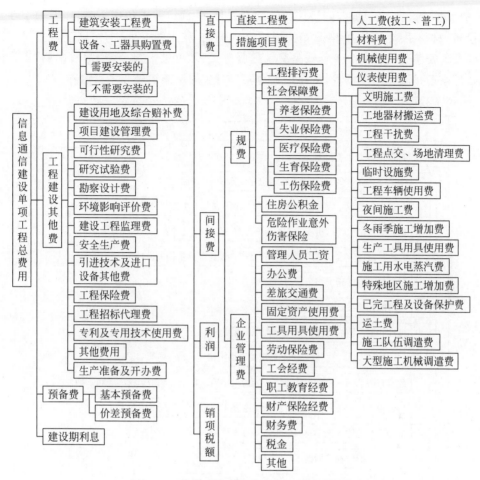

图 5-11　信息通信建设单项工程总费用构成

规定《企业安全生产费用提取和使用管理办法》及《广东省建设工程造价管理规定》等。

（2）标准规程：除法律法规外，标准规程则是管理、规范和控制工程质量及工程造价的重要文件，主要包括国家、地方、行业、企业标准，以及相关操作规程和预算定额等。例如，《工业和信息化部关于印发信息通信建设工程预算定额、工程费用定额及工程概预算编制规程的通知》（工信部通信〔2016〕451 号）。

（3）批复文件：工程造价控制是一个由粗到细、由浅入深、由粗略到精细的过程，多次计价和动态计价是其重要的特征。应充分利用前期成果及批复文件，例如，批准的初步设计概算或可行性研究报告及有关文件，要求设计概算控制在投资估算范围内、设计预算控制在设计概算范围内，不得超前一阶段批复的投资规模。

（4）计价信息：工程概（预）算是一项重要的技术经济工作，应按照规定的设计标准和设计图纸计算工程量，正确地使用各项计价标准，完整、准确地反映设计内容、施工条件及实际价格，其编制依据包括主要工程量、物资价格、利率、税率及相关计价信息等。

（5）合同协议：可根据合同协议约定的工程界面,确定施工组织方案,以及获取项目有关的设备、材料采购合同、价格及相关说明书。例如,在无线专业中,可从主设备采购协议中明确设备安装是督导服务工程或是交钥匙服务工程,可进一步分清"基站调测"工作内容是设备厂家还是施工单位负责,从而正确地套用对应的定额编号和项目名称。

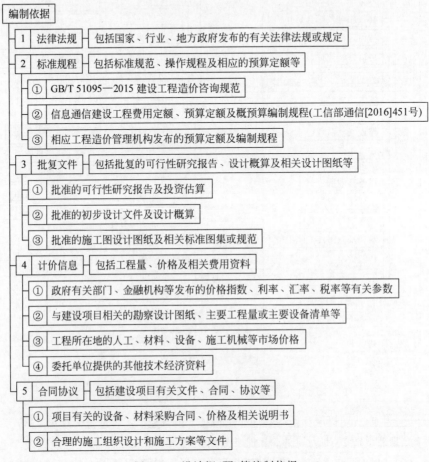

图 5-12 设计概(预)算编制依据

4. 编制流程

了解设计文件结构、表格组成、费用构成及编制依据后,可进一步了解概预编制方法和流程,解决好"怎么做"的问题。一般情况下,信息通信建设项目的概(预)算采用实物工程量法编制,主要包括准备工作、工程量统计、套用定额、输出概(预)算表、汇总和输出编制说明等环节,如图 5-13 所示。

1）准备工作

（1）收集编制依据：在编制概(预)算前,可从各种渠道获取编制规程及定额手册、项目基本信息、设备及材料单价、设计文件及图纸等编制依据。

（2）明确编制方法：在编制概(预)算前,应组织各有关单位以会议形式进一步明确编

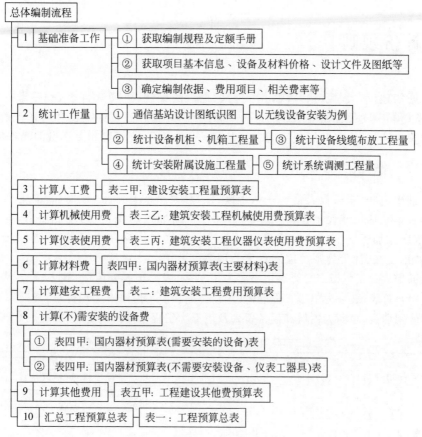

图 5-13　单项工程预算表编制流程

制依据、费用项目、相关费率及取费说明等。

2）工程量统计

工程量统计是一项细致谨慎的"活儿"，工程量统计的准确与否将直接影响工程造价的准确性。以无线通信设备安装工程为例，工程量统计内容包括设备机柜（或机箱）工程量、设备线缆布放工程量、安装附属设施工程量和系统调测工程量等。

3）套用定额

"量价分离"是概（预）算编制的重要原则，工程量经核实无误后方可套用定额。在直接进行工程费计算时，由工程量分别乘以各子目的"人-材-机-仪"的定额消耗量得到对应的工程用量，然后汇总出整个工程各类设备和材料的实际消耗量。在此基础上，工程量乘以对应的基础单价得到人工、材料、机械使用和仪器仪表费，最终汇总得出直接工程费。

4）输出各项费用表

可根据《信息通信建设工程费用定额及信息通信建设工程概预算编制规程》（工信部通信〔2016〕451 号）的计价规则和编制要求，按顺序输出表三、表四、表二、表五和表一对应的概（预）算表，并汇总成工程概（预）算总表和输出工程概（预）算编制说明。

34min

5.2 计价规则

信息通信建设工程概(预)算采用实物工程量法编制,可做 3 件事,一是做一张模板表格,了解概(预)算文件输出要求;二是做一张思维导图,分解费用结构和梳理计价规则;三是做一套操作流程,回答和解决工程费用从哪来、有何用、放哪里和怎么做的操作问题。

5.2.1 概(预)算表格

第一件事,做一张模板表格。在认识概(预)算表格的基础上,按照《信息通信建设工程费用定额及信息通信建设工程概预算编制规程》(简称编制规程)的编制要求,建立一套模板表格,依次添加表格中的基本信息、费用名称、依据和计算方法等内容,进一步加深对费用结构、费用定义、计价规则及编制要求的理解。

信息通信建设工程概(预)算表格主要由汇总表、表一至表五组成,其中,汇总表为建设项目的总概(预)算表,表一为单项工程的概(预)算总表,表二为建安工程费表,表三为工程量、机械及仪表使用费表,表四为主材和设备费表及表五为工程建设其他费表,如表 5-4 所示。

表 5-4 信息通信建设工程概(预)算表的表格用途

表格编号	表 格 名 称	表 格 用 途
汇总表	建设项目总概(预)算表(汇总表)	供建设项目总概算(预算)使用
表一	工程概(预)算总表(表一)	供编制单项(单位)工程总费用使用
表二	建筑安装工程费用概(预)算表(表二)	供编制建筑安装工程费使用
表三	建筑安装工程量概(预)算表(表三甲)	供编制建筑安装工程量、计算技工工日和普工工日使用
	建筑安装工程机械使用费概(预)算表(表三乙)	供编制建筑安装工程机械使用费使用
	建筑安装工程仪器仪表使用费概(预)算表(表三丙)	供编制建筑安装工程仪表使用费
表四	国内器材概(预)算表(表四甲)	供编制国内器材(需安装设备、不需要安装设备、主要材料)的购置费使用
	进口器材概(预)算表(表四乙)	供编制进口国外器材((不)需要安装设备、主要材料)的购置费使用
表五	工程建设其他费概(预)算表(表五甲)	供编制工程建设其他费使用
	进口设备工程建设其他费用概(预)算表(表五乙)	供编制进口设备工程建设其他费使用

1. 基础信息表

主要做法分两步,一是熟悉表格,建立计价规则与概(预)算表格之间的对应关系,将每项费用名称、依据和计算方法填入这 5 张表中;二是提炼共性的、重复使用的基础数据,建立对应的基础信息库,包括项目信息、费率信息、定额库、机械台班库、仪表台班库及相关计价规则等,其中,基础信息表主要用于录入项目信息、编审人员及相关信息,如图 5-14 所示。

2. 取费费率表

各专业费率汇总表主要用于摘取各专业费用名称、取费费率和构建费率库,如图 5-15 所示,以 Excel 表格为例,各项费率摘取和建库的方法如下:

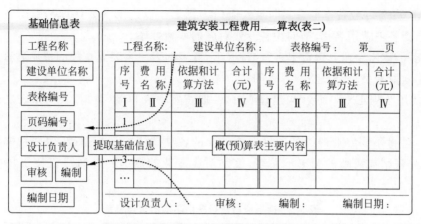

图 5-14　概(预)算表基础信息的梳理方法

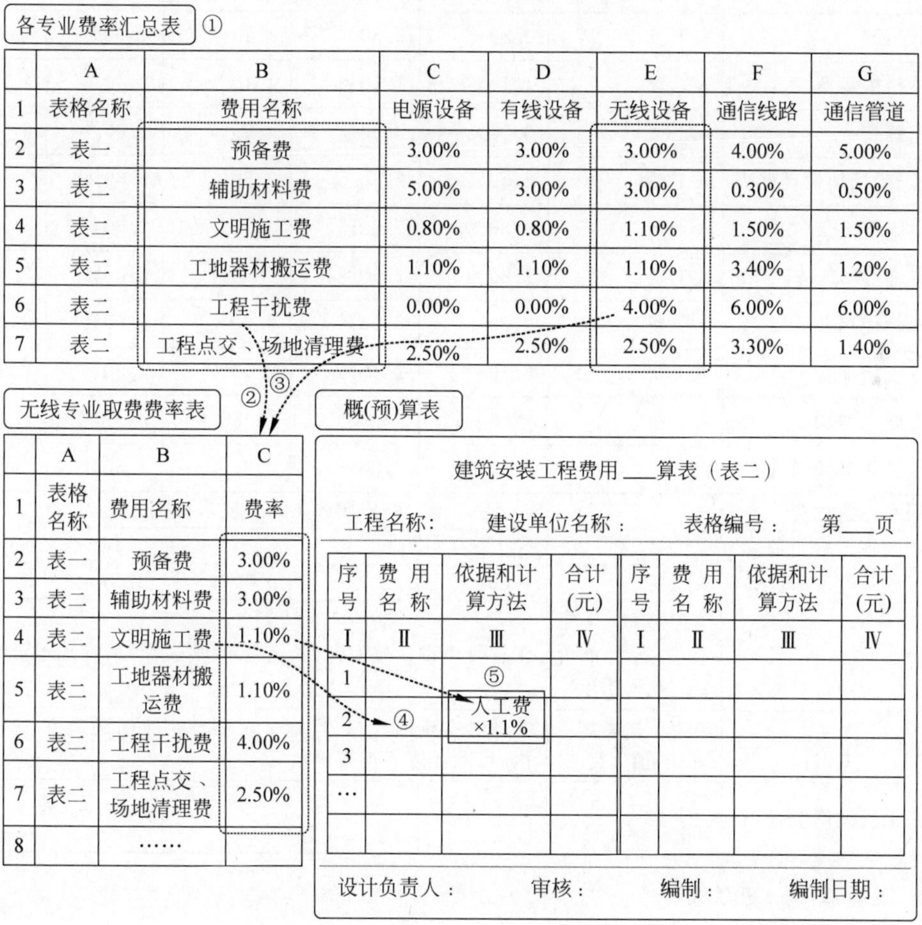

各专业费率汇总表 ①

	A	B	C	D	E	F	G
1	表格名称	费用名称	电源设备	有线设备	无线设备	通信线路	通信管道
2	表一	预备费	3.00%	3.00%	3.00%	4.00%	5.00%
3	表二	辅助材料费	5.00%	3.00%	3.00%	0.30%	0.50%
4	表二	文明施工费	0.80%	0.80%	1.10%	1.50%	1.50%
5	表二	工地器材搬运费	1.10%	1.10%	1.10%	3.40%	1.20%
6	表二	工程干扰费	0.00%	0.00%	4.00%	6.00%	6.00%
7	表二	工程点交、场地清理费	2.50%	2.50%	2.50%	3.30%	1.40%

②③

无线专业取费费率表

	A	B	C
1	表格名称	费用名称	费率
2	表一	预备费	3.00%
3	表二	辅助材料费	3.00%
4	表二	文明施工费	1.10%
5	表二	工地器材搬运费	1.10%
6	表二	工程干扰费	4.00%
7	表二	工程点交、场地清理费	2.50%
8		……	

概(预)算表

建筑安装工程费用 ___算表（表二）

工程名称：　　建设单位名称：　　　表格编号：　　第___页

序号	费用名称	依据和计算方法	合计(元)	序号	费用名称	依据和计算方法	合计(元)
Ⅰ	Ⅱ	Ⅲ	Ⅳ	Ⅰ	Ⅱ	Ⅲ	Ⅳ
1							
2 ④		⑤ 人工费 ×1.1%					
3							
…							

设计负责人：　　　审核：　　　编制：　　　编制日期：

图 5-15　概(预)算表费率信息的梳理方法

（1）建立"各专业费率汇总表"，录入概(预)算表中以人工费为计算基础的各专业取费费率，纵向为各项费用名称，横向为各专业对应的取费费率。

（2）建立"XX 专业取费费率表"，与概(预)算表的表一至表五相关的费用名称和顺序保持一致，建立取费费率与概(预)算表的对应关系。

（3）使用"INDEX()函数"构建起汇总表、取费费率表和概(概)算表 3 张表之间的引用关系。

例如，可将不同专业的措施项目费所涉及的各项费用的计算基础、取费费率和计价规则制作成一张结构清晰的费率汇总表，编制对应专业的概(预)算时可直接引用表中的费率，如表 5-5 所示。

表 5-5　措施项目费费率汇总表的梳理方法

项　　目	计算基础	通信电源设备安装工程	有线通信设备安装工程	无线通信设备安装工程	通信线路工程	通信管道工程
文明施工费	人工费	0.80%	0.80%	1.10%	1.50%	1.50%
工地器材搬运费	人工费	1.10%	1.10%	1.10%	3.40%	1.20%
工程干扰费	人工费	0.00%	0.00%	4.00%	6.00%	6.00%
工程点交、场地清理费	人工费	2.50%	2.50%	2.50%	3.30%	1.40%
临时设施费(35km 以内)	人工费	3.80%	3.80%	3.80%	2.60%	6.10%
临时设施费(35km 以外)	人工费	7.60%	7.60%	7.60%	5.00%	7.60%
工程车辆使用费	人工费	2.20%	2.20%	5.00%	5.00%	2.20%
夜间施工增加费	人工费	2.10%	2.10%	2.10%	2.50%	2.50%
冬雨季施工增加费	人工费	[2.50%]	[2.50%]	[2.50%]	[2.50%]	[2.50%]
生产工具用具使用费	人工费	0.80%	0.80%	0.80%	1.50%	1.50%
施工用水电蒸汽费	—	依照施工工艺要求按实计列				
特殊地区施工增加费	总工日	[0]	[0]	[0]	[0]	[0]
已完工程及设备保护费	人工费	1.80%	1.80%	1.50%	2.00%	1.80%
运土费	工程量(吨·千米)×运费单价(元/吨·千米)	工程量由设计按实计列，运费单价按工程所在地运价计算				
施工队伍调遣费	单程调遣费定额×调遣人数×2	按调遣费定额计算，当施工现场与企业的距离在 35km 以内时，不计取此项费用				
大型施工机械调遣费	调遣用车运价×调遣运距×2	—	—	—	—	—

3. 工程概(预)算总表

工程概(预)算总表(表一)主要用于汇总表二至表五的工程费、工程建设其他费、预备费及建设期利息等，如表 5-6 所示。

表 5-6　工程概(预)算总表(表一)

序号	表格编号	费用名称	小型建筑工程费	需要安装的设备费	不需要安装的设备、工器具费	建筑安装工程费	其他费用	预备费	总价值			
									(元)			
									除税价	增值税	含税价	其中外币()
Ⅰ	Ⅱ	Ⅲ	Ⅳ	Ⅴ	Ⅵ	Ⅶ	Ⅷ	Ⅸ	Ⅹ	Ⅺ	Ⅻ	Ⅷ
1		工程费										
2		工程建设其他费										
3		合计										
4		预备费										
5		建设期利息										
6		总计										
7		其中回收费用										

4. 建筑安装工程费用表

建筑安装工程费用概(预)算表(表二)主要用于编制信息通信建设工程施工过程中发生的列入建筑安装工程预算内的各项费用,如表 5-7 所示。在编制概(预)算时,应结合计价规则和取费费率来编制"依据和计算方法"及"费用合计"。

表 5-7　建筑安装工程费用概(预)算表(表二)

序号	费用名称	依据和计算方法	合计/元	序号	费用名称	依据和计算方法	合计/元
Ⅰ	Ⅱ	Ⅲ	Ⅳ	Ⅰ	Ⅱ	Ⅲ	Ⅳ
	建安工程费(含税价)			7	夜间施工增加费		
	建安工程费(除税价)			8	冬雨季施工增加费		
一	直接费			9	生产工具用具使用费		
(1)	直接工程费			10	施工用水电蒸汽费		
1	人工费			11	特殊地区施工增加费		
(1)	技工费			12	已完工程及设备保护费		
(2)	普工费			13	运土费		
2	材料费			14	施工队伍调遣费		
(1)	主要材料费			15	大型施工机械调遣费		
(2)	辅助材料费			二	间接费		
3	机械使用费			(1)	规费		
4	仪表使用费			1	工程排污费		
(2)	措施项目费			2	社会保障费		
1	文明施工费			3	住房公积金		
2	工地器材搬运费			4	危险作业意外伤害保险费		
3	工程干扰费			(2)	企业管理费		
4	工程点交、场地清理费			三	利润		
5	临时设施费			四	销项税额		
6	工程车辆使用费						

5. 工程量统计表、机械及仪表使用费表

建筑安装工程量概(预)算表(表三甲)主要用于编制工程量,以及计算和汇总技工、普工工日。工程量统计和套用定额是工程概(预)算编制的重点和难点,应学会解读设计图纸,并结合施工技术和操作规程将工作内容分解和转换为预算定额对应的定额子目,以便正确地套用定额编号、项目名称及相关人工消耗量,如表 5-8 所示。

表 5-8 建筑安装工程量概(预)算表(表三甲)

序号	定额编号	项目名称	单位	数量	单位定额值/工日		合计值/工日	
					技工	普工	技工	普工
I	II	III	IV	V	VI	VII	VIII	IX
1	TSW2-015	安装定向天线 拉线塔(桅杆)上(AAU)	副					
2	TSW2-023	安装调测卫星全球定位系统(GPS)天线	副					
3	TSW2-052	安装基站主设备 机柜/箱嵌入式(BBU)	台					
4	TSW2-052	安装基站主设备 机柜/箱嵌入式(DCDU)	台					
5	...	......	...					
		合计						
		总计						
		其中,室内分布系统部分						

若产生机械使用费,则需编制建筑安装工程机械使用费概(预)算表(表三乙),主要分 3 步,一是查阅定额手册获取所套用定额编号、项目名称及相应工程量;二是查阅该定额子目涉及的机械名称和机械台班消耗量;三是查阅机械台班单价,量价相乘算出机械使用费,如表 5-9 所示。

表 5-9 建筑安装工程机械使用费概(预)算表(表三乙)

序号	定额编号	项目名称	单位	数量	机械名称	单位定额值		合计值	
						消耗量/台班	单价/元	消耗量/台班	合价/元
I	II	III	IV	V	VI	VII	VIII	IX	X
1									
2									

建筑安装工程仪器仪表使用费概(预)算表(表三丙)的编制方法与机械使用费类似,如表 5-10 所示。

表 5-10 建筑安装工程仪器仪表使用费概(预)算表(表三丙)

序号	定额编号	项目名称	单位	数量	仪表名称	单位定额值		合计值	
						消耗量/台班	单价/元	消耗量/台班	合价/元
I	II	III	IV	V	VI	VII	VIII	IX	X
1									
2									

6. 主要材料及需安装的设备表

国内器材概(预)算表(表四甲)分为主要材料表、需要安装的设备表和不需要安装的设

备、仪表、工器具表,如表 5-11、表 5-12 所示,其主要编制方法如下:

(1) 根据需要将表格名称填入概(预)算表标题下方的括号内,例如,国内器材概(预)算表(表四甲)(主要材料表)。

(2) 可根据不同分类分别在主要材料表、需要安装的设备表和不需要安装的设备、仪表、工器具表中填入主要材料、设备或工器具的名称、规格程式、单位、数量、单价及相关信息。例如,可将不同运距和取费费率的主要材料按照光缆、电缆、塑料及塑料制品、木材及木材制品、水泥及水泥构件及其他等类别统计并填入(表四甲)(主要材料表)中。

(3) 对主要材料、设备及工器具分组归类,应分别列明分项小计、运杂费、运输保险费、采购及保管费、采购代理服务费及合计等费用信息。

表 5-11　国内器材概(预)算表(表四甲)(主要材料表)

序号	名　　　称	规格程式	单位	数量	单价/元			合计/元			备　注
					除税价	增值税	含税价	除税价	增值税	含税价	
I	II	III	IV	V	VI	VII	VIII	IX	X	XI	XII
1	XX										
2	XX										
	小计 1										
	运杂费										
	运输保险费										
	采购及保管费										
	采购代理服务费										
	合计 1										
	总计										

表 5-12　国内器材概(预)算表(表四甲)(需要安装的设备表)

序号	名　　　称	规格程式	单位	数量	单价/元	合计/元			备　注
					除税价	除税价	增值税	含税价	
I	II	III	IV	V	VI	IX	X	XI	XII
1	3.5G NR 基站 BBU 设备								
2	3.5G NR 基站 AAU 设备								
3	直流配电单元(DCDU)								
4	GPS 天线								
	小计 1								
	运杂费								
	运输保险费								
	采购及保管费								
	采购代理服务费								
	合计 1								
	总计								

7. 工程建设其他费表

工程建设其他费概(预)算表(表五甲)主要用于编制国内工程计列的工程建设其他费

使用,应根据《信息通信建设工程费用定额》相关费用的计算规则填写,如表 5-13 所示。

表 5-13 工程建设其他费概(预)算表(表五甲)

序号	费用名称	计算依据及方法	金额/元			备注
			除税价	增值税	含税价	
Ⅰ	Ⅱ	Ⅲ	Ⅳ	Ⅴ	Ⅵ	Ⅶ
1	建设用地及综合赔补费					
2	项目建设管理费					
3	可行性研究费					
4	研究试验费					
5	勘察设计费					
6	环境影响评价费					
7	建设工程监理费					
8	安全生产费					
9	引进技术及进口设备其他费					
10	工程保险费					
11	工程招标代理费					
12	专利及专利技术使用费					
13	其他费用					
	总计					
14	生产准备及开办费(运营费)					

5.2.2　费用结构

第二件事,做一张思维导图。对照编制规程,将信息通信建设单项工程总费用各组成部分的费用定义、费用结构、计价规则和操作方法做成一张思维导图,逐层展开各项费用,将每项费用落实到工程概(预)算表中。同时,逐项分解和结构思考,将措施项目费、规费等更小颗粒度的费用按照固定的学习卡片形式梳理出来,可供概(预)算编制时快速查阅和使用。

1. 费用结构

费用结构是贯穿始终的思维主线,按照"总-分-总"的思维逻辑将每项费用按照"是什么""如何组成""如何计价""如何做"的思考路径逐项展开和理解,每项费用不必死记硬背,只需将其对应到概(预)表对应的表格和单元格中。

信息通信建设单项工程总费用主要由工程费、工程建设其他费、预备费和建设期利息组成,其中,工程费又分为建筑安装工程费和设备、工器具购置费,分别对应表二和(表四甲)(需安装设备表),如图 5-16 所示。

2. 建筑安装工程费

建筑安装工程费计列于概(预)算表的表二中,是信息通信建设工程概(预)算中最重要的费用,主要用于支付施工单位在建设项目施工过程中产生的且列入建筑安装工程预算内的各项费用,包括直接费、间接费、利润和税金 4 部分,如表 5-14 所示。

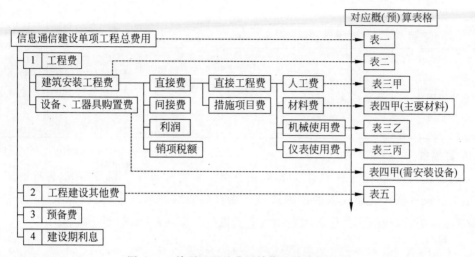

图 5-16　单项工程总费用结构及其分解方法

表 5-14　建筑安装工程费用构成和计价规则

序号	费用名称	定　义	依据和计算方法
一	直接费	与工程施工有关,施工前、施工过程中产生的构成工程实体或非工程实体项目的直接成本	＝直接工程费＋措施项目费
(1)	直接工程费	指施工过程中耗用的构成工程实体和有助于工程实体形成的各项费用	＝人工费＋材料费＋机械使用费＋仪表使用费
1.	人工费	指直接从事建设安装工程施工的生产人员开支的各项费用	＝技工费＋普工费
2.	材料费	指为完成建设安装工程施工过程中所耗用的构成工程实体的原材料、辅助材料、构配件、零件、半成品的费用和周转材料的摊销,以及采购材料所产生的费用总和	＝主要材料费＋辅助材料费
3.	机械使用费	指在建筑安装施工过程中,使用施工机械作业所产生的机械使用费及机械安拆费	＝机械台班单价×概、预算机械台班量
4.	仪表使用费	指施工作业中所产生的属于固定资产的仪表费用	＝仪表台班单价×概、预算机械台班量
(2)	措施项目费	指为完成工程项目施工,产生于该工程前和施工过程中非工程实体项目的费用	＝∑各措施项目的计算基础×对应专业费率
二	间接费	指建筑安装企业为组织施工和进行经营管理及间接为建筑安装生产服务的各项费用	＝规费＋企业管理费
(1)	规费	指政府和有关部门规定必须缴纳的费用	＝工程排污费＋社会保障费＋住房公积金＋危险作业意外伤害保险
(2)	企业管理费	指施工企业组织施工生产和经营管理所需费用	＝人工费×企业管理费费率
三	利润	指施工企业完成所承包工程获得的赢利	＝人工费×利润率

序号	费用名称	定　　义	依据和计算方法
四	销项税额	指按国家税法规定应计入建筑安装工程造价的增值税销项税额	＝(人工费＋乙供主材费＋辅材费＋机械使用费＋仪表使用费＋措施费＋规费＋企业管理费＋利润)×11％＋甲供主材费×适用税率

1)直接费

对应表二,直接费是工程的直接成本,由直接工程费和措施项目费组成,各项费用均为不包括增值税可抵扣进项税额的税前造价。在直接费编制过程中,应抓住主体,分解费用结构,逐项突破计价规则,并将各项费用落实到概(预)算表格中,如图 5-17 所示。

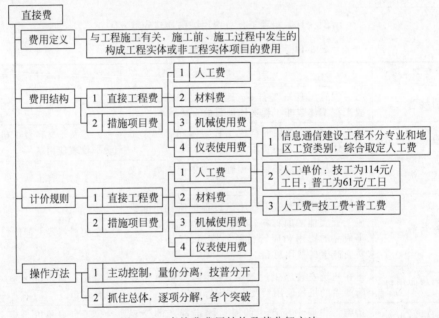

图 5-17　直接费费用结构及其分解方法

其中,直接工程费是指施工过程中耗用的构成实体和有助于工程实体形成的各项费用,主要用于支付施工单位产生的人工费、材料费、机械使用费和仪表使用费,分别对应概(预)算表格中的表三甲(工程量)、表四甲(主要材料费)、表三乙(机械使用费)和表三丙(仪表使用费),最终,汇总输出到表二(建安工程费)。

此外,措施项目费指为完成工程项目施工,产生于该工程前和施工过程中非工程实体项目的费用,可建立"学习卡片"逐项分解和学习(详见下一节)。它主要是保障项目顺利施工而产生的部署临时设施、搬运器材、排除干扰、应对各种恶劣环境及产生的水电费等相关费用,各项费用计算基础主要以人工费为主,乘以对应专业的相关费率。

(1) 人工费。

对应表三甲,人工费是指直接从事建筑安装工程施工的生产人员开支的各项费用,包括生产人员的基本工资、工资性补贴、辅助工资、职工福利费和劳动保护费等,如图 5-18 所示。

在编制人工费时,主要注意事项如下。

❑ 强调"直接参与":主体为直接从事建筑安装工程施工的生产人员,不参与项目现场实施的后勤保障人员开支的费用不在此列。

❑ 综合取定,技普分开:不分专业和地区工资类别,综合取定人工费,亦即不单独计列每项工资或补贴,工日单价为技工 114 元/工日、普工 61 元/工日。

❑ 量价分离,分项计列:在工日单价法定的前提下,鼓励多劳多得,视生产人员的工作量多寡计列人工费。在编制概(预)算表时,应逐项计列施工项目及其产生的工程量,同时,结合预算定额手册中的单位人工消耗量计算出概(预)算技/普工总工日,最终,总工日乘以工日单价便可得到该项目的人工费。

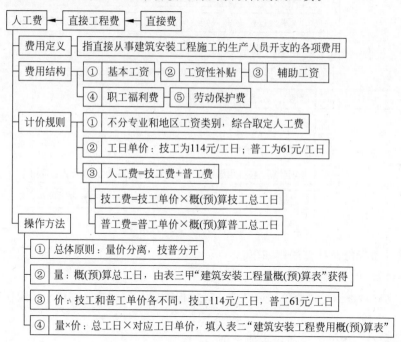

图 5-18 人工费费用结构及其分解方法

(2) 材料费。

对应表四甲(主要材料表),材料费由主要材料费和辅助材料费构成,综合考虑了材料在采购、运输和施工等环节所产生的原材料、辅助材料及相关费用,其内容包括材料原价、运杂费、运输保险费、采购及保管费、采购代理服务费,其费用结构、计价规则和操作方法如图 5-19 所示。

在编制概(预)算时,主要材料费体现在表四甲(主要材料表)中,辅助材料则是以主要材料费为基础进行计算的,最终汇总到表二(建安工程费)中。

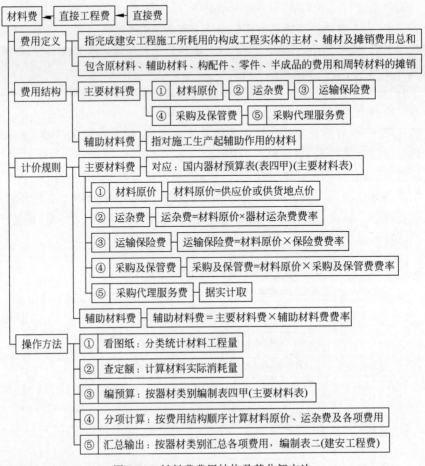

图 5-19　材料费费用结构及其分解方法

材料费计费标准及计算规则如下:

❑　材料费＝主要材料费＋辅助材料费。

❑　主要材料费＝材料原价＋运杂费＋运输保险费＋采购及保管费＋采购代理服务费。

其中,

① 材料原价:指供应价或供货地点价。

② 运杂费:指材料(或器材)自来源地运至工地仓库(或指定堆放地点)所产生的费用。

计费标准及计算规则如下:

❑　运杂费＝材料原价×器材运杂费费率,如表 5-15 所示。

表 5-15　器材运杂费费率

运距 L/km	光缆	电缆	塑料及塑料制品	木材及木材制品	水泥及水泥构件	其他
$L \leqslant 100$	1.3%	1.0%	4.3%	8.4%	18.0%	3.6%
$100 < L \leqslant 200$	1.5%	1.1%	4.8%	9.4%	20.0%	4.0%

续表

运距 L/km	光缆	电缆	塑料及塑料制品	木材及木材制品	水泥及水泥构件	其他
$200<L\leqslant300$	1.7%	1.3%	5.4%	10.5%	23.0%	4.5%
$300<L\leqslant400$	1.8%	1.3%	5.8%	11.5%	24.5%	4.8%
$400<L\leqslant500$	2.0%	1.5%	6.5%	12.5%	27.0%	5.4%
$500<L\leqslant750$	2.1%	1.6%	6.7%	14.7%	—	6.3%
$750<L\leqslant1000$	2.2%	1.7%	6.9%	16.8%	—	7.2%
$1000<L\leqslant1250$	2.3%	1.8%	7.2%	18.9%	—	8.1%
$1250<L\leqslant1500$	2.4%	1.9%	7.5%	21.0%	—	9.0%
$1500<L\leqslant1750$	2.6%	2.0%	—	22.4%	—	9.6%
$1750<L\leqslant2000$	2.8%	2.3%	—	23.8%	—	10.2%
$L>2000\mathrm{km}$ 每增加 250km 增加	0.3%	0.2%	—	1.5%	—	0.6%

　　注意：编制概算时，除水泥及水泥制品的运输距离按 500km 计算，其他类型的材料运输距离按 1500km 计算。同时，编制概算时，按主要器材的实际平均运距计算。

　　③ 运输保险费：指材料（或器材）自来源地运至工地仓库（或指定堆放地点）所产生的保险费用。计费标准及计算规则如下：

　　❑　材料原价×保险费费率 0.1%。

　　④ 采购及保管费：指为组织材料采购及材料保管过程中所需要的各项费用。计费标准及计算规则如下：

　　❑　采购及保管费=材料原价×采购及保管费费率，如表 5-16 所示。

表 5-16　材料采购及保管费费率

项目名称	计算基础	通信电源设备安装工程	有线通信设备安装工程	无线通信设备安装工程	通信线路工程	通信管道工程
采购及保管费费率	材料原价	1.00%	1.00%	1.00%	1.10%	3.00%

　　⑤ 采购代理服务费：指委托中介采购代理服务的费用，按实计取。

　　⑥ 辅助材料费：辅助材料费指对施工生产起辅助作用的材料。凡由建设单位提供的利旧材料，其材料费不计入工程成本，但作为计算辅助材料费的基础。计费标准及计算规则为辅助材料费=主要材料费×辅助材料费费率，如表 5-17 所示。

表 5-17　辅助材料费费率

项目名称	计算基础	通信电源设备安装工程	有线通信设备安装工程	无线通信设备安装工程	通信线路工程	通信管道工程
辅助材料费费率	主要材料费	5.00%	3.00%	3.00%	0.30%	0.50%

　　（3）机械/仪表使用费。

　　① 机械使用费（对应表三乙）是指在建筑安装施工过程中，使用施工机械作业所产生的机械使用费及机械安拆费，如图 5-20 所示，其主要应用场景如下：

　　❑　施工机械单位价值在 2000 元以上，构成固定资产的列入定额的机械台班。

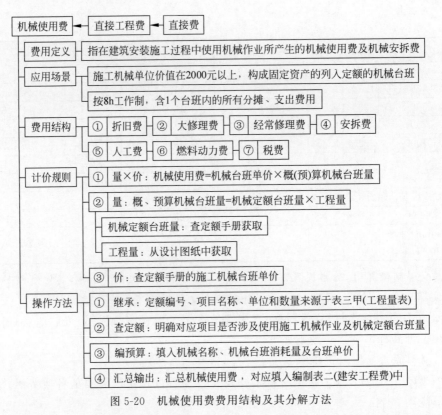

图 5-20 机械使用费费用结构及其分解方法

- 定额的机械台班消耗量是按正常合理的机械配备综合取定的。按 8h 工作制,含 1 个台班内的所有分摊、支出费用。

② 与机械使用费类似,仪表使用费(对应表三丙)指施工作业中所产生的属于固定资产的仪表费用,如图 5-21 所示,其主要应用场景如下:

- 施工仪器仪表单位价值在 2000 元以上,构成固定资产的列入定额的仪表台班。
- 定额的施工仪表台班消耗量是按信息通信建设标准规定的测试项目及指标要求综合取定的。

2)间接费

间接费是指建筑安装企业为组织施工和进行经营管理及间接为建筑安装生产服务的各项费用。间接费由规费、企业管理费构成,其主要计价规则为,以人工费为计算基础,乘以相关费用的费率,如图 5-22 所示。

3)利润与销项税额

(1)利润:指施工企业完成所承包工程获得的盈利。

计费标准和计算规则为利润=人工费×20%。

(2)销项税额:指按国家税法规定应计入建筑安装工程造价的增值税销项税额。

计费标准和计算规则为销项税额=(人工费+乙供主材费+辅材费+机械使用费+仪表使用费+措施费+规费+企业管理费+利润)×9%+甲供主材费×适用税率(13%)。

其中,甲供主材适用税率为材料采购税率;乙供主材指建筑服务方提供的材料。

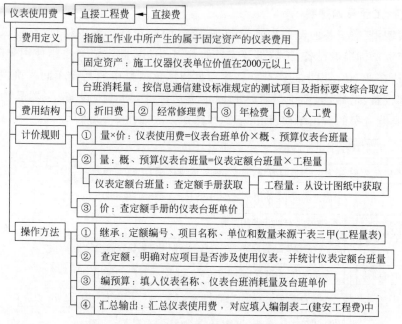

图 5-21 仪表使用费费用结构及其分解方法

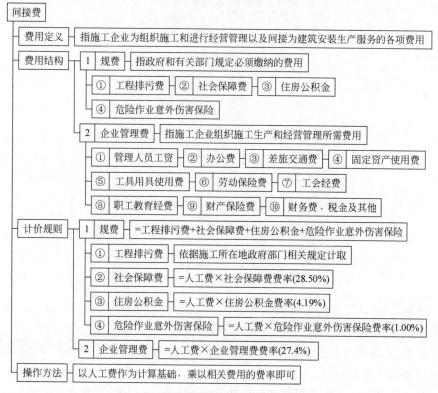

图 5-22 间接费费用结构及其分解方法

3. 设备、工器具购置费

对应表四甲(需安装的设备表),设备、工器具购置费是指为工程建设项目购置或自制的达到固定资产标准的设备、工器具及家具的费用,其中,固定资产是指使用年限在 1 年以上、单位价值在 2000 元以上的资产。新建项目和扩建项目中的新建车间或机房,所购置或自制的全部设备、工器具,不论是否达到固定资产标准,均计入设备、工器具购置费用中。设备、工器具购置费的费用结构、计价规则和操作方法如图 5-23 所示。

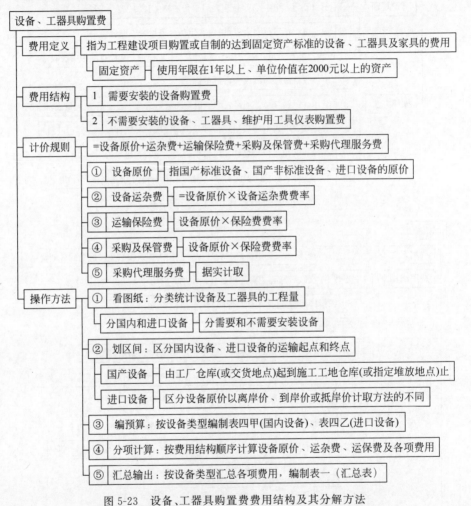

图 5-23 设备、工器具购置费费用结构及其分解方法

(1) 设备、工器具购置费是由设备购置费和工器具及家具购置费组成的,它是固定资产投资中的重要组成部分。

(2) 设备、工器具购置费是由需要安装的设备购置费和不需要安装的设备、工器具、维护用工具仪表购置费组成的。

❏ 需要安装设备是指必须将其整体或几个部位装配起来,安装在一定位置上或建筑物支架上才能使用的设备。

❑　不需要安装设备是指不必固定在一定位置或支架上就可以使用的设备。

（3）计费标准和计算规则为设备、工器具购置费＝设备原价＋运杂费＋运输保险费＋采购及保管费＋采购代理服务费。

① 设备原价：是指国产标准设备、国产非标准设备、进口设备的原价。一般地，进口设备原价是指进口设备的抵岸价，即抵达买方国家的边境港口或边境车站，并且交完关税后形成的价格，如图 5-24 所示。

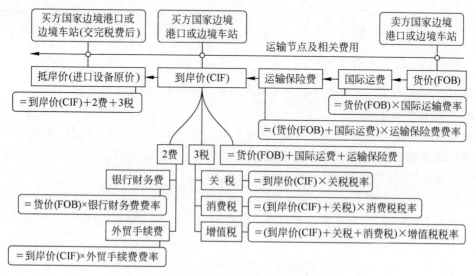

图 5-24　进口设备原价的费用结构和分解方法

② 设备运杂费：

❑　国产设备运杂费是指由制造厂仓库或交货地点运至施工工地仓库（或指定堆放地点）所产生的运费、装卸费及杂项费用。

❑　进口设备国内运杂费是指进口设备由我国到岸港口或边境车站起到工地仓库止，所发生的运输及杂项费用。

❑　计费标准和计算规则为设备运杂费＝设备原价×设备运杂费费率，如表 5-18 所示。

表 5-18　设备运杂费费率

运输里程 L/km	取费基础	费率/%	运输里程 L/km	取费基础	费率/%
$L \leqslant 100$	设备原价	0.80	$1000 < L \leqslant 1250$	设备原价	2.00
$100 < L \leqslant 200$		0.90	$1250 < L \leqslant 1500$		2.20
$200 < L \leqslant 300$		1.00	$1500 < L \leqslant 1750$		2.40
$300 < L \leqslant 400$		1.10	$1750 < L \leqslant 2000$		2.60
$400 < L \leqslant 500$		1.20	$L > 2000$km 每增加 250km 增加		0.10
$500 < L \leqslant 750$		1.50			
$750 < L \leqslant 1000$		1.70			

③ 运输保险费：指设备、工器具来源地运至工地仓库(或指定堆放地点)所产生的保险费用。计费标准和计算规则为运输保险费=设备原价×保险费费率(0.4%)。

④ 采购及保管费：

采购及保管费指设备管理部门在组织采购、供应和保管设备过程中所需的各种费用,包括设备采购及保管人员的工资、职工福利费、办公费、差旅交通费、固定资产使用费、检验试验费等。计费标准和计算规则为采购及保管费=设备原价×采购及保管费费率,如表 5-19 所示。

表 5-19　采购及保管费费率

项 目 名 称	计 算 基 础	费率/%
需要安装的设备	设备原价	0.82
不需要安装的设备(仪表、工器具)	设备原价	0.41

⑤ 采购代理服务费：指委托中介采购代理服务的费用,据实计取。

4. 工程建设其他费

始于项目筹建,止于项目竣工验收,除涉及施工单位的建筑安装工程费、供货商的设备及工器具购置费外,为了保证工程建设顺利完成和交付后能够正常发挥效用而在建设投资中支付的各项费用均列入工程建设其他费。

按不同的主体及服务内容可分为与土地使用有关、与工程建设有关、与未来企业生产经营有关的其他费用,除安全生产费为非竞争性费用外,其他费用均依据相关规定计取,如表 5-20 所示。

表 5-20　按不同主体及服务内容划分的工程建设其他费

主体单位	费用名称	发生阶段	主 要 内 容	计算依据及方法
建设单位	建设单位管理费	项目筹建起至竣工验收止	建设单位发生的管理性质支出的费用	按财建[2016]504号文
	建设用地及综合赔补费	项目建设场址落实前	建设项目征用土地或租用土地应支付的费用	按实计列
	引进技术及进口设备其他费	按需发生	引进技术和设备发生的未计入设备购置费的费用	按实计列
	专利及专利技术使用费	按需发生	建设项目在建设期间根据需要使用专利、专有技术所产生的各项费用	按实计列
	其他费用	按需发生	根据建设任务需要,必须在建设项目中列支的其他费用	按实计列
	生产准备及开办费	项目投产后	为了保证正常生产(或营业、使用)而产生的人员培训、提前进场及投产使用前期必备的生产生活用具、工器具购置的各项费用	设计定员×生产准备费指标(元/人)
招标机构	工程招标代理费	项目各参与方确定前	委托招标代理机构进行工程、货物、服务的招标、评标和定标所产生的各项费用	按发改价格[2015]299号文,按实计列

主体单位	费用名称	发生阶段	主 要 内 容	计算依据及方法
咨询设计单位	可行性研究费	项目立项批复前	委托工程咨询机构编制和评估项目建议书、可行性研究报告所需的费用	同上
	勘察设计费	项目批复起至施工前	委托勘察设计单位进行工程勘察、工程设计所产生的各项费用	同上
环评单位	环境影响评价费	项目施工前	按照相关规定评价建设项目对环境可能产生影响所需的费用	同上
检测机构	研究试验费	按需发生	为建设项目提供或验证设计数据、资料而进行必要的研究试验及按照设计规定在建设过程中必须进行的试验、验证所需的费用	按实计列
监理单位	建设工程监理费	项目施工起至竣工验收止	委托工程监理机构进行工程施工阶段的质量、进度、费用控制管理、安全生产监督管理，以及合同、信息等协调管理所产生的各项费用	按发改价格〔2015〕299 号文，按实计列
施工单位	安全生产费	施工阶段	按照相关规定和建筑施工安全标准，购置施工防护用具、落实安全施工措施及改善安全生产条件所需的各项费用	建筑安装工程费（除税价）×1.5%
	工程保险费	项目施工前	建设项目在建设期间根据需要对建设工程、安装工程、机械设备和人身安全进行投保所产生的保险费用	按实计列

5. 预备费

所谓智者千虑必有一失，在通信建设工程中，难免会遇到项目决策阶段不曾预见的情况，例如批复范围内的费用增加、自然灾害、隐蔽工程修复、物价上涨等，可通过设置应急管理工具——预备费来予以应对。

从某种意义上讲，预备费承担着类似"守夜人"的角色，应急时用得上，不到万不得已不动用，进而保障通信建设工程顺利开展。在初步设计和一阶段设计中，应计入预备费。通信建设工程中的预备费包括基本预备费和价差预备费。

1）基本预备费

基本预备费是指在项目实施中可能发生，但在项目决策阶段难以预料，需要事先预留的费用，又称工程建设不可预见费。一般由下列 3 项内容构成：

❑ 在批准的设计范围内，技术设计、施工图设计及施工过程中所增加的工程费用。经批准的设计变更、工程变更、材料代用、局部地基处理所增加的费用。

❑ 一般自然灾害所造成的损失和预防自然灾害所采取的措施费用。

❑ 竣工验收时，竣工验收组织为鉴定工程质量对隐蔽工程进行必要的挖掘和修复费用。

基本预备费以工程费用和工程建设其他费用之和为基数，按部门或行业主管部门规定的基本预备费费率估算。计算公式如下：

$$基本预备费=(工程费用+工程建设其他费用)\times 基本预备费费率 \qquad (5\text{-}1)$$

2)价差预备费

价差预备费是对建设工期较长的项目,在建设期间由于价格等变化引起工程造价变化而需要事先预留的费用,亦称价格变动不可预见费。一般由下列两项内容构成:

- ❑ 因价格变化引起的人工、设备、材料及施工机械变化的价差费。
- ❑ 建筑安装工程费及工程建设其他费用调整,利率、汇率调整等增加的费用。

价差预备费以分年的工程费用为计算基数。计算公式如下:

$$PC=\sum_{t=1}^{n} I_t \big[(1+f)^t-1\big] \qquad (5\text{-}2)$$

其中,PC 为价差预备费;I_t 为第 t 年的工程费用;f 为建设期价格上涨指数;n 为建设期;t 为年份。

根据政府相关部门规定,目前我国投资项目的建设期价格上涨指数按零计取。

如上所述,预备费由基本预备费和价差预备费构成,价差预备费按零计取,仅计取基本预备费,如表 5-21 所示。依据工信部通信[2016]451 号文件发布的《信息通信建设工程费用定额》规定,预备费的计费标准和计算规则如下:

$$基本预备费=(工程费用+工程建设其他费)\times 基本预备费费率 \qquad (5\text{-}3)$$

表 5-21 预备费费率

表格名称	项目	计 算 基 础	通信电源设备安装工程	有线通信设备安装工程	无线通信设备安装工程	通信线路工程	通信管道工程
表一	预备费	工程费+工程建设其他费	3.00%	3.00%	3.00%	4.00%	5.00%

6. 建设期利息

基本建设项目投资的资金来源,由国家预算拨款改为银行贷款后,建设期间的贷款应付银行利息。该项利息及相关财务费用,按规定应列入建设项目投资之内。建设期的贷款利息实行复利计算。

计费标准和计算规则为建设期利息按银行当期利率计算。

5.2.3 取费方法

第三件事,做一套学习卡片。对照概(预)表格,可将信息通信建设工程中措施项目费、规费等更小颗粒度的费用按照费用名称、费用路径、对应概预算表、费用定义、计价规则、取费费率及注意事项等形式梳理和分解成学习卡片,以便在工程实践中快捷查阅和使用,例如,措施项目费费用结构及取费方法如表 5-22 所示。

表 5-22 措施项目费费用结构及其分解方法

费用名称	措施项目费
费用主体	施工单位
对应概预算表	建筑安装工程费用预算表(表二)

续表

上一级费用路径	./工程费/建筑安装工程费/直接费/
下一级费用路径	../措施项目费/15 项具体费用
费用定义	指为完成工程项目施工,产生于该工程前和施工过程中非工程实体项目的费用
(1) 文明施工费	指施工现场为达到环保要求及文明施工所需要的各项费用
(2) 工地器材搬运费	指由工地仓库至施工现场转运器材而产生的费用
(3) 工程干扰费	指信息通信工程由于受市政管理、交通管制、人流密集、输配电设施等影响功效的补偿费用
(4) 工程点交、场地清理费	指按规定编制竣工图及资料、工程点交、施工现场清理等产生的费用
(5) 临时设施费	指施工企业为进行工程施工所必须设置的生活和生产用的临时建筑物、构筑物和其他临时设施费用等,内容包括临时设施的租用或搭设、维修、拆除费或摊销费
(6) 工程车辆使用费	指工程施工中接送施工人员、生活用车等(含过路、过桥)费用
(7) 夜间施工增加费	指因夜间施工所产生的夜间补助费、夜间施工降效、夜间施工照明设备摊销及照明用电等费用
(8) 冬雨季施工增加费	指在冬雨季施工时所采取的防冻、保温、防雨、防滑等安全措施及工效降低所增加的费用
(9) 生产工具用具使用费	指施工所需的不属于固定资产的工具用具等的购置、摊销、维修费。非固定资产指单位价值 2000 元以下的生产工具及用具等
(10) 施工用水电蒸汽费	指施工生产过程中使用水、电、蒸汽所发生的费用
(11) 特殊地区施工增加费	指在原始森林地区、2000m 以上高原地区、沙漠地区、山区无人值守站、化工区、核工业区等特殊地区施工所需增加的费用。当施工地点同时存在两种及以上情况时,只能计算一次,按高档计取,不得重复计列
(12) 已完工程及设备保护费	指竣工验收前,对已完工程及设备进行保护所需的费用
(13) 运土费	指工程施工中,需从远离施工地点取土或向外倒运土方所产生的费用
(14) 施工队伍调遣费	指因建设工程的需要,应支付施工队伍的调遣费用。内容包括调遣人员的差旅费、调遣期间的工资、施工工具与用具等的运费
(15) 大型施工机械调遣费	指大型施工机械调遣所产生的运输费用
计价规则	措施项目费＝Σ各措施项目的计算基础×对应专业费率,一般计算基础为人工费
编制要领	按专业查找对应的费率及计价规则

1. 文明施工费

文明施工费的费用结构与取费方法,如表 5-23 所示。

表 5-23 文明施工费费用结构及其分解方法

费用名称	文明施工费
费用路径	./工程费/建筑安装工程费/直接费/措施项目费/
对应概预算表	建筑安装工程费用概/预算表(表二)
费用定义	指施工现场为达到环保要求及文明施工所需要的各项费用
计价规则	文明施工费＝人工费×文明施工费费率

续表

取费费率	通信电源设备 安装工程	有线通信设备 安装工程	无线通信设备 安装工程	通信线路工程	通信管道工程
	0.80%	0.80%	1.10%	1.50%	1.50%
注意事项					

2. 工地器材搬运费

工地器材搬运费的费用结构与取费方法,如表 5-24 所示。

表 5-24　工地器材搬运费费用结构及其分解方法

费用名称	工地器材搬运费				
费用路径	./工程费/建筑安装工程费/直接费/措施项目费/工地器材搬运费/				
对应概预算表	建筑安装工程费用概/预算表(表二)				
费用定义	指由工地仓库至施工现场转运器材而产生的费用				
计价规则	工地器材搬运费=人工费×工地器材搬运费费率				
取费费率	通信电源设备 安装工程	有线通信设备 安装工程	无线通信设备 安装工程	通信线路工程	通信管道工程
	1.10%	1.10%	1.10%	3.40%	1.20%
注意事项	因施工场地条件限制造成一次运输不能到达工地仓库时,可在此费用中按实计列两次搬运费				

3. 工程干扰费

工程干扰费的费用结构与取费方法,如表 5-25 所示。

表 5-25　工程干扰费费用结构及其分解方法

费用名称	工程干扰费				
费用路径	./工程费/建筑安装工程费/直接费/措施项目费/工程干扰费/				
对应概预算表	建筑安装工程费用概/预算表(表二)				
费用定义	指信息通信工程由于受市政管理、交通管制、人流密集、输配电设施等影响功效的补偿费用				
计价规则	工程干扰费=人工费×工程干扰费费率				
取费费率	通信电源设备 安装工程	有线通信设备 安装工程	无线通信设备 安装工程	通信线路工程	通信管道工程
	0.00%	0.00%	4.00%	6.00%	6.00%
注意事项	干扰地区指城区、高速公路隔离带、铁路路基边缘等施工地带。城区的界定以当地规划部门规划文件为准				

4. 工程点交、场地清理费

工程点交、场地清理费的费用结构与取费方法,如表 5-26 所示。

表 5-26　工程点交、场地清理费费用结构及其分解方法

费用名称	工程点交、场地清理费
费用路径	./工程费/建筑安装工程费/直接费/措施项目费/工程点交、场地清理费/
对应概预算表	建筑安装工程费用概/预算表(表二)

续表

费用定义	指按规定编制竣工图及资料、工程点交、施工现场清理等产生的费用				
计价规则	工程点交、场地清理费＝人工费×工程点交、场地清理费费率				
取费费率	通信电源设备 安装工程	有线通信设备 安装工程	无线通信设备 安装工程	通信线路工程	通信管道工程
	2.50％	2.50％	2.50％	3.30％	1.40％
注意事项					

5. 临时设施费

临时设施费的费用结构与取费方法，如表 5-27 所示。

表 5-27　临时设施费费用结构及其分解方法

费用名称	临时设施费				
费用路径	./工程费/建筑安装工程费/直接费/措施项目费/临时设施费/				
对应概预算表	建筑安装工程费用概/预算表(表二)				
费用定义	指施工企业为进行工程施工所必须设置的生活和生产用的临时建筑物、构筑物和其他临时设施费用等，内容包括临时设施的租用或搭设、维修、拆除费或摊销费				
计价规则	临时设施费按施工现场与企业的距离划分为 35km 以内、35km 以外两档。 临时设施费＝人工费×临时设施费费率				
取费费率	通信电源设备 安装工程	有线通信设备 安装工程	无线通信设备 安装工程	通信线路工程	通信管道工程
(35km 以内)	3.80％	3.80％	3.80％	2.60％	6.10％
(35km 以外)	7.60％	7.60％	7.60％	5.00％	7.60％
注意事项	如果建设单位无偿提供临时设施，则不计取此项费用				

6. 工程车辆使用费

工程车辆使用费的费用结构与取费方法，如表 5-28 所示。

表 5-28　工程车辆使用费费用结构及其分解方法

费用名称	工程车辆使用费				
费用路径	./工程费/建筑安装工程费/直接费/措施项目费/工程车辆使用费/				
对应概预算表	建筑安装工程费用概/预算表(表二)				
费用定义	指工程施工中接送施工人员、生活用车等(含过路、过桥)费用				
计价规则	工程车辆使用费＝人工费×工程车辆使用费费率				
取费费率	通信电源设备 安装工程	有线通信设备 安装工程	无线通信设备 安装工程	通信线路工程	通信管道工程
	2.20％	2.20％	5.00％	5.00％	2.20％
注意事项					

7. 夜间施工增加费

夜间施工增加费的费用结构与取费方法，如表 5-29 所示。

表 5-29　夜间施工增加费费用结构及其分解方法

费用名称	夜间施工增加费				
费用路径	./工程费/建筑安装工程费/直接费/措施项目费/夜间施工增加费/				
对应概预算表	建筑安装工程费用概/预算表(表二)				
费用定义	指因夜间施工所产生的夜间补助费、夜间施工降效、夜间施工照明设备摊销及照明用电等费用				
计价规则	夜间施工增加费＝人工费×夜间施工增加费费率				
取费费率	通信电源设备安装工程	有线通信设备安装工程	无线通信设备安装工程	通信线路工程	通信管道工程
	2.10%	2.10%	2.10%	2.50%	2.50%
注意事项	此项费用不用考虑施工时段,均按相应费率计取				

8. 冬雨季施工增加费

冬雨季施工增加费的费用结构与取费方法,如表 5-30 所示。

表 5-30　冬雨季施工增加费费用结构及其分解方法

费用名称	冬雨季施工增加费				
费用路径	./工程费/建筑安装工程费/直接费/措施项目费/冬雨季施工增加费/				
对应概预算表	建筑安装工程费用概/预算表(表二)				
费用定义	指在冬雨季施工时所采取的防冻、保温、防雨、防滑等安全措施及工效降低所增加的费用				
计价规则	冬雨季施工增加费＝人工费×冬雨季施工增加费费率				
取费费率	通信电源设备安装工程(室外部分)	有线通信设备安装工程(室外部分)	无线通信设备安装工程(室外部分)	通信线路工程	通信管道工程
(Ⅰ类地区)	3.60%	3.60%	3.60%	3.60%	3.60%
(Ⅱ类地区)	2.50%	2.50%	2.50%	2.50%	2.50%
(Ⅲ类地区)	1.80%	1.80%	1.80%	1.80%	1.80%
注意事项	此项费用在编制预算时不用考虑施工所处季节,均按相应费率计取。如果跨越多个地区分档,则按高档计取该项费用。综合布线工程不计取该项费用				

其中,冬雨季施工地区分类如表 5-31 所示。

表 5-31　冬雨季施工地区分类

地区分类	省、自治区、直辖市名称
Ⅰ类地区	黑龙江、青海、新疆、西藏、辽宁、内蒙古、吉林、甘肃
Ⅱ类地区	陕西、广东、广西、海南、浙江、福建、四川、宁夏、云南
Ⅲ类地区	其他地区

9. 生产工具用具使用费

生产工具用具使用费的费用结构与取费方法,如表 5-32 所示。

表 5-32　生产工具用具使用费费用结构及其分解方法

费用名称	生产工具用具使用费
费用路径	./工程费/建筑安装工程费/直接费/措施项目费/生产工具用具使用费/
对应概预算表	建筑安装工程费用概/预算表(表二)

费用定义	指施工所需的不属于固定资产的工具用具等的购置、摊销、维修费。非固定资产指单位价值 2000 元以下的生产工具及用具等				
计价规则	生产工具用具使用费＝人工费×生产工具用具使用费费率				
取费费率	通信电源设备安装工程	有线通信设备安装工程	无线通信设备安装工程	通信线路工程	通信管道工程
	0.80％	0.80％	0.80％	1.50％	1.50％
注意事项					

10. 施工用水电蒸汽费

施工用水电蒸汽费的费用结构与取费方法,如表 5-33 所示。

表 5-33　施工用水电蒸汽费费用结构及其分解方法

费用名称	施工用水电蒸汽费
费用路径	./工程费/建筑安装工程费/直接费/措施项目费/施工用水电蒸汽费/
对应概预算表	建筑安装工程费用概/预算表(表二)
费用定义	指施工生产过程中使用水、电、蒸汽所发生的费用
计价规则	信息通信建设工程依照施工工艺要求按实计列施工用水电蒸汽费 在编制概、预算时,有规定的按规定计算,无规定的根据工程的具体情况计算 如果建设单位无偿提供水电蒸汽费,则不应计列此项费用
注意事项	

11. 特殊地区施工增加费

特殊地区施工增加费的费用结构与取费方法,如表 5-34 所示。

表 5-34　特殊地区施工增加费费用结构及其分解方法

费用名称	特殊地区施工增加费		
费用路径	./工程费/建筑安装工程费/直接费/措施项目费/特殊地区施工增加费/		
对应概预算表	建筑安装工程费用概/预算表(表二)		
费用定义	指在原始森林地区、2000m 以上高原地区、沙漠地区、山区无人值守站、化工区、核工业区等特殊地区施工所需增加的费用		
计价规则	特殊地区施工增加费＝特殊地区补贴金额(见下表)×总工日		
补贴金额 (元/天)	高海拔地区		原始森林、沙漠、化工、核工业、 山区无人值守站地区
	4000m 以下	4000m 以上	
	8	25	17
注意事项	当施工地点同时存在两种及以上情况时,只能计算一次,按高档计取,不得重复计列		

12. 已完工程及设备保护费

已完工程及设备保护费的费用结构与取费方法,如表 5-35 所示。

表 5-35　已完工程及设备保护费费用结构及其分解方法

费用名称	已完工程及设备保护费
费用路径	./工程费/建筑安装工程费/直接费/措施项目费/已完工程及设备保护费/
对应概预算表	建筑安装工程费用概/预算表(表二)
费用定义	指竣工验收前,对已完工程及设备进行保护所需的费用

续表

计价规则	已完工程及设备保护费＝人工费×已完工程及设备保护费费率				
取费费率	通信电源设备安装工程（室外部分）	有线通信设备安装工程（室外部分）	无线通信设备安装工程	通信线路工程	通信管道工程
	1.80%	1.80%	1.50%	2.00%	1.80%
注意事项					

13. 运土费

运土费的费用结构与取费方法,如表 5-36 所示。

表 5-36　运土费费用构成和分解方法

费用名称	运土费
费用路径	./工程费/建筑安装工程费/直接费/措施项目费/运土费/
对应概预算表	建筑安装工程费用概/预算表(表二)
费用定义	指工程施工中,需从远离施工地点取土或向外倒运土方所产生的费用
计价规则	运土费＝运土工程量(吨・千米)×运费单价(元/吨・千米),其中,运土工程量由设计单位按实计列,运费单价按工程所在地运价计算
注意事项	

14. 施工队伍调遣费

施工队伍调遣费的费用结构与取费方法,如表 5-37 所示。

表 5-37　施工队伍调遣费费用结构及其分解方法

费用名称	施工队伍调遣费
费用路径	./工程费/建筑安装工程费/直接费/措施项目费/施工队伍调遣费/
对应概预算表	建筑安装工程费用概/预算表(表二)
费用定义	指因建设工程的需要,应支付施工队伍的调遣费用。内容包括调遣人员的差旅费、调遣期间的工资、施工工具与用具等的运费
计价规则	施工队伍调遣费按调遣费定额计算。 当施工现场与企业的距离在 35km 以内时,不计取此项费用。 施工队伍调遣费＝单程调遣费定额×调遣人数×2
注意事项	

其中,施工队单程调遣费定额如表 5-38 所示。

表 5-38　施工队单程调遣费定额表

调遣里程(L)/km	调遣费/元	调遣里程(L)/km	调遣费/元
$35<L\leqslant100$	141	$1600<L\leqslant1800$	634
$100<L\leqslant200$	174	$1800<L\leqslant2000$	675
$200<L\leqslant400$	240	$2000<L\leqslant2400$	746
$400<L\leqslant600$	295	$2400<L\leqslant2800$	918
$600<L\leqslant800$	356	$2800<L\leqslant3200$	979
$800<L\leqslant1000$	372	$3200<L\leqslant3600$	1040
$1000<L\leqslant1200$	417	$3600<L\leqslant4000$	1203
$1200<L\leqslant1400$	565	$4000<L\leqslant4400$	1271
$1400<L\leqslant1600$	598	$L>4400$,每增加 200km 增加调遣费	48

其中,通信设备安装工程施工队伍调遣人数定额如表 5-39 所示。

表 5-39 通信设备安装工程施工队伍调遣人数定额表

概(预)算技工总工日	调遣人数/人	概(预)算技工总工日	调遣人数/人
500 工日以下	5	4000 工日以下	30
1000 工日以下	10	5000 工日以下	35
2000 工日以下	17	5000 工日以上,每增加	3
3000 工日以下	24	1000 工日增加调遣人数	

其中,通信线路、通信管道工程施工队伍调遣人数定额如表 5-40 所示。

表 5-40 通信线路、通信管道工程施工队伍调遣人数定额表

概(预)算技工总工日	调遣人数/人	概(预)算技工总工日	调遣人数/人
500 工日以下	5	9000 工日以下	55
1000 工日以下	10	10 000 工日以下	60
2000 工日以下	17	15 000 工日以下	80
3000 工日以下	24	20 000 工日以下	95
4000 工日以下	30	25 000 工日以下	105
5000 工日以下	35	30 000 工日以下	120
6000 工日以下	40	30 000 工日以上,每增	3
7000 工日以下	45	加 5000 工日增加调遣	
8000 工日以下	50	人数	

15. 大型施工机械调遣费

大型施工机械调遣费的费用结构与取费方法,如表 5-41 所示。

表 5-41 大型施工机械调遣费费用结构及其分解方法

费用名称	大型施工机械调遣费
费用路径	./工程费/建筑安装工程费/直接费/措施项目费/大型施工机械调遣费/
对应概预算表	建筑安装工程费用概/预算表(表二)
费用定义	指大型施工机械调遣所产生的运输费用
计价规则	大型施工机械调遣费＝调遣用车运价×调遣运距×2
注意事项	

其中,大型施工机械吨位定额如表 5-42 所示。

表 5-42 大型施工机械吨位表

机 械 名 称	吨 位	机 械 名 称	吨 位
混凝土搅拌机	2	水下光(电)缆沟挖冲机	6
电缆拖车	5	液压顶管机	5
微管微缆气吹设备	6	微控钻孔敷管设备(25t 以下)	8
气流敷设吹缆设备	8	微控钻孔敷管设备(25t 以上)	12
回旋钻机	11	液压钻机	15
型钢剪断机	4.2	磨钻机	0.5

其中,调遣用车吨位及运价如表 5-43 所示。

表 5-43　调遣用车吨位及运价表

名　　称	吨　　位	运价	
		单程运距<100km	单程运距>100km
工程机械运输车	5	10.8	7.2
	8	13.7	9.1
	15	17.8	12.5

41min

5.3　预算编制

实践是检验真理的唯一标准,落实到概(预)算编制中,其编制技法可总结为知概念、懂规则、会方法和重实践,主要流程包括收集资料、工程量统计、主材用量统计、套用定额、编制概(预)算表、造价分析和文件输出等环节。

5.3.1　任务派工

概预算文件由编制说明和概预算表格组成,其中,编制说明主要包括工程概况、编制依据、取费说明、投资汇总及分析、资金筹措及其他问题等。以工程案例予以说明,根据给定条件、设计图纸、设备及材料单价,编制"2020 年 A 运营商南宁 5G NR 无线网新建工程"一阶段设计预算表。

1. 已知条件

为进一步简化编制环境,给定已知条件如下:

(1) 本工程为 2020 年 A 运营商南宁 5G NR 无线网新建工程,共站新增一套 5G NR 分布式基站系统,项目基本信息如下。

❑　建设项目名称:2020 年 A 运营商南宁 5G NR 无线网新建工程

❑　单项工程名称:无线通信设备安装工程

❑　建设单位:A 运营商南宁分公司

❑　设计负责人:张三

❑　概(预)算编制:李四　通信(概)字 123456789

❑　概(预)算审核:王五　通信(概)字 123456788

❑　编制日期:2020 年 4 月

(2) 本工程位于广西壮族自治区南宁市,属于非特殊地区,施工地点位于城区,施工企业基地距离施工现场 13.2km。

(3) 设备均由甲方(建设单位)提供,材料均由乙方(施工企业)提供,设备运距 1250km,

主要材料运距 500km,详见对应的设备单价表和主材单价表。

(4) 主要费用取费规则如下:

❑ 施工用水电蒸汽费由建设单位无偿提供。

❑ 勘察设计费按项目总投资×4.5%费率计取,建设工程监理费按项目总投资×1.5%费率计取。

❑ 全年资本化利率为 4.35%,本工程建设期利息计取半年。

❑ 本工程采用一般计税方式,设备和主材单价均采用不含增值税单价,增值税税率详见对应表格。

❑ 其他未列明费用不计取。

2. 设备单价

根据建设单位提供的设备采购协议,主要设备单价如表 5-44 所示。

表 5-44　设备价格表

序号	设 备 名 称	规 格 型 号	单位	不含税单价/元
1	3.5G NR 基站 BBU 设备	3.5GHz/200MHz/S111	套	65 000
2	3.5G NR 基站 AAU 设备	3.5GHz/64TR/240W	套	45 000
3	2.1G NR 基站 BBU 设备	2.1GHz/55MHz/S111	套	35 000
4	2.1G NR 基站 RRU 设备	2.1GHz/4TR/4×80W	套	20 000
5	2.1G NR 基站天线	电调天线/1710-2170MHz/65°/17.5dBi/6 端口	副	4500
6	直流配电单元(DCDU)		套	2000
7	GPS 天线	38dBi	副	5500

3. 主要材料单价

根据施工单位提供的材料采购协议,主要材料单价如表 5-45 所示。

表 5-45　主要材料单价

序号	材 料 名 称	规 格 型 号	单位	不含税单价/元
1	室外光缆	双芯	m	10
2	室内软光纤		m	8
3	射频同轴电缆	1/2 英寸	m	20
4	接线端子	1/2 英寸	个	5
5	馈线卡子	1/2 英寸	个	30
6	直流电源线	RVVZ-1×16mm^2	m	10
7	直流电源线	RVVZ-1×6mm^2	m	5
8	直流电源线	RVVZ-2×6mm^2	m	8
9	波纹管		m	5

4. 增值税税率

如表 5-46 所示,给定相关费用的增值税税率如下。

表 5-46　相关费用增值税税率

序号	费用名称	适用增值税项目	增值税税率	备注
1	建筑安装工程费	电信服务(基础电信服务)	9%	一般计税方式
2	主要材料费、需要安装的设备费	销售或进口货物(除适用 9% 的货物除外);销售劳务	13%	
3	运杂费	交通运输服务(陆路运输服务、水路运输服务、航空运输服务和管道服务、无运输工具承运业务)	9%	
4	运输保险费	其他现代服务	6%	
5	采购及保管费	其他现代服务	6%	
6	勘察设计费	电信服务(增值电信服务)	6%	
7	建设工程监理费	电信服务(增值电信服务)	6%	
8	安全生产费	电信服务(基础电信服务)	9%	

5. 工程界面

主要设计范畴和分工如下:

(1) 本工程设计范围主要包括移动通信基站主设备(含 BBU、AAU/RRU、DCDU)安装、走线架安装、天馈线系统安装及无线专业的电缆布放等工作内容。

(2) 本工程为督导服务工程,基站设备相关调测由厂家负责,施工单位只计列配合调测用工、配合基站割接开通用工。

(3) 新建铁塔、中继传输电路、专业范围外新增电源系统由其他专业负责。

(4) 基站设备与电源设备安装在同一机房内,设备平面布置、走线架安装位置属本专业设计范畴。

(5) 机房装修(含墙洞)、空调安装等工程的设计和施工由建设单位另行安排。

6. 图纸说明

本站为南宁市兴桂路小学 5G NR 基站(设计图纸详见 4.2.5 节、4.3.7 节),设计图纸主要情况说明如下:

(1) 本站为共址新增 5G NR 分布式基站设备,基站配置 S1/1/1,新增基带单元 BBU 及直流配电单元 DCDU 安装于机房内的综合机架上,有源天线单元 AAU 上塔安装。

(2) 本站室内走线架采用 400mm 宽的标准定型产品,走线架安装于机架上方,距地 2400mm,相关线缆均沿走线架布放。

(3) 本站为新建三小区定向基站,天线方位角为 0°、120°、240°,新增 3 套有源天线单元 AAU 安装于原有 12m 高桅杆 12m 处的空支臂上。

(4) 本站新增的 GPS 天线安装于天面女儿墙上,GPS 天线接地线 1m。

(5) 有源天线单元 AAU、GPS 天线的接地均采取 $16mm^2$ 保护地线就近接入铁塔防雷接地点。塔顶安装的避雷针、铁塔自身的防雷接地处理均由铁塔单项工程预算统一考虑。

(6) 其他未说明的设备均不考虑。

5.3.2　编制要领

在信息通信建设工程中,主要采取实物工程量法编制工程概(预)算,其关键环节为工程识图、工程量与主材用量统计、定额套用及费率取定等。

1. 操作流程

以编制规程和预算定额为指引,按照"表三—表四—表二—表五—表一"的编制顺序依次输出概(预)算表,经复核无误后,汇总和输出工程概(预)算文件,如图 5-25 所示。

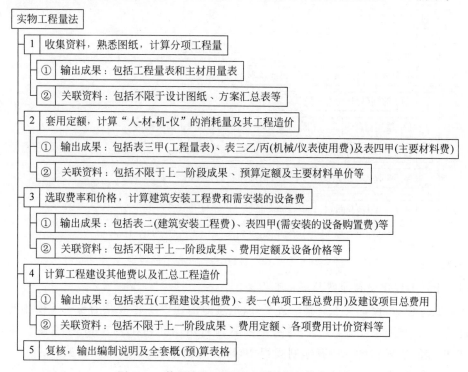

图 5-25　使用实物工程量法编制概预算的方法

其操作步骤分 5 步:

(1) 收集资料,熟悉图纸,计算分项工程量。

抓住两项工作,一是准备和收集资料,包括不限于设计图纸、方案汇总表、设备或材料价格、预算定额等,做到有据可依;二是熟悉图纸,计算图纸分项工程量,输出工程量统计表和主材用量统计表。

(2) 套用定额,计算"人-材-机-仪"的消耗量及其工程造价。

工程量核实无误后方可套用定额,在套用定额时,应核对工程内容与定额内容是否一致,防止误套定额,主要输出成果为表三甲(工程量表)、表三乙(机械使用费)、表三丙(仪表使用费)及表四甲(主要材料表)。

此外,套用定额做法为,将每条工程量分别乘以各子目人工、主要材料、机械台班、仪表

313

台班的定额消耗量,计算出各分项工程的"人-材-机-仪"的工程用量,然后汇总得出整个工程各类实物的消耗量及其工程造价。

(3)选取费率和价格,计算建筑安装工程费和需安装的设备费。

应注意两个细节问题,一是不同专业和项目的费率各不相同,依据费用定额所规定的费率和计价基础选取对应的费率;二是区分设备、材料及各项费用的含税价和除税价,如图 5-26 所示。在选取正确的费率和价格后,依次输出表四甲(需安装的设备费)和表二(建筑安装工程费)及相关概(预)算表。

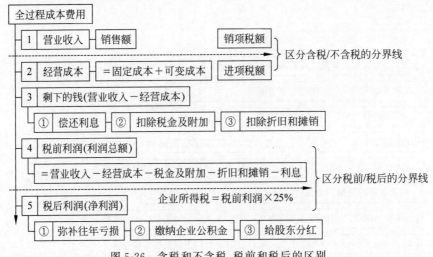

图 5-26 含税和不含税、税前和税后的区别

(4)计算工程建设其他费及汇总工程造价。

除建安工程费、设备及工器具购置费外,信息通信建设工程涉及的与土地使用有关、与工程建设有关、与未来企业生产经营有关的其他费用均计列在表五(工程建设其他费)表中,应根据编制依据和概(预)算编制规程要求,计算出工程建设其他费,最终,汇总出工程总造价及全套概(预)算表格。

(5)复核,输出编制说明及全套概(预)算表格。

主要工作包括两项内容,一是全面检查和复核,包括所列项目、工程量统计结果、套用定额、选取单价、取费标准及计算数字等;二是复核无误后,输出编制说明及全套概(预)算表格,包括编制依据、取费说明、概(预)算总投资、单位造价及主要经济指标比对分析等,凡是概(预)算表格不能反映的内容或事项均应以文字或图表的形式展现,以供审批单位审查。

2. 工程量统计

对应表三甲,工程量统计是编制概(预)算的基础性工作,其重要性不言而喻,可从设计图纸、勘察信息表或相关材料中获取相关工程量,本节主要探讨和回答工程量统计的分工界面、编制内容、编制方法及操作技巧等问题。

1）准备工作

（1）分工界面：以专业界面和技术规范规定为准，工程量统计以设计图纸、设计规定、合同约定的专业范围或分工界面为准，缆线布放和部件设置则是以施工验收技术规范为准。例如，工程量统计可分为电源设备、有线设备、无线设备、传输线路、传输管道等专业分类，其中，设备安装的工程量主要由设备机柜、机箱安装、设备缆线布放、安装附属设施及系统调测 4 方面组成。可通过了解工程量计算规则、定额项目相关说明及工作内容进一步梳理工程量计算方法，如图 5-27 所示。

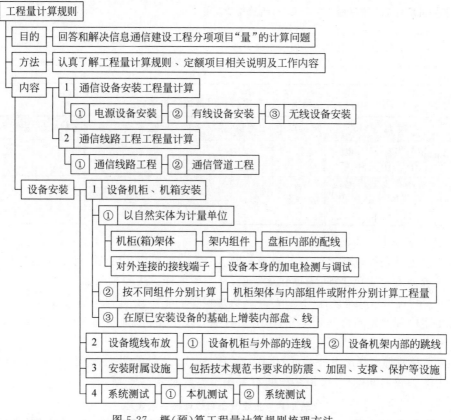

图 5-27　概（预）算工程量计算规则梳理方法

（2）编制内容：统计和计算在信息通信建设工程中分项项目完成后的实体安装工程量的净值，应指出的是，在施工过程中实际消耗的材料用量不能作为安装工程量。例如，分项项目完成后，安装了多少台通信设备、布放了多少米电力电缆、调测了多少个基站系统、敷设了多少米管道光缆等。

（3）计量单位：分为物理计量单位和自然计量单位，除物理计量单位以国家法定计量单位表示外，工程量的计量单位必须与预算定额项目的计量单位保持一致。例如，在预算定额中，定额项目"室外布放电力电缆（单芯）16mm^2 以下"的计量单位是"十米条"，工程量统计时应将设计图纸中使用的计量单位"米"转换为"十米条"。

(4) 编制方法:工程量统计是一项繁重而细致的"活儿"。工程量主要来源于设计图纸中的设备和材料配置表,在编制过程中,应建立图纸内容与预算定额的相互关系,注意保持工作内容、计算单位与定额手册前后一致。同时,工程量统计时可按照施工图顺序由下而上、由内而外、由左而右依次进行,防止误算、漏算和重复计算,最终同类项合并,编制、汇总和输出工程量统计表和主材用量表,如表 5-47 和表 5-48 所示。

表 5-47 定额子目和工程量统计表示例

分类	编 制 依 据	工 作 内 容	定 额 子 目	工程量
设备安装	基站机房设备布置平面图	安装、调测基站设备	TSW2-052(安装基站主设备嵌入式 BBU)	1(台)
	基站天馈系统安装示意图	安装定向天线	TSW2-009(楼顶铁塔上 高度 20m 以下)	3(副)
XX				

表 5-48 主要材料用量统计表示例

定额编号	项 目 名 称	定额单位	工程量	主材名称	规 格 程 式	主材单位	主材用量统计
TSW1-058	布放射频拉远单元 (RRU)用光缆	米条	75	室外光缆	双芯	m	75
TSW1-060	室内布放电力电缆 (单芯相线截面积) 16mm² 以下	十米条	2.1	电力电缆	RVVZ-1×16mm²	m	10.15×2.1
				接线端子		个/条	2.03×6

2) 工程量统计

工程量统计是编制概(预)算的重点和难点,其主要对应表三甲(建筑安装工程量表),在统计工程量时应避免错项、漏项和重复项,其主要统计方法和步骤如下。

(1) 安装设备:可从设计图纸的"基站机房设备布置平面图"和"基站天馈系统示意图"中统计出室内和室外新增基带单元(BBU)、有源天线单元(AAU)、直流配电单元(DCDU)、GPS 天线等设备安装的工程量。

(2) 布放线缆:可从设计图纸的"基站系统连接图及材料明细表"中梳理出主要设备布线路由及主要材料明细,其中设备间的布线连接关系如表 5-49 所示。

表 5-49 主要设备布线连接关系表

线 缆		室 内 部 分					室 外 部 分		
名称	型号	开关电源 (DC)	直流配电单元 (DCDU)	室内地排	传输设备	基带单元 (BBU)	有源天线单元(AAU)	室外地排	GPS 天线
室内软光纤	LC-FC				—	—			
室外光缆	LC-LC(2 芯)					—	—		
直流电源线	RVVZ-16mm²								
直流电源线	RVVZ-6mm²								
直流电源线	RVVZ-2×6mm²								
保护地线	RVVZ-16mm²								
射频同轴电缆	1/2 英寸								

（3）调测：一般地，通信设备安装后均需进行本机和系统调测，包括调测天馈线系统、基站系统调测、联网调测等。在编制概（预）算前，应根据编制依据及合同约定进一步明确相关工程界面，根据已知条件，本工程为督导服务工程，基站设备相关调测由厂家负责，施工单位只计列配合调测用工、配合基站割接开通用工。

（4）工程量统计：按照"安装设备-布放线缆-调测-其他"顺序逐项梳理设计图纸中室外和室内涉及的工程量，经复核无误后套用定额，如表 5-50 所示。

表 5-50　定额子目和工程量统计

定额分类	定额编号	项 目 名 称	单位	数量	备　注
安装设备	TSW2-015	安装定向天线 拉线塔（桅杆）上（AAU）	副	3	安装有源天线单元 AAU
	TSW2-023	安装调测卫星全球定位系统（GPS）天线	副	1	安装 GPS 天线
	TSW2-052	安装基站主设备 机柜/箱嵌入式（BBU）	台	1	安装基带单元 BBU
	TSW2-052	安装基站主设备 机柜/箱嵌入式（DCDU）	台	1	安装电源分配单元 DCDU
布放线缆	TSW1-053	放绑软光纤 设备机架间放、绑 15m 以下	条	1	布放 BBU-传输设备光缆
	TSW1-058	布放射频拉远单元（RRU）用光缆	米条	75	布放 BBU-AAU 设备光缆
	TSW1-060	室内布放电力电缆（单芯相线截面积）16mm² 以下	十米条	2.1	布放 DC-DCDU、DCDU-BBU，BBU、DCDU 电力电缆
	TSW1-068	室外布放电力电缆（单芯）16mm² 以下	十米条	0.4	布放 RRU 接地、GPS 接地电缆
	TSW1-068	室外布放电力电缆（单芯）16mm² 以下［双芯，人工×1.35］	十米条	7.5	布放 DCDU-RRU 电力电缆
	TSW2-027	布放射频同轴电缆 1/2 英寸以下（4m 以下）	条	1	安装 GPS 馈线
	TSW2-028	布放射频同轴电缆 1/2 英寸以下每增加 1m	米条	4	安装 GPS 馈线
调测	TSW2-048	配合调测、天馈线系统	扇区	3	
	TSW2-081	配合基站系统调测（定向）	扇区	3	
	TSW2-094	配合联网调测	站	1	
	TSW2-095	配合基站割接、开通	站	1	
其他	TSW1-038	安装波纹软管	十米	2.5	

（5）机械（或仪表）使用情况：完成工程量统计后，在套用定额时，应注意统计机械和仪表台班消耗量，其主要做法是按照定额编号逐项查阅定额手册，经核实，本工程中不涉及机械使用或仪表使用，不需要编制表三乙和表三丙，如表 5-51 所示。

表 5-51　机械与仪表的使用情况

定额编号	项 目 名 称	是否使用机械	是否使用仪表
TSW2-015	安装定向天线 拉线塔（桅杆）上（AAU）	否	否
TSW2-023	安装调测卫星全球定位系统（GPS）天线	否	否
TSW2-052	安装基站主设备 机柜/箱嵌入式（BBU）	否	否
TSW2-052	安装基站主设备 机柜/箱嵌入式（DCDU）	否	否
TSW1-053	放绑软光纤 设备机架间放、绑 15m 以下	否	否

续表

定额编号	项目名称	是否使用机械	是否使用仪表
TSW1-058	布放射频拉远单元(RRU)用光缆	否	否
TSW1-060	室内布放电力电缆(单芯相线截面积) 16mm^2 以下	否	否
TSW1-068	室外布放电力电缆(单芯) 16mm^2 以下	否	否
TSW1-068	室外布放电力电缆(单芯) 16mm^2 以下[双芯,人工×1.35]	否	否
TSW2-027	布放射频同轴电缆 1/2 英寸以下(4m 以下)	否	否
TSW2-028	布放射频同轴电缆 1/2 英寸以下每增加 1m	否	否
TSW2-048	配合调测天、馈线系统电缆	否	否
TSW2-081	配合基站系统调测 定向	否	否
TSW2-094	配合联网调测	否	否
TSW2-095	配合基站割接、开通	否	否
TSW1-038	安装波纹软管	否	否

3. 主材用量统计

主材用量统计主要对应表四甲(主要材料表),其操作方法分两步,一是对照工程量统计表查阅定额手册,逐项统计主要材料的单位消耗量及其主材用量,如表 5-52 所示,二是分组归类,输出主要材料用量汇总表。

表 5-52 主要材料用量统计表

定额编号	项目名称	主材名称	规格程式	主材单位	主材用量	计算公式
TSW1-053	放绑软光纤 设备机架间放、绑 15m 以下	软光纤(双头)		条	1.00	=1.00×1
TSW1-058	布放射频拉远单元(RRU)用光缆	室外光缆	双芯	m	75.00	=75.00
TSW1-060	室内布放电力电缆(单芯相线截面积) 16mm^2 以下	电力电缆	RVVZ-1×16mm^2	m	19.29	=10.15×1.9
		接线端子		个/条	8.12	=2.03×(2+1+1)
		电力电缆	RVVZ-1×6mm^2	m	2.03	=10.15×0.2
		接线端子		个/条	4.06	=2.03×2
TSW1-068	室外布放电力电缆(单芯) 16mm^2 以下	电力电缆	RVVZ-1×16mm^2	m	4.06	=10.15×(3+1)
		接线端子		个/条	8.12	=2.03×4
TSW1-068	室外布放电力电缆(单芯) 16mm^2 以下[双芯,人工×1.35]	电力电缆	RVVZ-2×6mm^2	m	76.13	=10.15×7.5
		接线端子		个/条	6.09	=2.03×3
TSW2-027	布放射频同轴电缆 1/2 英寸以下(4m 以下)	射频同轴电缆	1/2 英寸	m	4.00	=4.00×1
		馈线卡子	1/2 英寸	套	1.00	=1.00×1
TSW2-028	布放射频同轴电缆 1/2 英寸以下每增加 1m	射频同轴电缆	1/2 英寸	m	6.12	=1.02×6
		馈线卡子	1/2 英寸	套	5.16	=0.86×6
TSW1-038	安装波纹软管	波纹软管	含配件及管卡	m	26.25	=10.5×2.5

将上述主材用量表分组归类汇总,如表 5-53 所示。

表 5-53 主要材料用量汇总表

分类	主材名称	规格程式	主材单位	主材用量汇总	计算公式
光缆	软光纤(双头)		条	1.00	＝1.00×1
	室外光缆	双芯	m	75.00	＝75.00
电缆	直流电力电缆	RVVZ-1×16mm^2	m	23.35	＝10.15×1.9＋10.15×(3＋1)
	直流电力电缆	RVVZ-1×6mm^2	m	2.03	＝10.15×0.2
	直流电力电缆	RVVZ-2×6mm^2	m	76.13	＝10.15×7.5
	接线端子		个/条	26.39	＝2.03×(2＋1＋1)＋2.03×2＋2.03×4＋2.03×3
	射频同轴电缆	1/2 英寸	m	10.12	＝4.00×1＋1.02×6
	馈线卡子	1/2 英寸	套	6.16	＝1.00×1＋0.86×6
其他	波纹软管	含配件及管卡	m	26.25	＝10.5×2.5

4．套用定额

所谓定额,可拆开解读,就是规定的额度,是在一定的生产技术和劳动条件下,完成单位合格产品在人力、物力、财力的利用和消耗方面应当遵循的标准。正确地查定额和套定额是编制信息通信建设工程概(预)算必须掌握的基本功。

1）定额分类

将定额归类分组,可按定额专业性质、定额反映的物质消耗内容、主编单位和管理权限、定额编制程序和用途等方面进行分类,如图 5-28 所示。

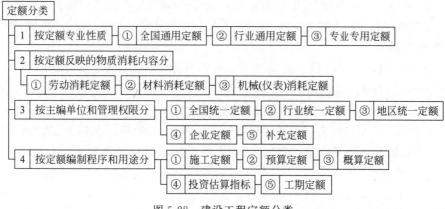

图 5-28 建设工程定额分类

(1) 现行的信息通信工程定额由《信息通信建设工程费用定额》《信息通信建设工程预算定额》及《信息通信建设工程概预算编制规程》(俗称"451 定额")构成,是通信行业通用定额,是设计阶段主要遵循的工程计价依据。

(2) 通信工程定额可分为劳动消耗定额、材料消耗定额和机械(仪表)消耗定额,分别对应概(预)算表格中的表三甲、表四甲(主要材料)、表三乙和表三丙。在概(预)算编制时,应学会查定额和套定额,分别计算出人工费、材料费、机械使用费和仪表使用费。

(3) 不同的项目阶段应编制不同的工程造价文件,项目立项阶段输出投资估算,设计阶段则输出工程概(预)算,可套用预算定额对相关造价文件进行编制。

2) 定额构成

信息通信建设工程设计阶段应编制设计概(预)算文件,其编制依据主要来源于项目合同、设计图纸、预算定额及相关文件。信息通信工程现行各种定额执行文本如下所列。

(1) 预算定额:工信部通信[2016]451 号《信息通信建设工程预算定额》(共 5 册),分别由电源、有线和无线,以及线路、管道分册构成,其中,定额子目的编号规则如图 5-29 所示。

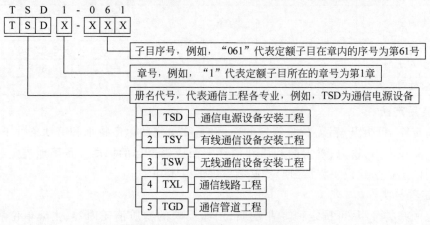

图 5-29 预算定额子目编号规则

(2) 费用定额:工信部通信[2016]451 号《信息通信建设工程费用定额及信息通信建设工程概预算编制规程》,主要由费用定额、概(预)算编制规程及概(预)算表填写说明 3 部分组成。

3) 定额手册

打开定额手册,可发现《信息通信建设工程预算定额》主要由总说明、册说明、章说明、节说明、定额项目表及附录构成,如图 5-30 所示。在工程概(预)算编制时,应学会查定额、套定额,方能准确地计算出各个阶段的工程造价。

(1) 总说明:使用定额前应了解和掌握这部分内容,它明确地阐述了定额的编制原则、指导思想、编制依据和适用范围,同时还说明了编制定额时已考虑和未考虑的各种因素及有关规定和使用方法等。

(2) 册说明:主要说明单项工程的编制基础、使用说明及注意事项,分别对应电源、有线、无线、线路和管道等专业模块。

(3) 章说明:主要说明分部、分项工程的工作内容、工程量计算方法及有关规定。同时,定额手册中各章的主要目录如图 5-31 所示。

(4) 定额项目表:是预算定额的主要内容,也是编制设计概(预)算的重点和难点。在了解定额项目内容和设计图纸工程量的基础上,学会查询和套用定额项目表中规定的各分部分项工程的人工、主要材料、机械台班和仪表台班的消耗量,如图 5-32 所示。

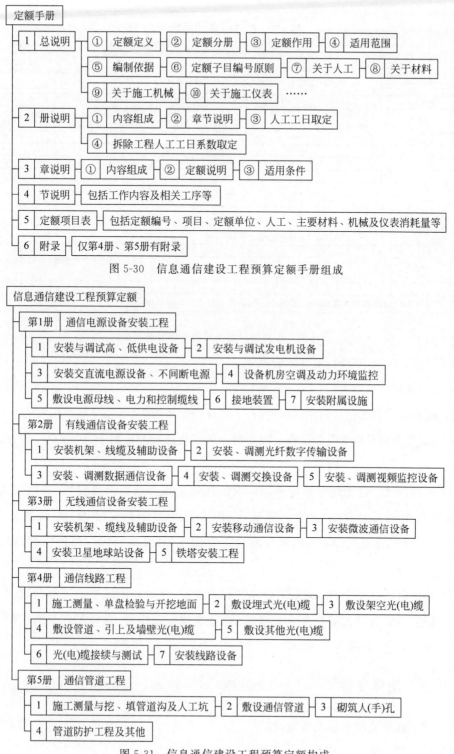

图 5-30 信息通信建设工程预算定额手册组成

图 5-31 信息通信建设工程预算定额构成

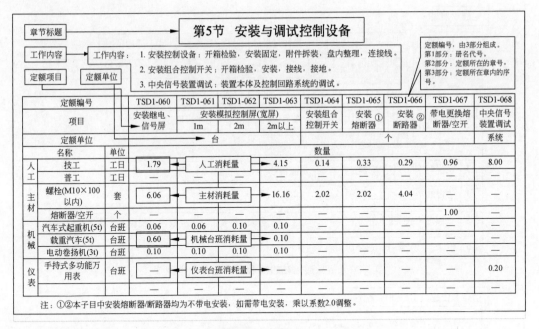

图 5-32　定额项目表主要内容的分解方法

（5）附录：仅第 4 分册、第 5 分册有附录。

4）套用定额

套用定额应掌握通信工程的读图能力，了解通信设备安装、线缆布放及相关施工要求，在此基础上，通过查询对应专业的预算定额手册方可找到正确的定额子目及其"人-材-机-仪"资源消耗量。

（1）解读图纸：以无线专业为例，5G 通信基站工程涉及的设备安装、布放线缆、设备测试及安装附属设施等方面的工程量，工作内容主要包括安装 5G 基站的基带单元（BBU）、有源天线单元（AAU）、电源分配单元（DCDU）及接电、接地、接传输等，如图 5-33 所示。

（2）套用定额：工程量核实无误后方可套用定额，将设计图纸中的工程量按照设备安装、布放线缆、调测及其他等定额分类统计，通过查找定额手册，获得工程量对应的预算定额子目及相关信息，如图 5-34 所示。

5.3.3　预算文件

根据编制依据及相关编制规程，按照"表三—表四—表二—表五—表一"的编制顺序输出全套概（预）算表格。

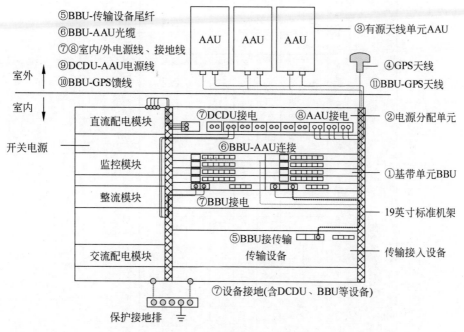

图 5-33　5G 基站系统示意图

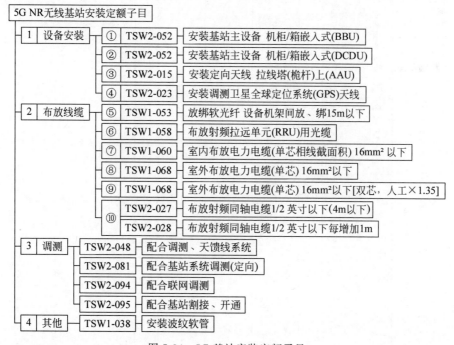

图 5-34　5G 基站安装定额子目

1. 工程预算总表（表一）

建设项目名称：2020 年 A 运营商南宁 5G NR 无线网新建工程
项目名称：无线通信设备安装工程

工程预算总表（表一）

建设单位名称：A 运营商南宁分公司　　　　表格编号：TSW-1　　第 1 页

序号	表格编号	费用名称	小型建筑工程费	需要安装的设备费	不需要安装的设备、工器具费	建筑安装工程费	其他费用	预备费	总价值（元）			
									除税价	增值税	含税价	其中外币（）
I	II	III	IV	V	VI	VII	VIII	IX	X	XI	XII	XIII
1	TSW-4 甲 B,TSW-2	工程费		214 181.50		13 534.46			227 715.96	28 989.18	256 705.14	
2	TSW-5 甲	工程建设其他费					15 564.77		15 564.77	939.98	16 504.75	
3		合计		214 181.50		13 534.46	15 564.77		243 280.74	29 929.16	273 209.89	
4		预备费						7298.42	7298.42	948.79	8247.22	
5		建设期利息							5450.10		5450.10	
6		总计		214 181.50		13 534.46	15 564.77	7298.42	256 029.25	30 877.95	286 907.21	
7		其中回收费用										

设计负责人：张三　　审核：李四 通信（概）字 123456789　　编制：王五 通信（概）字 123456788　　编制日期：2020 年 4 月

2. 建筑安装工程费用预算表（表二）

工程名称：无线通信设备安装工程

建设单位名称：A 运营商南宁分公司

序号	费用名称	依据和计算方法	合计/元
I	II	III	IV
一	建安工程费（含税价）	一+二+三+四	15 023.25
	建安工程费（除税价）	一+二+三	13 534.46
（一）	直接费	(1)+(2)	9066.39
(1)	直接工程费	1+2+3+4	7764.13
1	人工费	(1)+(2)	5510.01
(1)	技工费	技工总工日×114 元/日	5510.01
(2)	普工费	普工总工日×61 元/日	0.00
2	材料费	(1)+(2)	2254.11
(1)	主要材料费	表 4 甲国内主材费（合计）	2188.46
(2)	辅助材料费	主要材料费×3%	65.65
3	机械使用费	表 3 乙 机械使用费（合计）	0.00
4	仪表使用费	表 3 丙 仪器仪表使用费（合计）	0.00
(2)	措施项目费	1~15 之和	1302.27
1	文明施工费	人工费×1.1%	60.61
2	工地器材搬运费	人工费×1.1%	60.61
3	工程干扰费	人工费×4%×100%	220.40
4	工程点交、场地清理费	人工费×2.5%	137.75
5	临时设施费	人工费×3.8%	209.38
6	工程车辆使用费	人工费×5%	275.50

设计负责人：张三　　审核：李四 通信（概）字 123456789

建筑安装工程费用预算表（表二）

建设单位名称：A 运营商南宁分公司　　表格编号：TSW-2　第 2 页

序号	费用名称	依据和计算方法	合计/元
I	II	III	IV
7	夜间施工增加费	人工费×2.1%×100%	115.71
8	冬雨季施工增加费	人工费（室外部分）×2.5%	95.57
9	生产工具用具使用费	人工费×0.8%	44.08
10	施工用水电蒸汽费	依照施工工艺要求按实计列	0.00
11	特殊地区施工增加费	特殊地区补贴金额×总工日	0.00
12	已完工程及设备保护费	人工费×1.5%	82.65
13	运土费	工程量×运费单价	0.00
14	施工队伍调遣费	2×单程调遣定额×调遣人数	0.00
15	大型施工机械调遣费	2×调遣用车运价×调遣运距	0.00
二	间接费	(1)+(2)	3366.07
(1)	规费	1+2+3+4	1856.32
1	工程排污费	根据施工所在地政府部门相关规定计取	0.00
2	社会保障费	人工费×28.5%	1570.35
3	住房公积金	人工费×4.19%	230.87
4	危险作业意外伤害保险费	人工费×1%	55.10
(2)	企业管理费	人工费×27.4%	1509.74
三	利润	人工费×20%	1102.00
四	销项税额	（一+二+三-甲供主材）×11.00%+甲供主材增值税	1488.79

编制：王五 通信（概）字 123456788　　编制日期：2020 年 4 月

3. 建筑安装工程量预算表(表三甲)

工程名称:无线通信设备安装工程

建设单位名称:A运营商南宁分公司　　　　表格编号:TSW-3 甲

建筑安装工程量预算表(表三甲)

第 3 页

序号	定额编号	项 目 名 称	单位	数量	单位定额值/工日		合计值/工日	
					技工	普工	技工	普工
I	II	III	IV	V	VI	VII	VIII	IX
1	TSW2-015	安装定向天线 拉线塔(抱杆)上(AAU)	副	3	8.27	0	24.81	0
2	TSW2-023	安装调测卫星全球定位系统(GPS)天线	副	1	1.8	0	1.80	0
3	TSW2-052	安装基站主设备 机柜 箱嵌入式(BBU)	台	1	1.08	0	1.08	0
4	TSW2-052	安装基站主设备 机柜 箱嵌入式(DCDU)	台	1	1.08	0	1.08	0
5	TSW1-053	放绑软光纤 设备机架同放,绑 15m 以下	条	1	0.29	0	0.29	0
6	TSW1-058	布放射频拉远单元(RRU)用光缆	米条	75	0.04	0	3.00	0
7	TSW1-060	室内布放电力电缆(单芯相线截面积)16mm² 以下	十米条	2.1	0.15	0	0.32	0
8	TSW1-068	室外布放电力电缆(单芯) 16mm² 以下	十米条	0.4	0.18	0	0.07	0
9	TSW1-068	室外布放电力电缆(单芯) 16mm² 以下[双芯,人工×1.35]	十米条	7.5	0.24	0	1.82	0
10	TSW2-027	布放射频同轴电缆 1/2 英寸以下 4m 以下	条	1	0.20	0	0.20	0
11	TSW2-028	布放射频同轴电缆 1/2 英寸以下每增加 1m	米条	4	0.03	0	0.12	0
12	TSW2-048	配合调测天、馈线系统电缆	扇区	3	0.47	0	1.41	0
13	TSW2-081	配合基站系统调测	扇区	3	1.41	0	4.23	0
14	TSW2-094	配合基站联网调测	站	1	2.11	0	2.11	0
15	TSW2-095	配合基站割接、开通	站	1	1.3	0	1.30	0
16	TSW1-038	安装波纹软管	十米	2.5	0.12	0	0.30	0
17		合计					43.94	0
18		其中,室外部分					33.53	

设计负责人:张三　　　审核:李四 通信(概)字 123456789　　　编制:王五 通信(概)字 123456788　　　编制日期:2020 年 4 月

4. 国内器材预算表（表四甲）（主要材料表）

国内器材预算表（表四甲）
（主要材料）表

工程名称：无线通信设备安装工程　　建设单位名称：A 运营商南宁分公司　　表格编号：TSW-4 甲 A　第 4 页

序号	名　称	规 格 程 式	单位	数量	单价/元 除税价	合计/元 除税价	合计/元 增值税	合计/元 含税价	备注
I	II	III	IV	V	VI	IX	X	XI	XII
1	室内软光纤	BBU-传输设备尾纤	条	1	10.00	10.00	1.30	11.30	
2	室外光缆	双芯，BBU-RRU 尾纤	m	75	8.00	600.00	78.00	678.00	
	乙供光缆小计					610.00	79.30	689.30	
	运杂费	乙供光缆小计×2%				12.20	1.10	13.30	
	运输保险费	乙供光缆小计×0.1%				0.61	0.04	0.65	
	采购及保管费	乙供光缆小计×1%				6.10	0.37	6.47	
	采购代理服务费	不计取				0.00	0.00	0.00	
	乙供光缆合计					628.91	80.80	709.71	
3	射频同轴电缆	1/2 英寸	m	10.12	20.00	202.40	26.31	228.71	
4	直流电力电缆	RVVZ-1×16mm^2	m	23.35	10.00	233.45	30.35	263.80	
5	直流电力电缆	RVVZ-1×6mm^2	m	2.03	5.00	10.15	1.32	11.47	
6	直流电力电缆	RVVZ-2×6mm^2	m	76.13	8.00	609.00	79.17	688.17	
	乙供电缆小计					1055.00	137.15	1192.15	
	运杂费	乙供电缆小计×1.5%				15.83	1.42	17.25	
	运输保险费	乙供电缆小计×0.1%				1.06	0.06	1.12	
	采购及保管费	乙供电缆小计×1%				10.55	0.63	11.18	
	采购代理服务费	不计取				0.00	0.00	0.00	
	乙供电缆合计					1082.43	139.27	1221.70	
7	接线端子		个/条	26.39	5.00	131.95	17.15	149.10	
8	馈线卡子	1/2 英寸	套	6.16	30.00	184.80	24.02	208.82	
9	波纹软管	含配件及管卡	m	26.25	5.00	131.25	17.06	148.31	
	乙供其他材料小计					448.00	58.24	506.24	
	运杂费	乙供其他材料小计×5.4%				24.19	2.18	26.37	
	运输保险费	乙供其他材料小计×0.1%				0.45	0.03	0.47	
	采购及保管费	乙供其他材料小计×1%				4.48	0.27	4.75	
	采购代理服务费	不计取				0.00	0.00	0.00	
	乙供其他材料合计					477.12	60.71	537.83	
	总计	以上乙供材料合计之和				2188.46	280.78	2469.24	

设计负责人：张三　　审核：李四 通信（概）字 123456789　　编制：王五 通信（概）字 123456788　　编制日期：2020 年 4 月

5. 国内器材预算表(表四甲)(需要安装的设备表)

国内器材预算表(表四甲)

(需要安装的设备)表

工程名称:无线通信设备安装工程 建设单位名称:A运营商南宁分公司 表格编号:TSW-4甲 B 第5页

序号	名 称	规 格 程 式	单位	数量	单价/元	合计/元			备注
					除税价	除税价	增值税	含税价	
I	II	III	IV	V	VI	IX	X	XI	XII
1	3.5G NR 基站 BBU 设备	3.5GHz/200MHz/S111	套	1	65 000.00	65 000.00	8450.00	73 450.00	
2	3.5G NR 基站 AAU 设备	3.5GHz/64TR/240W	套	3	45 000.00	135 000.00	17 550.00	152 550.00	
3	直流配电单元(DCDU)		套	1	2000.00	2000.00	260.00	2260.00	
4	GPS 天线	38dBi	副	1	5500.00	5500.00	715.00	6215.00	
	设备小计					207 500.00	26 975.00	234 475.00	
	运杂费	设备小计×2%				4150.00	373.50	4523.50	
	运输保险费	设备小计×0.4%				830.00	49.80	879.80	
	采购及保管费	设备小计×0.82%				1701.50	102.09	1803.59	
	采购代理服务费	按实计列				0.00	0.00	0.00	
	设备合计					214 181.50	27 500.39	241 681.89	
	总计	以上设备合计之和				214 181.50	27 500.39	241 681.89	

设计负责人:张三 审核:李四 通信(概)字 123456789 编制:王五 通信(概)字 123456788 编制日期:2020 年 4 月

6. 工程建设其他费预算表(表五甲)

工程建设其他费预算表(表五甲)

工程名称:无线通信设备安装工程 建设单位名称:A运营商南宁分公司 表格编号:TSW-5甲 第6页

序号	费 用 名 称	计算依据及方法	金额/元			备注
			除税价	增值税	含税价	
I	II	III	IV	V	VI	VII
1	建设用地及综合赔补费	按实计列				
2	项目建设管理费	按财建[2016]504 号文				
3	可行性研究费	按发改价格[2015]299 号文, 按实计列				
4	研究试验费	按实计列				
5	勘察设计费	按发改价格[2015]299 号文, 按实计列	11 521.32	691.28	12 212.60	条件已知
6	环境影响评价费	按发改价格[2015]299 号文, 按实计列				
7	建设工程监理费	按发改价格[2015]299 号文, 按实计列	3840.44	230.43	4070.87	条件已知

续表

序号	费用名称	计算依据及方法	金额/元			备注
			除税价	增值税	含税价	
8	安全生产费	建筑安装工程费(除税价)× 1.5%	203.02	18.27	221.29	非竞争性费用
9	引进技术及进口设备其他费	按实计列				
10	工程保险费	按实计列				
11	工程招标代理费	按发改价格[2015]299号文,按实计列				
12	专利及专利技术使用费	按实计列				
13	其他费用	按实计列				
	总计		15 564.77	939.98	16 504.75	
14	生产准备及开办费(运营费)	设计定员×生产准备费指标(元/人)				

设计负责人:张三　审核:李四 通信(概)字 123456789　编制:王五 通信(概)字 123456788　编制日期:2020 年 4 月

第 6 章

文件编制 规范 5G 交付成果

在 5G 工程项目中,交付成果物不仅是定义项目价值、履行合同契约的必要形式,更是评估交付质量的重要标准,其主要任务在于规范质量要求、厘清技术逻辑、固化方法流程、统一工程模板和输出交付成果。本章主要探讨和分享 5G 工程设计中设计文件、演示文稿和解决方案的思维范式和工程做法。

6.1 设计文件

18min

第一件事,规范质量要求。工程文件是贯穿项目规划、设计、施工和竣工验收的主要交付物,应明确和约定工程文件的编册要求、文件结构、文件内容和格式要求等质量要求。

6.1.1 编册组成

在 5G 工程项目中,设计文件通常由总册、单项工程设计册、单位工程设计分册等部分组成,一般情况下,设计文件按照单项工程编制,多个单项工程的设计文件汇编成总册文件。当单项工程数量较少时,可在主要专业中编制总册内容或合册编制,如图 6-1 所示。

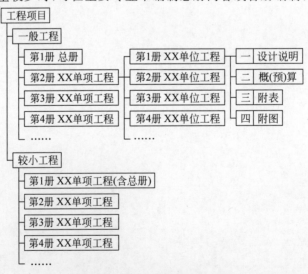

图 6-1 设计文件编册组成示例

6.1.2　文件结构

在 5G 工程项目中,设计文件通常由封面、扉页、设计资质证书、设计文件分发表、目次、正文和封底等部分构成,其中,正文部分包括设计说明、概(预)算、附表和附图。设计说明是通信工程设计文件的主体部分,不同设计阶段的内容要求各有侧重点,主要的章节结构如图 6-2 所示。

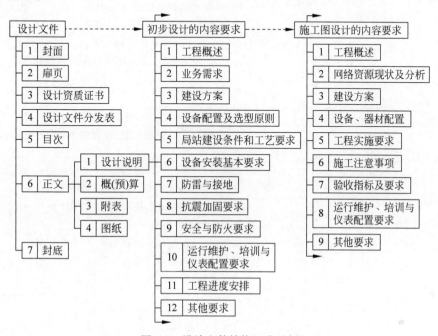

图 6-2　设计文件结构组成示例

6.1.3　文件内容

在 5G 工程项目中,设计文件一般按初步设计和施工图设计两阶段编制,规模较小、技术成熟或套用标准设计的可编制一阶段设计。一阶段设计应包含初步设计和施工图设计相关部分的内容,并达到相应深度的编制要求。以 5G 无线网设计文件为例,文件内容包括工程概述、业务需求、网络现状、目标原则、建设方案、施工要求、设计概算和设计图纸等部分,如表 6-1 所示。

表 6-1　5G 无线网设计文件内容示例

章 标 题	节 标 题	内 容 要 求
1. 工程概述	1.1 工程概况	含工程名称、建设背景、建设目的、建设内容、设计阶段划分、工程概算等情况
	1.2 设计依据	含可行性研究报告及其批复、建设单位设计任务委托书、国家、行业及企业标准规范、工程勘察和收集的资料等

章 标 题	节 标 题	内 容 要 求
1. 工程概述	1.3 设计范围及分工	含设计内容和设计范围、建设单位与供应商间、设计院间及专业间分工界面等
	1.4 设计文件编册	含全套设计文件组成情况、本册设计文件编册及名称等
	1.5 建设规模及主要工程量	含工程总体方案结论、建设规模和主要工程量、工程满足期、投资规模等。如果涉及多个工程专业,则可分工程、专业及建设方式等内容分类说明
	1.6 初步设计与可行性研究报告的变化	含初步设计与经批复的可行性研究报告规模、投资的变化情况,若有差异,则应说明差异内容及其原因
2. 业务需求	2.1 市场环境及竞争对手分析	含国内外市场环境分析、竞争对手分析和 SWOT 分析等
	2.2 业务发展分析	含业务发展现状分析、发展趋势分析、5G 业务发展策略等
	2.3 思路、原则和方法	含预测依据、预测满足期、预测基本原则、预测思路及预测方法等
	2.4 用户预测	含网络协同发展、国内、省内及本地网用户预测结果等
	2.5 业务预测	含 5G 业务预测结果、与上期工程对比等
3. 无线建设方案	3.1 无线网络结构	含 NSA/SA 网络架构、无线接入网的 CU/DU/AAU 组网架构和设备形态等
	3.2 无线网络现状	含频率使用、物理和逻辑站址、设备厂家分布等
	3.3 建设原则和目标	含建设策略、建设原则及覆盖、容量、质量目标等
	3.4 覆盖场景划分	含覆盖区域划分、价值区挖掘及本期覆盖区域等
	3.5 无线覆盖方案	含链路预算与覆盖分析、站型选择、设备配置及选型原则、CU/DU 部署方案、天馈设置方案等
	3.6 容量设置方案	含业务模型、容量配置原则、要求及方法、容量设置方案等
	3.7 无线网管设置方案	含设置原则和目标、系统结构、现状分析、设置方案等
	3.8 同步系统设置方案	含设置原则和目标、设置方案等
	3.9 接口与信令设置方案	含接口配置原则、前传、回传及 X2 接口的带宽需求等
	3.10 频率计划与干扰协调	含频率规划、频率重耕、干扰协调及隔离要求等
	3.11 建设规模汇总	含分地市、分场景、分厂家、分站型的建设规模汇总
	3.12 覆盖效果预期	含人口覆盖率、面积覆盖率、分场景覆盖率及相关预期目标
4. 电源建设方案	4.1 交流设备配置原则	含不同场景的交流设备配置原则、5G 设备负荷需求、交流设备选型及设置方案等
	4.2 直流设备配置原则	含开关电源、蓄电池及配电设备配置原则、5G 设备负荷需求、直流设备选型、室内外直流供电方案等
	4.3 接地系统设计	含防雷和接地配置原则、工艺要求及相关设计方案等
	4.4 电源集中监控系统设计	含集中监控系统结构、配置原则及相关设计方案等
	4.5 建设规模汇总	含不同类型的交流、直流、接地及监控系统的建设规模汇总

章 标 题	节 标 题	内 容 要 求
5. 配套建设方案	5.1 配套建设原则	含配套建设原则及总体要求
	5.2 配套建设主要内容	含机房改造、天面改造、市电引入改造及共建共享等
	5.3 机房改造要求和方案	含机房净高、承重及机房环境要求、机房消防要求、设备安装要求及相关配套改造方案等
	5.4 天面改造要求和方案	含铁塔、桅杆、抱杆和美化天线等改造要求,以及涉及的天面配套改造方案
	5.5 市电改造要求和方案	含不同站型、场景的市电引入需求及其改造方案
	5.6 建设规模汇总	含不同类型的机房、天面和市电改造涉及的建设规模汇总
6. 共建共享方案	—	含共建共享背景、原则、措施、方案及规模汇总等
7. 抗震加固要求	—	含防震加固标准、通信设备、通信铁塔及相关配套抗震加固要求和措施
8. 节能环保、安全与防火要求	—	含设备、材料节能、基站配套技能减排、环境保护、安全生产、消防防火等要求
9. 运行维护、培训与仪表配置要求	—	应提出维护管理要求、维护仪表配备、生产管理人员定额及工程人员技术培训要求等。对于特殊地区、特殊工程应增加劳动保护要求
10. 网络安全要求	—	含网络安全防护要求及防护方案
11. 工程进度安排	—	应简述设计批复、工程采购,设备到货、施工图设计、设备安装、设备调测、初验、试运行、竣工验收等阶段安排
12. 概算编制	12.1 概算编制依据	应列出依据的相关文件,包括国家相关规范、概(预)算编制和费用定额的相关文件、建设单位的相关规定等
	12.2 概算取费说明	应对有关费用项目、定额、费率及价格的取定和计算方法进行说明
	12.3 概算投资及技术经济指标分析	应说明工程概算总额,分析各项费用的比例和费用构成,分析概算与可行性研究报告批复投资估算对比情况,若涉及共建共享,则需说明投资分摊情况
13. 图纸	—	设备安装工程应包括网络组织、系统构成和设备平面布置等图纸;线路工程应包括相关路由图及敷设方式图等图纸

6.1.4 格式要求

以技术规范为指引,给出 5G 工程设计文件的封面、扉页、分发表、目录、设计说明、概

(预)算表格、设计图纸等章节的格式要求和参考范例。

1. 封面

封面是设计文件的"脸面",应包括建设项目名称、设计阶段、单项工程名称及编册、设计编号、建设单位名称、设计单位名称、出版年月等内容,如表 6-2 所示。

表 6-2 设计文件封面标识内容及要求

项 目	说 明	范 例
建设项目	应与立项名称一致,一般由时间、归属、地域、通信工程类型等属性组成	2020 年 A 运营商广西南宁 5G NR 无线网(一期)工程
设计阶段	分初步设计、施工图设计和一阶段设计等	一阶段设计
单项工程	应简单明了,能够反映本单项工程的属性	基站设备安装工程
设计编号	指设计单位的项目计划代号	2020SJ1004S
建设单位	应填写建设单位全称,不可缩写	XX 运营商全称
设计单位	应填写设计单位全称,不可缩写	XX 设计院全称
出版日期	应填写出版的年月	2020 年 10 月

2. 扉页

扉页详细记录着工程项目的项目信息及主要负责人,应包括建设项目名称、设计阶段、单项工程名称及编册、设计单位的企业负责人、技术负责人、设计总负责人、单项设计负责人、设计人、审核人、概(预)算编制及审核人员姓名和证书编号等内容,如表 6-3 所示。

表 6-3 设计文件扉页内容及要求

项 目	说 明	范 例
建设项目名称	与封面相同	2020 年 A 运营商广西南宁 5G NR 无线网(一期)工程
设计阶段	与封面相同	一阶段设计
单项工程	与封面相同	第 X 册 基站设备安装工程
企业负责人	指企业法人	张三
技术负责人	指企业技术负责人或设计院总工	李四
设计总负责人	指设计项目总负责人或省总监	王五
单项设计负责人	指单项设计负责人	赵六
设计人	指设计文件编制人员	孙七
审核人	指设计文件审核人员	周八
概(预)算编制	指具有概(预)算编审资格人员	吴九 通信(概)字 123456789
概(预)算审核	指具有概(预)算编审资格人员	郑十 通信(概)字 123456788

同时,设计文件封面、扉页、分发表均不编页码,如图 6-3 所示。

3. 设计文件分发表

设计文件分发表主要用于记录和存档设计文件出版信息,应放在扉页之后,出版份数和种类应满足建设单位的要求。设计文件分发宜采用通用格式,如图 6-4 所示。

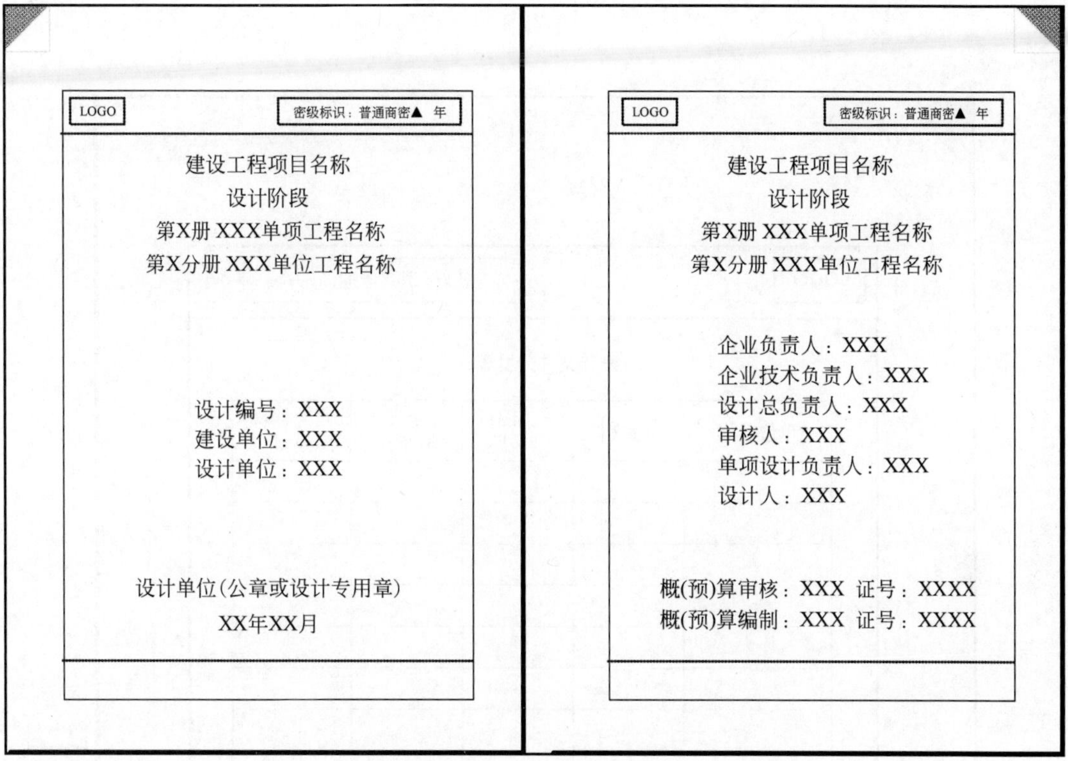

图 6-3　设计文件封面和扉页标识内容及要求示意图

4. 目录

目录一般要求录入到设计说明的第三级标题,即部分、章、节,同时,三级的目录均应给出编号、标题和页码。此外,概(预)算、附表、附图应分别列出概(预)算表名称及编号、附表名称及编号、图纸名称及图纸编号,如图 6-5 所示。

5. 设计说明

设计说明是设计文件中最重要的部分,通过梳理现状,找出问题痛点,设置目标和原则,论证、比选和编制项目方案,同时,评估解决方案的经济和社会效益,以期达到预期的设计效果。此外,从文档要素上看,设计说明正是通过各层级标题、文本、插图和插表等文档要素组织和串联起来的,如图 6-6 所示。

1)正文层次编排

设计文件正文用分级标题方式来说明文件的组织架构。层次要清楚、连贯、全文统一。标题要简洁,采用词组结构,不使用句子结构。主要的编号规则为正文第一级编号用中文大写表示部分,说明中层次标题应使用阿拉伯数字连续编号,不同层次的数字之间用下圆点".""相隔,最多不应超过 5 级;其他层级标题、条文性说明、图名或表名可采用图 6-7 中对应的编号。

LOGO		密级标识：普通商密▲　年		

设计文件分发表

单位名称	全套文件	施工图纸及说明	全套概(预)算	全套器材概(预)算表

备 注	设计单位地址： 邮政编码： 设计总负责人：　　　　联系电话：　　　　电子邮箱： 单项设计负责人：　　　联系电话：　　　　电子邮箱：

图 6-4　设计文件分发表通用格式示意图

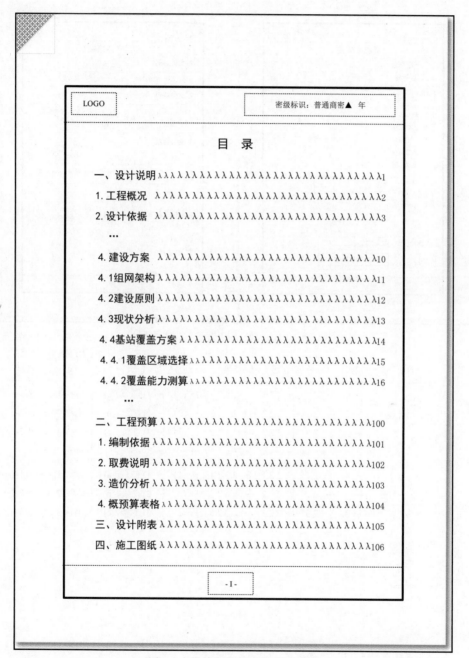

LOGO　　　　　　　　密级标识：普通商密▲ 年

目 录

一、设计说明 λλλλλλλλλλλλλλλλλλλλλλλλλλλλλλλλλλλλ1

1. 工程概况　λλλλλλλλλλλλλλλλλλλλλλλλλλλλλ2

2. 设计依据　λλλλλλλλλλλλλλλλλλλλλλλλλλλλλ3

　　...

4. 建设方案　λλλλλλλλλλλλλλλλλλλλλλλλλλλλ10

4.1组网架构λλλλλλλλλλλλλλλλλλλλλλλλλλλ11

4.2建设原则λλλλλλλλλλλλλλλλλλλλλλλλλλλ12

4.3现状分析λλλλλλλλλλλλλλλλλλλλλλλλλλλ13

4.4基站覆盖方案λλλλλλλλλλλλλλλλλλλλλλλλ14

4.4.1覆盖区域选择λλλλλλλλλλλλλλλλλλλλλ15

4.4.2覆盖能力测算λλλλλλλλλλλλλλλλλλλλλ16

　　...

二、工程预算 λλλλλλλλλλλλλλλλλλλλλλλλλλλλλλ100

1. 编制依据 λλλλλλλλλλλλλλλλλλλλλλλλλλλ101

2. 取费说明 λλλλλλλλλλλλλλλλλλλλλλλλλλλ102

3. 造价分析 λλλλλλλλλλλλλλλλλλλλλλλλλλλ103

4. 概预算表格 λλλλλλλλλλλλλλλλλλλλλλλλλλ104

三、设计附表 λλλλλλλλλλλλλλλλλλλλλλλλλλλλλ105

四、施工图纸 λλλλλλλλλλλλλλλλλλλλλλλλλλλλ106

-Ⅰ-

图 6-5　设计文件目录格式示意图

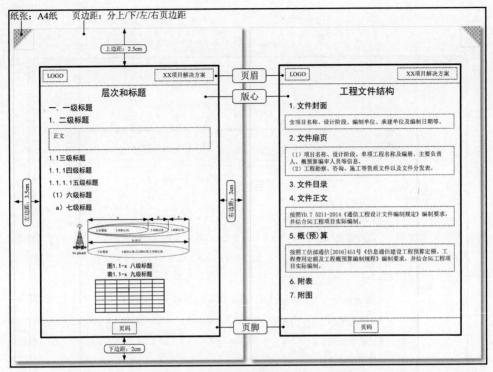

图 6-6 设计文件结构及正文层次示例

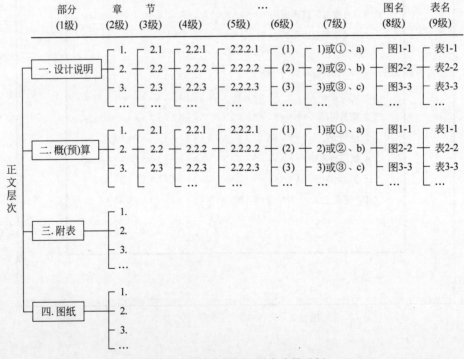

图 6-7 设计文件正文层次编号示例

正文层次分为章、条(节)、项、段等,各级标题或层次的序号与标题或正文之间应保留一个字符的空格。此外,可使用 Word 文档的"多级列表"和"样式"功能实现标题自动编号。以下定义了各级标题、正文、插图、插表、公式及代码的格式要求,如表 6-4 所示。

表 6-4　设计文件正文层次格式示例

正文层次	编号范例	说　　明
标题		为项目名称,居中,不接排正文;三号黑体
一级标题	一.	为部分的标题,顶格,为短语标题,不接排正文;四号黑体
二级标题	1.	为第 1 层次条(节)的标题,顶格,为短语标题,不接排正文;四号黑体
三级标题	1.1	为第 2 层次条(节)的标题,顶格,为短语标题,不接排正文;四号黑体
四级标题	1.1.1	为第 3 层次条(节)的标题,顶格,为短语标题,不接排正文;小四号黑体
五级标题	1.1.1.1	为第 4 层次条(节)的标题,顶格,为短语标题,不接排正文;小四号黑体
六级标题	(1)	为分项的标题,前空两格,为短语标题,不接排正文,五号黑体
七级标题	1)	为段的标题,前空两格,为短语标题,不接排正文,五号黑体
八级标题	图 1.1-1	为插图的标题,由"图"+章节号+顺序号构成,列于插图下方居中,小五号黑体
九级标题	表 1.1-1	为插表的标题,由"表"+章节号+顺序号构成,列于插表上方居中,小五号黑体
正文		正文采用五号字体(中文为宋体,英文为 Times New Roman),首行缩进 2 字符
插图		置于引用段落之后,图题用小五号黑体,其余文字用小五号字体
插表		置于引用段落之后,图题用小五号黑体,其余文字用小五号字体
公式	(1-1)	公式居中,全章统一编号,公式序号则置于右侧行末顶边线,采用五号字体
代码		代码采用小五号,Courier New 字体

2）插图编排

图是对观点和思路最直观的表现;设计文件中的插图仅限于一般原理图、系统图、示意图等无尺寸比例图纸。主要要求为图中承载的信息清晰明确,图例完整,图题和图号准确对应,图中的字号、箭头等要素保持一致,各种线型粗细一致。可使用 AutoCAD、Visio、Photoshop 等软件绘制以确保图片中所有线条和字符清晰、光滑,符合印刷要求,此外,插图的图号应在正文中引出，以先见文后见图为原则，全章统一编号，图题用黑体小五号字体，其余文字用小五号字体（中文为宋体，英文为 Times New Roman），如图 6-8 所示。

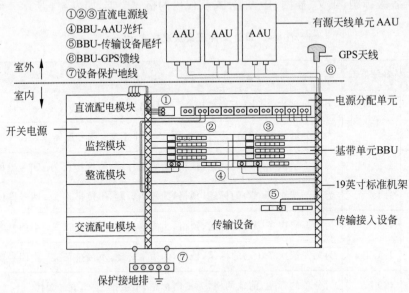

①②③直流电源线
④BBU-AAU光纤
⑤BBU-传输设备尾纤
⑥BBU-GPS馈线
⑦设备保护地线

图 6-8　设计文件插图格式示例

3）表格编排

表格是进行数据统计和表述的主要形式，设计文件中的现状数据、建设规模和投资造价等数据均以表格形式来组织和表述的。表格应有表名和表号，并置于表格上方居中位置；同时，插表的表号应在文中引出，以先见文后见表为原则。表格编号全章统一，由"表"＋章节号＋顺序号组成，例如，"表 1-1""表 2.1-1"，应保持表格编号的一致性，并在表格跨页时设置重复标题行，具体格式要求如表 6-5 所示。

表 6-5　设计文件表格格式示例

项　　目	说　　明
表格名称	为短语标题，列于插表上方居中，小五号黑体
表格编号	全章统一编号，由"表"＋章节号＋顺序号组成，置于表格名称前，空一格，小五号黑体
表格尺寸	将宽度指定为 100%，居中对齐，单元格边距均为 0，无文字环绕
行列尺寸	指定高度和宽度为默认，跨页重复标题行
单元格字号	将宽度指定为默认，垂直居中对齐，边距与整张表格相同，自动换行

续表

项 目	说 明
边框格式	所有框线,宽度 0.25 磅,黑色
段落格式	缩进和间距均为 0,无特殊格式,单倍行距
字体格式	采用小五号字体(中文为宋体,英文为 Times New Roman),黑色,居中对齐

6. 概(预)算

概(预)算在设计正文中作为独立部分进行编制,其中概(预)算表格编制要规范,工程名称、建设单位名称、表格编号、编制人、审核人、编制日期等信息应齐全,如图 6-9 所示。

建筑安装工程费用预算表(表二)

工程名称:南宁5G NR无线通信设备安装工程　　　　建设单位名称:A运营商南宁分公司　　　　表格编号:TSW-2　　　　第 2 页

序号 I	费用名称 II	依据和计算方法 III	合计(元) IV	序号 I	费用名称 II	依据和计算方法 III	合计(元) IV
	建安工程费(含税价)	一+二+三+四	18450.88	7	夜间施工增加费	人工费×2.1%	51973.00
	建安工程费(除税价)	一+二+三	16622.42	8	冬雨季施工增加费	人工费(室外部分)×2.5%	124.27
一	直接费	(一)+(二)	11262.55	9	生产工具用具使用费	人工费×0.8%	52.88
(一)	直接工程费	1+2+3+4	9690.74	10	施工用水电蒸汽费	依照施工工艺要求按实计列	0.00
1	人工费	(1)+(2)	6609.77	11	特殊地区施工增加费	特殊地区补贴金额×总工日	0.00
(1)	技工费	技工总工日×114元/日	6609.77	12	已完工程及设备保护费	人工费×1.5%	99.15
(2)	普工费	普工总工日×61元/日		13	运土费	工程量×运费单价	0.00
2	材料费	(1)+(2)	2879.72	14	施工队伍调遣费	2×单程调遣定额×调遣人数	0.00
(1)	主要材料费	表4甲 国内主材费(合计)	2795.84	15	大型施工机械调遣费	2×调遣用车运价×调遣运距	0.00
(2)	辅助材料费	主要材料费×3%	83.88	二	间接费	(一)+(二)	4037.9
3	机械使用费	表3乙 机械使用费(合计)	0.00	(一)	规费	1+2+3+4	2226.83
4	仪表使用费	表3丙 仪器仪表使用费(合计)	201.25	1	工程排污费	根据施工所在地政府部门相关规定计取	0.00
(二)	措施项目费	1~15 之和	1571.81	2	社会保障费	人工费×28.5%	1883.78
1	文明施工费	人工费×1.1%	72.71	3	住房公积金	人工费×4.19%	276.95
2	工地器材搬运费	人工费×1.1%	72.71	4	危险作业意外伤害保险费	人工费×1%	66.10
3	工程干扰费	人工费×4%×100%	264.39	(二)	企业管理费	人工费×27.4%	1811.07
4	工程点交、场地清理费	人工费×2.5%	165.24	三	利润	人工费×20%	1321.95
5	临时设施费	人工费×3.8%	251.17	四	销项税额	(一+二+三-甲供主材)×11.00%+甲供主材增值税	1828.47
6	工程车辆使用费	人工费×5%	330.49				

设计负责人:张三　　　审核:李四 通信(概)字123456789　　　编制:王五 通信(概)字123456788　　　编制日期:2020年1月

图 6-9 通信工程预算格式示例

7. 设计图纸

设计图纸、图衔、图纸编号应按照《电信工程制图与图形符号规定》(YD/T 5015—2015)编制,应根据表述对象的性质、论述的目的与内容,选取适宜的图纸及表达方式,完整地表述主题内容,并且能够有效地指导工程项目实施,如图 6-10 所示。

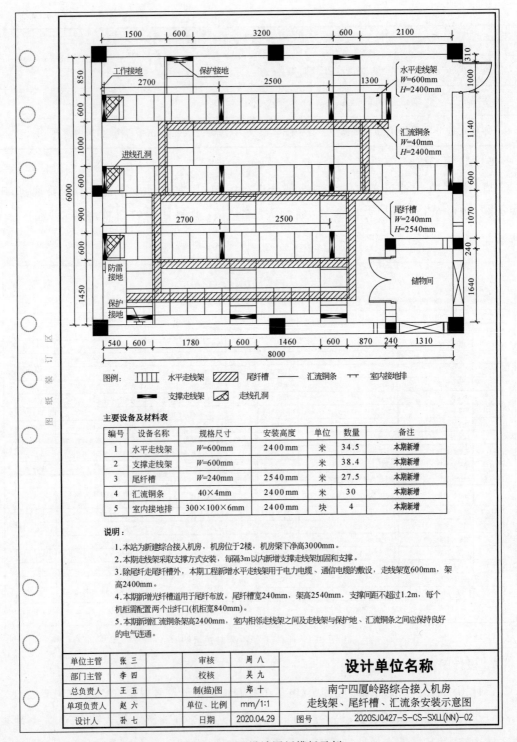

主要设备及材料表

编号	设备名称	规格尺寸	安装高度	单位	数量	备注
1	水平走线架	$W=600mm$	2400mm	米	34.5	本期新增
2	支撑走线架	$W=600mm$		米	38.4	本期新增
3	尾纤槽	$W=240mm$	2540mm	米	27.5	本期新增
4	汇流铜条	$40×4mm$	2400mm	米	30	本期新增
5	室内接地排	$300×100×6mm$	2400mm	块	4	本期新增

说明:

1. 本站为新建综合接入机房,机房位于2楼,机房梁下净高3000mm。

2. 本期走线架采取支撑方式安装,每隔3m以内新增支撑走线架加固和支撑。

3. 除尾纤走尾纤槽外,本期工程新增水平走线架用于电力电缆、通信电缆的敷设,走线架宽600mm,架高2400mm。

4. 本期新增光纤槽道用于尾纤布放,尾纤槽宽240mm,架高2540mm,支撑间距不超过1.2m,每个机柜需配置两个出纤口(机柜宽840mm)。

5. 本期新增汇流铜条架高2400mm,室内相邻走线架之间及走线架与保护地、汇流铜条之间应保持良好的电气连通。

单位主管	张 三	审核	周 八	**设计单位名称**	
部门主管	李 四	校核	吴 九		
总负责人	王 五	制(描)图	郑 十	南宁四厦岭路综合接入机房	
单项负责人	赵 六	单位、比例	mm/1:1	走线架、尾纤槽、汇流条安装示意图	
设计人	孙 七	日期	2020.04.29	图号	2020SJ0427-S-CS-SXLL(NN)-02

图 6-10　工程设计图纸模板示例

27min

6.2 演示文稿

第二件事,厘清技术逻辑。可使用工作型 PPT 的表现形式来传达信息和阐明观点,其思考路径包括确定目标策略、厘清思路原则、提出解决方案和评估实施效果等关键环节。

6.2.1 逻辑结构

沟通表达是业务对接的一项基本技能,始于提问,明于思考,厘清逻辑思路,精进于方案演绎,最终讲清楚一件事。提供两条思路,一是演绎法,其要义为自顶向下,逐步求精,先定目标方向,后做任务分解;二是归纳法,其要义是自底向上,逐层抽象,着眼具体现象,提取共性结论。

1. 框架逻辑

框架逻辑是思维主线,是工作型 PPT 的"骨架",用于提炼工作型 PPT 的中心主题和目录结构,其典型的逻辑结构包括总-分-总结构、金字塔结构、SCQA 表达模型等。

1)总-分-总结构

总-分-总结构是一种高效的表达方式,首先明确中心主题和思考路线,其次梳理主要问题和确定目录结构,紧接着,以问题为导向展开思路、论证方案和表达观点,讲清楚是什么、为什么、怎么做和好不好的问题,最后,呼应中心主题和输出主要结论,如图 6-11 所示。

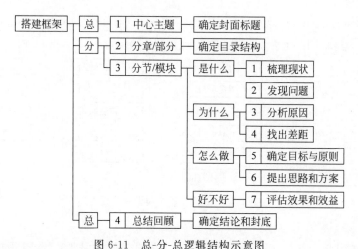

图 6-11　总-分-总逻辑结构示意图

2)金字塔结构

金字塔结构的思考路径主要体现为结论先行、以上统下、分类分组、逻辑递进。以问题为导向,顺着思考方向,从不同角度发现、分析和解决问题,其中,横向思考主要是对不同问题进行归类和分组,并以逻辑递进关系组织起来;纵向思考则稍有不同,分为上下两个思考方向,自上而下表现为结论先行、演绎出不同的论点和论据,自下而上则表现为收集论据,归纳出不同的论点和形成最终结论,如图 6-12 所示。

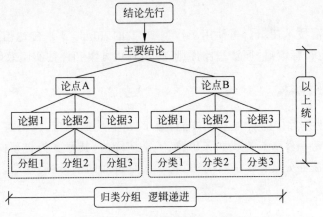

图 6-12 金字塔逻辑结构示意图

3) SCQA 表达模型

SCQA 模型是一个典型的结构化表达工具,其主要思考路径为引入情景(Situation)、激起冲突(Complication)、提出疑问(Question)、给出答案(Answer),从而使问题得到有效解决。例如,在 5G 网络规划中,始于梳理网络现状,横向和纵向对比后发现问题,引出目标和需求,提出解决方案,论证和比选方案,最终做出项目决策,如图 6-13 所示。

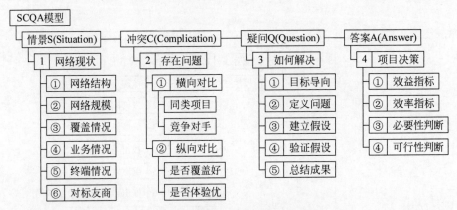

图 6-13 SCQA 表达模型示意图

2. 内页逻辑

若说框架逻辑是工作型 PPT 的"骨架",那么内页逻辑则是工作型 PPT 的"肉身",更是表达观点、演绎方案和呈现内容的主要舞台,可从上下、前后、左右、远近、高低、深浅等思考方向梳理内页的逻辑结构,如表 6-6 所示。

表 6-6 典型的工作型 PPT 内页逻辑

思考方向	逻辑结构	主要表现	典型应用
上下	归纳与演绎	演绎表达：结论先行，自上而下 归纳总结：条件先行，自下而上	金字塔结构
前后、左右	正向与逆向	同一平面，四向延伸，正向为顺序或递进，逆向为溯源或冲突	流程结构
远近	聚合与发散	由远及近，聚合收敛；反之，由近及远，发散延伸	头脑风暴，思维导图
高低	并列与层次	同类事物，横向关联为并列或对比，纵向分类为层次或整合	列表结构，层次结构
深浅	抽象与具体	由表及里，描绘蓝图，抽象思考 从里到外，具体落地，直观呈现	文不如表，表不如图

1）归纳与演绎

归纳演绎是分析问题和表达观点的主要方法之一，其思维方向往往表现为自下而上或自上而下。其中，认识事物，往往是先接触个体，提炼特征，自下而上探索和思考，而后推及一般，直至得出结论，称为归纳。而表达观点则稍有不同，其思维方向往往是结论先行，自上而下统领和展开，由结论到条件，延伸出不同的论点和论据，直至观点充实，使人印象深刻，称为演绎，如图 6-14 所示。

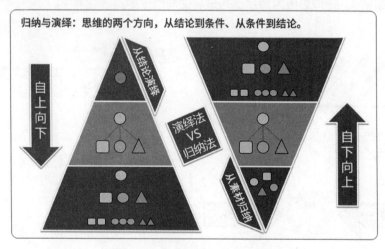

图 6-14 归纳与演绎的内页逻辑

你可曾记得在数学中，常使用归纳法证明一组公式或结论的方法？

（1）始于个别特例，例如，从基本的数字 1、2、3 开始探索，代入公式，若成立，则走出第 1 步。往往不同事物的底层逻辑是相通的，归纳法亦适用 5G 工程部署，始于单站试点，推及连片验证，直至规模化部署，推广到主要城市，乃至全省和全国。

（2）抽象共同属性，例如，递增 1 个、2 个……直至 n 个数字，观察公式是否成立，若每步均成立，则可证明公式或结论成立，反之，不成立。同理，在 5G 通信工程中，在每项递增的工作内容中,发现新的问题,解决新的问题,从而积累和形成系统的 5G 解决方案库。

由此可见,归纳法主要用于目标或结论尚不清晰的情形,其过程犹如往平静的湖面掷入一枚石子,你且看能否激起层层涟漪,若不能,则再掷一枚,直至看清为止;演绎法则用于目标或结论比较清晰的情形,其过程犹如剥洋葱,当一片片表皮被剥离时,目标逐层分解,由整体到局部展开,洋葱的结构令人印象深刻。

2) 正向与逆向

逻辑思维往往抽象于现实生活中的时间与空间体系,或许,"上北下南、左东右西"是你辨识方向的开始,而"昨天、今天、明天"则是记录你走过岁月的轨迹,正向思维表现为顺序或递进,逆向思维则表现为溯源或冲突,如图 6-15 所示。

(1) 正向思维:往往是始于已知条件,沿着事物的发展进程去发现、分析和解决问题,从而揭示出事物的本质。例如,通信工程的生命周期可分为规划、设计、施工、验收、运营等阶段,按工序又可分解为计划、执行、检查和调整等内容,就像一条"珍珠链"串起了时间和空间的先后顺序,推动着事物向前发展。

(2) 逆向思维:往往是始于问题或结论,反其道而行之,追溯事物发展线索,找寻已知条件,对应提出解决方案和应对举措。正因如此,一个事物逆向思考可追溯问题的根源,多个事物逆向碰撞则容易产生冲突和矛盾。

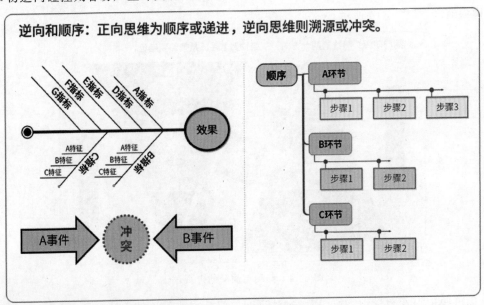

图 6-15　正向与逆向的内页逻辑

3) 聚合与发散

这是一种典型的中心说,以目标为导向,始于条件,向内汇聚条件和归纳论据,直至得出结论,称为聚合;相反,始于结论,向外延伸思考和寻求支撑,直至可论证结论,则称为发散,如图 6-16 所示。

（1）聚合思维：且不闻"一支穿云箭，千军万马来相见"，这便是聚合思维的最佳印证。围绕一个中心主题，向内聚合相关的要素、关系和条件，不断探索和思考，归纳论据，直至得出结论。

（2）发散思维：不同于聚合思维的内向收敛，发散思维犹如阳光普照大地，始于一个起点，不受限制地开启头脑风暴，从不同角度、不同维度提出问题和思考问题，从而寻求最接近结果的答案。

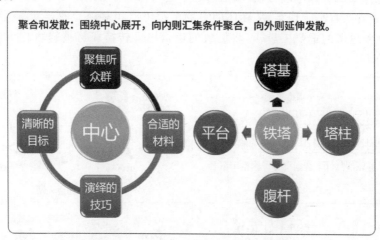

图 6-16 聚合与发散的内页逻辑

4）并列与层次

古诗云，"横看成岭侧成峰，远近高低各不同"，按不同标准划分事物可得出形态各异的画像，同性质或条件并列枚举，不同层次或等级则分层罗列，如图 6-17 所示。

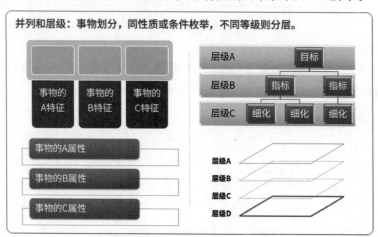

图 6-17 并列与层次的内页逻辑

（1）横向思考，将同类事物沿水平方向不分主次排列，两两比较，建立关联，进而形成延伸、强调和联动。例如，在 5G 网络分析时，可对 5G 网络、终端和业务等关联指标并列分析，从而直观地解释用户持什么终端登录 5G 网络,发生了什么 5G 业务的问题。

(2) 纵向思考,将不同事物沿垂直方向按秩序组织,分层划分,形成层次,进而形成自上而下或自下而上的逻辑关系。例如,5G 系统由不同功能定位的无线接入网、承载网和核心网分层构成,各层次之间是相互关联的,并按照一定规律推动信息流动起来。

5) 抽象与具体

抽象与具体是辩证统一的,由表及里的思考过程为抽象,由里到外的表现过程为具体,其中,抽象源于现实且高于现实,从具体的事物中提炼出相对独立的要素、属性及关系;具体则是辅助抽象思考的重要工具,可将抽象的逻辑思维转换成可被轻松理解的图表形式,如图 6-18 所示。

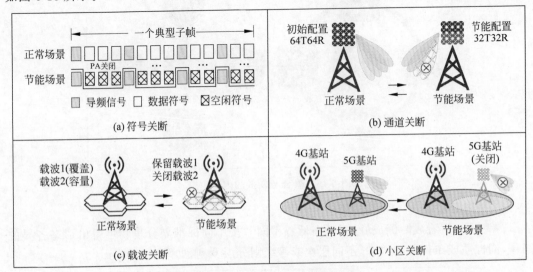

图 6-18 抽象与具体的内页逻辑

3. 起承转合

如果说,工作型 PPT 的"骨架"在于逻辑结构,那么,使内容充实、思路顺畅、前后协调的"血液"便是思路的连贯性,其基本结构表现为起承转合,如图 6-19 所示。

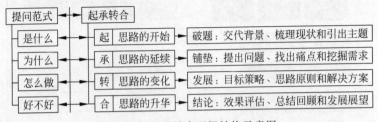

图 6-19 起承转合逻辑结构示意图

(1)"起"为思路的开始。从总体结构看,主要是交代背景和现状,引出要表述的事物。从单页逻辑看,主要遵循"总-分"结构,始于一个论点,辅以文字、表格和图片等各种类型的论据,因此,在工作型 PPT 中,每张 PPT 往往会聚焦一个主题或观点,开宗明义,直观地呈现于 PPT 正文的第 1 行。

（2）"承"为思路的延续，其主要作用是承接上文，深化理解，促进思考，引出下文，因此，在工作型 PPT 中，围绕主题或观点往往以并列、递进、层级等手法进行表达和演绎，加深读者对所提观点的理解和思考。

（3）"转"为思路的变化，其主要作用是提出问题，引起冲突，从正反面立论，从逻辑上与承接内容相呼应，为引出结论或升华主题做铺垫，因此，在工作型 PPT 中，在平铺直叙地描述现状的同时总会抛出一个个问题，为引出解决方案和应对举措埋下伏笔。

（4）"合"为思路的升华，其主要作用是给出方案和形成结论，以便进一步判断和决策，因此，在工作型 PPT 中，主要的思路线条始于现状分析，过渡于观点论证，转折于抛出问题，完善于提出方案，终结于输出结论。

6.2.2　文稿模板

一份专业的演示文稿应是结构清晰、层次分明、言简意赅的，并向客户清晰地展现思路、表达观点和提出方案，以期快速产生共鸣、达成共识和推动落地。

1. 版式要求

工作型 PPT 的版式应能激发创作灵感，进一步减少版式设计和统一样式的时间，因而，应事前约定和固化工作型 PPT 的版式要求，并满足结构化思考的表达方式，例如，正文页标题应突出中心主题；主题句应概括当页的目标、原则、方案和效果等内容；各层级标题应提炼主要观点、方案和效果，做到有序组织、逻辑递进、层次分明；插图和插表应能佐证主要论点和直观呈现结果，如图 6-20 所示。

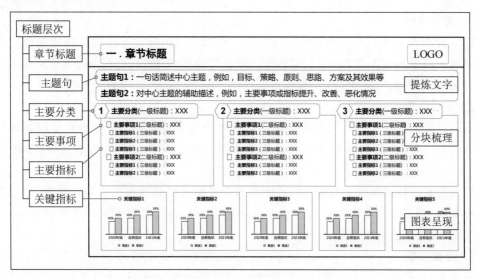

图 6-20　典型的工作型 PPT 版式要求

2．格式要求

在制作工作型 PPT 模板时，应统一视觉风格，创造一致感，规范文本、插图、插表等视觉元素的样式，例如，字体采用黑体或宋体等常用字体，字号按不同层次逐级递减，配色与主题相协调，段落则保持错落有致，如图 6-21 所示。

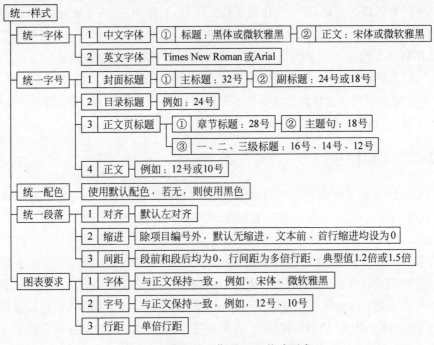

图 6-21　典型的工作型 PPT 格式要求

3．文稿模板

PPT 模板是企业的视觉化名片，应达到统一主题风格、固化设计规范和增强企业识别度的目的。在编制工作型 PPT 时，可选取企业已有的 PPT 模板，也可通过设置页面、主题、版式等视觉元素制作统一的 PPT 模板。

1）页面设置

页面设置是制作幻灯片模板的一项基本设置并会直接影响幻灯片内容在投影屏幕上的呈现效果，两者之间的关系为通过设备适配以达到幻灯片放大输出的效果，如图 6-22 所示。

可通过在设计选项卡中设置幻灯片大小和背景格式以达到预期效果。通常，幻灯片应设置为宽屏（16∶9）和横向以适应市面上主流的输入和输出设备，例如，计算机屏幕、投影屏幕等，其设置方法如图 6-23 所示。

2）设置母版

企业 PPT 模板通常由封面、目录、过渡页、正文页和封底组成，通过在"母版视图"下设置"幻灯片母版"来控制整个演示文稿的外观和版式。主要操作方法如下。

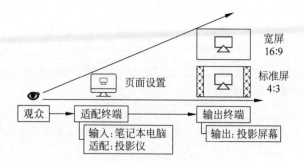

图 6-22　页面设置与投影输出的关系

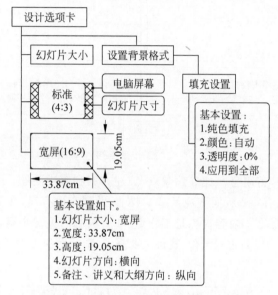

图 6-23　幻灯片大小和背景格式的设置方法

（1）打开选项卡：在"视图"选项卡下可看到"母版视图"中包含"幻灯片母版""讲义母版""备注母版"，打开"幻灯片母版"，便可进入幻灯片母版编辑界面。

（2）设置母版：将公共样式定义和放置在"母版"页面，包括背景样式、母版标题、各层级标题、各类元素占位符等。

（3）设置版式：针对"封面""目录""过渡页""正文页""封底"等页面的个性化样式需求，可使用占位符、文档元素分别定义和设置不同的版式。

（4）设置样式：契合企业视觉规范，设计和统一模板的主题风格、色彩搭配、字体大小、背景颜色等元素。例如，章节标题、主题句、一级标题、二级标题、三级标题及正文内容均采取不同字号的字体，如图 6-24 所示。

6.2.3　观点表达

工作型 PPT 侧重于观点的表达，其基本要求为表达简约、逻辑清晰、版面美观 3 方面，

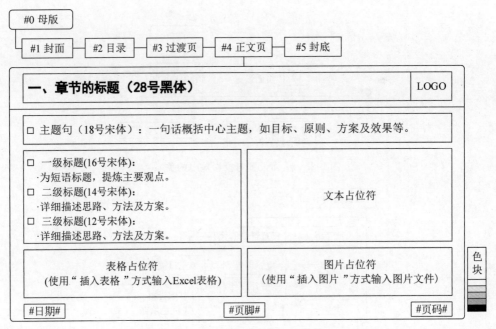

图 6-24 典型的工作型 PPT 文稿模板

其中,表达简约是目的,言简意赅地表达观点、陈述方案和解决问题;逻辑清晰是主线,结构化思考问题,做到言之有物;版面美观是基本要求,做到有血有肉,在言之有物的同时,外在表现美观吸引读者注意力。内容提炼是工作型 PPT 编制的关键步骤,是一个弃芜求精的过程,其主要工作量体现为拔高主题定位、提炼主要观点、精简解决方案等方面,如图 6-25 所示,其主要做法如下。

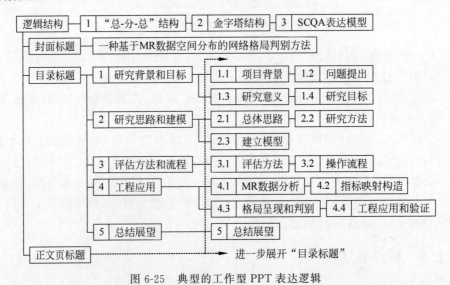

图 6-25 典型的工作型 PPT 表达逻辑

（1）用数据说话：以数据支撑论点，将概念、观点、指标等翻译成图表形式。

（2）文字精炼：按不同的逻辑层次提炼出主题句、主要事项和关键指标等。

（3）表达简约：抓住思维逻辑的层次结构，找出中心主题、标题层级和内容层次，清晰直观地表达观点和思路。

同时，提供两条提炼内容的思路：一是使用分层、分块形式来表现内容逻辑思维的层次感，例如，使用图块、色块等形式将不同层次梳理出来；二是使用图形、表格形式直观地表达抽象的内容，例如，将不同维度、不同指标抽象成表格行与列对应的内容来直观地表现出来，让人一下子明了要表达的主题思想。

6.3　解决方案

▶28min

第三件事，固化方法流程。以 5G 高铁专项解决方案为主线，探讨和分享如何梳理思路、如何制定原则、如何落实方案及如何输出成果的思维模型和工程做法。

6.3.1　梳理思路

高铁动车线是典型的线覆盖场景，以高速、便捷、舒适等优势占据着城际交通首选出行方式的主导地位，也是通信运营商发展和推广 5G 的品牌名片。在 5G 高铁项目中，应抓住高铁有何特点、为何要覆盖和如何做好覆盖的逻辑主线，以思维导图的形式将一个项目分解成若干个场景化解决方案，如图 6-26 所示。

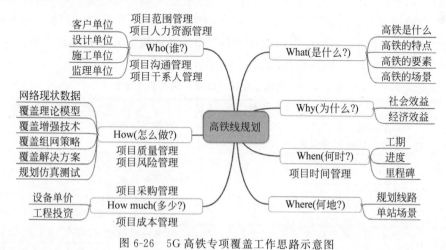

图 6-26　5G 高铁专项覆盖工作思路示意图

1. 问题梳理

摸清现状，理顺逻辑，找准定位。抓住高铁和 5G 网络的主要特点、面临的挑战及其制约因素,进一步引申出高铁 5G 覆盖的覆盖问题、容量问题、切换问题及相关协同作业问题。以高铁 5G 网络覆盖为例,其主要逻辑是在梳理高铁场景特点和发掘用户 5G 通信需求的同时,引申出 5G 网络建设面临的主要挑战,例如,工作频率高、穿透损耗大、小区切换频繁和多普勒频偏大等关键问题,其主要特点如表 6-7 所示。

表 6-7　5G 高铁网络覆盖主要特点及其思考方向

分类	要素	主 要 特 点	延 伸 问 题	应 对 举 措
高铁系统	车速	运行速度快,250~350km/h	多普勒频移、小区频繁切换	频偏补偿算法、小区合并技术、站距和切换带设置
	车体	车厢密闭性好,车体穿透损耗大	削弱信号穿透能力,缩小单站覆盖能力	大功率 License、站轨距和掠射角设置
	线路	穿越场景多且杂、业务量具有突发性	高铁枢纽站、沿线、隧道等特殊场景的覆盖、容量和切换策略各不相同	场景化解决方案、合理的覆盖、容量和切换参数设置
5G网络	组网	网络架构复杂、技术选择较多	NSA/SA 组网、高低频组网、公网/专网组网	SA 组网是终极目标,高低频协同组网,优先专网组网(除城区外)
	频率	高频波长短,穿透能力弱	削弱信号穿透能力,缩小单站覆盖能力	高低频协同组网、2.1G NR/700M NR 打底覆盖
	设备	设备材料种类多、技术路线各不相同	部分设备性能受限,制约网络部署速度和增加替换建设成本	兼顾中长期目标,优先利旧或共享,其次替换或新建
工程建设	参与方	跨系统、部门、专业和技术协调工作量大、难度大	工程分工界面复杂,协调难度较大	分红线内/外推进,统一接口共建共享

2. 论证比选

审视目标,评估项目的必要性和可行性。一是从需求驱动角度看,预测高铁动车线的客流量、用户渗透率及其经济效益;二是从品牌战略角度看,评估高铁 5G 覆盖带来的品牌口碑、业务宣传及其影响力,最终得出结论为高铁 5G 网络覆盖应遵循品牌宣传为主、经济效益为辅,以达到"人便其行,货畅其流"的目标,如表 6-8 所示。

表 6-8　5G 高铁单站投资回收年限简单测算表

分　　类	项　　目	单位	数量	备　　注
5G 业务收入	单列编组定员	人	1299	取编组定员的最大值
	移动用户市场份额	%	20%	按实际计取
	5G 用户渗透率	%	20%	来源于 2020 年运营商年报数据
	5G 用户 ARPU 值	元/月	50	按实际计取
	5G 出账用户收入	元/月	5196	公式为 2×(单列编组定员×移动用户市场份额×5G 用户渗透率×5G 用户 ARPU 值)
总所有成本 TCO	5G 单站建设成本	万元/站	20	含基站设备费、材料费、施工费、设计费等
	5G 单站运维成本	元/站/月	2500	含铁塔租金、电费及其他运维成本等
投资回收年限(全成本口径)		年	6.18	

注: 取极限情况下,两列高铁编组定员最大值且常驻于高铁沿线的 5G 基站的业务收入。

3．工程做法

三步曲，一是确定目标原则，以问题为导向，将任务拆解和量化为一项项可执行的动作；二是厘定工作界面，明确何事、由何人、于何时何地、如何实施，做到事事有着落，件件有回音；三是制定场景化方案，抓住事物主线，建立标杆模型，以覆盖、容量、质量和成本为约束条件，分高铁枢纽站、高铁沿线、桥梁隧道等主要场景输出场景化解决方案。

（1）确定目标原则：结构化思考是项目管理和工程实施的一件利器，例如，可运用SMART 分析法，以做好一张优质的 5G 高铁网络为目标，将目标任务拆解为信号好、网速快、干扰少和时延低等定性指标，并将覆盖类、容量类和质量类指标定量描述为一项项明确的、可量化的、可达成的考核指标。

（2）厘定工作界面：这是一项复杂的工作，往往涉及高铁系统和通信系统内不同部门、专业和技术的相互协同作业，同时，也涉及高铁红线内/外的组网方案、共享方案及工程实施等若干问题，因此，5G 高铁规划应确定好工作界面、职责分工及相关接口人，做好联合规划、相互协商和共同进退，特别是涉及红线内各运营商的设备配置、天线布置、POI 系统设置及切换带设置等规划方案。

（3）制定场景化方案：定好目标和原则后，从覆盖、容量、质量和成本 4 个约束条件入手，针对高铁枢纽站、高铁沿线（含高架桥）、高铁隧道（含隧道群、明洞等）及跨河桥梁等主要场景按照红线内/外工程界面分别制定不同的 5G 网络覆盖方案。例如，针对高铁沿线的5G 覆盖方案，应重点解决小区间切换问题，设置合理的切换带、站间距、站轨距、挂高、下倾角及掠射角等参数，并结合小区合并、大功率 License、RRU 上塔等覆盖增强技术，从而实现高铁沿线 5G 信号的良好覆盖。

6.3.2　制定原则

基于原则做事，谋定而后动，应明确 5G 高铁覆盖的目标与原则，并将 5G 高铁组网、覆盖、容量和切换策略提炼和浓缩为一张简明扼要的图表、一条深思熟虑的信息，清晰地传达5G 网络部署意图和工程做法。

1．规划目标

以目标为导向，抓住主要矛盾和关键问题，做好定性和定量分析，逐项分析和量化指标，分 3 步分解 5G 高铁规划目标。

（1）规划初衷：一句话，做好一张优质的 5G 高铁网络。

（2）定性描述：抓住覆盖、容量和质量 3 个主要矛盾，可将规划目标定性描述为信号好、网速快和干扰少。

（3）定量分析：围绕定性描述的规划目标，学会任务分解和指标量化，以 3.5G NR 为例，可将覆盖类指标的"信号好"进一步量化和定义为"高铁车厢内 5G 无线信号场强指标SS-RSRP ≥ -110dBm 比例不低于 90％"，如表 6-9 所示。

表 6-9　5G 高铁无线网规划目标设置

分类	规划目标	关 键 指 标	
		3.5G NR	2.1G NR
覆盖	信号好	SS-RSRP≥−110dBm 比例不低于 90%	SS-RSRP≥−105dBm 比例不低于 90%
质量	干扰少	SS-SINR≥−3dB 比例不低于 90%	SS-SINR≥0dB 比例不低于 90%
容量	网速快	小区边缘速率:下行/上行:10/1Mb/s	与 3.5G NR 相同

2. 组网策略

根据切换关系设置的不同,可分为专网组网和公网组网,如表 6-10 所示。

(1) 专网组网:专网专用,打造高铁沿线链状专属 5G 网络。除特殊区域外,不设置与周边基站的邻区切换关系、不吸纳高铁周边区域业务量,仅向高铁用户提供服务。

(2) 公网组网:兼顾覆盖,红线内、外无差别覆盖,与周边基站设置邻区切换关系。

表 6-10　专网与公网覆盖方式对比

项 目	专 网 组 网	公 网 组 网
信号源	专网专用,不吸纳周边业务量	兼顾覆盖,可覆盖高铁乘客与高铁周边用户
覆盖范围	仅覆盖高铁上的乘客,红线外不提供服务	红线内、外无差别兼顾覆盖
切换关系	仅出入口区域保留与公网切换关系,其余均为专网切换关系	与周边基站设置切换关系
载波配置	仅覆盖高铁沿线,设置两个扇区、S11 配置	可吸纳周边业务量,按需配置,常配置 3 个扇区

为了建立清晰的切换关系,减少邻区频繁切换,结合 5G 覆盖特点及覆盖需求,可将高铁组网策略定义为城区内公网覆盖,其余场景优先专网覆盖。

3. 覆盖策略

除高铁枢纽站、隧道及桥梁外,其余线覆盖场景可称为高铁沿线,高铁沿线覆盖主要受站间距、站轨距、天线挂高、方位角等指标影响,如图 6-27 所示。

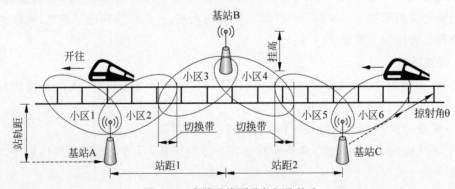

图 6-27　高铁沿线覆盖与切换策略

主要设置原则如下。

(1) 设备选型:根据不同场景进行设备选型,主要采取交通枢纽室外基站＋室内分布系统、高铁沿线分布式基站(BBU 集中＋AAU 拉远)、高铁隧道漏缆敷设＋洞口天线等方式部署,必要时采用覆盖增强技术,例如,小区合并、AAU 上塔、大功率 License 等方式,进一步减少小区切换和提升单站覆盖能力。

(2)天馈选型:红线外场景,可结合基站周边无线传播环境,当站轨距较近时,可选取窄波束高增益天线;当站轨距较远或城区场景时,可选取宽波束高增益天线。

(3)站间距:主要与无线传播环境、工作频段、覆盖目标、切换带设置等因素有关,可结合无线链路预算、网络仿真和试点测试来进一步确定。

(4)站轨距:为降低多普勒频移影响,避免"塔下黑"问题,5G 高铁覆盖的站轨距应考虑铁路安全防护距离、覆盖需求、穿透损耗、掠射角等因素,建议设置在 50～200m 范围内,小于 50m 谨慎设站,超过 500m 不宜设站。

(5)天线挂高:"逢山开路,遇水搭桥",高铁跨域地域广、里程长且场景复杂,应保证基站天线的有效挂高,天线挂高宜高于铁路轨道面 15～20m,从而有效地提升小区的覆盖范围。

4. 切换策略

为了保证高速移动场景下用户业务的连续性,可根据不同的覆盖场景制定不同的覆盖策略、切换策略和设置合理的切换带,应重点解决好何时、何地、如何设置切换带的问题,尤其是高铁红线内隧道、隧道群之间的切换问题更为突出。

一般情况下,高铁隧道可分为长隧道、短隧道及隧道群,长隧道每隔 500m 设有洞室,部分短隧道无洞室,如表 6-11 所示,5G 高铁隧道主要采取信号源＋泄露电缆＋隧道口天线的覆盖方式,其中隧道内的泄露电缆采取单边(或两边)敷设,布设于隧道侧壁,高度与车窗平齐(距轨面 2.5m 处)。

表 6-11　高铁隧道及隧道群切换带设置

隧 道 长 度	覆 盖 方 式	切换带设置
200m 以下隧道	隧道口天线	设置于隧道口,不得设在隧道内
200～1000m 隧道	RRU 拉远＋泄露电缆＋隧道口天线	设置于隧道口或隧道内
1000 以上隧道	RRU 拉远＋泄露电缆＋隧道口天线	设置于隧道内部
短距隧道群或地堑	分布式基站＋洞顶天线	设置于隧道外

1)隧道内

一般情况下,高铁隧道内每隔 500m 设有一个洞室(俗称避风洞),用于放置信源 RRU、POI 合路设备,可采取小区合并技术减少小区切换与重选,若隧道超长,则可将切换带设置于隧道内;若为短隧道,则可将切换带设置于隧道口,由隧道口外引天线实现与室外基站的小区切换,如图 6-28 所示。

2)隧道外

高铁隧道是一种特殊的、封闭的覆盖场景,由于物理隔离信号无法相互重叠,所以可以通过信号外引至洞口天线,在隧道口外侧形成信号重叠区和设置切换带,如图 6-29 所示。

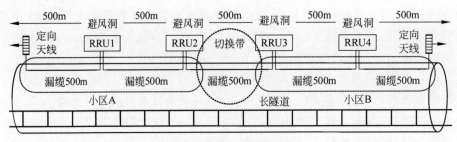

图 6-28　隧道内切换策略

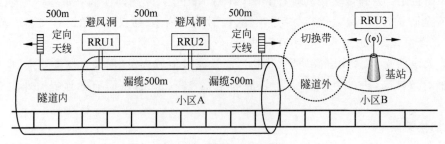

图 6-29　隧道口切换策略

3) POI 平台

一般情况下,隧道内均采取联合规划、红线内外协同、共建共享的建设模式,其中,红线外统一站址和配套资源,采取 BBU 集中放置＋AAU/RRU 拉远方式建设;红线内由铁塔公司承建,信源设备由 POI 平台统一接入,各运营商共用一条泄露电缆提供 5G 信号覆盖,如图 6-30 所示。

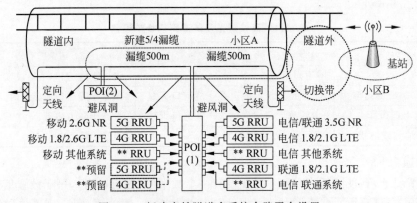

图 6-30　新建高铁隧道多系统合路平台设置

5. 容量策略

在 5G 高铁覆盖中,可根据不同场景制定分等级的覆盖策略和容量模型,尤其是高铁枢纽人流量较大,应确保站前广场、候车厅、站台等场景的良好覆盖,以 NR3.5G/2.1G 为例,可采取室外分布式基站＋室内数字化室分协同组网方式来解决车站内外的 5G 信号覆盖问题,如表 6-12 所示。

表 6-12　不同场景差异化的容量配置策略

场　　景	覆 盖 方 式	容 量 配 置
高铁枢纽	分布式基站＋室内分布系统	3.5G 64TR 基站＋数字化室分 3.5G 4TR
高铁沿线-城区	分布式基站(BBU 集中＋AAU 拉远)	3.5G 32TR 基站
高铁沿线-郊区	分布式基站(BBU 集中＋AAU 拉远)	3.5G 8TR/2.1G 4TR 基站
高铁沿线-农村	分布式基站(BBU 集中＋AAU 拉远/功分)	2.1G 4TR 基站(RRU 劈裂/小区功分)
隧道及隧道群	泄露电缆＋洞口天线	2.1G 4TR 基站＋13/8 英寸泄露电缆

6.3.3　落实方案

在 5G 高铁专项覆盖方案中,可结合高铁红线内、外不同覆盖场景特点和技术要求,从覆盖、容量、质量和成本 4 个基本约束条件切入,做好高铁枢纽站、高铁沿线、高铁隧道和跨河桥梁等场景化的项目解决方案,例如,做好高铁沿线的站址布局、站间距设置、站轨距设置、天线方位角、下倾角及挂高等关键参数设置,并结合小区合并、大功率 License、RRU 上塔等覆盖增强技术确保高铁沿线 5G 信号有效覆盖。

1. 站址布局

站址布局对 5G 高铁覆盖的影响是深远的,一旦站址确定,未来若干年的高铁覆盖格局将被固化下来,若要规模调整,则几乎是不可能的。站址布局应关注网络制式、站址点位、站距设置、铁塔选型、天线挂高等要素,做到点位精准、布局均衡、站距和挂高合理。

(1) 对于直线轨道,相邻站点宜交错分布于铁路的两侧,形成"之"字型布局,有助于改善切换区域,有利于车厢内两侧信号质量的均衡。

(2) 对于铁路弯道,站址宜设置在弯道内侧,可提高入射角来保证信号覆盖的均衡性。

2. 切换带设置

在 5G 高铁覆盖中,站距设置应考虑单站覆盖半径和切换带两个关键参数,单站覆盖半径主要由链路预算定义,切换带设置主要受信号切换时延的影响,如表 6-13 所示。

表 6-13　不同频段的 5G 基站典型站距

工 作 频 段	密集市区/m	一般市区及县城/m	郊区及乡镇/m	农村/m
700/800/900MHz	500～700	700～1000	1000～2000	2000～3500
2.1GHz	400～500	500～700	700～1000	1200～2000
2.6GHz	350～450	450～600	600～900	1000～1600
3.5GHz	250～350	350～500	500～800	800～1200
4.9GHz	200～300	300～400	400～600	600～1000

第 1 步:切换机制和流程。

高速移动状态下,基站小区切换频繁,对 5G 用户体验影响极大,因此,在 5G 高铁规划时应根据规划目标及指标要求做好切换带设置,如图 6-31 所示,5G 系统的切换重叠区测算由过渡区、切换准备区、切换执行区 3 部分组成,其中,过渡区为信号到触发切换门限的时延,切换准备区为终端测量上报和切换准备的时延,切换执行区则为执行切换动作的时延。

第 2 步:切换带设置。

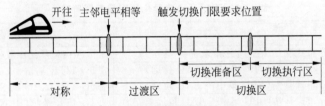

图 6-31　5G 高铁覆盖切换带设置原理图

做一张数据表格,将切换流程中各环节的时延值折算为距离值,计算出不同时速下的过渡区、切换区和对应切换带距离,如表 6-14 所示。

- □ 过渡区:信号到满足切换电平迟滞(～2dB)需要的距离,并且考虑防止信号波动需重新测量而影响切换的距离余量。
- □ 切换区:由切换准备区和切换执行区组成,切换准备区为终端测量上报周期＋切换时间迟滞(例如,切换测量上报 200ms＋切换准备 128ms),切换执行区为切换执行时延,包括信令面及数据面执行时延(例如,切换执行 30ms)。
- □ 切换带:考虑单次切换时,重叠距离＝2×(电平迟滞对应距离＋切换触发时间对应距离＋切换执行距离)。

表 6-14　5G 高铁覆盖切换带设置方法

列车速度/(km·h⁻¹)	折算为/(m·s⁻¹)	过渡区/m	切换区/m	切换带/m
200	56	50	20	140
250	69	50	25	150
300	83	50	30	160
350	97	50	35	170

3. 站轨距设置

站轨距是指铁路沿线基站与铁路轨道之间的垂直距离。基站信号掠射角是影响车体穿透损耗的主要因素,掠射角越小,车体穿透损耗越大,当信号垂直入射时车体穿透损耗最小。在 5G 高铁覆盖中,基站到铁轨的垂直距离(站轨距)主要与掠射角有关,根据有关测试数据,当掠射角小于 10°时,车体穿透损耗呈指数级增加,恶化严重。站轨距并不是越小越好,建议掠射角设置在 15°以上,尽量避免掠射角小于 10°,如图 6-32 所示。

站轨距计算主要涉及天线挂高 h、小区覆盖半径 R 和掠射角 θ 等参数,不同高铁场景下站轨距设置方法如表 6-15 所示。

表 6-15　5G 高铁覆盖站轨距设置方法

主要参数	单位	公式说明	市区	县城	乡镇	农村
站轨距 D	m	用 Excel 函数表示为(POWER((R^2-h^2),1/2))×SIN(θ×PI()/180)	64	90	103	155
掠射角 θ	(°)	一般取 15°以上,应避免小于 10°	15	15	15	15
天线挂高 h	m	应控制在高于高铁轨面 10～15m,例如,取 30m	30	30	30	30
小区覆盖半径 R	m	按不同覆盖场景确定,例如,市区 250m,农村 1.2km	250	350	400	600

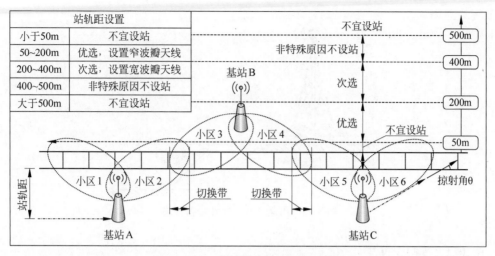

图 6-32　5G 高铁覆盖站轨距设置原则

4. 挂高设置

挂高设置应考虑天线入射效果、天线倾角可调范围及轨面高度等因素,进一步保证天线与轨面视通,若站高过低,则无法形成有效覆盖,若站高过高,则增加从车顶穿透的概率,覆盖效果也会大打折扣,因此,建议将天线有效挂高控制在轨道面以上 10~15m,从而确保信号能直射穿透车窗而进入车厢中。

第 1 种情况:站址海拔与覆盖目标海拔基本持平,例如,平原开阔地,应选择合适的基站塔型,设置好站间距、天线挂高和下倾角等关键参数,如图 6-33 所示。

第 2 种情况:站址海拔低于覆盖目标海拔,例如,丘陵地带、高架桥,除选取合适塔型外,应确保天线安装位置与覆盖目标视通良好,天线下倾角适当上扬,如图 6-34 所示。

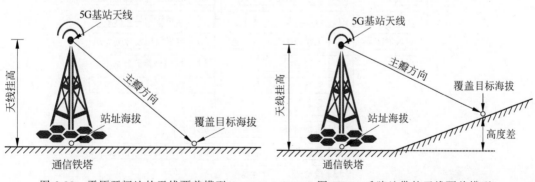

图 6-33　平原开阔地的天线覆盖模型　　　　图 6-34　丘陵地带的天线覆盖模型

第 3 种情况:站址海拔高于覆盖目标海拔,例如,山区地堑,应确保天线安装位置与覆盖目标视通良好,通信铁塔不宜过高且天线下倾角适当前抑,如图 6-35 所示。

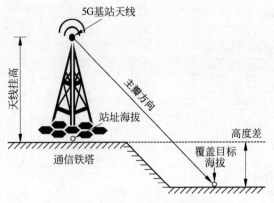

图 6-35　山区地堑的天线覆盖模型

6.3.4　输出成果

可结合合同协议、行业规范及工程实际,编制和输出可行性研究报告、工程设计文件及相关专项解决方案等技术文档,以可行性研究报告为例,主要应回答和解决项目建设的必要性和可行性问题,其主要内容模块包括项目背景、建设必要性、需求分析、设计原则、网络架构、关键技术、解决方案、覆盖效果、投资效益及相关事项,如图 6-36 所示。

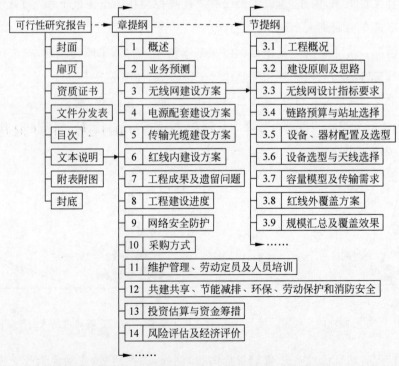

图 6-36　5G 高铁覆盖专项可行性研究报告文档结构

18min

6.4　文档模板

第四件事,统一工程模板。文档模板化是提高工作效率和提升产品质量的有效途径,可从目录设置、标题编号、样式设置、模板输出等方面梳理和制作 Word 文档模板。

6.4.1　目录设置

目录可拆开读"目"和"录","目"指篇名或书名,"录"是对篇名或书名的说明和编次,犹如书籍或文档的"眼睛",可帮助读者快速地了解全书内容,具有导读和检索的功能。规范输出的工程设计文件、投标文件、项目方案等大篇幅文档均应设置目录,一般要求录入到正文说明的第三级标题,即部分、章和节,同时,三级的目录均应该标出编号、标题和页码。

1）问题提出

以编制工程文件、投标标书、解决方案等大型文档为例,应从事前计划、事中控制、事后回顾等环节做好制作模板、定义样式、统一编制和统稿检查等工作,避免统稿汇总时出现杂乱无章的文档格式而重复返工。

2）操作技法

在 Word 文档中,主要操作分为 3 步:设置分页、自定义目录和自动更新目录。

① 设置分页:一般情况下,目录页要求独立成一页,可在大纲视图下,使用分节符将目录和正文页分隔开。

② 自定义目录:通过选项卡"引用→目录→自定义目录"调取对话框,使用文件模板的样式来创建和显示目录级别,如图 6-37 所示。

③ 自动更新目录:在目录页上,右击,选择"更新域"自动更新目录。同时,可设置只更新页码或更新整个目录。

6.4.2　标题编号

在工程文件编制中,可使用 Word 文档的"多级列表"和"样式"功能实现标题的自动编号,从而有效地提升文档编制效率和输出结构化文档。

1. 问题提出

在编制文档时,可使用"样式"和"多级列表"来轻松定义 Word 文档模板,自动输出标题编号、图号和表号,使文档管理更方便、结构更清晰,其操作技法为先配置样式,后关联多级列表,如图 6-38 所示。

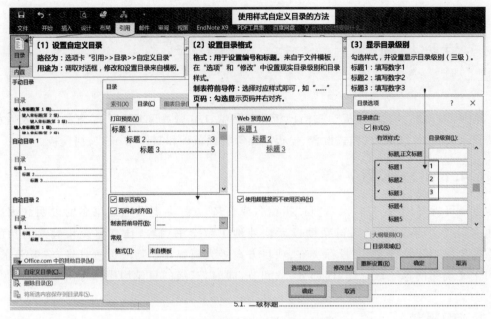

图 6-37　使用样式自定义目录的方法

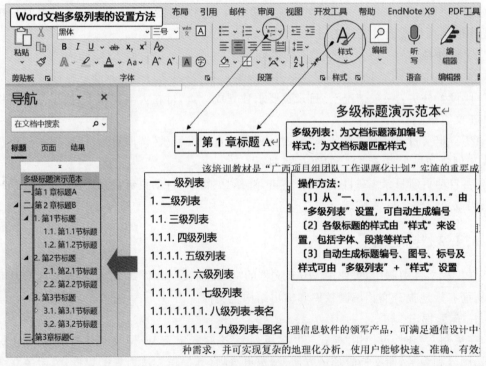

图 6-38　Word 文档多级列表设置的方法

2. 操作技法

要实现标题自动编号,一是配置标题样式,二是关联多级列表,其中,标题层级可通过勾选"视图→导航窗格"调出,样式层级可在选项卡中单击"开始→样式"调出,其主要设置步骤如下:

第 1 步:创建和设置各层级标题样式。

① 按文档结构化顺序,在选项卡中打开样式列表,依次创建和修改一级标题、二级标题、三级标题、…、图名、表名等各层级标题样式。

② 根据格式化创建新样式,包括大纲级别、字体、段落、样式基准等具体样式。设置好第 1 个标题样式后,第 2 个标题样式的"样式基准"关联第 1 个标题样式,将继承现有样式,如字体、字号等,可减少重复设置各级标题样式的工作量。此外,各级标题必须设置好对应的大纲级别,例如,八级标题的大纲级别必须设置为"8 级",如图 6-39 所示。

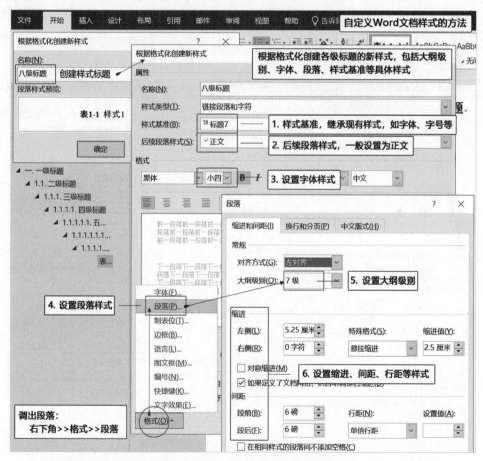

图 6-39　根据格式化创建新样式的方法

第 2 步:设置多级列表,按照大纲级别关联对应的标题样式。

① 在"开始"→"多级列表"中打开多级列表,在选项卡底部,选择"定义新的多级列表"。

② 单击要修改的级别,从一级、二级…,逐级开始设置标题的编号,并关联上一步设置的标题样式。

③ 在设置过程中,应按编号规则进行设置,如图 6-40 所示。

❑ 箭头所指灰底的编号必须从下拉列表选择,注意,手工输入是不会自动编号的,若设置有错,则可删除后重新从下拉列表中选编号。

❑ 文字(例如,图、表)或连接符可手工输入。

❑ 设置完成编号后,再设置字体样式,注意与对应标题样式保持一致。

例如,设置"表 1.1-1",应先选择"包含的级别编号来自",例如二级标题(呈现为中间的 1.1),然后选择"此级别的编号样式",即显示为"-"后面的"1",最后在两级编号前分别添加"表""-"(这两个可以手工输入)。

④ 关联对应的样式,并设置显示级别。例如,设置的标题是 8 级标题,则将级别链接到样式中的"八级标题"。

⑤ 设置编号位置、制表位等其他样式。

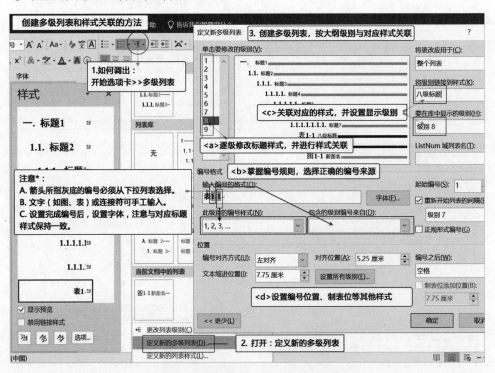

图 6-40　创建多级列表和样式关联的方法

6.4.3　页眉页脚

一般情况下,工程文档的页眉主要由企业标识和文档名称等信息组成,页脚则是设置文档的页码信息,通过双击页眉或页脚区域进行编辑操作,其中,奇偶页不同页眉和不同章节标题的设置方法,如图 6-41 所示。

(1) 位置和大小设置:可在位置选项卡中设置"页眉距离顶端距离"和"页脚距离底端距离"。

(2) 奇偶页不同页眉和页脚:可在位置选项卡中勾选"奇偶页不同"选项,即可设置奇数和偶数页面呈现不同的页眉和页脚内容。

(3) 奇偶页引用不同章节标题:使用域代替不同章节的标题编号和名称,主要由插入域、选择域和设置标题等步骤组成。

❑　插入域:路径为"文档部件"→"域"。

❑　选择域:使用样式表作为索引,即在域名下选择 StyleRef 中的样式名,例如,引用的是一级标题做页眉则选择样式名"标题 1"。

❑　设置标题:重复上述步骤两次,分别勾选和设置标题编号和标题名称,即"一.章节标题"中的"一"由标题编号定义,对应勾选"插入段落编号","章节标题"由标题名称定义,对应勾选"插入段落位置"。

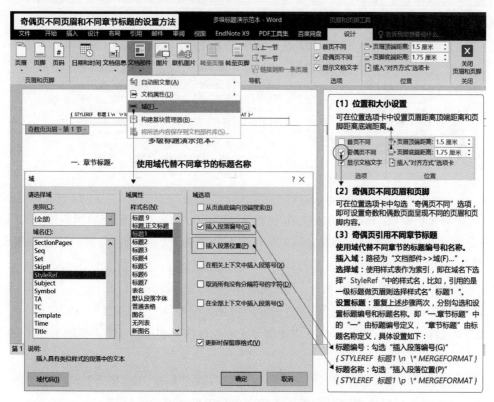

图 6-41　奇偶页不同页眉和不同章节标题的设置方法

6.4.4 模板输出

邮件合并是 Word 文档中一个批量处理的功能模块,可通过设置文档模板、获取数据源及定义相关域字段,使用邮件合并功能批量调取 Excel 数据源中对应的信息,从而快速实现 5G 工程实施中的基站选址报告、网络优化报告及相关解决方案的模板化输出。

1. 问题提出

已知条件:通过现场勘查采集和填报了信息完备的勘察信息表,表格上详细记录了基站选址、设备选型及其解决方案等信息。本期工程涉及 100 个基站,均按上述要求填报了勘察信息表。

需求条件:按单站输出规范的选址报告,要求一站一套报告,每份报告的信息与勘察信息表中的单站信息相一致。

2. 操作技法

主要工作由 3 步组成,准备数据源、编制模板文档和邮件合并输出。

① 准备数据源:按照一个站点一行数据的格式要求准备勘察信息表,如图 6-42 所示。

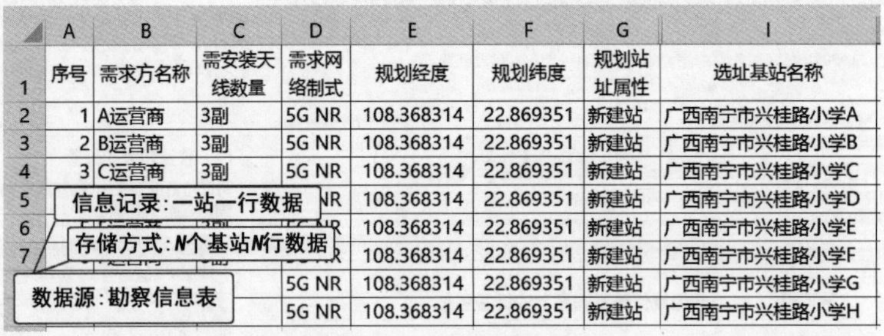

	A	B	C	D	E	F	G	I
1	序号	需求方名称	需安装天线数量	需求网络制式	规划经度	规划纬度	规划站址属性	选址基站名称
2	1	A运营商	3副	5G NR	108.368314	22.869351	新建站	广西南宁市兴桂路小学A
3	2	B运营商	3副	5G NR	108.368314	22.869351	新建站	广西南宁市兴桂路小学B
4	3	C运营商	3副	5G NR	108.368314	22.869351	新建站	广西南宁市兴桂路小学C
5							新建站	广西南宁市兴桂路小学D
6							新建站	广西南宁市兴桂路小学E
7							新建站	广西南宁市兴桂路小学F
					5G NR	108.368314	22.869351	新建站	广西南宁市兴桂路小学G
					5G NR	108.368314	22.869351	新建站	广西南宁市兴桂路小学H

信息记录:一站一行数据
存储方式:N个基站N行数据
数据源:勘察信息表

图 6-42 基础数据源的准备

② 编制文档模板:制作基站选址报告的 Word 文档模板,主要完成通用描述(如文档名称、标题信息及具体描述等)、表格表头(含有表头的空表)信息的编制,暂时不需要插入域相关字段,如图 6-43 所示。

③ 邮件合并输出:引用数据源,生成规范 Word 文档,如图 6-44 所示。

❑ 在"邮件"→"开始邮件合并"中,选择"目录",设置"插入合并域"的目录。

❑ "选择收件人"→"使用现有列表",导入制作好的勘察信息表,可得到"插入合并域"的目录。

❑ 在模板中"插入合并域",每个字段对应"合并域"中的字段,建立数据连接关系。一套单站选址报告中涉及需要更新的字段均需插入对应的"域"。

❑ 在报告的最后处,另起一行,单击"完成并合并",选择"编辑单个文档"即可。

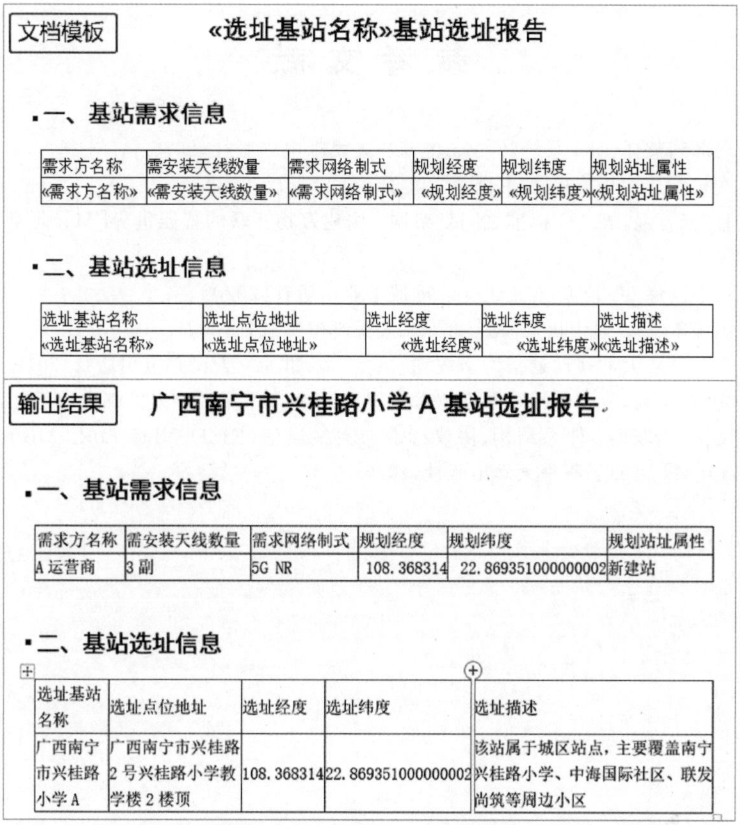

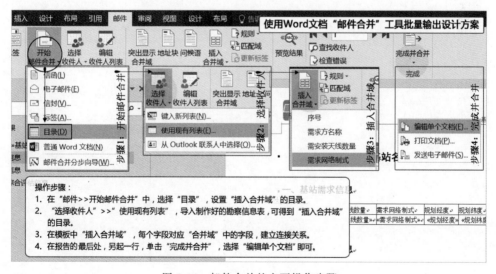

文档模板　«选址基站名称»基站选址报告

一、基站需求信息

需求方名称	需安装天线数量	需求网络制式	规划经度	规划纬度	规划站址属性
«需求方名称»	«需安装天线数量»	«需求网络制式»	«规划经度»	«规划纬度»	«规划站址属性»

二、基站选址信息

选址基站名称	选址点位地址	选址经度	选址纬度	选址描述
«选址基站名称»	«选址点位地址»	«选址经度»	«选址纬度»	«选址描述»

输出结果　广西南宁市兴桂路小学 A 基站选址报告

一、基站需求信息

需求方名称	需安装天线数量	需求网络制式	规划经度	规划纬度	规划站址属性
A 运营商	3 副	5G NR	108.368314	22.869351000000002	新建站

二、基站选址信息

选址基站名称	选址点位地址	选址经度	选址纬度	选址描述
广西南宁市兴桂路小学 A	广西南宁市兴桂路 2 号兴桂路小学教学楼 2 楼顶	108.368314	22.869351000000002	该站属于城区站点，主要覆盖南宁兴桂路小学、中海国际社区、联发尚筑等周边小区

图 6-43　制作 Word 文档模板

使用Word文档“邮件合并”工具批量输出设计方案
插入 设计 布局 引用 邮件 审阅 视图 设计 布局
开始邮件合并
选择收件人
编辑收件人列表
突出显示合并域
地址块
问候语
插入合并域
规则
匹配域
更新标签
预览结果
查找收件人
检查错误
完成并合并
信函(L)
电子邮件(E)
信封(V)...
标签(A)...
目录(D)
普通 Word 文档(N)
邮件合并分步向导(W)...
步骤1：开始邮件合并
键入新列表(N)...
使用现有列表(E)...
从 Outlook 联系人中选择(O)...
步骤2：选择收件人
序号
需求方名称
需安装天线数量
需求网络制式
步骤3：插入合并域
完成
编辑单个文档(E)...
打印文档(P)...
发送电子邮件(S)...
步骤4：完成并合并
操作步骤：
1. 在“邮件>>开始邮件合并”中，选择“目录”，设置“插入合并域”的目录。
2. “选择收件人”>>”使用现有列表”，导入制作好的勘察信息表，可得到“插入合并域”的目录。
3. 在模板中“插入合并域”，每个字段对应“合并域”中的字段，建立连接关系。
4. 在报告的最后处，另起一行，单击“完成并合并”，选择“编辑单个文档”即可。

图 6-44　邮件合并的主要操作步骤

参 考 文 献

[1] 张晨璐.从局部到整体：5G系统观[M].北京：人民邮电出版社，2020.

[2] 周俊鹏.前端技术架构与工程[M].北京：电子工业出版社，2020.

[3] 谭仕勇，倪慧，张万强，等.5G标准之网络架构：构建万物互联的智能世界[M].北京：电子工业出版社，2020.

[4] 王振世.一本书读懂5G技术[M].北京：机械工业出版社，2020.

[5] 周圣君.鲜枣课堂：5G通识讲义[M].北京：人民邮电出版社，2021.

[6] 马兴华，董江波，等.大话移动通信网络规划[M].2版.北京：人民邮电出版社，2019.

[7] 汪丁鼎，许光斌，丁巍，等.5G无线网络技术与规划设计[M].北京：人民邮电出版社，2019.

[8] 高泽华，孙文生.物联网：体系结构、协议标准与无线通信（RFID、NFC、LoRa、NB-IoT、WiFi、ZigBee与Bluetooth）[M].北京：清华大学出版社，2020.

图 书 推 荐

书 名	作 者
数字 IC 设计入门(微课视频版)	白栎旸
ARM MCU 嵌入式开发——基于国产 GD32F10x 芯片(微课视频版)	高延增、魏辉、侯跃恩
华为 HCIA 路由与交换技术实战(第 2 版·微课视频版)	江礼教
华为 HCIP 路由与交换技术实战	江礼教
AI 芯片开发核心技术详解	吴建明、吴一昊
鲲鹏架构入门与实战	张磊
5G 网络规划与工程实践(微课视频版)	许景渊
5G 核心网原理与实践	易飞、何宇、刘子琦
移动 GIS 开发与应用——基于 ArcGIS Maps SDK for Kotlin	董昱
数字电路设计与验证快速入门——Verilog＋SystemVerilog	马骁
UVM 芯片验证技术案例集	马骁
LiteOS 轻量级物联网操作系统实战(微课视频版)	魏杰
openEuler 操作系统管理入门	陈争艳、刘安战、贾玉祥 等
OpenHarmony 开发与实践——基于瑞芯微 RK2206 开发板	陈鲤文、陈婧、叶伟华
OpenHarmony 轻量系统从入门到精通 50 例	戈帅
自动驾驶规划理论与实践——Lattice 算法详解(微课视频版)	樊胜利、卢盛荣
物联网——嵌入式开发实战	连志安
边缘计算	方娟、陆帅冰
巧学易用单片机——从零基础入门到项目实战	王良升
Altium Designer 20 PCB 设计实战(视频微课版)	白军杰
ANSYS Workbench 结构有限元分析详解	汤晖
Octave GUI 开发实战	于红博
Octave AR 应用实战	于红博
AR Foundation 增强现实开发实战(ARKit 版)	汪祥春
AR Foundation 增强现实开发实战(ARCore 版)	汪祥春
SOLIDWORKS 高级曲面设计方法与案例解析(微课视频版)	赵勇成、毕晓东、邵为龙
CATIA V5-6 R2019 快速入门与深入实战(微课视频版)	邵为龙
SOLIDWORKS 2023 快速入门与深入实战(微课视频版)	赵勇成、邵为龙
Creo 8.0 快速入门教程(微课视频版)	邵为龙
UG NX 2206 快速入门与深入实战(微课视频版)	毕晓东、邵为龙
UG NX 快速入门教程(微课视频版)	邵为龙
HoloLens 2 开发入门精要——基于 Unity 和 MRTK	汪祥春
数据分析实战——90 个精彩案例带你快速入门	汝思恒
从数据科学看懂数字化转型——数据如何改变世界	刘通
Java＋OpenCV 高效入门	姚利民
Java＋OpenCV 案例佳作选	姚利民
R 语言数据处理及可视化分析	杨德春
Python 应用轻松入门	赵会军
Python 概率统计	李爽
前端工程化——体系架构与基础建设(微课视频版)	李恒谦
LangChain 与新时代生产力——AI 应用开发之路	陆梦阳、朱剑、孙罗庚、韩中俊